从零开始

Dreamweaver CC

中文版 基础教程

布克科技 王君学◉编著

人 民 邮 电 出 版 社

北 京

图书在版编目（ＣＩＰ）数据

从零开始：Dreamweaver CC中文版基础教程 / 布克科技，王君学编著. -- 北京 : 人民邮电出版社，2019.2
ISBN 978-7-115-49931-8

Ⅰ. ①从… Ⅱ. ①布… ②王… Ⅲ. ①网页制作工具－教材 Ⅳ. ①TP393.092.2

中国版本图书馆CIP数据核字(2018)第277913号

内 容 提 要

本书结合实例介绍 Dreamweaver CC 2017 的应用知识，重点培养读者的网页制作技能，提高读者解决实际问题的能力。本书言简意赅、案例新颖、实用性强。

全书共 11 章，主要内容包括创建站点、使用文本、使用图像和媒体、设置超级链接、使用表格、使用 CSS 样式、使用 Div+CSS、使用库和模板、使用行为、使用表单及制作移动设备网页等。

本书可供各类网页设计与制作培训班作为教材使用，也可供网页设计与制作相关人员及高等院校相关专业的学生自学参考。

◆ 编　　著　布克科技　王君学
责任编辑　李永涛
责任印制　马振武

◆ 人民邮电出版社出版发行　　北京市丰台区成寿寺路 11 号
邮编　100164　　电子邮件　315@ptpress.com.cn
网址　http://www.ptpress.com.cn
三河市祥达印刷包装有限公司印刷

◆ 开本：787×1092　1/16
印张：16.75
字数：399 千字　　2019 年 2 月第 1 版
印数：1 – 2 600 册　　2019 年 2 月河北第 1 次印刷

定价：49.80 元

读者服务热线：(010)81055410　印装质量热线：(010)81055316
反盗版热线：(010)81055315
广告经营许可证：京东工商广登字 20170147 号

关于本书

Dreamweaver CC 2017 是一款专业的网页设计与制作软件，主要用于网站管理和网页的设计与制作等。Dreamweaver 的每次升级，都将很多现代设计理念和方法展现出来，因此，Dreamweaver 在网页设计与制作领域得到了众多用户的青睐。Dreamweaver 的日益普及与广泛应用不仅提高了网页设计与制作人员的工作效率，而且也把他们从纯 HTML 代码编程中解放出来，从而使他们能够将更多精力投入到提高网页设计的质量上。

内容和特点

本教程突出实用性，注重培养读者的实践能力，具有以下特色。

(1) 在编排方式上充分考虑课程教学的特点。从每章来看，基本上都按照知识讲解、综合案例、课后习题的模式来组织内容；从每章中的每节来看，基本上都按照知识讲解、课堂案例、课堂实训的模式来组织内容。这样既便于教师在课前安排教学内容，又能实现课堂教学"边讲边练"的教学方式。

(2) 在内容组织上注重理论联系实际的原则。精心选取 Dreamweaver CC 2017 中的一些常用功能，以及与网页设计和制作相关的知识作为主要内容，并将理论知识融入大量的实例中，使学生在实际操作过程中不知不觉地掌握理论知识，从而提高网页设计与制作技能。

(3) 在实例选取上注重案例的实用性和内容的趣味性。尽量选取日常生活中实用的例子，使学生感觉到案例的趣味性，从而使教师好教、学生爱学。

(4) 在文字叙述上注重语言的精练。尽量做到言简意赅、重点突出，需要学生了解的非重点内容一带而过，需要学生深入掌握的内容则进行详细全面的介绍。

全书分为 11 章，主要内容如下。

- 第 1 章：介绍创建和管理站点、创建文件夹和文件，以及发布站点的基本方法。
- 第 2 章：介绍添加文本和编排文本的基本方法。
- 第 3 章：介绍在网页中使用图像和媒体的基本方法。
- 第 4 章：介绍设置超级链接的基本方法。
- 第 5 章：介绍使用表格组织数据和布局网页的基本方法。
- 第 6 章：介绍使用 CSS 样式控制网页外观的基本方法。
- 第 7 章：介绍使用 Div+CSS 布局网页的基本方法。
- 第 8 章：介绍使用库和模板统一网页外观的基本方法。
- 第 9 章：介绍使用行为增强网页效果的基本方法。
- 第 10 章：介绍使用表单制作网页的基本方法。
- 第 11 章：介绍制作移动设备网页的基本方法。

读者对象

本书将 Dreamweaver CC 2017 的基本知识与典型实例相结合，条理清晰、讲解透彻、易于掌握，可供各类网页设计与制作培训班作为教材使用，也可供网页设计与制作人员及高等院校相关专业的学生自学参考。

配套资源内容

本书配套资源内容包括素材文件、案例视频、课后习题及 PPT 课件等。

1. **素材文件**

本书素材文件包括知识讲解、课堂案例、课堂实训和综合案例 4 类，知识讲解素材存放在“素材文件\第×章\知识讲解”文件夹下，课堂案例素材存放在“素材文件\第×章\课堂案例”文件夹下，课堂实训素材存放在“素材文件\第×章\课堂实训”文件夹下，综合案例素材存放在“素材文件\第×章\综合案例”文件夹下。

2. **案例视频**

本书所有的课堂案例、课堂实训和综合案例均配备视频，读者可以扫描书中的二维码进行观看。

3. **课后习题**

本书课后习题中的“思考题”均配备参考答案，存放在“课后习题\第×章”文件夹下，“操作题”属于读者自行搜集素材自行操作的题目，不配备参考答案。

4. **PPT 课件**

本书每章均配备 PPT 课件，存放在“PPT 课件”文件夹下，供读者选择使用。

感谢您选择了本书，也欢迎您把对本书的意见和建议告诉我们，电子邮箱 ttketang@163.com。

布克科技

2018 年 8 月

布克科技

目　录

第1章 创建站点

【学习目标】

- 了解 Dreamweaver CC 2017 的工作界面。
- 了解首选项、常用工具栏和面板的使用方法。
- 掌握创建和管理站点，以及创建文件夹和文件的方法。
- 掌握设置测试服务器、远程服务器和发布站点的方法。

对于网页制作初学者来说，掌握一门“所见即所得”的制作工具是非常必要的。本章将介绍网页可视化制作工具 Dreamweaver CC 2017 的工作界面、设置首选项、创建和管理站点、创建文件夹和文件，以及设置服务器和发布站点的基本方法等。

1.1 认识 Dreamweaver CC 2017

使用 Dreamweaver CC 2017 制作网页之前，有必要对一些基础知识有个大致的了解，下面进行简要介绍。

1.1.1 认识网页

网页是构成网站的基本元素，是承载各种网站应用的平台。通俗地说，网站就是由网页组成的，如果只有域名和虚拟主机而没有任何网页，用户仍旧无法访问网站。

网页通常存放在服务器上供浏览者访问，它有静态网页和动态网页之分。

- 静态网页：其内容是预先确定的，并保存在 Web 服务器或者本地计算机/服务器上。静态网页大多由文本和图像组成，对服务器的性能要求比较低，但存储压力相对较大。
- 动态网页：即交互网页，是根据用户提供的参数从存储在网站上的数据库查找需要的内容从而生成的页面，提供的参数不一样，生成的页面内容就不一样。

通俗地讲，静态网页就像是一张照片，任何人看都一样；而动态网页则像是一面镜子，不同的人看显示的画面都不一样。

静态网页使用通常的网页制作工具就可制作完成，动态网页除了需要像制作静态网页一样制作基本的框架外，还需要背后程序的支持，以用来接收用户提供的数据并到数据库中查找数据生成相应的页面。

1.1.2 发展概况

Dreamweaver 最初是由美国 Macromedia 公司在 1997 年发布的一套拥有可视化编辑界面的网页设计软件，如用户比较熟知的 Dreamweaver 8。2005 年年底，Macromedia 公司被

Adobe 公司并购。随后，Adobe 公司发布了 Dreamweaver CS（Creative Suite）系列版本，如 Dreamweaver CS6。2013 年，Adobe 公司正式发布 Adobe CC（Creative Cloud）系列产品，并宣布 Adobe CC 将代替 Adobe CS 系列产品，如 Adobe CC 2017，其中包含 Dreamweaver CC 2017。从 Dreamweaver 诞生的那天起，它就是集网页制作和网站管理于一身的所见即所得的网页编辑和开发工具，它可以让设计师轻而易举地制作出跨越平台和浏览器限制的动感网页，在网页制作领域得到了广泛应用。

1.1.3 工作流程

通常使用 Dreamweaver CC 2017 按照下面的工作流程来创建和设计站点。

一、 规划和设置站点

首先要明确在哪里发布文件，检查站点建设要求、浏览者情况及站点建设目标；其次要考虑诸如用户访问及浏览器、插件和下载限制等技术要求。在组织好站点内容并确定站点结构后，就可以在 Dreamweaver CC 2017 中创建站点了。

二、 管理站点文件

在 Dreamweaver CC 2017 中，使用【文件】面板可以方便地添加、删除、重命名文件和文件夹，以便根据需要更改站点组织结构。在【文件】面板中还有许多工具，可以利用它们管理站点，如在本地计算机和远程服务器之间传输文件等。使用【资源】面板可以方便地组织站点中的资源，可以将大多数资源直接从【资源】面板拖到正在编辑的网页文档中。

三、 明确布局技术

确定要使用的网页布局技术，可以使用 Div＋CSS 布局技术来设计网页，也可以使用传统的表格工具来快速地设计页面。

四、 向页面添加内容

向页面添加内容和装饰元素，如文本、图像、视频、音频，以及根据需要设置超级链接等。Dreamweaver 还提供相应的行为，以便为响应特定的事件而执行任务。例如，在浏览者单击具有“提交”功能的按钮时验证表单，在主页加载完毕时打开另一个浏览器窗口等。

五、 通过编码完善页面

Dreamweaver 提供了易于使用的可视化编辑工具，也提供了高级的编码环境，使用这两种方式能更好地完善页面，使页面更美观。

六、 测试页面和发布站点

测试页面是在整个开发周期中进行的一个持续的过程。最后，要在服务器上发布创建的站点。许多开发人员还会安排定期维护，以确保站点内容保持最新并且工作正常。

1.1.4 工作界面

在工作界面部分主要介绍开始屏幕、界面颜色设置、工作窗口 3 部分内容。

一、 开始屏幕

启动 Dreamweaver CC 2017（2017 版，内部版本 9314）后，在工作窗口中通常会显示开始屏幕，默认状态下界面颜色以黑色为主，如图 1-1 所示，在开始屏幕中可以新建文档或打开已有文档。如果希望在软件启动时不显示开始屏幕，可以选择菜单命令【编辑】/【首选项】，打开【首选项】对话框，在【常规】分类的【文档选项】中取消选择【显示开始屏幕】选项并单击 应用 按钮确认即可。

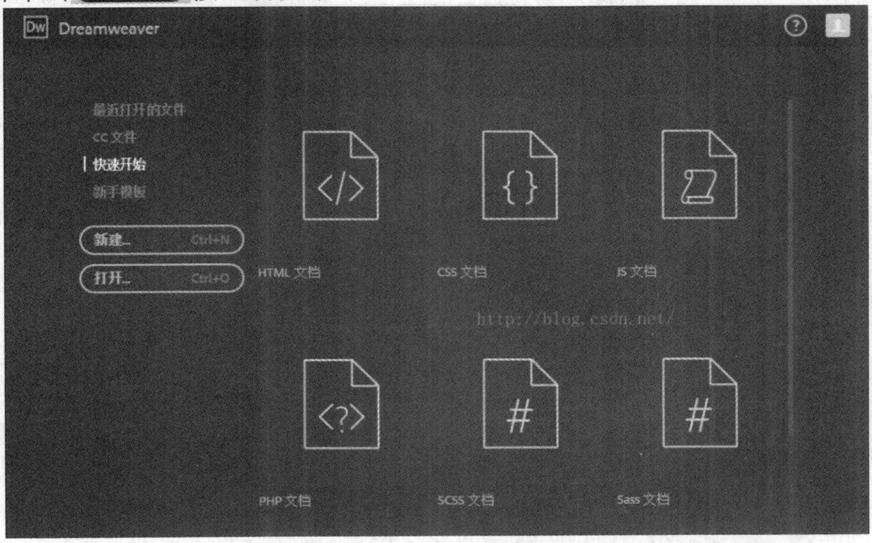

图1-1　开始屏幕

二、 界面颜色

用户可以在 Dreamweaver CC 2017 安装完毕首次启动时设置界面颜色主题，也可以后在【首选项】对话框的【界面】分类中进行设置。在【界面】分类中，主要包括【颜色主题】和【代码主题】两个选项。【颜色主题】主要用来设置工作区的亮度，共有 4 种颜色选项可供选择，从左到右颜色亮度由深到浅。【代码主题】主要用来设置【代码】视图状态下代码编辑窗口的背景颜色亮度，包括【深色】和【浅色】两种。本书所介绍的 Dreamweaver CC 2017 设置的【颜色主题】为第 3 个选项，【代码主题】为【浅色】，如图 1-2 所示。

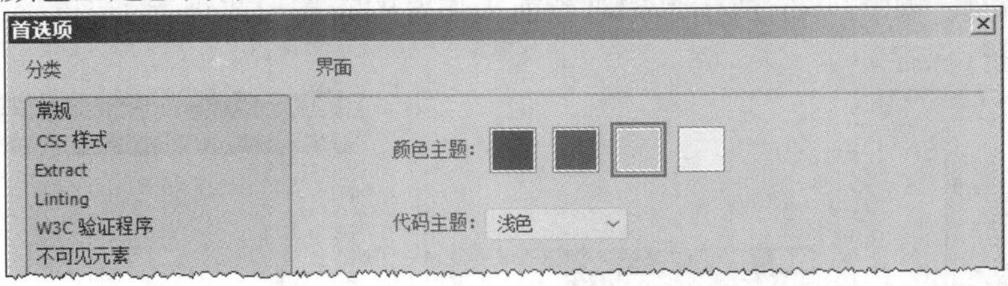

图1-2　界面颜色

三、 工作窗口

新建一个 HTML 文档后的工作窗口如图 1-3 所示。文档编辑区上面默认有菜单栏、【文档】工具栏，窗口中间左侧默认有【通用】工具栏，右侧默认包括【文件】【插入】【CSS 设计器】等面板在内的面板组，这两者之间是文档编辑区。文档编辑区的左上方显示文档标签，即文档的名称。文档编辑区的左下方为标签选择器，显示当前光标所在文档位置的 HTML 层级标签。文档编辑区的右下方为状态栏，可以在此设置文档编辑区的大小或实时预览等。

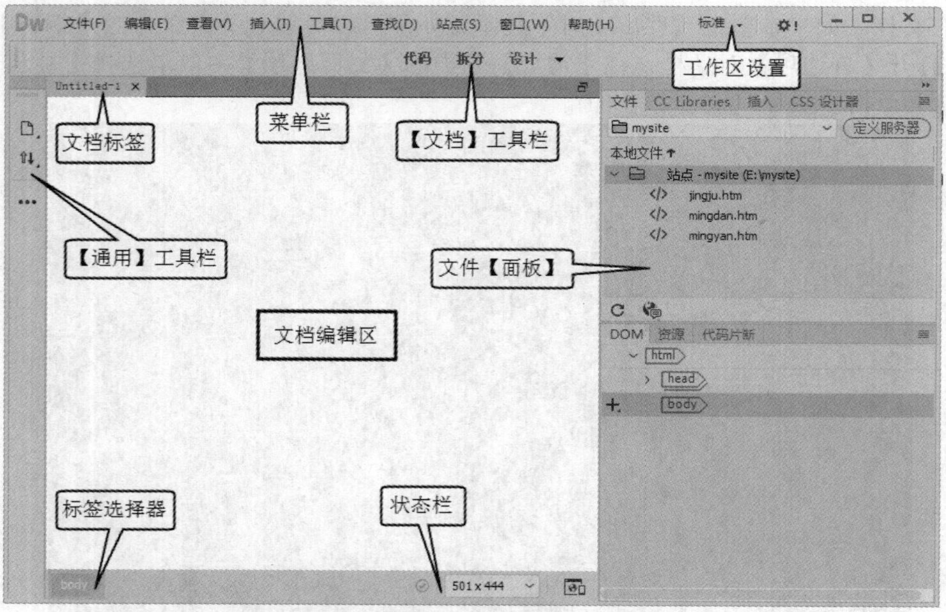

图1-3　Dreamweaver CC 2017 工作窗口界面

Dreamweaver CC 的工作窗口界面默认有【开发人员】和【标准】两种布局模式，图 1-3 所示为【标准】布局模式。用户可以通过单击 标准 、 开发人员 或类似 我的布局 按钮，在弹出图 1-4 所示的快捷菜单中选择相应的选项来切换、新建、管理或保存工作区布局模式，也可以选择菜单命令【窗口】/【工作区布局】中的子命令进行相应操作。选择【新建工作区】子命令，可打开【新建工作区】对话框，对工作区进行命名保存，如图 1-5 所示，以后启动 Dreamweaver CC 2017 时就可以选择自己的布局模式进行工作了。选择【管理工作区】子命令，可打开【管理工作区】对话框，对工作区布局的名称进行修改或删除。例如，选择工作区布局名称“我的布局”，然后单击 重命名... 按钮或 删除 按钮，可进行重命名或删除操作，如图 1-6 所示。如对当前工作区的布局形式进行了调整，可选择【保存当前】子命令进行保存。

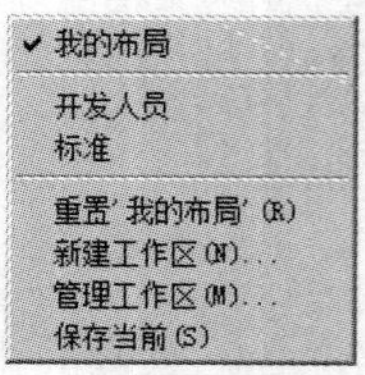

图1-4　【工作区布局】下拉菜单

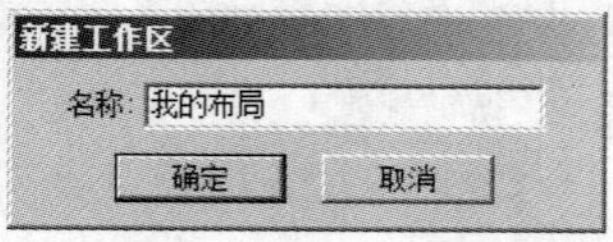

图1-5　【新建工作区】对话框

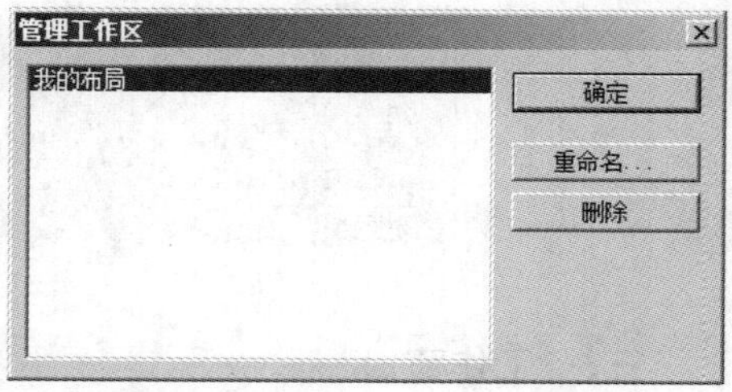

图1-6　【管理工作区】对话框

在文档编辑区右下方单击（实时预览）按钮，可打开图 1-7 所示的【实时预览】菜单，在其中可以选择预览网页所要使用的浏览器。如果单击菜单右上方的【编辑列表】链接文本，还可以打开【首选项】对话框，在【实时预览】分类进行实时预览选项设置，单击 + 按钮或 − 按钮可在列表框中添加或删除浏览器类型，还可以在列表框中选择一种浏览器类型后，在【默认】中通过选择【主浏览器】或【次浏览器】复选框来设置其是主浏览器还是次浏览器，如图 1-8 所示。只能有一种浏览器可以被设置为主浏览器或次浏览器，在主浏览器的后面会显示快捷键 F12，在次浏览器的后面会显示快捷键 Ctrl F12。

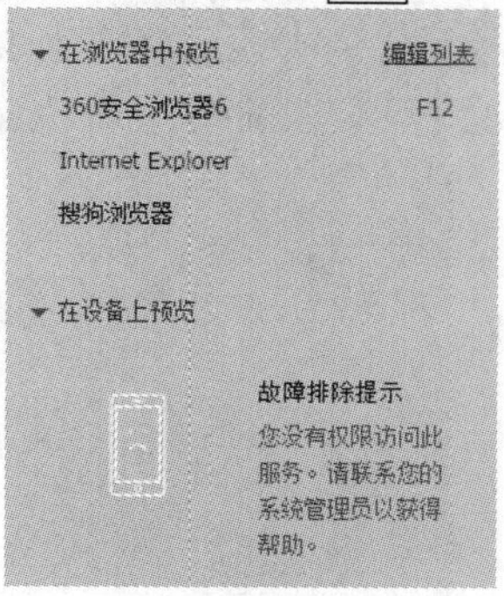

图1-7 【实时预览】菜单

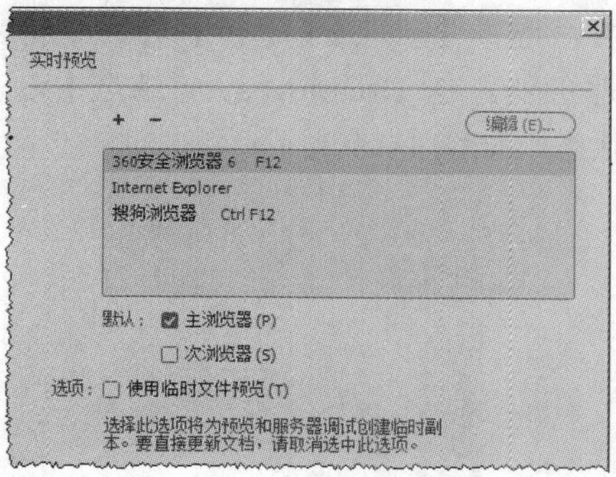

图1-8 【实时预览】分类

1.1.5 工具栏

工具栏通常有【文档】【标准】【通用】3 种类型，可通过选择菜单命令【窗口】/【工具栏】中的相应子命令来打开，如图 1-9 所示。

一、【文档】工具栏

【文档】工具栏如图 1-10 所示。文档编辑区通常有【代码】【拆分】【设计】【实时视图】4 种显示模式。在【文档】工具栏中，可以通过单击 代码 、 拆分 、 设计 或 实时视图 按钮来进行切换。其中【设计】和【实时视图】集成到了一个下拉菜单中，可通过单击 ▼ 按钮在弹出的下拉菜单中选择【设计】或【实时视图】进行切换。【设计】视图主要用于可视化操作的设计和开发环境，【代码】视图主要用于编辑网页源代码的手工编码环境，【拆分】视图可以将文档窗口拆分为【代码】和【设计】两种视图模式。用户既可以进行可视化操作，又可以随时查看源代码。

图1-9 工具栏

图1-10 【文档】工具栏

二、【标准】工具栏

【标准】工具栏如图 1-11 所示。在【标准】工具栏中，用户可以进行新建和打开文档、保存和全部保存文档、打印代码、还原和重做，以及剪切、复制和粘贴等基本操作。

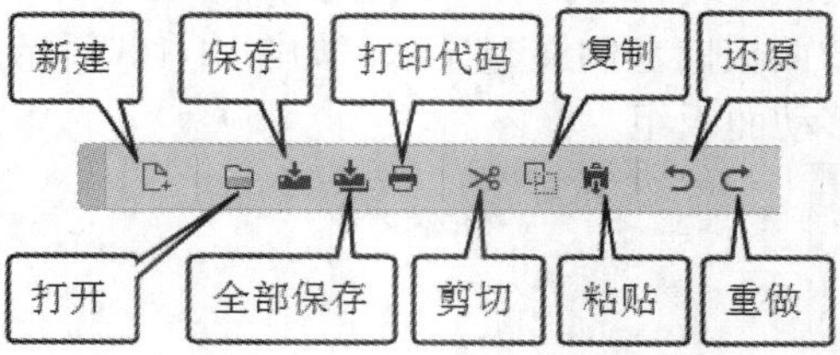

图1-11 【标准】工具栏

三、【通用】工具栏

【通用】工具栏如图 1-12 所示。单击 （打开文档）按钮将弹出当前打开的文档列表，如图 1-13 所示。通过选择其中的文档名称可以将其切换为当前文档，当然也可以在文档标签处选择文档名称来进行切换。单击（文件管理）按钮将弹出文件管理下拉菜单，从中可以选择【获取】【上传】等命令将文件从 Web 服务器下载到本地或将本地文件上传到 Web 服务器。在 Dreamweaver 站点中没有定义服务器的情况下，这些命令呈灰色显示处于不可用状态，如图 1-14 所示。

图1-12　【通用】工具栏

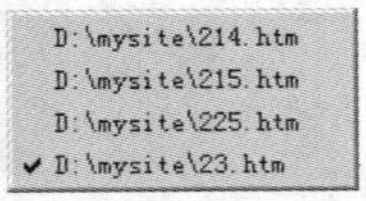

图1-13　文档列表

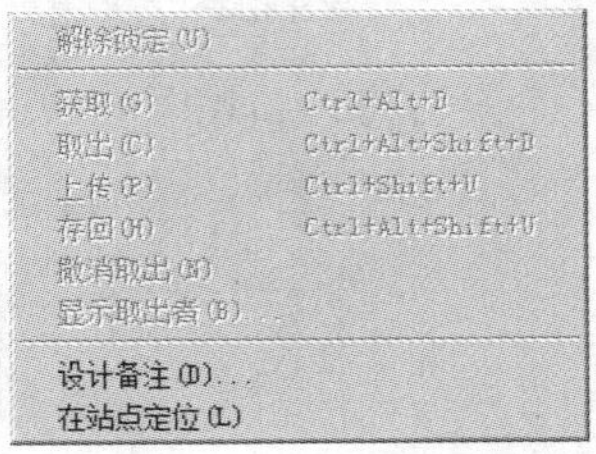

图1-14　文件管理

在【通用】工具栏中单击（自定义工具栏）按钮将打开【自定义工具栏】对话框，如图 1-15 所示。在列表框中选择相应的选项，它便会显示在【通用】工具栏中，或即使没显示在【通用】工具栏中但其功能已生效。

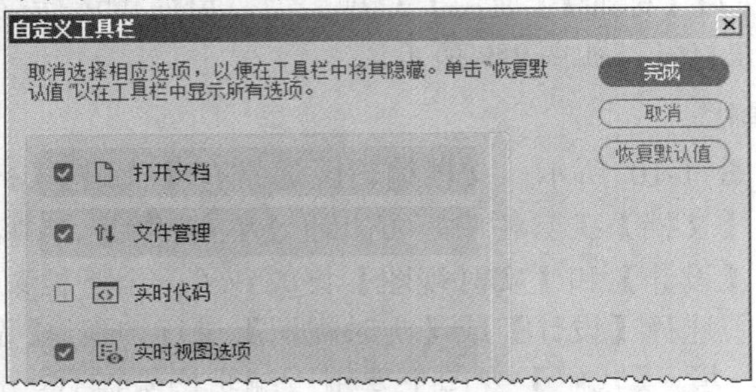

图1-15　【自定义工具栏】对话框

1.1.6　常用面板

Dreamweaver CC 2017 提供了很多面板，它们都集中在【窗口】菜单中。

一、　面板组

一个或几个放在一起显示的面板集合统称为面板组。单击面板组右上角的按钮可将所有面板向右侧折叠为图标，单击按钮可以向左侧展开面板。也可在面板标题栏上单击鼠标右键，在弹出的快捷菜单中选择【折叠为图标】命令或【展开面板】命令将所有面板向右侧折叠为图标或将折叠的面板向左侧展开显示，如图 1-16 所示。在面板组标题栏上按住鼠标左键不放进行拖动可移动面板组。

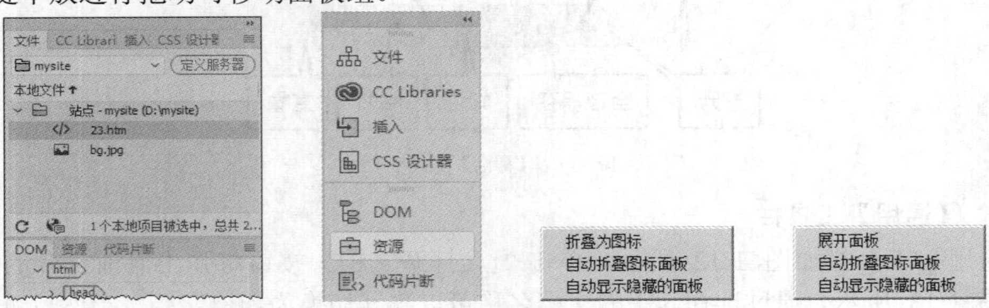

图1-16　面板组

二、【文件】面板

【文件】面板通常位于窗口右侧的面板组中，其功能非常丰富，可以查看、创建、修改、删除文件夹或文件，也可向服务器上传文件或从服务器下载文件。【文件】面板如图 1-17 所示，其中左图是在没有创建站点时的显示状态，中图是在创建了站点后的显示状态，右图是在定义服务器后的显示状态。只有在 Dreamweaver 站点中定义了服务器后，才会在【文件】面板中显示含有【本地视图】【远程服务器】【测试服务器】的下拉列表。

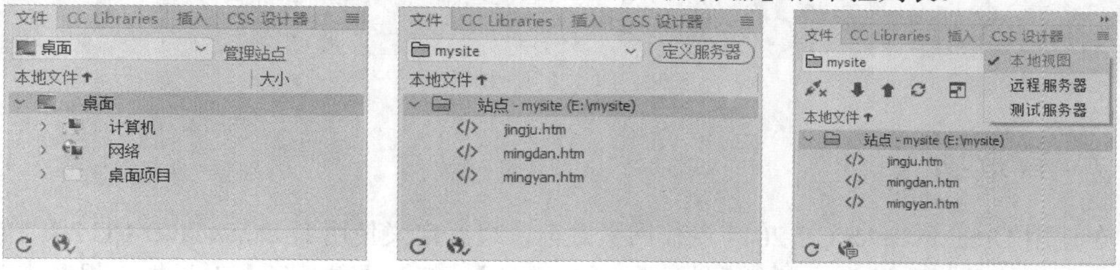

图1-17 【文件】面板

三、【插入】面板

【插入】面板通常也位于窗口右侧的面板组中，它包含用于创建和插入常用对象的按钮。这些按钮通常按 HTML、表单、模板、Bootstrap 组件、jQuery Mobile、jQuery UI 等类别进行组织，可以从【插入】面板左上角的下拉菜单中选择相应类别进行切换，如图 1-18 所示。【插入】面板的每个类别包含相应类型的对象按钮，如图 1-19 所示，单击这些按钮，可将相应的对象插入到文档中。有些按钮的右侧有▾标志，单击它可以从弹出的菜单中选择需要的选项。在按钮类别菜单中，选择【隐藏标签】命令，【插入】面板变为图 1-20 所示的格式。此时的【隐藏标签】命令变为【显示标签】命令。如果选择【显示标签】命令，【插入】面板就变回原来的格式。

图1-18 按钮类别菜单

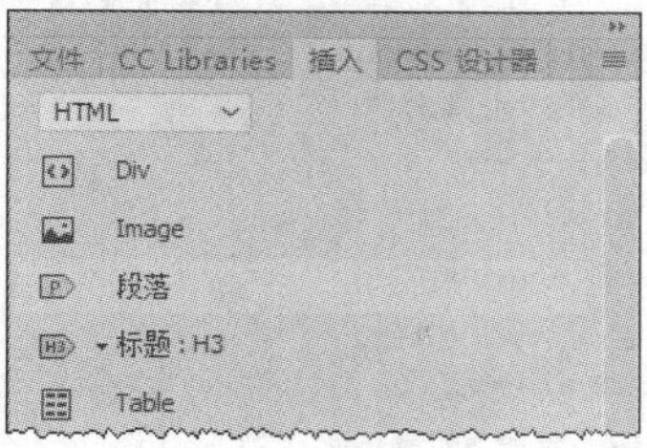

图1-19 【插入】面板

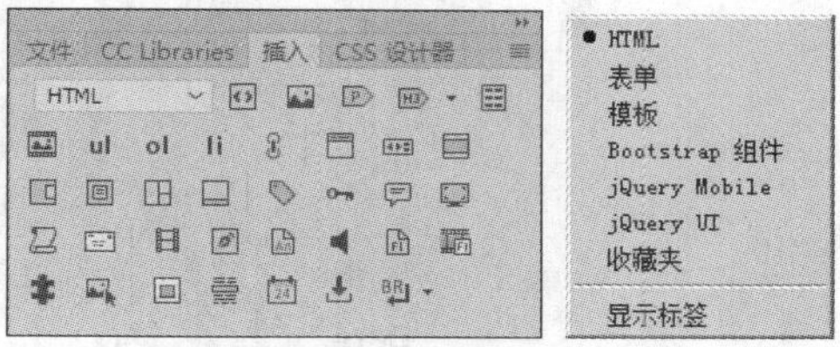

图1-20 【插入】面板【隐藏标签】格式

四、【属性】面板

通过【属性】面板可以设置和修改所选对象的属性。选择的对象不同，【属性】面板显示的参数选项也不同。文本的【属性】面板还提供了【HTML】和【CSS】两种类型的属性设置，如图 1-21 所示。为了叙述的方便，本书将这两种形式分别称为【属性（HTML）】面板和【属性（CSS）】面板。在【属性（HTML）】面板中可以设置文本的标题格式和段落格式、对象的 ID 名称、列表格式、缩进和凸出、粗体和斜体，以及超级链接、类样式的应用和浏览器标题等，这些将采取 HTML 的形式进行设置。在【属性（CSS）】面板中可以设置文本的字体、大小、颜色、样式、粗细和对齐方式等，这些将采用 CSS 样式的形式进行设置，也可以设置浏览器标题。

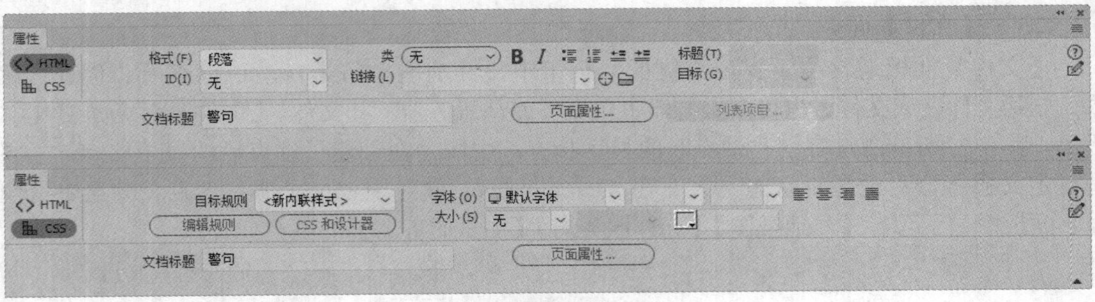

图1-21　文本【属性】面板

1.1.7　首选项

在使用 Dreamweaver CC 2017 制作网页之前，最好定义使用 Dreamweaver CC 2017 的基本规则。方法是：选择菜单命令【编辑】/【首选项】，打开【首选项】对话框，根据需要进行设置即可。设置完毕后单击 应用 按钮，然后单击 关闭 按钮关闭对话框。下面对【首选项】对话框中的常用分类进行简要说明。

一、【常规】分类

在【常规】分类中可以定义【文档选项】和【编辑选项】两部分内容，如图 1-22 所示。选择【显示开始屏幕】复选框，表示在启动 Dreamweaver CC 2017 时显示开始屏幕，否则将不显示。选择【允许多个连续的空格】复选框，表示允许使用 Space（空格）键在文档中输入多个连续的空格。

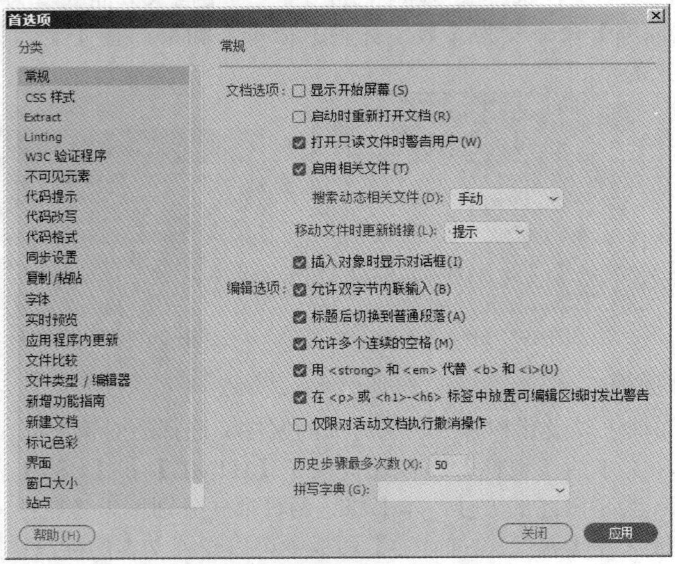

图1-22　【常规】分类

二、【不可见元素】分类

在【不可见元素】分类中可以定义显示不可见元素，以帮助设计者确定它们的位置，如图 1-23 所示。例如，可以选择【换行符】复选框，这样在文档中添加换行符后，在文档【设计】视图中会显示换行符标志。

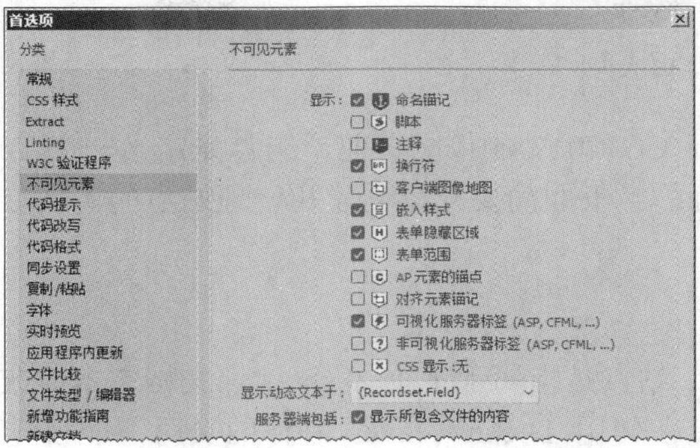

图1-23 【不可见元素】分类

三、【复制/粘贴】分类

在【复制/粘贴】分类中可以定义粘贴到文档中的文本格式，如图 1-24 所示。在定义了一种粘贴方式后，就可以选择菜单命令【编辑】/【粘贴】来按照定义的粘贴方式直接粘贴文本了。如果临时需要使用另一种粘贴方式，可选择菜单命令【编辑】/【选择性粘贴】，此时将打开【选择性粘贴】对话框，用户根据需要选择粘贴方式即可。

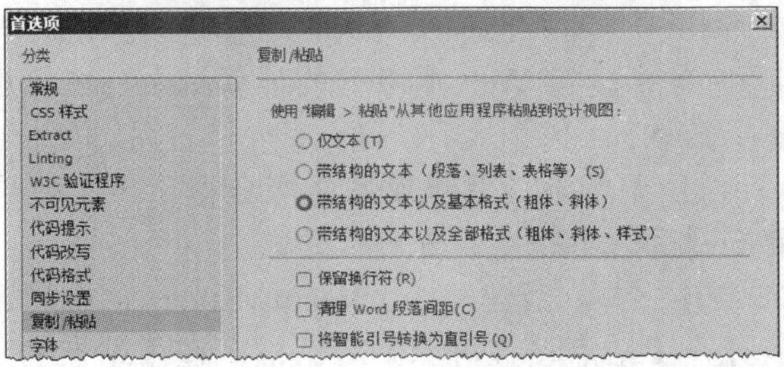

图1-24 【复制/粘贴】分类

四、【新建文档】分类

在【新建文档】分类中可以定义新建文档的默认文档、默认扩展名、默认文档类型和默认编码等，如图 1-25 所示。在【默认文档】下拉列表中可以设置默认文档的类别，如“HTML”或“CSS”等。在【默认扩展名】文本框中设置默认文档的扩展名，如“.htm”或“.html”等。在【默认文档类型】下拉列表中设置文档类型，如“HTML5”或“HTML 4.01 Strict”，共包括 7 个选项，大体可分为 HTML 和 XHTML 两类，HTML 最新版本是 HTML5。在【默认编码】下拉列表中设置编码类型，如“简体中文（GB2312）”或“Unicode（UTF-8）”等。

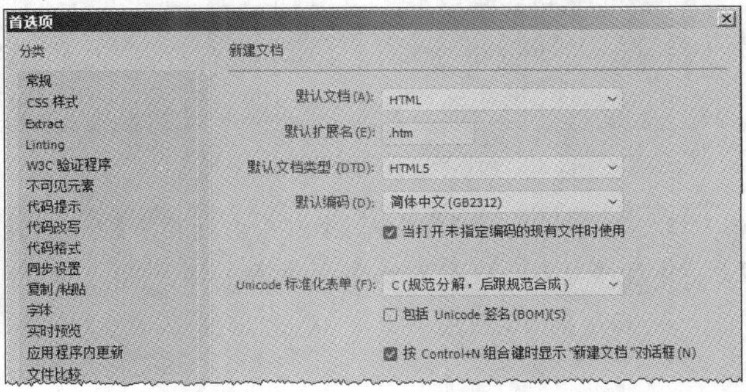

图1-25 【新建文档】分类

1.2 创建和管理站点

在使用 Dreamweaver CC 2017 制作网页前，应首先定义一个 Dreamweaver 站点，网页制作通常是在站点中进行的。下面简要介绍创建和管理站点的基本方法。

1.2.1 创建站点

在 Dreamweaver 中，站点是指属于某个 Web 站点文档的本地或远程存储位置，是所有网站文件和资源的集合。在使用 Dreamweaver 制作网页时，应首先定义一个 Dreamweaver 站点，用来组织和管理所有的网页文档。如果要向 Web 服务器传输文件或开发 Web 应用程序，还需要设置远程站点和测试站点。在定义 Dreamweaver 站点时，是否需要同时定义远程站点和测试站点，取决于开发环境和所开发的 Web 站点类型。下面简要介绍一下本地站点、远程站点和测试站点的基本概念。

- 【本地站点】：通常位于本地计算机上，主要用于存储用户正在处理的网页文件和资源，制作者通常在本地计算机上编辑网页文件，然后将它们上传到远程站点供浏览者访问。
- 【远程站点】：通常位于运行 Web 服务器的计算机上，主要用于发布站点文件以便人们可以联机查看。
- 【测试站点】：可以位于本地计算机或网络服务器上，主要用来测试动态网页文件，在制作静态网页时不需要设置测试站点。

在 Dreamweaver CC 2017 中，新建一个 Dreamweaver 站点的方法是：选择菜单命令【站点】/【新建站点】，打开【站点设置对象】对话框。在【站点名称】文本框中输入站点的名字，在【本地站点文件夹】文本框中输入本地站点位于的文件夹，如图 1-26 所示，也可通过单击（浏览文件夹）按钮打开【选择根文件夹】对话框来选择具体的保存位置。如果现在不需要创建动态网页文件或不需要使用 Dreamweaver 将网页文件发布到远程站点上（日后可使用 FTP 专用工具向远程服务器上传文件），可以暂时不设置对话框中的【服务器】选项。

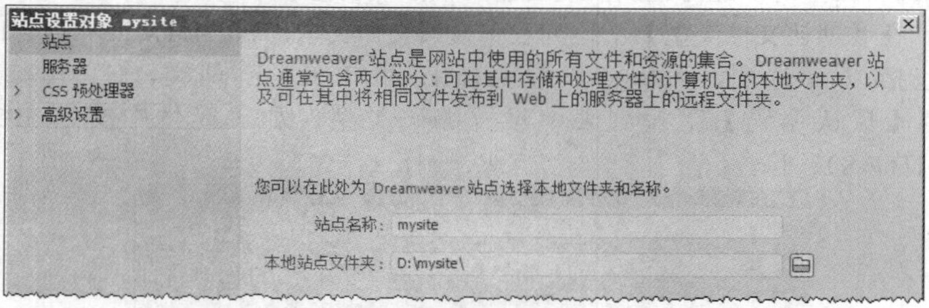

图1-26　新建本地站点

要点提示 关于站点设置的对话框包括【站点】【服务器】【CSS 预处理器】【高级设置】4 个部分，对于初学者来说，【站点】和【服务器】两个部分最为常用。

1.2.2 管理站点

在 Dreamweaver CC 2017 中创建站点后，还可以对站点进行删除、编辑、复制及导出等操作，导出的站点还可以再导入 Dreamweaver 中。这些操作都是通过【管理站点】对话框来进行的。具体操作方法如下。

选择菜单命令【站点】/【管理站点】，打开【管理站点】对话框，如图 1-27 所示。在该对话框的【您的站点】列表框中将显示在 Dreamweaver 中创建的所有站点，包括站点名称和站点类型。

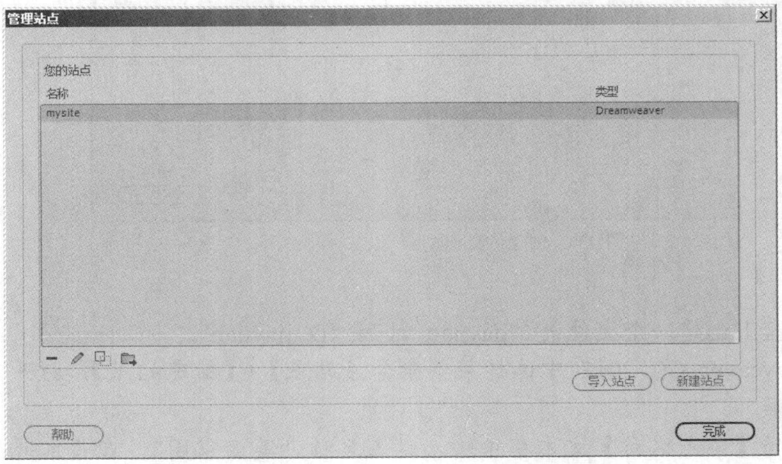

图1-27 【管理站点】对话框

在【您的站点】列表框中，用鼠标左键单击相应的站点即可将其选择，单击 （删除）按钮将删除当前选定的站点。单击 （编辑）按钮将打开【站点设置对象】对话框，利用该对话框可以编辑当前选定的站点，对话框的形式与新建站点时的形式是一样的。单击 （复制）按钮将复制当前选定的站点，并显示在【您的站点】列表框中，如图 1-28 所示，然后再单击 按钮在打开的【站点设置对象】对话框中对个别参数进行修改即可。

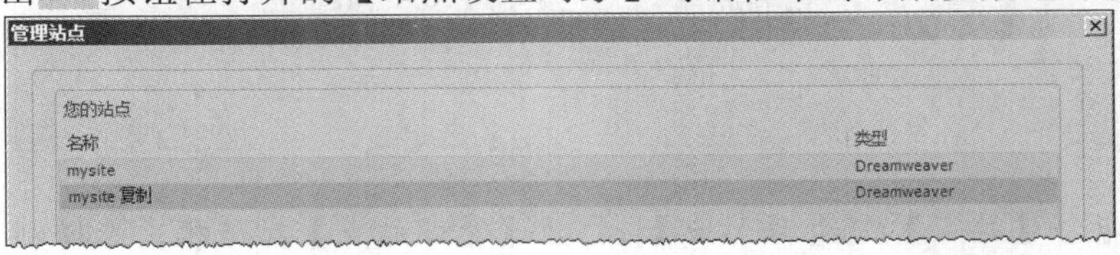

图1-28 复制站点

单击 （导出）按钮将打开【导出站点】对话框，利用该对话框导出当前选定的站点，文件的扩展名是“.ste”。单击 导入站点 按钮将打开【导入站点】对话框，选择要导入的站点文件导入即可。这个文件必须是从 Dreamweaver 站点导出的文件。单击 新建站点 按钮可以打开【站点设置对象】对话框，利用该对话框来新建站点，这与菜单命令【站点】/【新建站点】的作用是相同的。

1.2.3 课堂案例——创建和管理站点

本小节将通过案例操作来练习创建和管理站点的基本方法，希望读者通过案例的学习能够熟练掌握在 Dreamweaver CC 2017 中创建和管理站点的基本知识。实例效果如图 1-29 所示。

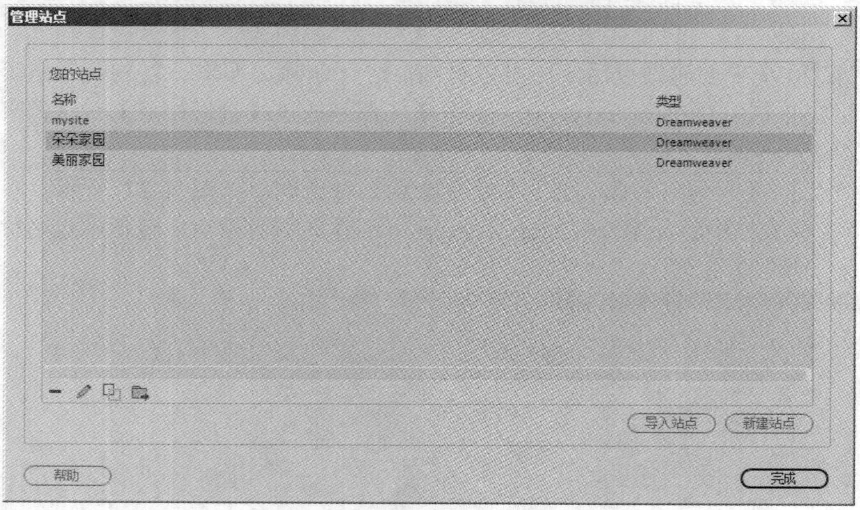

本例视频

图1-29　创建和管理站点

【操作步骤】

1. 首先在硬盘上创建一个文件夹“jiayuan”，如“D:\jiayuan”。
2. 在 Dreamweaver CC 2017 中选择菜单命令【站点】/【新建站点】，打开【站点设置对象】对话框。
3. 在对话框的【站点名称】文本框中输入站点名称“美丽家园”，在【本地站点文件夹】文本框中定义站点所在位置“D:\jiayuan”，如图 1-30 所示，然后单击 保存 按钮关闭对话框，这样就创建了一个本地站点。

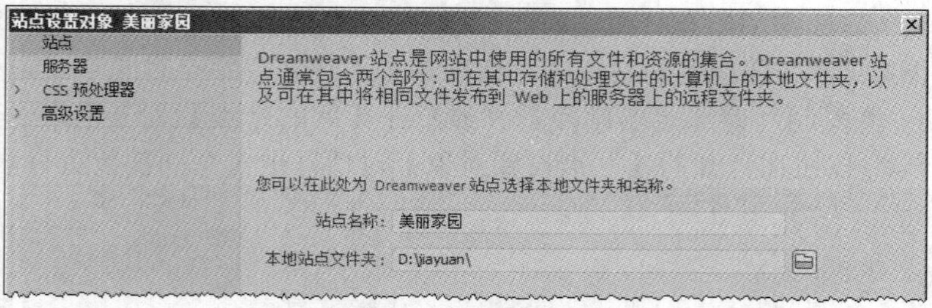

图1-30　设置站点信息

4. 选择菜单命令【站点】/【管理站点】，打开【管理站点】对话框，选择刚才新建的站点“美丽家园”，然后单击（复制）按钮复制一个站点，如图 1-31 所示。

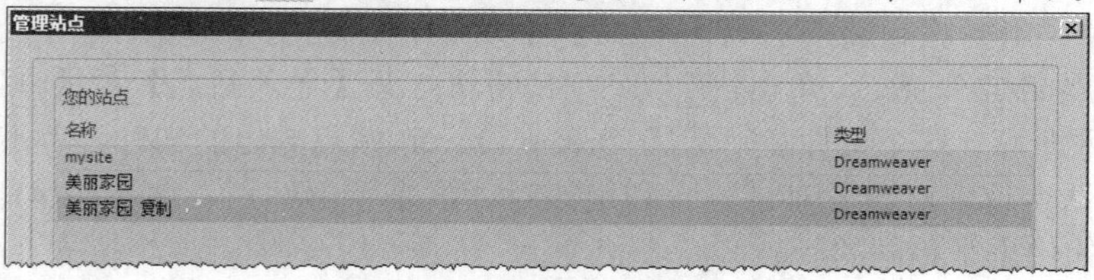

图1-31　【管理站点】对话框

5. 保证站点“美丽家园 复制”处于选中状态，然后单击（编辑）按钮，在打开的对话框中编辑站点的名称和所在的文件夹，如图 1-32 所示。

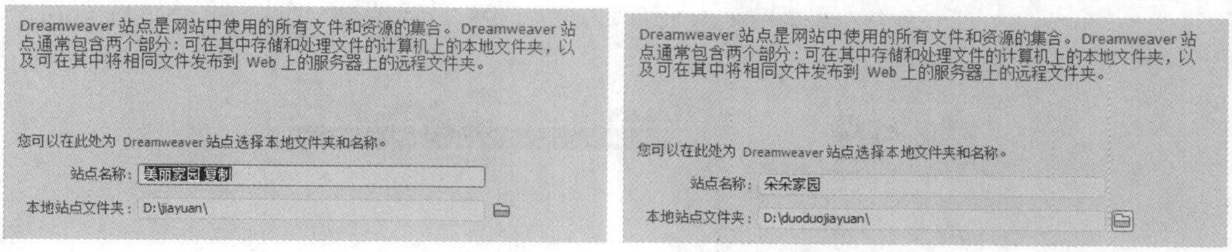

图1-32　编辑站点信息

6. 编辑完毕后单击【保存】按钮返回【管理站点】对话框，如图 1-33 所示。

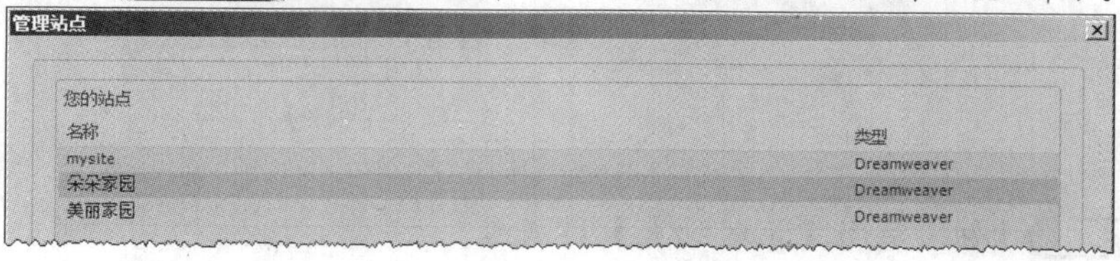

图1-33　【管理站点】对话框

7. 选中站点“朵朵家园”，然后单击（导出）按钮，打开【导出站点】对话框，在【保存在】下拉列表中设置文件保存位置，在【文件名】文本框中设置导出文件名称，如图 1-34 所示。

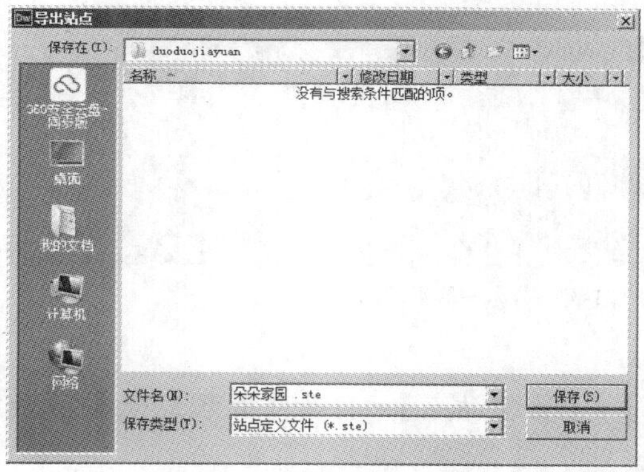

图1-34　【导出站点】对话框

要点提示　站点导出文件名默认与站点名称保持一致，扩展名为“.ste”。

8. 单击【保存(S)】按钮返回【管理站点】对话框，仍然选中站点“朵朵家园”，接着单击（删除）按钮将其删除，在弹出的提示框中单击【是】按钮删除选中的站点，如图 1-35 所示。

图1-35　删除站点

9. 单击【导入站点】按钮打开【导入站点】对话框，选择要导入的站点文件，如图 1-36 所示，单击【打开(O)】按钮从站点文件导入站点。

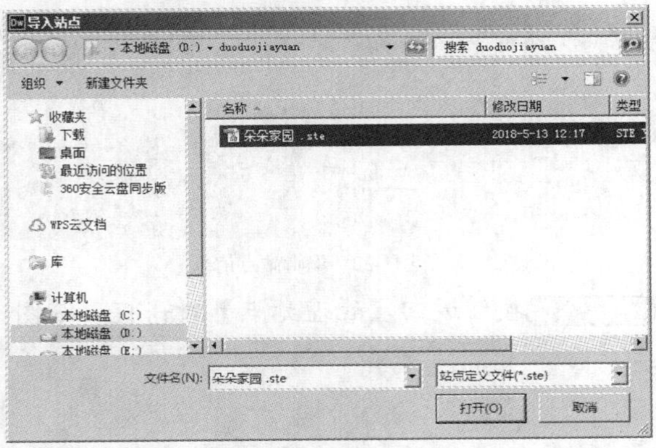

图1-36　导入站点

10. 单击 完成 按钮，关闭【管理站点】对话框。

1.2.4　课堂实训——导入和编辑站点

本小节由读者根据步骤提示自行操作，进一步巩固导入和编辑站点的基本方法。实例效果如图 1-37 所示。

图1-37　导入和编辑站点

本例视频

【步骤提示】

1. 选择菜单命令【站点】/【管理站点】，打开【管理站点】对话框，单击 导入站点 按钮导入站点“我的家.ste”。
2. 单击 （编辑）按钮，打开【站点设置对象】对话框，将站点名称修改为“我的小屋”，站点文件保存位置仍为“D:\myhome”。
3. 单击 （导出）按钮，打开【导出站点】对话框，将站点导出为“myroom.ste”。

要点提示　在导入站点文件时，如果本地硬盘没有对应的文件保存位置，即盘符和文件名，此时将打开相应对话框，要求选择站点的本地根文件夹。

1.3　创建文件夹和文件

创建完站点后，此时的站点是没有文件夹和文件的，接下来还需要创建文件夹和文件。

1.3.1　创建文件夹和文件

文件夹可以通过 Windows 资源管理器来创建，也可以在 Dreamweaver CC 2017 中通过【文件】面板来创建。站点中的文件可以通过【文件】面板、【开始屏幕】或菜单命令来创建。下面简要介绍在 Dreamweaver CC 2017 中创建文件夹和文件的方法。

一、 通过【文件】面板创建文件夹和文件

在站点根文件夹上单击鼠标右键，在弹出的快捷菜单中选择【新建文件夹】或【新建文件】命令，在文本框中输入新的文件夹或文件名称，然后按 Enter 键确认即可，如图 1-38 所示，也可在其他任意位置单击鼠标加以确认。通过【文件】面板创建的文件是没有内容的，添加内容并保存后才有实际意义。

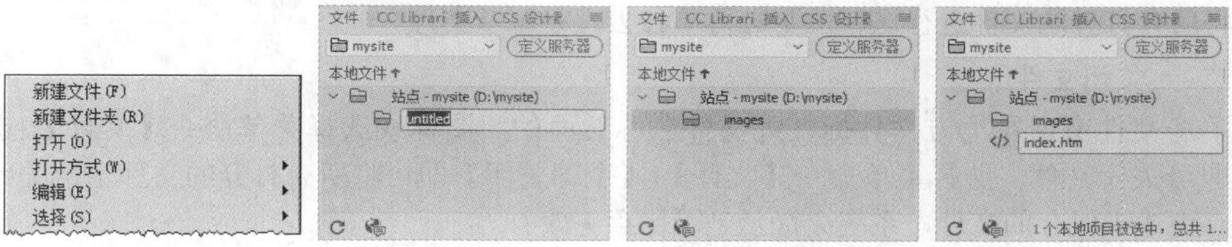

图1-38 通过【文件】面板创建文件夹和文件

二、 通过【开始屏幕】创建文件

在【首选项】对话框中，如果设置了在启动 Dreamweaver 时显示【开始屏幕】，那么就可在【开始屏幕】中通过选择相应选项来创建网页文档，如 HTML 文档等。

三、 通过菜单命令创建文件

选择菜单命令【文件】/【新建】，打开【新建文档】对话框，根据需要选择相应的选项来创建文档，如图 1-39 所示，然后单击 创建(R) 按钮创建一个空白文档。当创建一个 HTML 类型的文档时，可在【新建文档】对话框右侧的【框架】区域设置文档在浏览器标题栏显示的标题、文档类型及所要附加的 CSS 文件等。

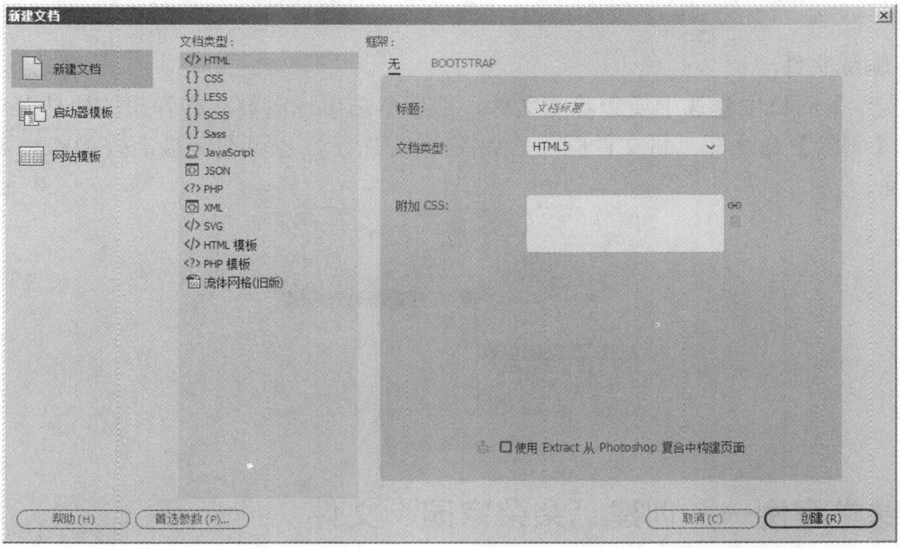

图1-39 【新建文档】对话框

1.3.2 保存、打开、关闭和删除文件

下面简要介绍一下保存、打开、关闭和删除文件的基本操作方法。

一、　保存文件

在 Dreamweaver CC 2017 中，保存网页文件时可通过菜单命令来操作。通过【文件】面板创建并命名的文件，添加内容后选择菜单命令【文件】/【保存】即可。通过【新建文档】对话框创建的文件，首次保存时无论是选择菜单命令【文件】/【保存】还是【文件】/【另存为】，都将打开【另存为】对话框，输入文件名称进行保存即可。如果在文件窗口中打开了多个文件，并对多个文件内容进行了编辑，此时选择菜单命令【文件】/【保存全部】即可将所有打开的文件进行保存，不必再单独去保存每个文件。

二、　关闭文件

单击文件窗口左上方文件标签处文件名称后面的×图标或选择菜单命令【文件】/【关闭】即可关闭文件。选择菜单命令【文件】/【全部关闭】即可将所有打开的文件全部关闭，如果有更改未保存的文件，系统会提示是否保存更改。

三、　打开文件

在【文件】面板中，用鼠标左键双击文件名称前面的</>图标或在文件上单击鼠标右键，在弹出的快捷菜单中选择【打开】命令即可打开文件，如图 1-40 所示，也可选择菜单命令【文件】/【打开】或【打开最近的文件】来打开文件，如图 1-41 所示。

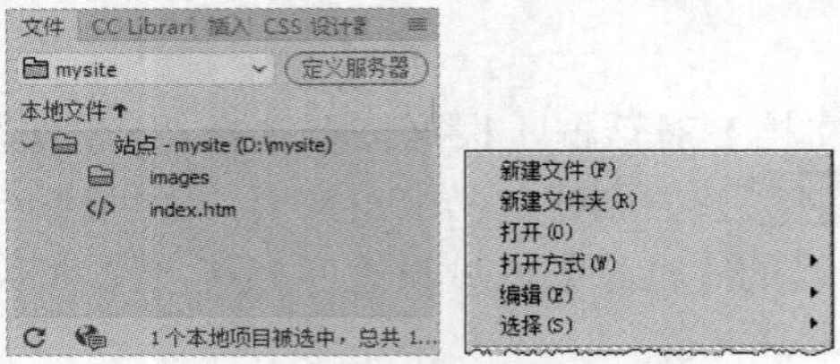

图1-40　通过【文件】面板打开文件

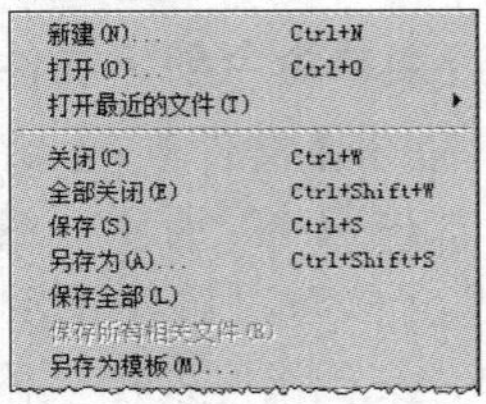

图1-41　文件菜单命令

四、　删除文件

在【文件】面板中先选中要删除的文件，然后单击鼠标右健，在弹出的快捷菜单中选择【编辑】/【删除】命令即可将文件删除，如图 1-42 所示，也可在键盘上按 Delete 键将选中的文件删除。

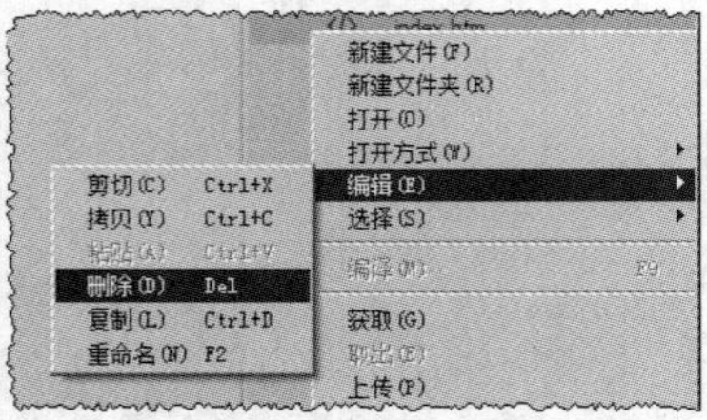

图1-42　快捷菜单命令

1.3.3　课堂案例——创建“朵朵家园”文件

本小节将通过案例“朵朵家园”来练习创建文件夹和文件的基本方法，希望读者通过案例的学习能够熟练掌握在 Dreamweaver CC 2017 中创建文件夹和文件的基本知识。实例效果如图 1-43 所示。

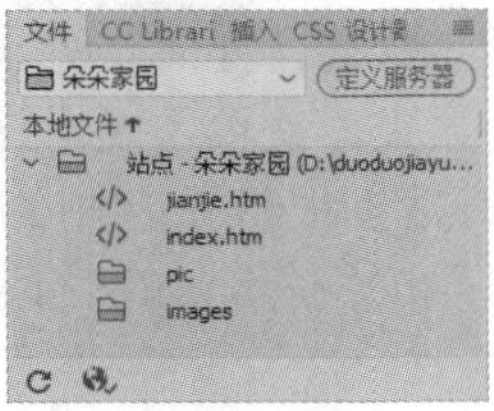

图1-43　朵朵家园

本例视频

【操作步骤】

1. 在【文件】面板中单击下拉列表，在弹出的下拉菜单中选择【朵朵家园】，将【文件】面板切换到站点【朵朵家园】状态，如图 1-44 所示。

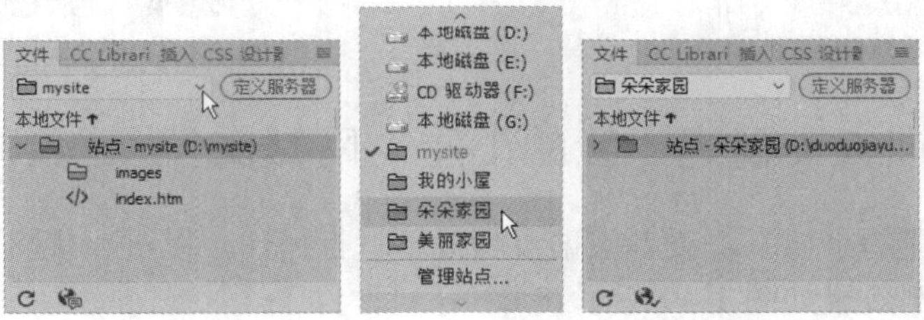

图1-44　切换站点

2. 用鼠标右键单击站点根文件夹，在弹出的快捷菜单中选择【新建文件夹】命令，并在“untitled”处输入新的文件夹名“images”，最后按 Enter 键确认。运用同样的方法在【文件】面板中再创建一个文件夹“pic”，如图 1-45 所示。

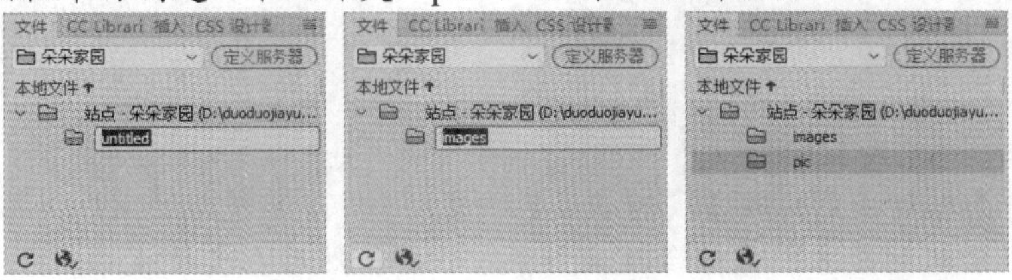

图1-45　创建文件夹

3. 在【文件】面板中用鼠标右键单击根文件夹，在弹出的快捷菜单中选择【新建文件】命令，并在“untitled.htm”处输入新的文件名“index.htm”，最后按 Enter 键确认。运用同样的方法在【文件】面板中再创建一个文件“jianjie.htm”，如图 1-46 所示。

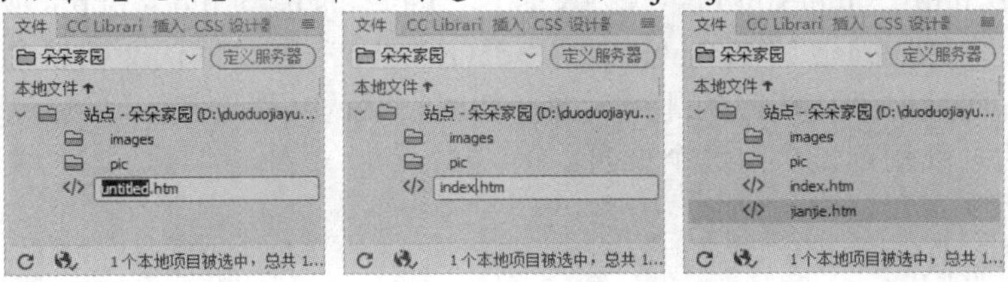

图1-46　创建文件

要点提示　在【文件】面板中创建文件夹和文件时，选择的是哪一层级的文件夹就将在哪一层级的文件夹下创建新的文件夹和文件。

在【文件】面板中，默认情况下，文件夹显示在列表的上面，文件显示在文件夹列表的下面，文件夹和文件各自按照升序排列，此时在列表框上端【本地文件】右侧显示一个向上的箭头“↑”。如果单击【本地文件↑】所在行，则将文件显示在列表的上面，文件夹显示在文件列表的下面，文件夹和文件各自按照降序排列，此时在列表框上端【本地文件】右侧显示一个向上的箭头“↓”，如图 1-47 所示。如果再次单击【本地文件↓】所在行，列表又将变为原来的【本地文件↑】状态。如果单击站点根目录左侧的˅（隐藏）图标，将隐藏列表内容，此时的˅（隐藏）图标变为›（显示）图标，如图 1-48 所示，再次单击›（显示）图标又将显示列表内容。

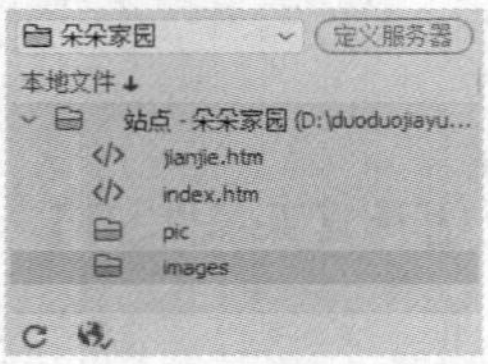

图1-47　列表降序排列

图1-48　隐藏列表

1.3.4　课堂实训——创建“我的小屋”网站文件

本小节实例“我的小屋”由读者根据步骤提示自行操作，以进一步巩固创建文件夹和文件的基本方法。实例效果如图 1-49 所示。

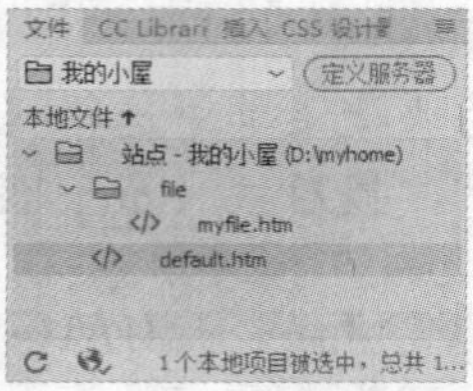

图1-49　我的小屋

本例视频

【步骤提示】

1. 将【文件】面板切换到站点【我的小屋】状态。
2. 在【文件】面板的根文件夹下创建文件夹“file”，然后在文件夹“file”下创建网页文件“myfile.htm”。
3. 在【文件】面板的根文件夹下创建主页文件“default.htm”。

一个网站默认的首页文件名通常为“index”或“default”，扩展名根据文档类型而定，常用的有“index.htm”“index.html”“index.asp”“index.aspx”“index.php”或“default.htm”“default.html”“default.asp”“default.aspx”“default.php”等。默认文档就是当在浏览器地址栏中直接输入网址时默认访问的那个页面，如网站默认文档设置为“index.aspx”，那么在访问这个网站的时候就首先访问这个页面。

1.4　发布站点

用户可以使用 Dreamweaver CC 2017 连接远程服务器并发布站点，当然也可以使用 FTP 传输软件发布站点。下面简要介绍在 Dreamweaver CC 2017 中连接远程服务器和发布站点的基本方法。

1.4.1 课堂案例 1——连接远程服务器

网页设计好以后，可以通过 Dreamweaver CC 2017 直接发布到远程服务器供用户访问，在发布之前需要在 Dreamweaver CC 2017 中连接好远程服务器。这里假设远程服务器的 FTP 服务器已经设置好了，能够正常运行。下面介绍使用 FTP 方式连接远程服务器的方法。

本例视频

【操作步骤】

1. 选择菜单命令【站点】/【管理站点】，打开【管理站点】对话框，在站点列表中选择要发布的站点，然后单击 按钮，打开【站点设置对象】对话框。
2. 在左侧列表中选择【服务器】选项，单击 + 按钮，在弹出对话框的【基本】选项卡中根据实际情况设置相关选项，如图 1-50 所示。

其中，【服务器名称】可以根据实际情况设置，【连接方法】选择【FTP】，【用户名】和【密码】要根据远程服务器中 FTP 服务器的实际访问账户来设置，【根目录】是否设置要看上传文件所处的位置，如果文件上传到 FTP 服务器根目录，这里就不用设置，如果是上传到 FTP 服务器下的虚拟目录，这里要将虚拟目录的名称设置上。

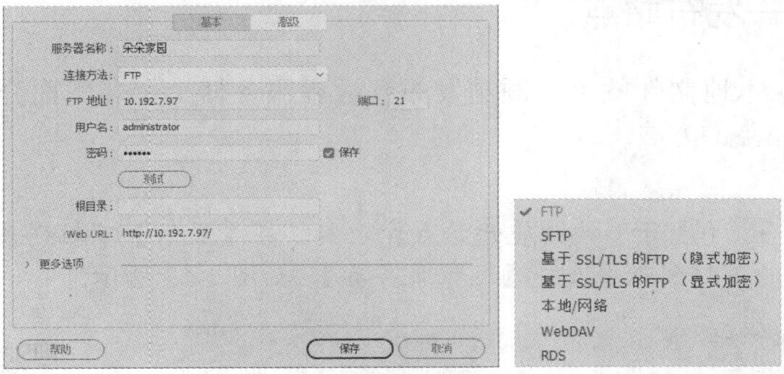

图1-50　设置基本参数

要点提示

FTP 全称 File Transfer Protocol，即文本传输协议，是 Internet 上使用非常广泛的一种通信协议。FTP 是由支持 Internet 文件传输的各种规则所组成的集合，这些规则使 Internet 用户可以把文件从一个主机传送到另一个主机上。FTP 地址就是指 FTP 服务器的地址。远程服务器需要设置好 FTP 服务器，用户才能上传文件。

3. 选择【高级】选项卡，在【服务器模型】下拉列表中根据需要选择相应的选项，如果没有使用服务器技术也可以暂时不设置，如图 1-51 所示。

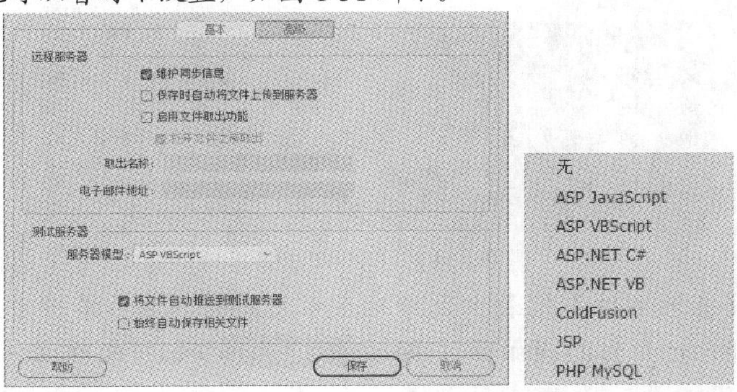

图1-51　设置高级参数

4. 单击 保存 按钮关闭对话框，然后指定服务器的类型为“远程”，如图 1-52 所示。

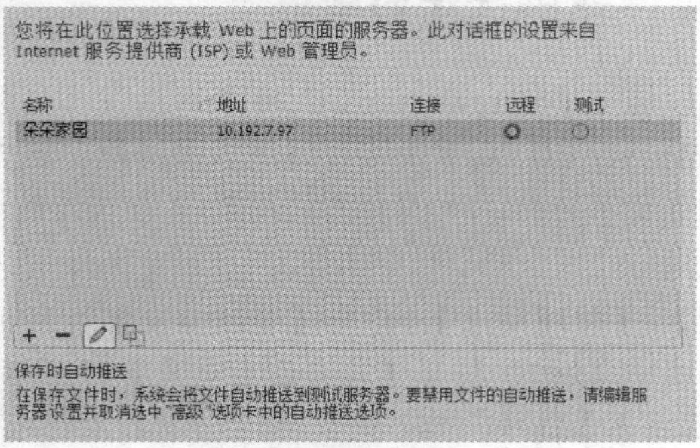

图1-52 设置远程服务器

5. 单击 保存 按钮关闭对话框，单击 完成 按钮关闭【管理站点】对话框。

这样连接远程服务器的任务就完成了。关于 FTP 服务器的基本知识，有兴趣的读者可参阅相关书籍，这里不再详细介绍。

1.4.2 课堂案例 2——发布站点

连接好远程服务器后，本地文件就可以顺利发布到远程服务器上了。下面介绍使用 Dreamweaver CC 2017 发布站点的方法。

【操作步骤】

1. 在【文件】面板中单击 （展开）按钮展开站点管理器，在【显示】下拉列表中选择要发布的站点，在后面的下拉列表中选择【远程服务器】，如图 1-53 所示。

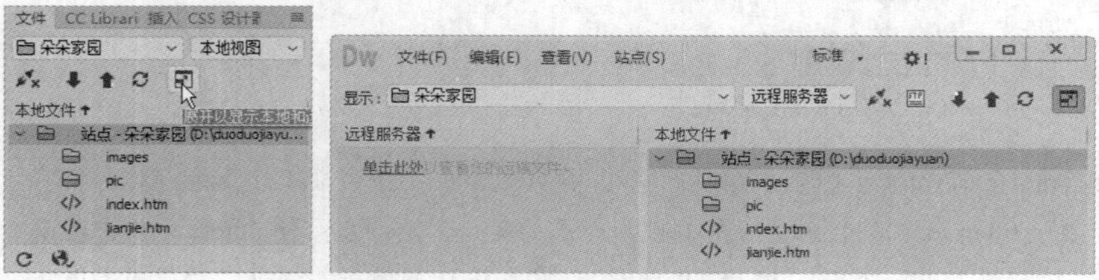

图1-53 站点管理器

本例视频

2. 单击 （连接到远程服务器）按钮，开始连接远程服务器，连接成功后会在窗口左侧的【远程服务器】列表框中显示远程服务器上的文件列表，这里显示的是根目录，如图 1-54 所示。

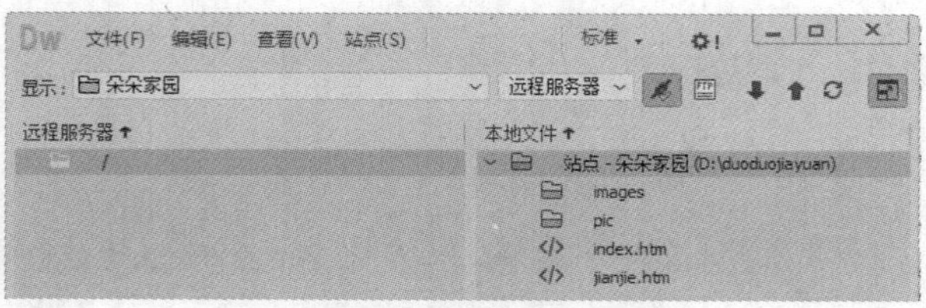

图1-54 连接远程服务器

3. 在窗口右侧的【本地文件】列表中选择站点根文件夹，然后单击右上方的 （上传文件）按钮，将弹出一个信息提示框，单击 确定 按钮将文件上传到远程服务器，如图 1-55 所示。

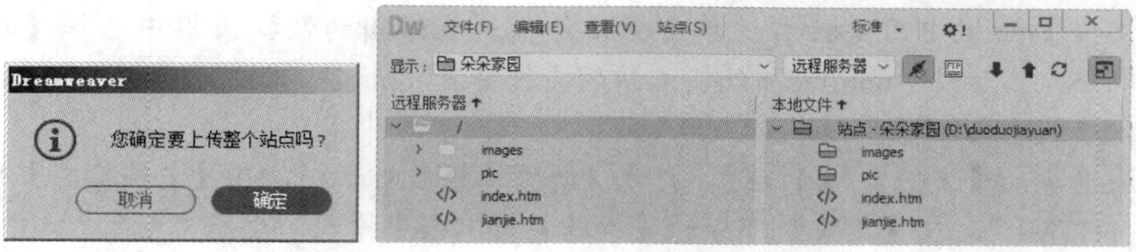

图1-55　上传文件到远程服务器

要点提示　如果仅上传部分文件，可选择相应的文件夹或文件。如果要从远程服务器下载文件，可以在远程服务器中选择相应的文件，然后单击⬇（获取文件）按钮下载即可。

4. 操作完毕后，单击按钮断开连接，然后单击按钮返回【文件】面板。

在实际操作中，使用 FTP 传输软件上传和下载站点文件非常方便，读者也可以使用它进行站点文件传输。

1.5 综合案例——创建“生态文明”站点和文件

本节将通过综合案例“生态文明”进一步巩固创建站点和文件的基本方法，实例效果如图 1-56 所示。

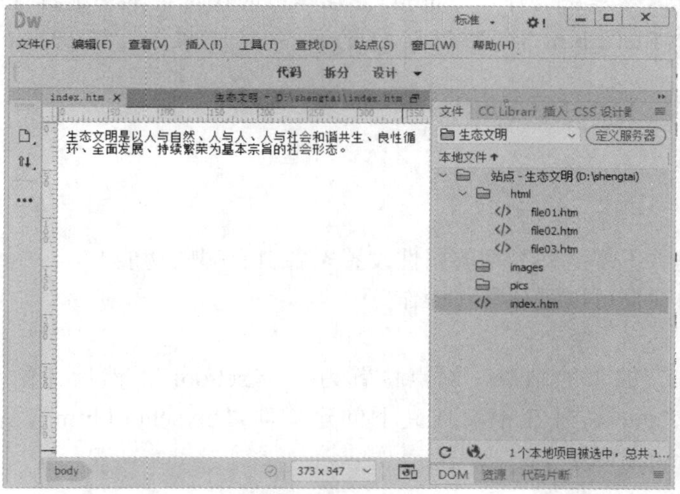

图1-56　生态文明

本例视频

【操作步骤】

1. 选择菜单命令【站点】/【新建站点】，打开【站点设置对象】对话框，在【站点名称】文本框中输入“生态文明”，然后单击【本地站点文件夹】文本框右侧的按钮定义本地站点文件夹的位置，如图 1-57 所示，最后单击 保存 按钮关闭对话框。

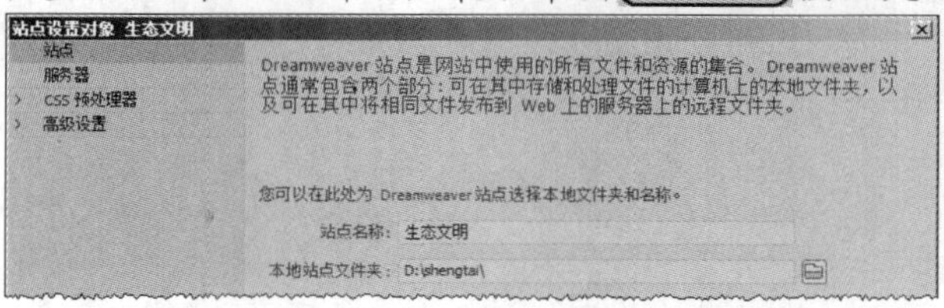

图1-57　设置站点信息

2. 在【文件】面板中用鼠标右键单击根文件夹，在弹出的快捷菜单中选择【新建文件夹】命令，然后在“untitled”处输入新的文件夹名“html”并按 Enter 键确认，运用同样的方法创建文件夹“images”和“pics”。
3. 选择菜单命令【文件】/【新建】，打开【新建文档】对话框，在【文档类型】列表框中选择“HTML”，在【框架】部分的【标题】文本框中输入“生态文明”，如图 1-58 所示，单击 创建(R) 按钮创建一个空白文档。

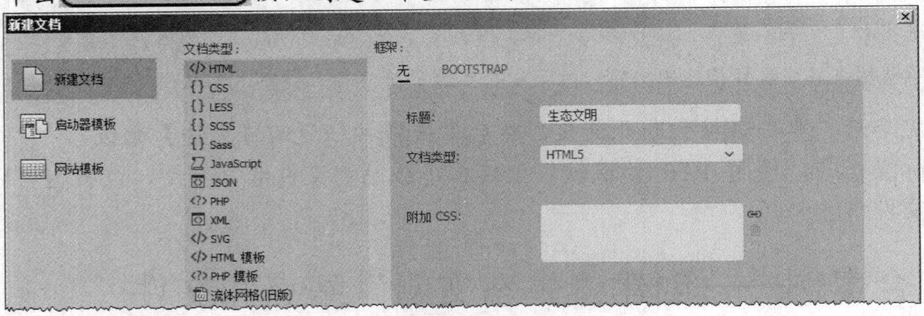

图1-58　【新建文档】对话框

4. 在文档中输入文本，然后选择菜单命令【文件】/【保存】，将文档保存为“index.htm”。
5. 在【文件】面板中用鼠标右键单击文件夹“html”，在弹出的快捷菜单中选择【新建文件】命令，创建文件“file01.htm”，运用同样的方法创建文件“file02.htm”和“file03.htm”。

1.6 习题

1. 思考题。

   (1) 文本【属性】面板提供了哪两种类型的属性设置？各自有哪些功能？

   (2) 通过【管理站点】对话框可以进行哪些操作？

2. 操作题。

   创建一个名称为“school”的本地站点，站点位置为“D:\school”，然后在站点中依次创建文件夹“lunwen”和“pic”，并在根文件夹下创建文件“myschool.htm”，在文件夹“lunwen”下创建文件“mylunwen”。

第2章 使用文本

【学习目标】

- 掌握添加文本的方法。
- 掌握插入水平线和日期的方法。
- 掌握设置页面属性的方法。
- 掌握设置文本属性的方法。
- 掌握设置段落属性的方法。

文本是网页上最重要的信息载体和交流工具，是网页最基本的组成元素。网页中的主要信息一般都以文本形式来传递。用户可以通过设计文本的字体、大小、颜色等属性，将文本主体与页面特点融合起来，使页面的视觉效果得到充分展示。本章将介绍在页面中添加和设置文本的基本方法。

2.1 添加文本

在网页特别是静态网页页面制作过程中，向页面添加文本是必不可少的一个环节。下面介绍在页面中添加文本、插入水平线和日期的基本方法。

2.1.1 添加文本

在页面中，添加文字等普通文本的方法主要有两种：一种是直接输入文本，即使用键盘输入文本，适合文字量不大的情况；另一种是复制/粘贴文本，即从现有的其他文档中复制/粘贴文本，适合文字量比较大的情况。

使用复制/粘贴方法将按照在【首选项】对话框中事先设置好的【复制/粘贴】分类选项进行粘贴。如果要改变粘贴方式，可选择【选择性粘贴】命令，直接打开【选择性粘贴】对话框，如图 2-1 所示，根据需要选择粘贴方式即可。不同的粘贴方式，效果是不一样的。例如，图 2-2 所示为在 Word 中排好版的内容，全选并复制后，在 Dreamweaver CC 2017 中依次按照图 2-1 所示的 4 种方式进行粘贴，其效果是有明显差异的，如图 2-3 所示。

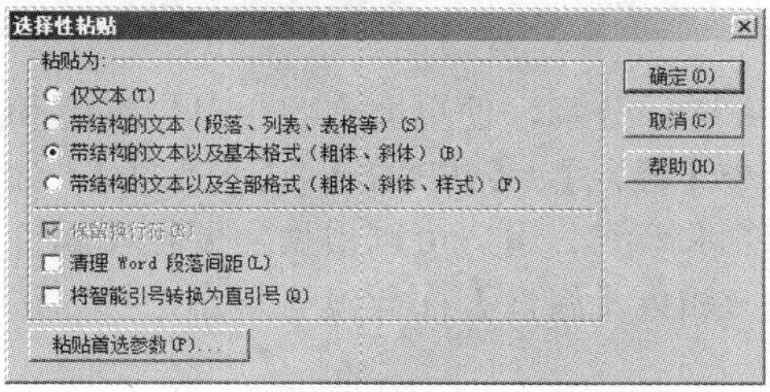

图2-1 【选择性粘贴】对话框

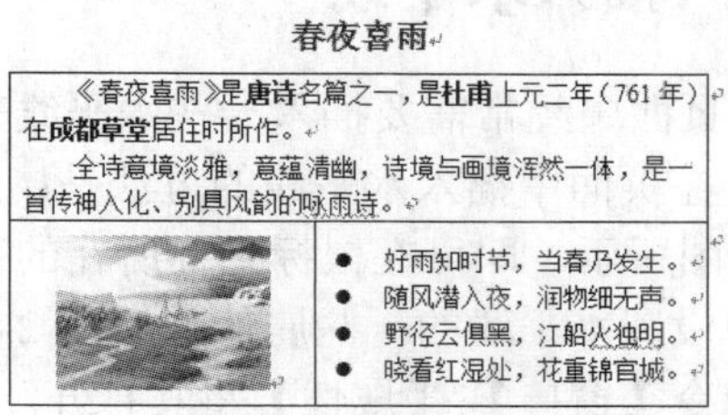

图2-2 Word 中排好版的内容

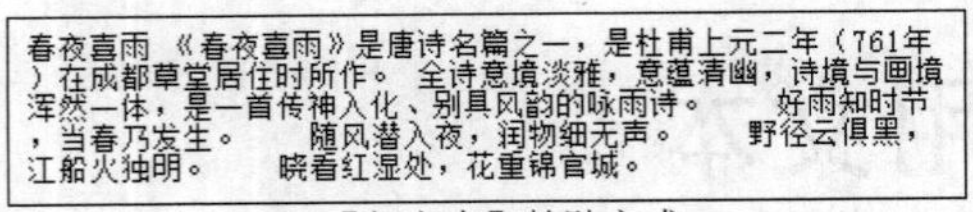

1.【仅文本】粘贴方式

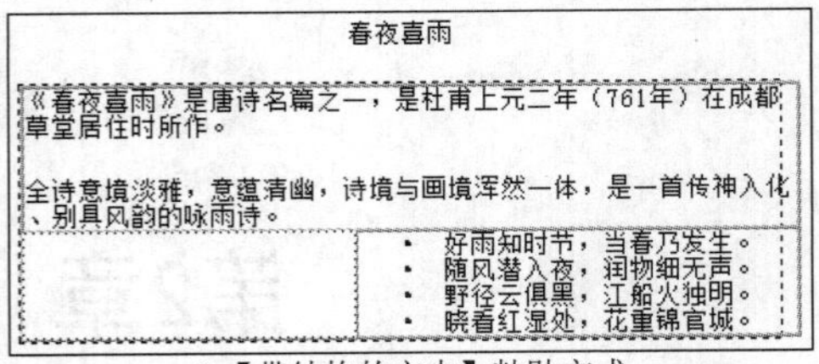

2.【带结构的文本】粘贴方式

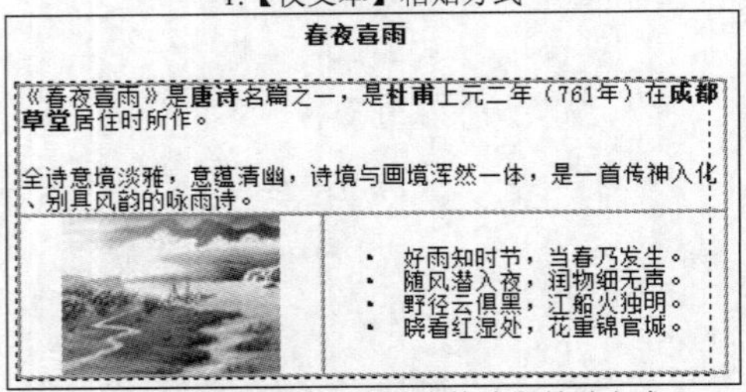

3.【带结构的文本以及基本格式】粘贴方式

4.【带结构的文本以及全部格式】粘贴方式

图2-3　4 种不同的粘贴方式效果

在页面中，有时还需要添加一些特殊文本，其中许多特殊文本通过键盘是无法输入的，这时可以采用插入特殊字符的方法进行添加。方法是：选择菜单命令【插入】/【HTML】/【字符】中的子命令，可以插入版权、商标等特殊字符，如图 2-4 左图所示。还可以在图 2-4 左图中选择【其他字符】命令，打开【插入其他字符】对话框，利用该对话框来插入其他一些特殊字符，如图 2-4 右图所示。

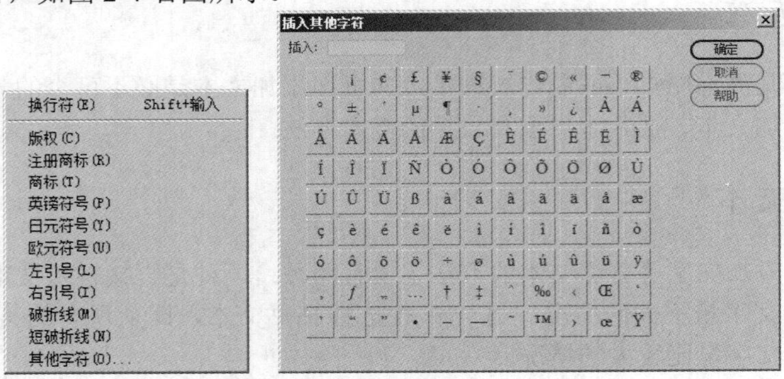

图2-4　插入特殊字符

要点提示　在插入一些特殊字符时，如果文档类型没有使用西欧字符编码（Latin1），插入的这些特殊字符可能不会在所有浏览器中正常显示。

2.1.2　插入水平线

在页面中经常需要插入一些水平线来对内容区域进行分割，使页面内容更具层次感和观赏感。在页面中插入水平线的方法是：选择菜单命令【插入】/【HTML】/【水平线】，如图 2-5 左图所示，即可在鼠标光标所在的位置插入一条水平线。用户可以根据需要在【属性】面板中设置水平线的一些属性，如图 2-5 右图所示。如果【属性】面板没有显示，可以选择菜单命令【窗口】/【属性】将其打开。

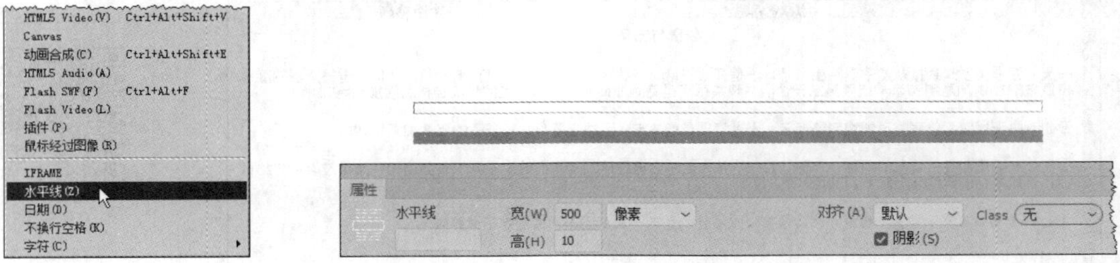

图2-5　插入水平线

在水平线【属性】面板中，【宽】选项主要用于设置水平线的长度，单位有【像素】和【%】（百分比）两种；【高】选项主要用于设置水平线的粗细。在【对齐】下拉列表中有【默认】【左对齐】【居中对齐】【右对齐】4 个选项，可根据实际需要进行选择。【阴影】选项主要用于设置水平线效果，选中【阴影】复选框后水平线显示时是中空的；如果不选【阴影】复选框，则水平线显示是实心的。

要点提示　也可以使用线条图像来进行分割，这样形式会更丰富，但这对读者的图像处理能力要求会较高，因此使用 HTML 水平线是一种比较简洁的方法，对初学者来说相对比较容易。

2.1.3　插入日期

有些网页在页脚位置都有页面更新日期，而且每次修改并保存后都会自动更新该日期。在页面中插入日期的方法是：选择菜单命令【插入】/【HTML】/【日期】，打开【插入日期】对话框，根据需要进行参数设置即可。只有在【插入日期】对话框中选中【储存时自动更新】复选框，才能在修改网页时自动更新日期，而且也只有选择了该复选框，才能在单击日期文本时显示日期的【属性】面板，如图 2-6 所示。在【属性】面板中，单击 编辑日期格式 按钮可重新打开【插入日期】对话框，对相关参数进行修改。如果没有选中【储存时自动更新】复选框，则插入的日期仅仅是一段文本而已，不具有自动更新日期的功能。

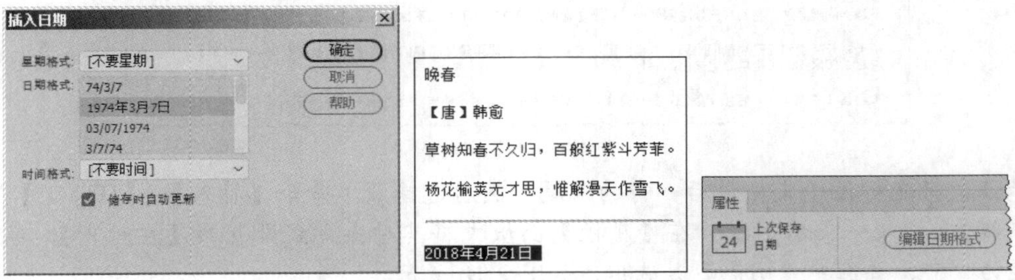

图2-6　插入日期

2.1.4　课堂案例——袋鼠与笼子

本小节将通过案例“袋鼠与笼子”来练习添加文本、插入水平线和日期的基本方法，希望读者通过对案例的学习，能够做到融会贯通、举一反三，熟练掌握这些基础知识。实例效果如图 2-7 所示。

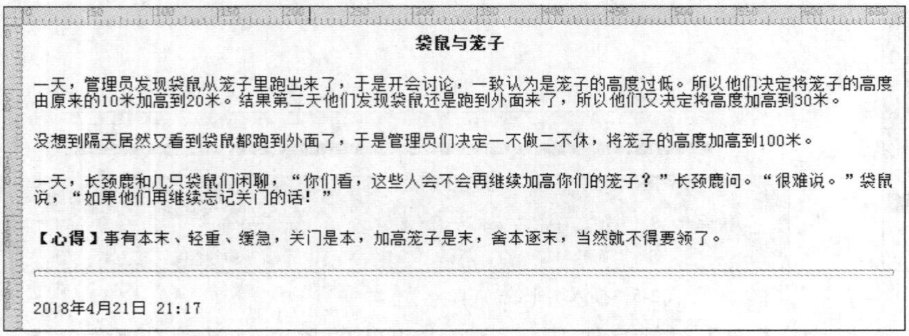

本例视频

图2-7　袋鼠与笼子

【操作步骤】

1. 新建一个空白 HTML 文档并保存为“214.htm”，然后打开素材文档“袋鼠与笼子.doc”，全选所有文本并进行复制，如图 2-8 所示。

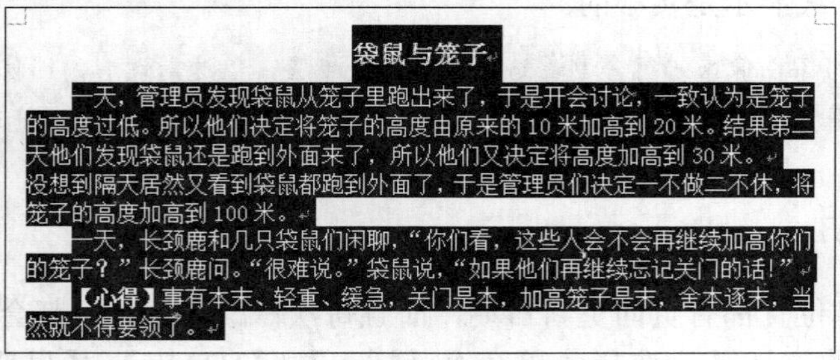

图2-8　全选并复制所有文本

2. 在 Dreamweaver CC 2017 中选择菜单命令【编辑】/【选择性粘贴】，打开【选择性粘贴】对话框，选择【带结构的文本以及基本格式】选项，然后单击 确定(O) 按钮粘贴文本，如图 2-9 所示。

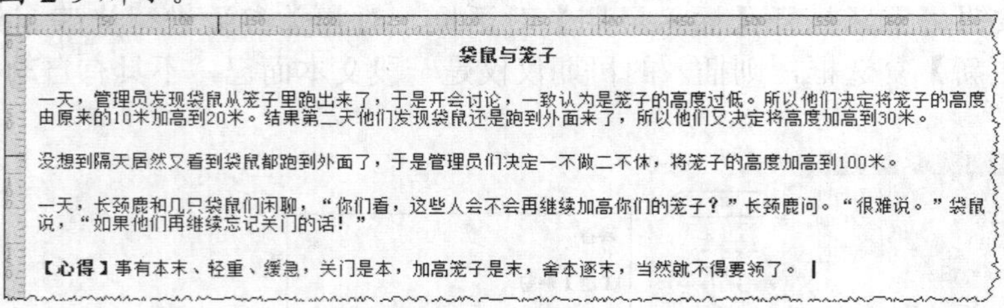

图2-9　粘贴文本

3. 保证鼠标光标位于文档最后一行的末尾，然后选择菜单命令【插入】/【HTML】/【水平线】，插入一条水平线；在【属性】面板中将其对齐方式设置为【左对齐】，高度设置为“5”，并选中【阴影】复选框，如图 2-10 所示。

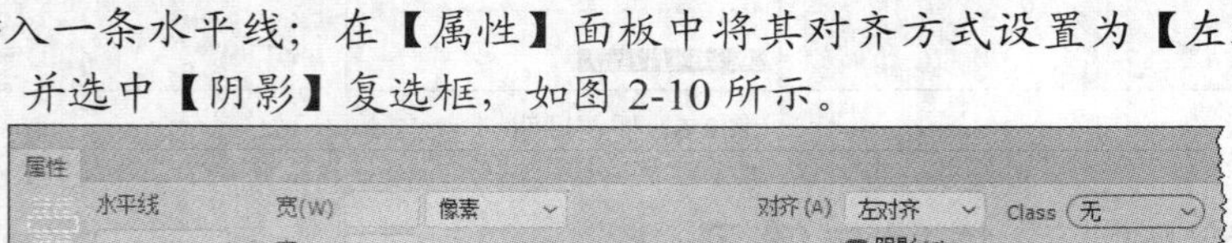

图2-10　设置水平线属性

4. 在水平线后面单击鼠标左键，接着按 Enter 键将鼠标光标移至下一段，然后选择菜单命令【插入】/【HTML】/【日期】，打开【插入日期】对话框，设置【日期格式】和【时间格式】两个选项，并选中【储存时自动更新】复选框，如图 2-11 所示，然后单击 确定 按钮插入日期。

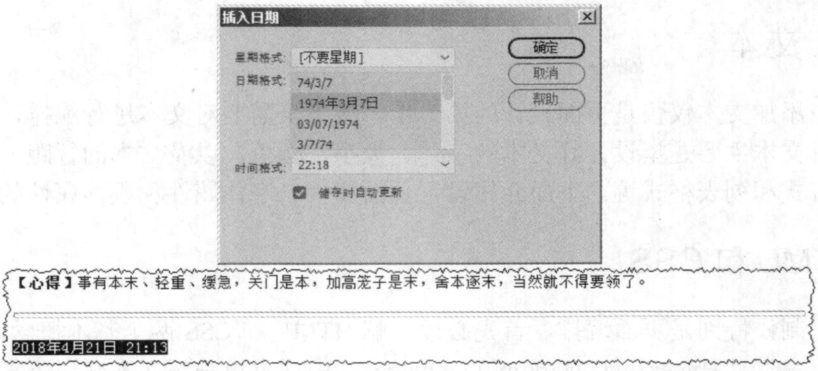

图2-11　插入日期

5.　选择菜单命令【文件】/【保存】，保存文档。

2.1.5　课堂实训——羊和狗

本小节实例“羊和狗”由读者根据步骤提示自行操作，以进一步巩固添加文本、插入水平线和日期的基本方法。素材文档内容如图 2-12 所示，实例效果如图 2-13 所示。

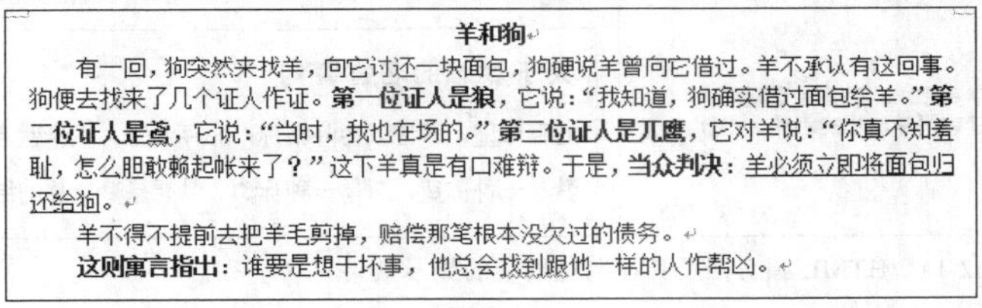

羊和狗

有一回，狗突然来找羊，向它讨还一块面包，狗硬说羊曾向它借过。羊不承认有这回事。狗便去找来了几个证人作证。**第一位证人是狼**，它说：“我知道，狗确实借过面包给羊。”**第二位证人是鸢**，它说：“当时，我也在场的。”**第三位证人是兀鹰**，它对羊说：“你真不知羞耻，怎么胆敢赖起帐来了？”这下羊真是有口难辩。于是，**当众判决**：羊必须立即将面包归还给狗。

羊不得不提前去把羊毛剪掉，赔偿那笔根本没欠过的债务。

这则寓言指出：谁要是想干坏事，他总会找到跟他一样的人作帮凶。

图2-12　素材文档内容

本例视频

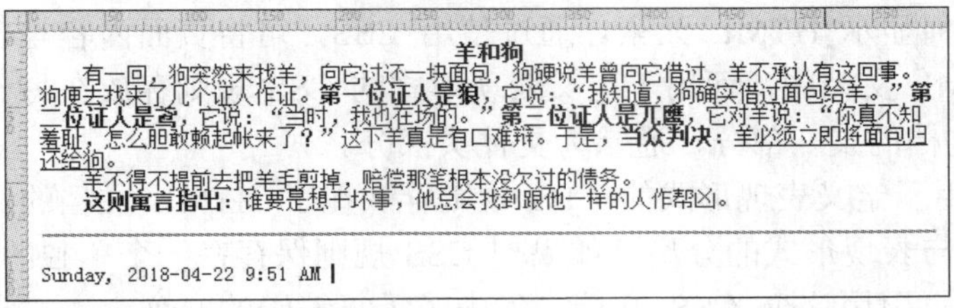

羊和狗

有一回，狗突然来找羊，向它讨还一块面包，狗硬说羊曾向它借过。羊不承认有这回事。狗便去找来了几个证人作证。**第一位证人是狼**，它说：“我知道，狗确实借过面包给羊。”**第二位证人是鸢**，它说：“当时，我也在场的。”**第三位证人是兀鹰**，它对羊说：“你真不知羞耻，怎么胆敢赖起帐来了？”这下羊真是有口难辩。于是，**当众判决**：羊必须立即将面包归还给狗。

羊不得不提前去把羊毛剪掉，赔偿那笔根本没欠过的债务。

这则寓言指出：谁要是想干坏事，他总会找到跟他一样的人作帮凶。

Sunday, 2018-04-22 9:51 AM

图2-13　实例效果

【步骤提示】

1.　新建 HTML 文档“215.htm”，将素材文档“羊和狗.doc”中的所有文本复制后粘贴到当前 HTML 文档中，在粘贴时选择【带结构的文本以及全部格式】复选框，这里要注意是“全部格式”。
2.　在文档最后插入水平线，取消选择【阴影】复选框，其他选项保持默认设置。
3.　在水平线的下面插入日期，选择相应的【星期格式】【日期格式】【时间格式】选项，并选中【储存时自动更新】复选框。
4.　保存文档。

2.2 编排文本

在页面中添加文本仅仅是页面设计的第一步，接下来需要对文本进行编排，使其看起来更美观。编排文本主要是指设计好文本的字体、大小、颜色，以及文本的行距、段距、缩进凸出、对齐方式和列表格式等。下面介绍设置页面属性、字体属性和段落属性的基本方法。

2.2.1 HTML 和 CSS

学习网页制作特别是页面编排，首先必须了解 HTML 和 CSS 两个基本概念。

HTML 全称是“HyperText Markup Language”，中文意思是超文本标记语言。它通过标记符号来标记要显示的网页中的各个部分，也就是说它是一种规范、一种标准。网页文件本身是一种文本文件，通过在文本文件中添加标记符号，告诉浏览器如何显示其中的内容，如文字如何处理、画面如何安排、图片如何显示等，如图 2-14 所示。

```
<!doctype html>
<html>
<head>
<meta charset="gb2312">
<title>无标题文档</title>
</head>

<body>
<h3>关于梦想的名言警句</h3>
<p>心存希望，幸福就会降临你；心存梦想，机遇就会笼罩你。</p>
<p>梦是一种欲望，想是一种行动。梦想是梦与想的结晶。</p>
</body>
</html>

```

关于梦想的名言警句

心存希望，幸福就会降临你；心存梦想，机遇就会笼罩你。

梦是一种欲望，想是一种行动。梦想是梦与想的结晶。

图2-14　HTML 源文档及其在浏览器中的显示效果

CSS 全称是“Cascading Style Sheets”，中文意思是层叠样式表或级联样式表。它是一组格式设置规则，用于定义如何显示 HTML 元素。通过使用 CSS，可将页面内容与表现形式分离。页面内容存放在 HTML 文档中，而用于定义表现形式的 CSS 规则存放在另一个独立的样式表文件中或 HTML 文档的某一部分，通常为文件头部分。

从图 2-15 可以看出，用于定义表现形式的 CSS 规则存放在了 HTML 文档的文件头部分，很好地实现了页面内容与表现形式的分离。如果把 CSS 规则保存在一个单独的 CSS 文档中，那么可以实现多个网页引用这个 CSS 文档，省去了重复编码的麻烦，也非常有利于网页的日常维护。关于 HTML 和 CSS 更多的知识，请读者参阅其他相关书籍。

```
<!doctype html>
<html>
<head>
<meta charset="gb2312">
<title>无标题文档</title>
<style type="text/css">
p  {
    font-family: "楷体_GB2312";
    font-size: 16px;
}
</style>
</head>

<body>
<h3>关于梦想的名言警句</h3>
<p>心存希望，幸福就会降临你；心存梦想，机遇就会笼罩你。</p>
<p>梦是一种欲望，想是一种行动。梦想是梦与想的结晶。</p>
</body>
</html>

```

关于梦想的名言警句

心存希望，幸福就会降临你；心存梦想，机遇就会笼罩你。

梦是一种欲望，想是一种行动。梦想是梦与想的结晶。

图2-15　使用了 CSS 样式后的 HTML 源文档及其在浏览器中的显示效果

2.2.2 设置页面属性

如果要使整个网页页面的文本具有统一的字体、大小、颜色等属性，可以通过设置页面属性的方法来实现。方法是：在当前网页文档中，选择菜单命令【文件】/【页面属性】或在【属性】面板中单击 页面属性... 按钮，打开【页面属性】对话框，然后根据需要进行参数设置即可。图 2-16 所示是网页文档在设置了【外观（CSS）】分类、【标题（CSS）】分类和【标题/编码】分类后的效果对比。

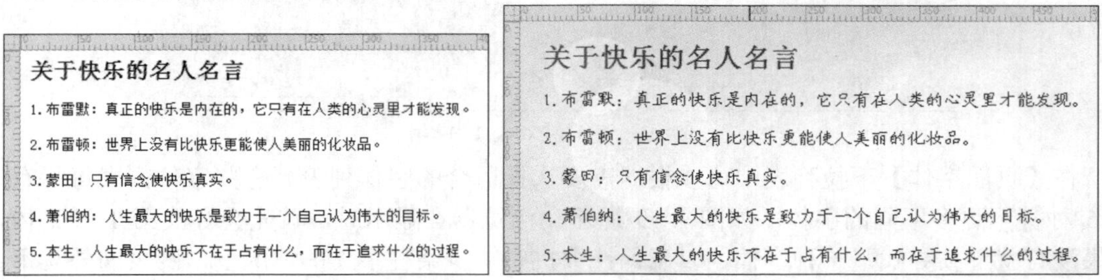

图2-16　设置页面属性前后的效果对比

在设置了【外观（CSS）】分类、【标题（CSS）】分类和【标题/编码】分类后，在文档源代码的<head>和</head>之间添加了相应的代码，如图 2-17 所示。

```
<head>
<meta charset="gb2312">
<title>关于快乐的名人名言</title>
<style type="text/css">
body,td,th {
    font-family: "楷体_GB2312";
    font-style: normal;
    font-weight: normal;
    font-size: 16px;
    color: #0000FF;
}
body {
    margin-left: 20px;
    margin-top: 20px;
    margin-right: 10px;
    margin-bottom: 10px;
    background-image: url(bg.jpg);
    background-repeat: no-repeat;
}
h2 {
    color: #FF0000;
}
h1,h2,h3,h4,h5,h6 {
    font-family: "宋体";
}
</style>
</head>
```

图2-17　文档源代码中的文件头部分

其中，<meta charset=“gb2312”>用来标记文档使用的编码方式是“gb2312”，<title>关于快乐的名人名言</title>用来标记显示在浏览器标题栏的文字是“关于快乐的名人名言”。<style tyle=“text/css”>和</<style>>之间是典型的 CSS 代码，用来标记对文档中文本外观的显示方式。下面对【页面属性】对话框中的有关选项进行简要说明。

一、 页面外观属性

打开【页面属性】对话框后，其默认处于【外观（CSS）】分类状态，如图 2-18 所示。在该分类中，可以设置页面字体类型、字体样式、字体粗细、文本大小、文本颜色、背景颜色、背景图像及其重复方式、页边距等。在【外观（CSS）】分类中的选项设置将使用 CSS 样式的形式标记在文档源代码中。

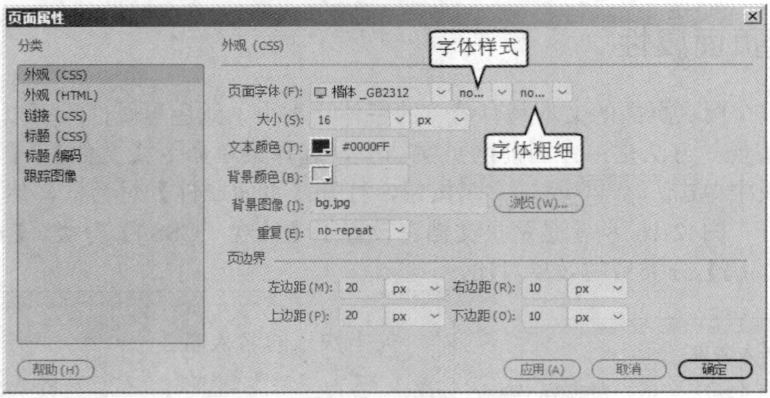

图2-18　【外观（CSS）】分类

在【页面字体】下拉列表中可以根据需要选择适合的字体列表。有些字体列表每行有 3 至 5 种甚至更多不同的字体，如图 2-19 所示。浏览器在显示时，首先会寻找第 1 种字体，如果没有就继续寻找下一种字体，以确保计算机在缺少某种字体的情况下，网页的外观不会出现大的变化。如果在【页面字体】下拉列表中没有需要的字体列表，可以选择【管理字体…】选项，打开【管理字体】对话框，然后切换到【自定义字体堆栈】选项卡进行添加，如图 2-20 所示。在【自定义字体堆栈】选项卡中，用户可以自定义默认字体堆栈或通过选择可用的字体来创建自己的字体堆栈。字体堆栈是 CSS 字体声明中的字体列表。

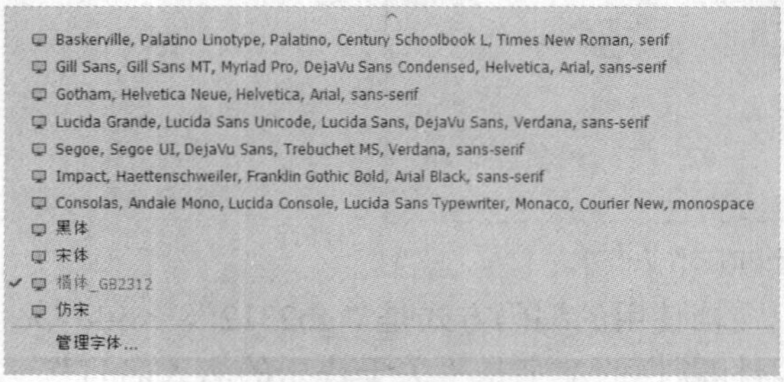

图2-19　【页面字体】下拉列表

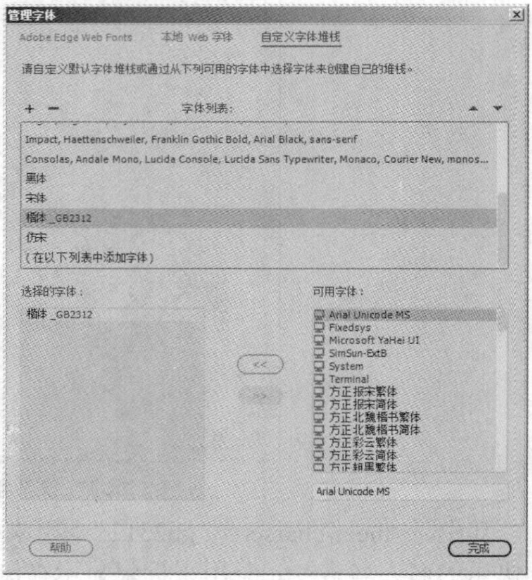

图2-20　【自定义字体堆栈】选项卡

在【自定义字体堆栈】选项卡中，单击+按钮或−按钮，将会在【字体列表】列表框中添加或删除字体列表。单击▲按钮或▼按钮，将会在【字体列表】列表框中上移或下移字体列表。在【可用字体】列表框中选择需要的字体类型，然后单击 << 按钮，将会在【选择的字体】列表框中增加字体，它将显示在【字体列表】列表框中所选择或创建的字体列表中。在【选择的字体】列表框中选择要删除的字体类型，然后单击 >> 按钮，可将其删除，此时在【字体列表】列表框相应的字体列表中将不会再显示该字体。设置完毕后可以单击 完成 按钮关闭【管理字体】对话框。此时，添加的字体列表将显示在图 2-19 所示的【页面字体】下拉列表中，读者可以进行字体列表的选择了。

在【页面字体】下拉列表的后面还有两个下拉列表，分别是【字体样式】和【字体粗细】下拉列表，读者可以根据需要进行设置，如图 2-21 所示。

在【外观（CSS）】分类的【大小】下拉列表中可以选择字体大小，当选择数字时，其后面会出现大小单位列表，比较常用的是“px”（像素），如图 2-22 所示。

单位列表可分为“相对值”和“绝对值”两类。相对值单位是相对于另一长度属性的单位，其通用性好一些。绝对值单位会随显示界面的介质不同而不同，因此一般不是首选。除百分比以外，建议读者在制作网页时固定使用一种类型的单位。

- 【px】: 像素，相对于屏幕的分辨率。
- 【pt】: 点，1 点=1/72 英寸。
- 【in】: 英寸，1 英寸=2.54 厘米。
- 【cm】: 厘米。
- 【mm】: 毫米。
- 【pc】: 帕，1 帕=12 点。
- 【em】: 字体高，即相对于字体的高度。
- 【ex】: 字母 x 的高，相对于任意字母“x”的高度。
- 【%】: 百分比，相对于屏幕的分辨率。

在【文本颜色】和【背景颜色】后面的文本框中可以直接输入颜色代码，也可以单击（颜色）按钮打开调色板选择相应的颜色，如图 2-23 所示。

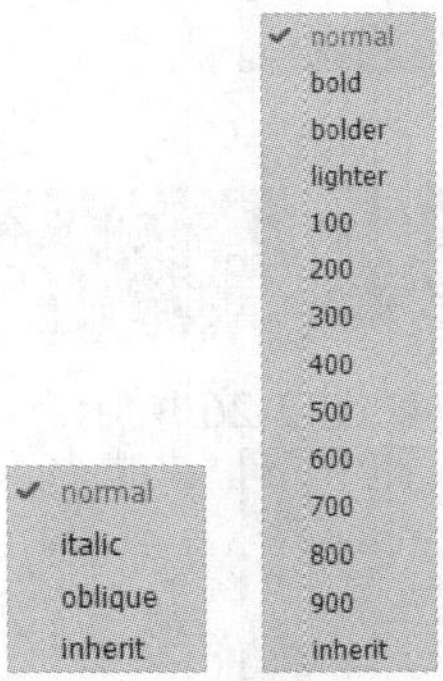

图2-21 字体样式和字体粗细

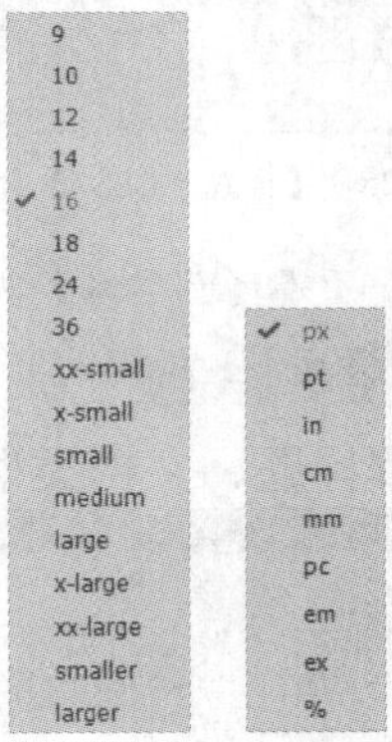

图2-22 文本大小

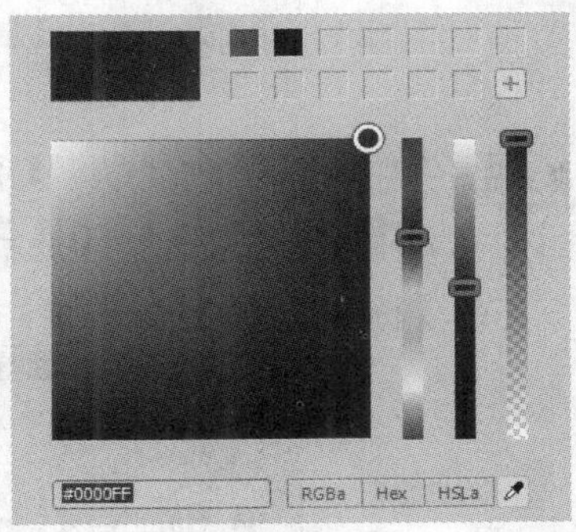

图2-23 调色板

在【外观（CSS）】分类中，单击【背景图像】后面的 浏览(W)... 按钮可以定义当前网页的背景图像，在【重复】下拉列表中可以根据需要定义背景图像的重复方式，如【repeat】（重复，即横向和纵向重复）、【repeat-x】（横向重复）、【repeat-y】（纵向重复）和【no-repeat】（不重复）。

在【页边界】区域的【左边距】【右边距】【上边距】【下边距】文本框中可以输入数值定义页边距。

也可以通过【外观（HTML）】分类来设置网页的外观属性，如图 2-24 所示。选择【外观（HTML）】分类将使用传统的 HTML 标签方式来进行设置。这种方式目前较少使用，不再赘述。

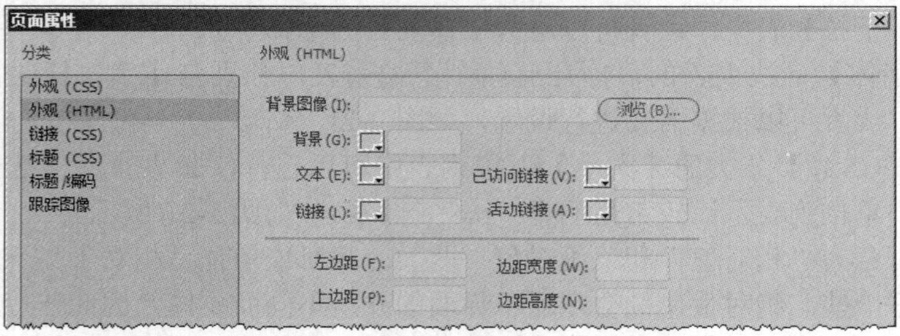

图2-24　两种外观设置方式

二、页面其他属性

在【链接（CSS）】分类中，可以设置超级链接文本的字体、大小及不同状态下链接文本的颜色和下划线样式，这些内容将在第 4 章详细介绍，此处不再赘述。

在【标题（CSS）】分类中，可以重新设置“标题 1”～“标题 6”的字体、大小和颜色属性，如图 2-25 所示。

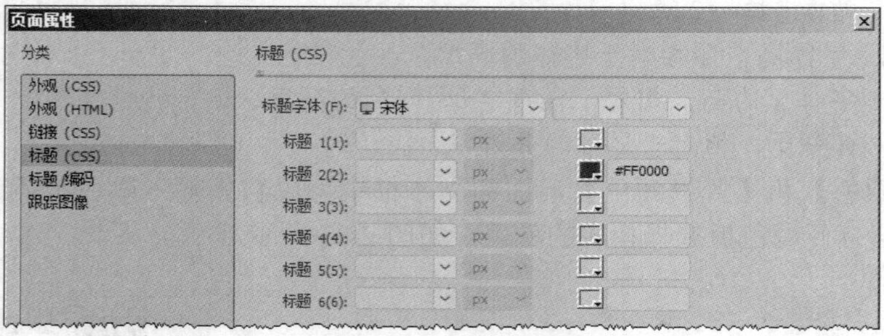

图2-25　【标题（CSS）】分类

要点提示　如果在【外观（CSS）】分类中设置了【页面字体】选项，而在【标题（CSS）】分类中没有对【标题字体】选项进行单独设置的情况下，标题的字体类型将默认与页面字体类型相同。

在【标题/编码】分类中，可以设置标题、文档类型和编码方式，如图 2-26 所示。

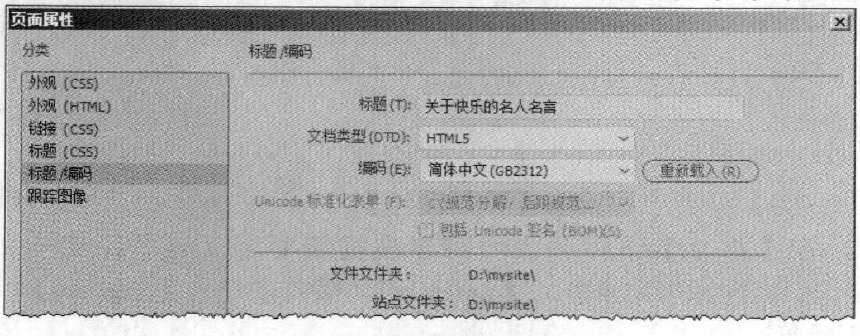

图2-26　【标题/编码】分类

这里的【标题】选项与【新建文档】对话框中的【标题】选项和【属性】面板中的【文档标题】选项是相同的，均指显示在浏览器选项卡标题栏中的题目，如图 2-27 所示。浏览器标题的 HTML 标签是“<title>…</title>”，通常位于 HTML 标签“<head>…</head>”之间。这里的【文档类型】选项与【新建文档】对话框中的【文档类型】选项也是相同的，用来设置文档的是 HTML5 文档还是其他类型的文档。另外，【编码】选项与【首选项】对话框【新建文档】分类中的【默认编码】选项是相同的，用来设置文档的编码方式。

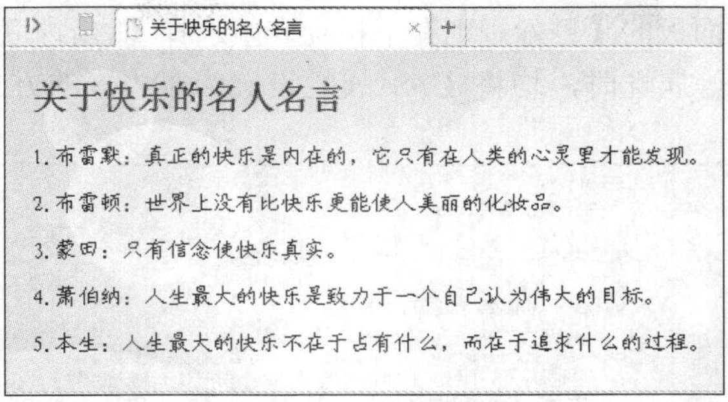

图2-27　浏览器标题

在【跟踪图像】分类中，可以将设计草图设置成跟踪图像，铺在编辑的网页下面作为参考图，用于引导网页的设计。可以单击【跟踪图像】文本框后面的 浏览(O)... 按钮来选择需要的图像，在设置完跟踪图像后，还可以通过移动【透明度】滑动条来设置跟踪图像的透明度，如图 2-28 所示。透明度越高，跟踪图像显示得越明显。

图2-28　【跟踪图像】分类

2.2.3　设置字体属性

如果要使网页页面中的某些文本具有与众不同的字体、大小和颜色等属性，可以通过【属性】面板来设置。方法是：首先选中要设置相关属性的文本，然后在【属性（CSS）】面板的【目标规则】下拉列表中选择【<新内联样式>】，在【字体】下拉列表中选择需要的字体，根据需要设置【字体样式】和【字体粗细】，在【大小】下拉列表中选择文本大小并设置好单位，在【文本颜色】选项中单击（颜色）按钮设置好颜色，如图 2-29 所示。

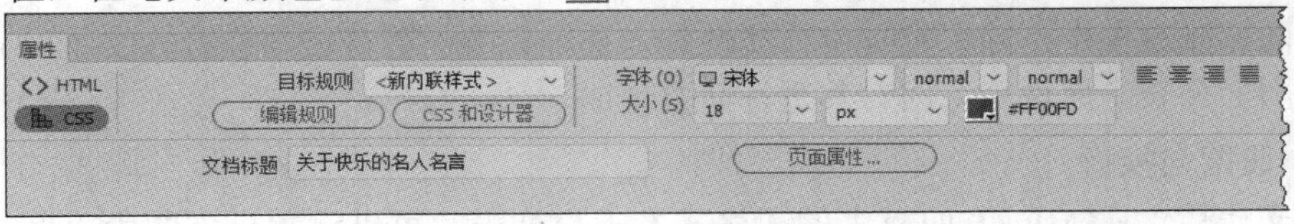

图2-29　【属性（CSS）】面板

设置了【字体】【大小】【颜色】选项后的效果如图 2-30 所示。

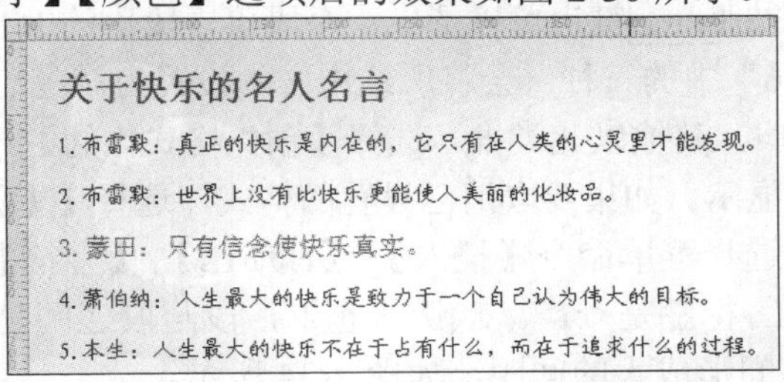

图2-30　使用【属性（CSS）】面板设置文本属性后的效果

在【属性（CSS）】面板的【目标规则】下拉列表中选择【<新内联样式>】后，在设置文本的字体、大小、颜色等属性时，均将 CSS 属性设置为以内嵌的方式保存在 HTML 标签中，如图 2-31 所示。

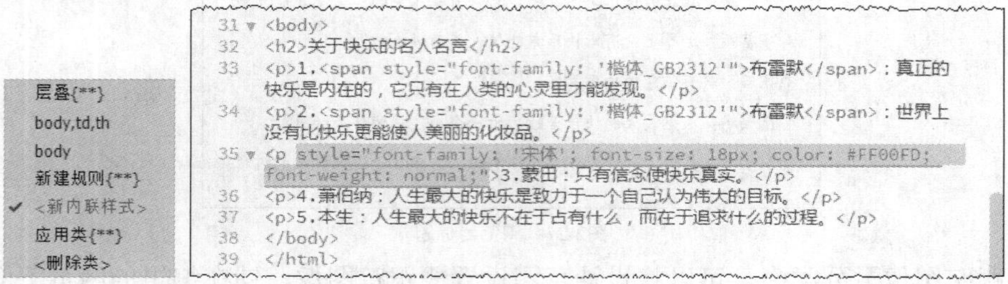

图2-31　内联样式

在【属性（HTML）】面板中，可以通过单击 **B**（粗体）按钮和 *I*（斜体）按钮来设置所选文本的粗体和斜体两种 HTML 样式，如图 2-32 所示。

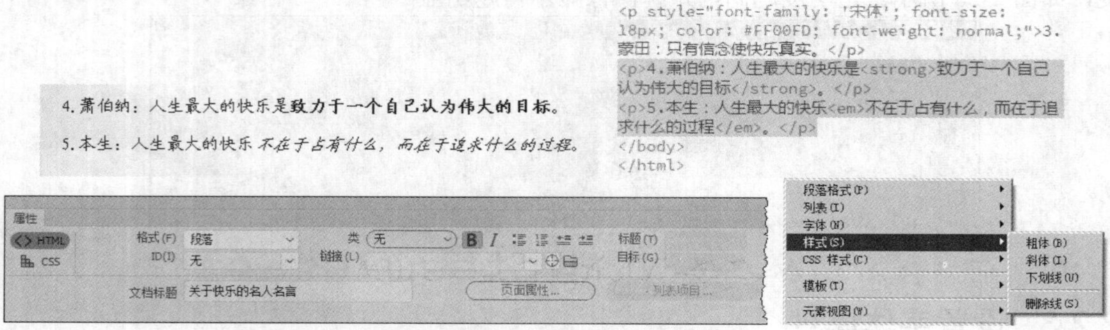

图2-32　【属性（HTML）】面板和快捷菜单

> **要点提示** 还可以通过在鼠标右键快捷菜单中选择【样式】中的【粗体】【斜体】【下划线】【删除线】等命令来进行设置，也可以通过选择菜单命令【编辑】/【文本】中的子命令来进行设置。

2.2.4　设置段落属性

在页面编排过程中，除了设置字体属性外，还经常要设置分段与换行、文本对齐、文本缩进和凸出、列表等属性。下面对其进行简要说明。

一、　段落与换行

通过【属性（HTML）】面板中的【格式】下拉列表，可以设置正文的段落格式，如图 2-33 所示。在【格式】下拉列表中选择【段落】，将使鼠标光标所在的当前文本为一个段落，在文档中输入文本时直接按 Enter 键也可以形成一个段落，段落的 HTML 标签是<p>…</p>。选择“标题 1”～“标题 6”中的一种，会将所选中文本设置为对应的标题格式，“标题 1”的 HTML 标签是<h1>…</h1>，其他以此类推。选择【预先格式化的】选项，可将某一段文本按照预先格式化的样式进行显示。如果要取消已设置的格式，选择【无】选项即可。

按 Shift+Enter 键或选择菜单命令【插入】/【HTML】/【字符】/【换行符】，可以在段落中进行换行，其 HTML 标签是
。默认状态下，段与段之间是有间距的，而通过换行符进行换行不会在两行之间形成大的间距，如图 2-34 所示。

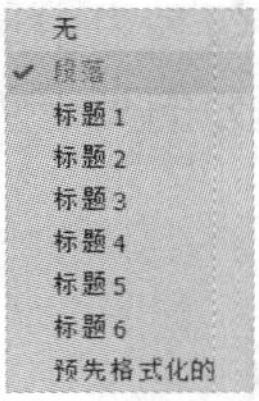

图2-33 【格式】下拉列表

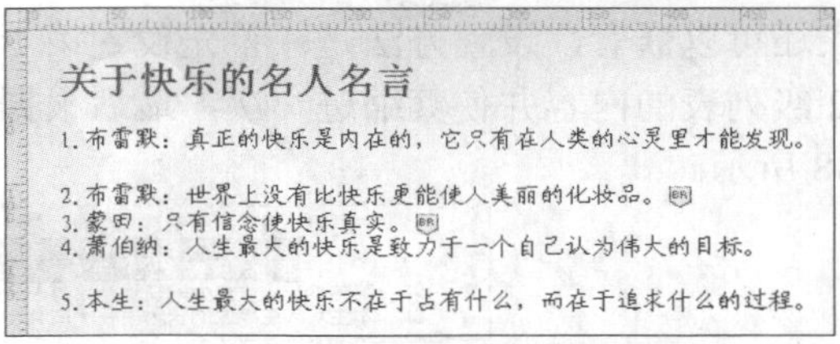

图2-34 段落与换行符

二、 文本缩进和凸出

在页面编排过程中，有时会遇到需要使某段文本整体向内缩进或向外凸出的情况。在【属性（HTML）】面板中单击（内缩区块）按钮或（删除内缩区块）按钮，可使段落整体向内缩进或向外凸出，效果如图 2-35 所示。如果要同时设置多个段落的缩进和凸出，则需要先选中这些段落。

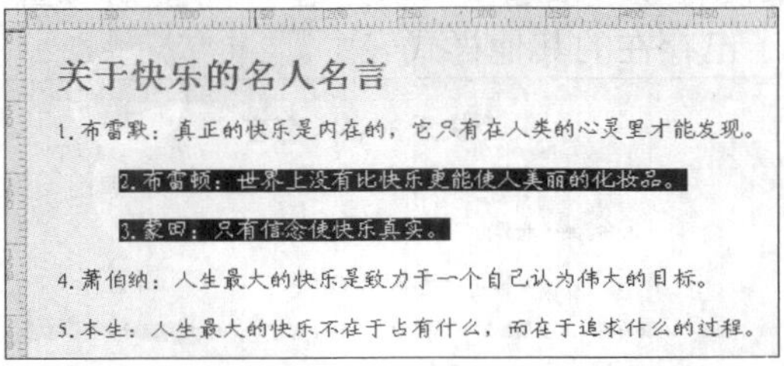

图2-35 文本缩进和凸出

三、 编号列表和项目列表

列表的类型有编号列表、项目列表和定义列表等，最常用的是项目列表和编号列表。

设置列表的方法是：在【属性（HTML）】面板中单击（项目列表）按钮或（编号列表）按钮，可将鼠标光标所在段落设置为项目列表或编号列表，如果要同时设置多个段落为项目列表或编号列表，则需要先选中这些段落，如图 2-36 所示。另外，在鼠标右键快捷菜单的【列表】命令中选择相应子命令，或通过【插入】/【项目列表】或【编号列表】等命令，或在【插入】面板的【HTML】类别中选择相应命令都可以设置列表格式。

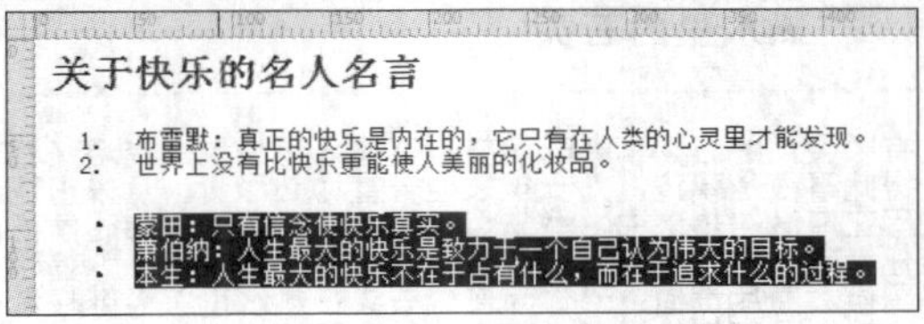

图2-36 编号列表和项目列表

设置完列表后，还可以修改列表属性，方法是：将鼠标光标置于列表内，然后在【属性（HTML）】面板中单击 列表项目... 按钮或在鼠标右键快捷菜单中选择【列表】/【属性】命令打开【列表属性】对话框进行设置即可，如图 2-37 所示。

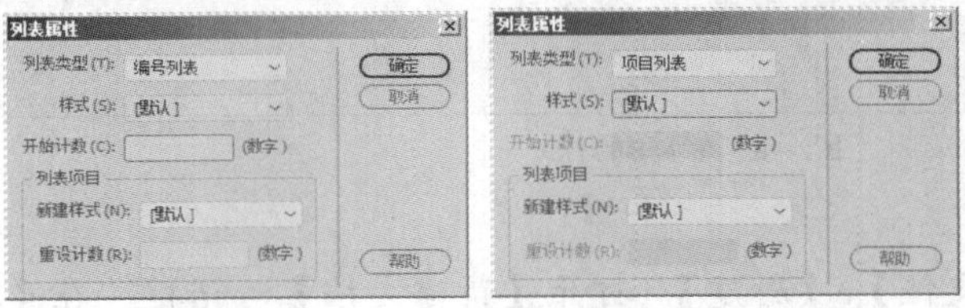

图2-37 【列表属性】对话框

列表还可以嵌套，设置方法是：首先设置第 1 级列表，然后在第 1 级列表中选择需要设置为第 2 级列表的内容并使其缩进一次，最后根据需要重新设置缩进部分的列表类型即可，如图 2-38 所示。

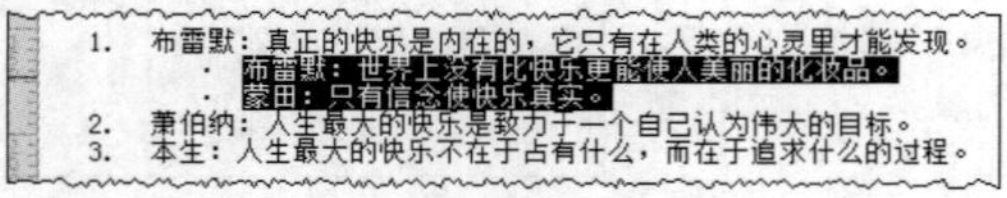

图2-38　列表的嵌套

四、　文本对齐方式

文本对齐方式通常有 4 种：左对齐、居中对齐、右对齐和两端对齐。可在【属性（CSS）】面板中通过单击、、或按钮来对文本设置对齐方式，效果如图 2-39 所示。在选择文本后，要注意在【属性（CSS）】面板的【目标规则】下拉列表中显示的是否是【<新内联样式>】，如果没有显示该选项可以先选中该选项，这样保证创建的 CSS 样式是内联样式，而不是创建到了已存在的其他样式表中。

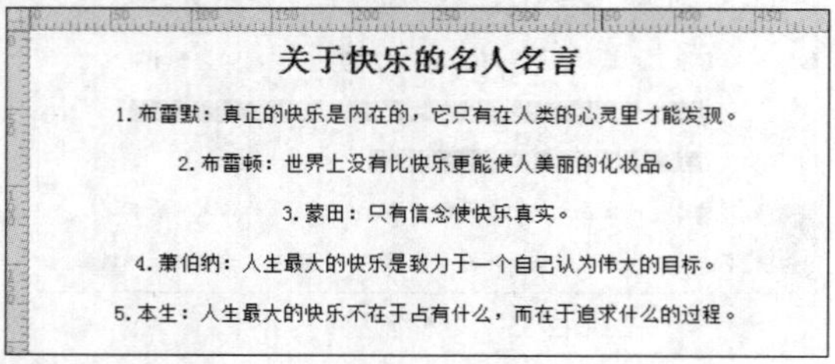

图2-39　文本对齐方式

2.2.5　课堂案例——热水里的石头

本小节将通过案例“热水里的石头”来练习添加文本、插入水平线和日期，以及设置页面属性、字体属性和段落属性的基本方法，希望读者通过对案例的学习能够熟练掌握编排文本的基本知识和技能。实例效果如图 2-40 所示。

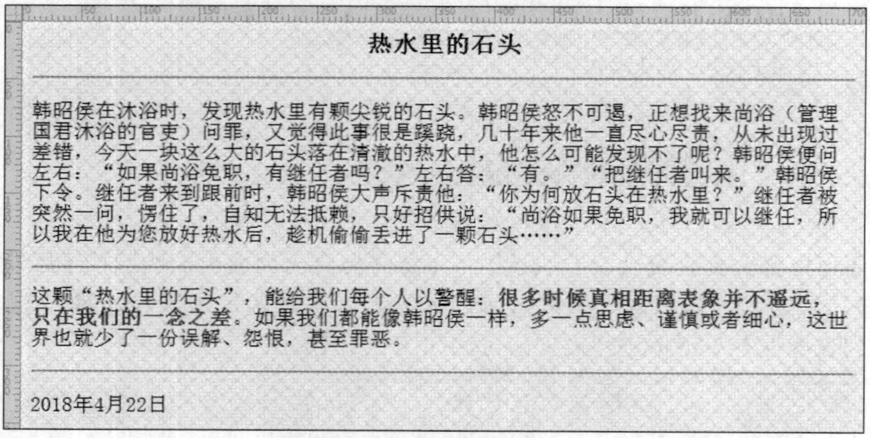

本例视频

图2-40　热水里的石头

【操作步骤】

1.　选择菜单命令【文件】/【新建】，打开【新建文档】对话框，在【标题】文本框中输入显示在浏览器标题栏中的标题“热水里的石头”，如图 2-41 所示，然后单击 创建(R) 按钮新建一个空白 HTML 文档，接着选择菜单命令【文件】/【保存】，将文件保存为“225.htm”。

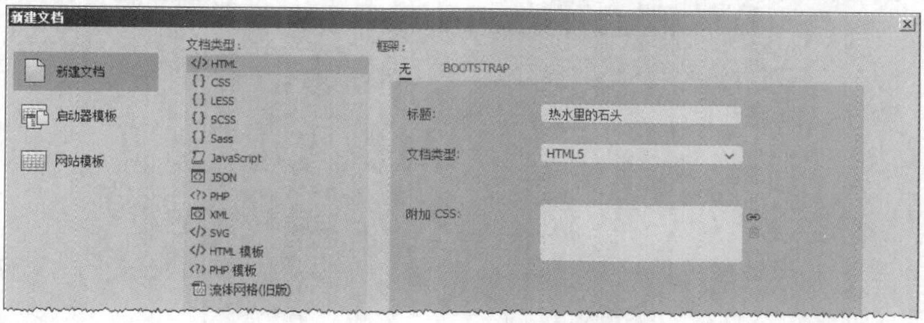

图2-41 【新建文档】对话框

2. 打开素材文档“热水里的石头.doc”，全选所有文本并进行复制，如图 2-42 所示。

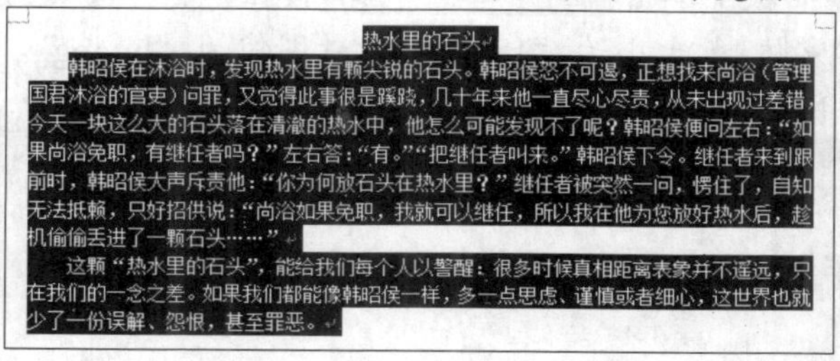
热水里的石头

韩昭侯在沐浴时，发现热水里有颗尖锐的石头。韩昭侯怒不可遏，正想找来尚浴（管理国君沐浴的官吏）问罪，又觉得此事很是蹊跷，几十年来他一直尽心尽责，从未出现过差错，今天一块这么大的石头落在清澈的热水中，他怎么可能发现不了呢？韩昭侯便问左右：“如果尚浴免职，有继任者吗？”左右答：“有。”“把继任者叫来。”韩昭侯下令。继任者来到跟前时，韩昭侯大声斥责他：“你为何放石头在热水里？”继任者被突然一问，愣住了，自知无法抵赖，只好招供说：“尚浴如果免职，我就可以继任，所以我在他为您放好热水后，趁机偷偷丢进了一颗石头……”

这颗“热水里的石头”，能给我们每个人以警醒：很多时候真相距离表象并不遥远，只在我们的一念之差。如果我们都能像韩昭侯一样，多一点思虑、谨慎或者细心，这世界也就少了一份误解、怨恨，甚至罪恶。

图2-42 全选并复制所有文本

3. 在 Dreamweaver CC 2017 中选择菜单命令【编辑】/【选择性粘贴】，打开【选择性粘贴】对话框，选择【带结构的文本以及基本格式】选项，然后单击 确定(O) 按钮粘贴文本，如图 2-43 所示。

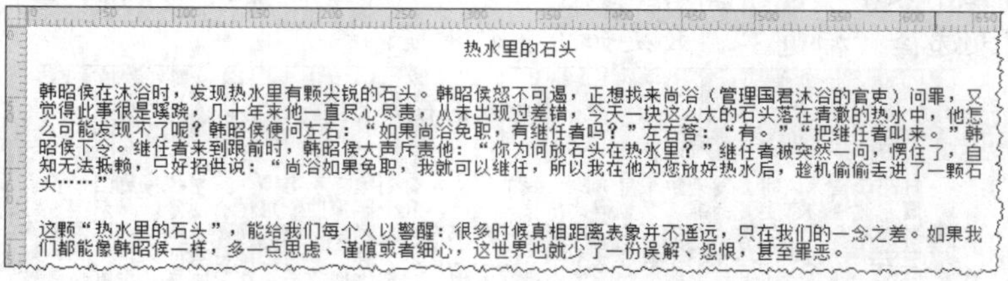

图2-43 粘贴文本

4. 将鼠标光标置于文本“热水里的石头”的后面，然后选择菜单命令【插入】/【HTML】/【水平线】，插入一条水平线，属性参数保持默认设置，然后运用同样的方法依次在正文第 1 段的后面和第 2 段的后面各插入一条水平线，如图 2-44 所示。

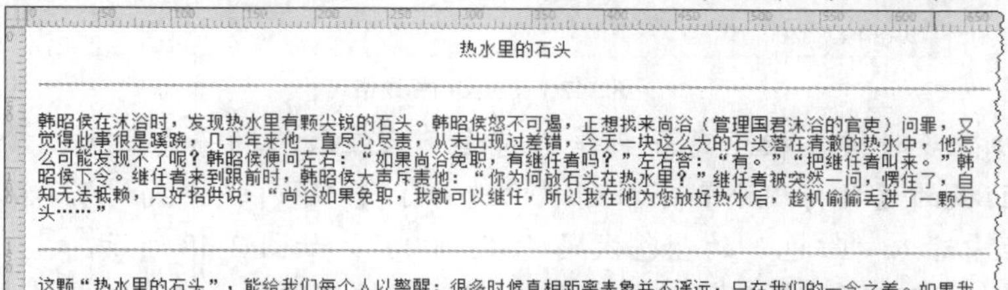

图2-44 插入水平线

5. 在水平线后面单击鼠标左键，接着按 Enter 键将鼠标光标移至下一段，然后选择菜单命令【插入】/【HTML】/【日期】，打开【插入日期】对话框，设置【日期格式】选项，并选中【储存时自动更新】复选框，如图 2-45 所示，单击 确定 按钮插入日期。

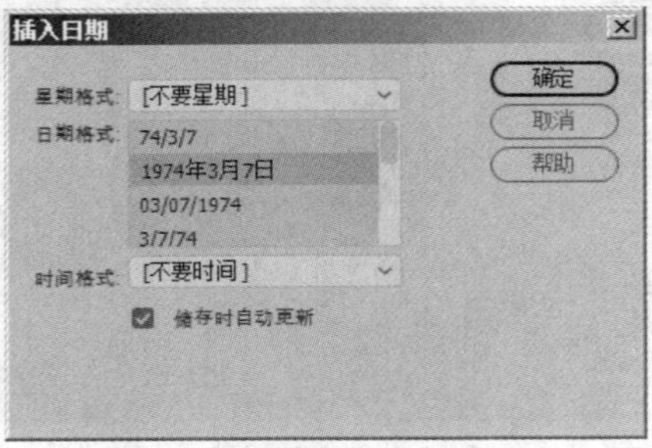

图2-45　插入日期

6. 在【属性（CSS）】面板中单击 页面属性... 按钮，打开【页面属性】对话框，然后设置页面字体为“宋体”、大小为“18px”、背景图像为“bg.jpg”，如图 2-46 所示，单击 确定 按钮关闭对话框。

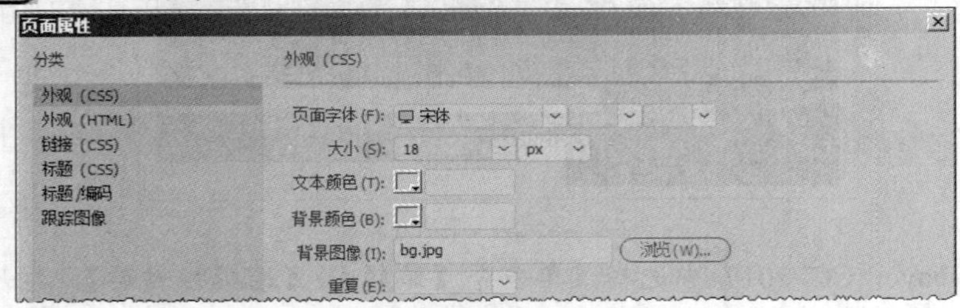

图2-46　【页面属性】对话框

7. 将鼠标光标置于文本“热水里的石头”所在行，然后在【属性（HTML）】面板的【格式】下拉列表选择“标题 3”，效果如图 2-47 所示。

图2-47　设置文档标题格式

8. 选中文本“很多时候真相距离表象并不遥远，只在我们的一念之差”，确保在【属性（CSS）】面板的【目标规则】下拉列表中选择了【<新内联样式>】，然后在【文本颜色】文本框中输入“红色”的颜色代码“#FF0000”，如图 2-48 所示。
9. 切换到【属性（HTML）】面板，单击 **B**（粗体）按钮将所选文本设置为加粗显示。
10. 选择菜单命令【文件】/【保存】，保存文档。

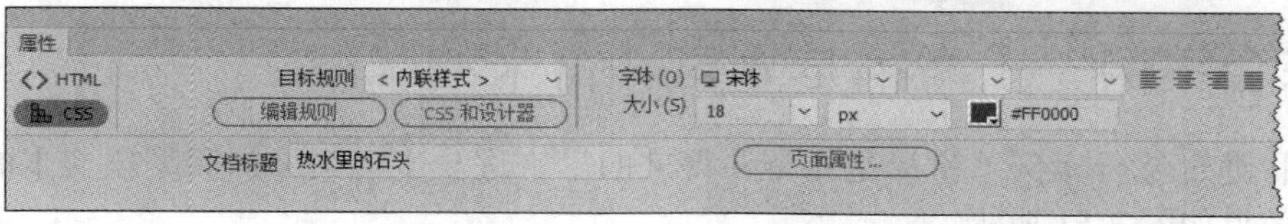

图2-48　设置文本颜色

2.2.6　课堂实训——浴火重生的老鹰

本小节实例“浴火重生的老鹰”由读者根据步骤提示自行操作，以进一步巩固添加文本及设置页面属性、字体属性和段落属性的基本方法。素材文档内容如图 2-49 所示，实例效果如图 2-50 所示。

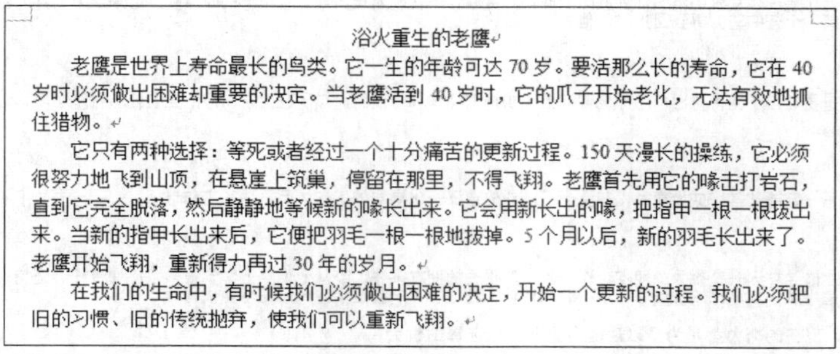

浴火重生的老鹰

老鹰是世界上寿命最长的鸟类。它一生的年龄可达 70 岁。要活那么长的寿命，它在 40 岁时必须做出困难却重要的决定。当老鹰活到 40 岁时，它的爪子开始老化，无法有效地抓住猎物。

它只有两种选择：等死或者经过一个十分痛苦的更新过程。150 天漫长的操练，它必须很努力地飞到山顶，在悬崖上筑巢，停留在那里，不得飞翔。老鹰首先用它的喙击打岩石，直到它完全脱落，然后静静地等候新的喙长出来。它会用新长出的喙，把指甲一根一根拔出来。当新的指甲长出来后，它便把羽毛一根一根地拔掉。5 个月以后，新的羽毛长出来了。老鹰开始飞翔，重新得力再过 30 年的岁月。

在我们的生命中，有时候我们必须做出困难的决定，开始一个更新的过程。我们必须把旧的习惯、旧的传统抛弃，使我们可以重新飞翔。

图2-49　素材文档内容

本例视频

浴火重生的老鹰

老鹰是世界上寿命最长的鸟类。它一生的年龄可达70岁。要活那么长的寿命，它在40岁时必须做出困难却重要的决定。当老鹰活到40岁时，它的爪子开始老化，无法有效地抓住猎物。

它只有两种选择：等死或者经过一个十分痛苦的更新过程。150天漫长的操练，它必须很努力地飞到山顶，在悬崖上筑巢，停留在那里，不得飞翔。老鹰首先用它的喙击打岩石，直到它完全脱落，然后静静地等候新的喙长出来。它会用新长出的喙，把指甲一根一根拔出来。当新的指甲长出来后，它便把羽毛一根一根地拔掉。5个月以后，新的羽毛长出来了。老鹰开始飞翔，重新得力再过30年的岁月。

在我们的生命中，有时候我们必须做出困难的决定，开始一个更新的过程。我们必须把旧的习惯、旧的传统抛弃，使我们可以重新飞翔。

图2-50　实例效果

【步骤提示】

1. 新建 HTML 文档“226.htm”，将素材文档“浴火重生的老鹰.doc”中的所有文本复制并粘贴到当前 HTML 文档中，在粘贴时选择【带结构的文本以及基本格式】选项。
2. 将文档中的文本“浴火重生的老鹰”设置为“标题 2”格式。
3. 在【页面属性】对话框中，设置页面字体为“仿宋”、大小为“18px”、背景图像为“bg.jpg”、浏览器标题为“浴火重生的老鹰”，将标题字体设置为“黑体”，“标题 2”颜色设置为红色“#FF0000”。
4. 在【属性（HTML）】面板中将正文 3 段文本设置为缩进显示，将最后一段文本设置为加粗显示。
5. 保存文档。

2.3　综合案例——幸福是靠奋斗得来的

本节将通过综合案例“幸福是靠奋斗得来的”来进一步巩固添加和编排文本的基本方法，实例效果如图 2-51 所示。

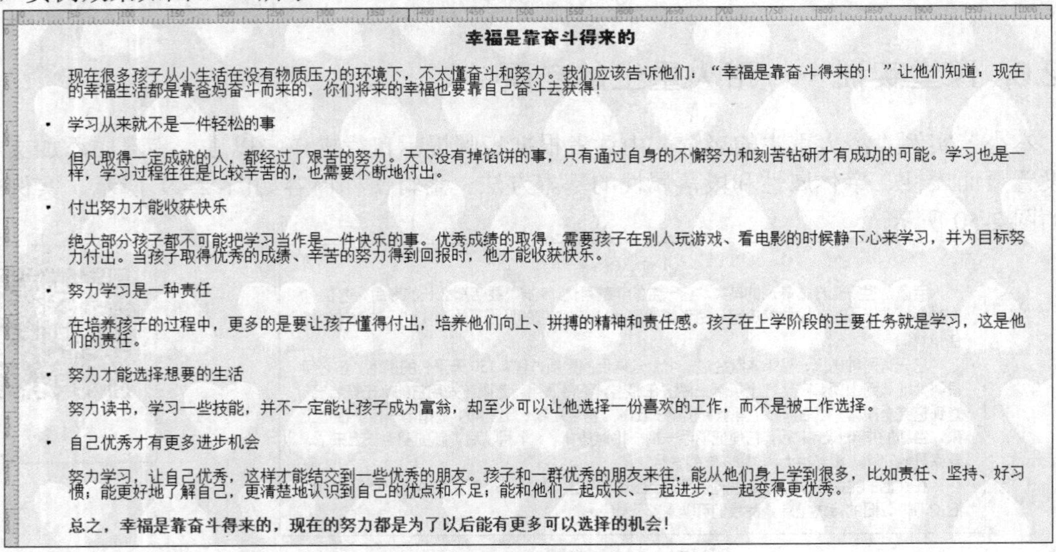

图2-51　幸福是靠奋斗得来的

【操作步骤】

1. 新建一个空白 HTML 文档并保存为“23.htm”，然后打开素材文档“幸福是靠奋斗得来的.doc”，全选所有文本并进行复制。
2. 在 Dreamweaver CC 2017 中选择菜单命令【编辑】/【选择性粘贴】，打开【选择性粘贴】对话框，选择【带结构的文本以及基本格式】选项，并取消选择【清理 Word 段落间距】复选框，然后单击 确定(O) 按钮粘贴文本，如图 2-52 所示。

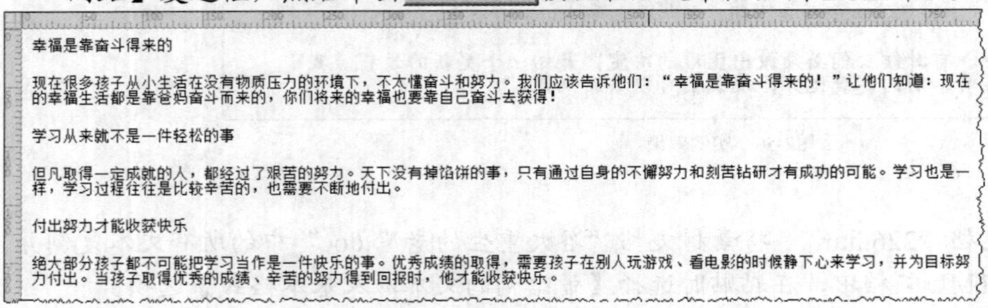

图2-52　粘贴文本

本例视频

3. 将鼠标光标置于文本“幸福是靠奋斗得来的”所在行，然后在【属性（HTML）】面板的【格式】下拉列表选择“标题 3”，在【属性（CSS）】面板中单击 ≡（居中对齐）按钮，使文档标题文本居中显示。
4. 将鼠标光标置于文本“学习从来就不是一件轻松的事”所在行，然后在【属性（HTML）】面板中单击 ⁝≡（项目列表）按钮，将其设置为项目列表格式。
5. 运用同样的方法依次将文本“付出努力才能收获快乐”“努力学习是一种责任”“努力才能选择想要的生活”“自己优秀才有更多进步机会”设置为项目列表格式。

6. 将鼠标光标置于正文第 1 段，然后在【属性（HTML）】面板中单击（内缩区块）按钮，使段落整体向内缩，然后运用同样的方法依次设置各个项目列表下的其他段落文本整体向内缩，如图 2-53 所示。

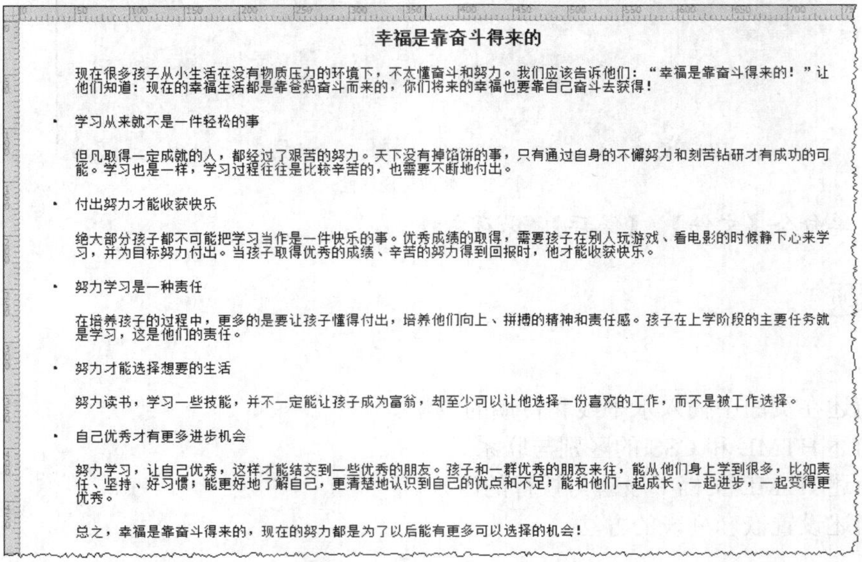

图2-53　设置段落向内缩进

7. 选中最后一段文本，然后在【属性（HTML）】面板中单击 B（粗体）按钮，将其加粗显示，同时在【文档标题】文本框中设置显示在浏览器标题栏的标题为"幸福是靠奋斗得来的"。

8. 切换到【属性（CSS）】面板，确保【目标规则】下拉列表中选择了【<新内联样式>】，然后在【文本颜色】文本框中输入"红色"的颜色代码"#FF0000"，将最后一段文本的颜色设置为红色。

9. 在【属性（CSS）】面板中单击 页面属性... 按钮，打开【页面属性】对话框，在【外观（CSS）】分类中设置页面字体为"宋体"、大小为"16px"、背景图像为"bg.jpg"，如图 2-54 所示。

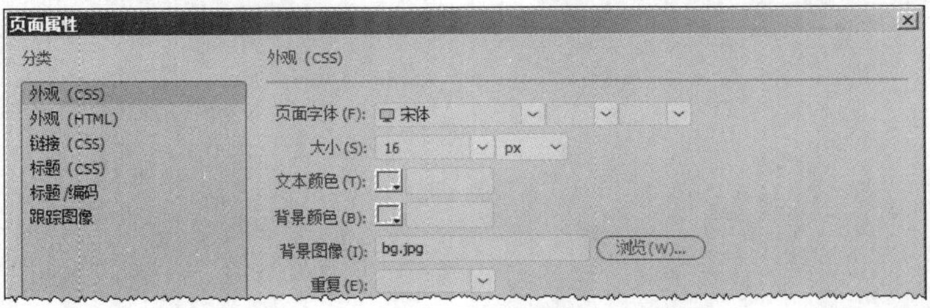

图2-54　设置外观属性

10. 在【标题（CSS）】分类中，将标题字体设置为"黑体"，将"标题 3"的大小设置为"18px"，颜色设置为红色"#FF0000"，然后单击 确定 按钮关闭对话框，如图 2-55 所示。

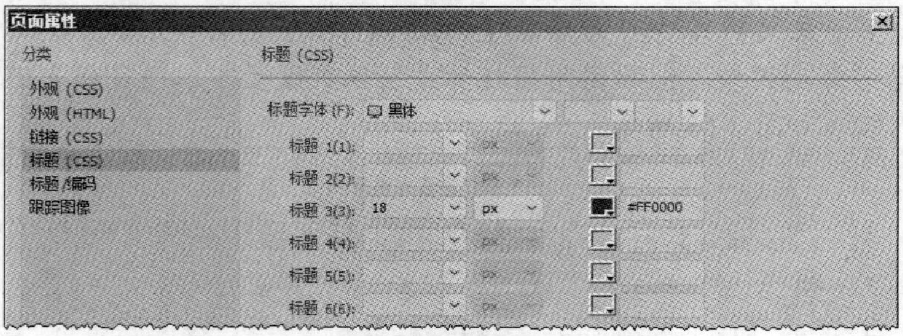

图2-55　修改标题属性

11. 选择菜单命令【文件】/【保存】，保存文档。

2.4　习题

1. 思考题。
   (1) 简述在页面中插入水平线和日期的方法。
   (2) 简述 HTML 和 CSS 的区别与联系。
   (3) 简述 HTML 文档中段落与换行的区别。
   (4) 简述设置嵌套列表的方法。
2. 操作题。

根据自己的喜好自行搜集文本素材，并运用本章所学知识编排一个网页，要求页面属性、字体属性和段落属性设置恰当，页面美观。

第3章 使用图像和媒体

【学习目标】

- 掌握插入图像和设置图像属性的方法。
- 掌握设置网页背景颜色和背景图像的方法。
- 掌握插入 Flash SWF 及其属性设置的方法。
- 掌握插入 Flash Video 及其属性设置的方法。
- 掌握插入 HTML5 Audio 及其属性设置的方法。
- 掌握插入 HTML5 Video 及其属性设置的方法。

网页通常都是图文并茂的，单纯以文本为主的网页是比较少见的。在网页中使用图像和媒体，不仅可以美化页面，增强页面的表现力和吸引力，还可以更好地配合文本向读者传达信息。本章将介绍在页面中插入和设置图像与媒体的基本方法。

3.1 插入和设置图像

人类天生就擅长处理和记忆图像，因此在网页中使用图像往往比单纯使用文本更能吸引浏览者或引起浏览者的注意，这就是日常所说的“一图胜千言”。下面简要介绍图像的基本类型、在页面中插入和设置图像属性及设置网页背景的基本方法。

3.1.1 图像类型

网页中的图像，其作用主要有两个：一是起装饰作用，如边框和背景等；二是起传递信息的作用，如风景图、人物图、结构图等。网页中使用的图像，从图像格式上来看主要以 JPEG/JPG、GIF、PNG 等类型为主。

一、JPEG/JPG 图像

JPEG 格式（Joint Photographic Experts Group，联合图像专家组格式，文件扩展名为“.jpeg”或“.jpg”）是目前互联网中最受欢迎的图像格式。JPEG/JPG 格式支持高压缩率，因此其图像的下载速度非常快。但随着 JPEG/JPG 文件品质的提高，文件的大小和下载时间也会随之增加。不过通常可以通过压缩 JPEG/JPG 文件，以便在图像品质和文件大小之间达到良好的平衡。JPEG/JPG 格式可以包含数百万种颜色，因此非常适合显示摄影、具有连续色调或讲究色彩浓淡的图像。

二、GIF 图像

GIF 格式（Graphics Interchange Format，图形交换格式，文件扩展名为“.gif”）是在 Web 上使用最早、应用最广泛的图像格式，具有图像文件小、下载速度快、下载时隔行显示、支持透明色及多个图像能组成动画的特点。GIF 格式最多支持 256 种颜色，最适合显示色调不连续或具有大面积单一颜色的图像，如导航条、按钮、图标、徽标或其他具有统一色彩和色调的图像，不适合显示有晕光、渐变色彩等颜色细腻的图像和照片。

三、 PNG 图像

PNG 格式（Portable Network Graphics，可移植网络图形，文件扩展名为“.png”）是目前使用量逐渐增多的图像格式。PNG 格式图像不但没有压缩上的损失，能够呈现更多的颜色，支持透明色和隔行显示，而且在显示速度上比 JPEG/JPG 和 GIF 更快一些。同时，PNG 格式图像可保留所有原始层、矢量、颜色和效果信息，并且在任何时候所有元素都是可以被完全编辑的。PNG 格式图像具有较大的灵活性并且文件较小，因此 PNG 格式对于几乎任何类型的网页图像都是非常适合的。不过目前在网页中使用比较广泛的还是 JPEG/JPG 和 GIF 格式的图像。

3.1.2 插入图像

网页制作通常是在站点中进行的，因此建议将使用的图像全部复制到站点的图像文件夹下，这样使用起来比较方便。尽管保存在 Dreamweaver 站点外的图像也可以插入到页面中，在插入时 Dreamweaver 会自动将其复制到当前站点下，但还是建议养成一个使用图像比较规范的习惯，即提前复制到站点下，这样一目了然，也便于统筹使用。那么，如何在页面中插入站点内的图像呢？通常有以下几种方式。

(1) 通过菜单命令或【插入】面板打开对话框插入图像。

在页面中定位要插入图像的位置，然后选择菜单命令【插入】/【Image】，或在【插入】面板的【HTML】类别中单击 Image （图像）按钮，在弹出的【选择图像源文件】对话框中选择图像文件，单击 确定 按钮将图像插入到页面中，如图 3-1 所示。

图3-1 插入图像

(2) 通过【文件】面板拖曳图像。

在【文件】面板中的图像上按住鼠标左键不放，将其拖曳到页面中的目标位置，然后释放鼠标左键即可，如图 3-2 所示。

(3) 通过【资源】面板插入图像。

一个站点中的所有图像都会显示在【资源】面板的图像类别中，因此可以使用【资源】面板来插入图像。首先在页面中定位要插入图像的位置，接着通过选择菜单命令【窗口】/

【资源】打开【资源】面板，在图像类别中选中图像文件，如图 3-3 所示，然后单击 插入 按钮将图像插入页面中。如果在打开【资源】面板时，面板没有处于图像类别状态，可单击（图像）按钮切换到图像类别状态。

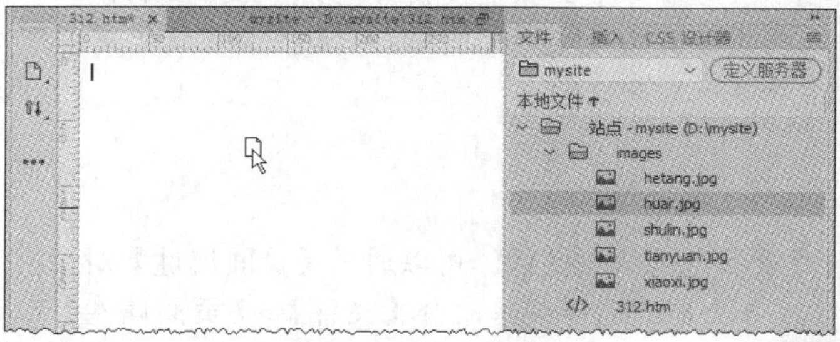

图3-2 拖曳图像

图3-3 【资源】面板

3.1.3 设置图像属性

在页面中插入图像后，【属性】面板会显示当前图像的一些属性，用户可以通过【属性】面板来修改图像的属性设置，如宽度、高度、替代文本及提示信息等，如图 3-4 所示。

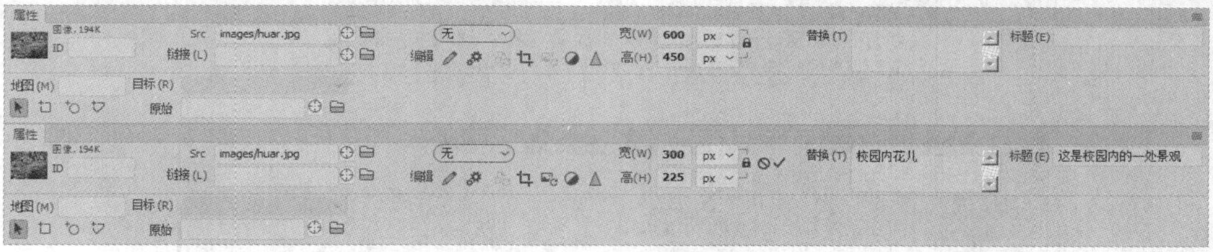

图3-4 图像【属性】面板

在图像【属性】面板的左上角，显示当前图像的缩略图和图像容量大小，图像缩略图右侧的【ID】文本框主要用来设置图像的 ID 名称，【Src】文本框主要用来显示当前图像的路径。如果单击（浏览文件）按钮，可打开【选择图像源文件】对话框，利用该对话框来重新指定图像文件。如果将（指向文件）按钮拖曳到【文件】面板中的目标图像文件上，可将当前图像文件替换为目标图像文件。

图像【属性】面板中各选项的功能介绍如下。

- 【宽】和【高】文本框：主要用来显示当前图像的宽度和高度，单位有“px”和“%”两种。其后面的（切换尺寸约束）按钮表示约束图像的宽度和高度，即修改了图像的宽度和高度中的任一值时，另一值将自动保持等比例变化。单击按钮后它将变换成按钮，表示不再约束图像的宽度和高度之间的比例关系，即修改了图像的宽度和高度中的任一值时，另一值将不会改变。在修改了图像的宽度和高度后，文本框后面增加了（重置为原始大小）和（提交图像大小）两个按钮。单击按钮，将在【宽度】和【高度】文本框中恢复图像的实际大小；单击按钮，将按照新的宽度和高度永久性改变图像的实际宽度和高度，即从物理上改变了图像的实际大小。
- 【替换】列表框：主要用于设置图像的替代文本，即在浏览网页图像不能正常显示时，会在图像位置显示替代文本。

- 【标题】文本框：主要用于设置图像的提示信息，即在浏览网页过程中当鼠标光标移动到图像上时显示的信息。
- 【编辑】区共有 7 个按钮，可以通过它们对图像进行简单编辑，也可调用在【首先项】对话框中设置好的图像处理软件对图像进行编辑。实际上，在制作网页时通常会在图像处理软件中将图像提前处理好再使用，一般不会在这里对图像进行处理。这里不再详细介绍各按钮的功能。

3.1.4 设置网页背景

在制作网页时，经常需要设置网页背景颜色或背景图像。可以通过【页面属性】对话框来设置整个网页的背景颜色或背景图像。方法是：选择菜单命令【文件】/【页面属性】或在【属性】面板中单击 页面属性... 按钮，打开【页面属性】对话框；在【外观（CSS）】分类中，通过【背景颜色】选项来设置网页的背景颜色，通过【背景图像】选项来设置网页背景图像；具体可通过单击 浏览(W)... 按钮来选择要作为背景图像的图像，通过【重复】下拉列表来设置背景图像的重复方式，如图 3-5 所示。

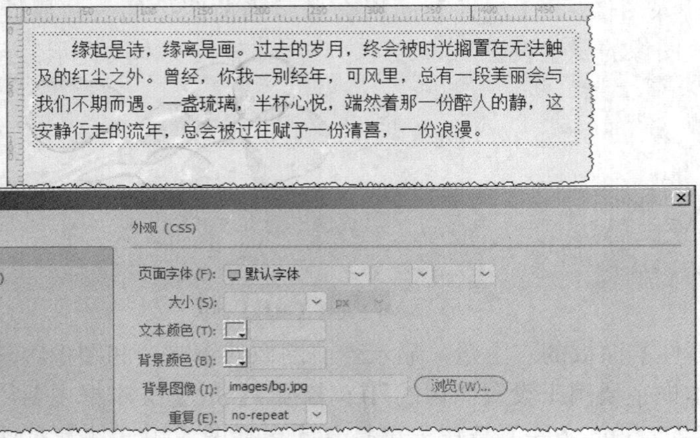

图3-5　设置背景图像

在【外观（HTML）】分类中，也可以设置网页的背景图像和背景颜色，如图 3-6 所示。

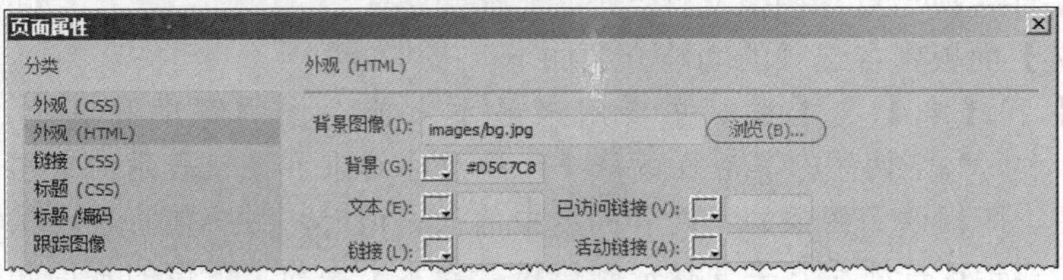

图3-6　外观（HTML）

要点提示　外观（CSS）方式是使用 CSS 方式设置背景图像和背景颜色，而外观（HTML）方式是使用 HTML 方式设置背景图像和背景颜色，但不能设置图像的重复方式。

3.1.5 课堂案例——校园风光

本小节将通过案例“校园风光”来练习插入图像和设置图像属性的基本方法，希望读者通过对本案例的学习，能够熟练掌握在网页中使用图像的基础知识和技能。在进行本实例操作前，请将素材文档复制到 Dreamweaver 站点下。实例效果如图 3-7 所示。

本例视频

图3-7　校园风光

【操作步骤】

1. 在站点内打开网页文档“315.htm”，如图 3-8 所示。

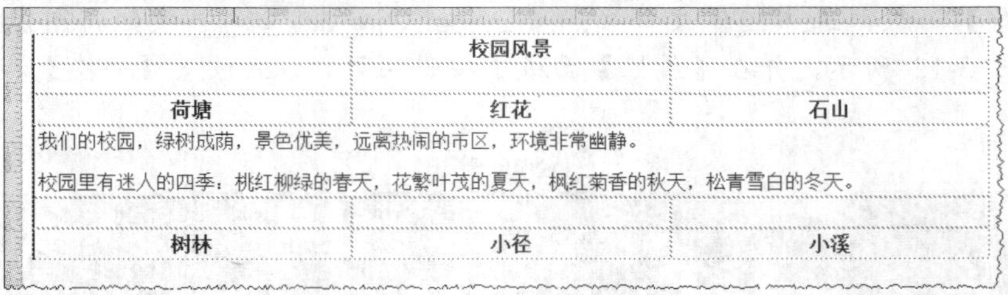

图3-8　打开文档

2. 将鼠标光标定位于“荷塘”上面的单元格内，然后选择菜单命令【插入】/【Image】，打开【选择图像源文件】对话框，选择图像文件“hetang.jpg”，如图 3-9 所示。

图3-9　选择图像

3. 单击 确定 按钮将图像插入到页面中，如图 3-10 所示。

图3-10　插入图像

4. 在图像【属性】面板的【替换】文本框中输入替代文本，在【标题】文本框中输入提示文本，如图 3-11 所示。

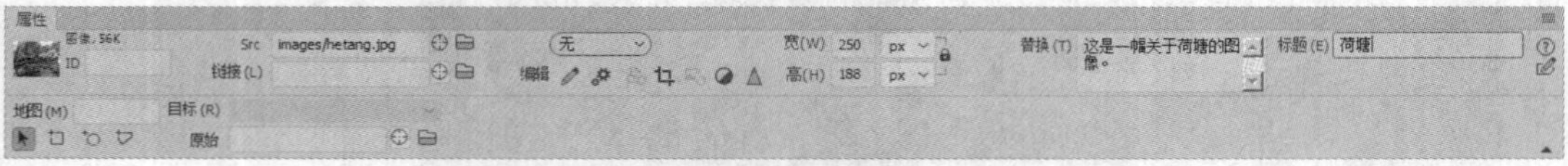

图3-11　设置图像属性

5. 进入【文件】面板，在图像“honghua.jpg”上按住鼠标左键不放，将其拖曳到页面中“红花”上面的单元格内，然后释放鼠标左键，并在【属性】面板中按照相同的方式设置【替换】和【标题】两个选项。
6. 将鼠标光标定位于“石山”上面的单元格内，然后选择菜单命令【窗口】/【资源】，打开【资源】面板，选中图像文件“shishan.jpg”，单击 插入 按钮将图像插入到页面中，如图 3-12 所示，并在【属性】面板中按照相同的方式设置【替换】和【标题】两个选项。

图3-12　通过【资源】面板插入图像

7. 运用相同的方法依次在“树林”“小径”“小溪”上面的单元格内插入相应的图像，并在【属性】面板中按照相同的方式设置【替换】和【标题】两个选项。
8. 最后保存文档。

3.1.6　课堂实训——瑶琳仙境

本小节实例“瑶琳仙境”由读者根据步骤提示自行操作，以进一步巩固在页面中使用图像的基本方法。在进行本实例操作前，请将素材文档复制到 Dreamweaver 站点下。实例效果如图 3-13 所示。

图3-13　瑶琳仙境

本例视频

【步骤提示】

1. 在站点内打开网页文档“316.htm”。
2. 设置文档标题“瑶琳仙境”的标题格式为“标题 2”。
3. 设置网页文档的浏览器标题为“瑶琳仙境”。
4. 设置页面字体为“宋体”、大小为“16px”。
5. 在第 1 段文本下面左侧的单元格内插入图像“guji01.jpg”，设置替换文本和提示文本均为“瑶琳古迹一”。
6. 在第 1 段文本下面右侧的单元格内插入图像“guji02.jpg”，设置替换文本和提示文本均为“瑶琳古迹二”。
7. 在第 2 段文本下面左侧的单元格内插入图像“jingshi01.jpg”，设置替换文本和提示文本均为“瑰丽景石一”。
8. 在第 2 段文本下面右侧的单元格内插入图像“jingshi02.jpg”，设置替换文本和提示文本均为“瑰丽景石二”。
9. 保存文档。

3.2 插入和设置媒体

除了图像外，音频、视频等媒体的使用更是丰富了网页的内容，增强了网页的可读性。下面简要介绍网页中常用的媒体类型，以及在页面中插入和设置媒体属性的基本方法。

3.2.1　媒体类型

在 Dreamweaver CC 2017 中，可向页面插入 Flash SWF、Flash Video、HTML5 Video 及 HTML5 Audio 等媒体类型。

Flash SWF 和 Flash Video 是与 Adobe Flash 密切相关的两种文件格式，平常习惯称 Flash SWF 为 Flash 动画，Flash Video 为 Flash 视频。使用 Flash 就需要明白 FLA、SWF 和 FLV 这 3 种文件类型之间的关系。FLA 文件扩展名为“.fla”，是使用 Flash 软件创建的项目的源文件，此类型文件只能在 Flash 中打开。因此，在网页中使用时，通常将它在 Flash 中发布为 SWF 文件，这样才能在浏览器中播放。SWF 文件扩展名为“.swf”，是 FLA 文件的编译版本，可以在浏览器中播放，但不能在 Flash 中直接编辑。FLV 文件扩展名为“.flv”，是一种视频文件，它包含经过编码的音频和视频数据，通过 Flash Player 进行传送。

HTML5 Audio 元素提供一种将音频内容嵌入网页中的标准方式。目前，网页上的大多数音频是通过插件来播放的，但并非所有浏览器都拥有同样的插件。HTML5 规定了一种通过 Audio 元素来包含音频的标准方法，Audio 元素能够播放声音文件或音频流。当前，Audio 元素支持 3 种音频格式：MP3、WAV 和 OGG。相对于 MP3 和 WAV 两种音频格式，读者对 OGG 音频格式可能比较陌生。OGG 全称是 Ogg Vorbis，是一种新的音频压缩格式，它是完全免费、开放和没有专利限制的。OGG 带来的革命性变化是 MP3 无法支持的，未来 OGG 的优势将更加明显。OGG 文件的扩展名是“.ogg”，可以在未来的任何播放器上播放。

HTML5 Video 元素提供一种将电影或视频嵌入网页中的标准方式。目前，网页上的大多数视频也是通过插件来显示的，但并非所有浏览器都拥有同样的插件。HTML5 规定了一种通过 Video 元素来包含视频的标准方法。当前，Video 元素支持 3 种视频格式：MP4、WebM 和 OGG。MP4 主要受 Apple、Microsoft 支持，WebM 主要受 Google 资助，OGG 主要受 Mozilla 和 Opera 支持。OGG 既可以是纯音频文件也可以是视频文件。

3.2.2　插入 Flash SWF

在 Dreamweaver CC 2017 中插入 Flash SWF 的方法是：将鼠标光标置于要插入 Flash SWF 的位置，然后选择菜单命令【插入】/【HTML】/【Flash SWF】，或在【插入】面板的【HTML】类别中单击 Flash SWF 按钮，打开【选择 SWF】对话框，选择要插入的 Flash SWF 文件，最后单击 确定 按钮将 Flash SWF 插入文档中，如图 3-14 所示。

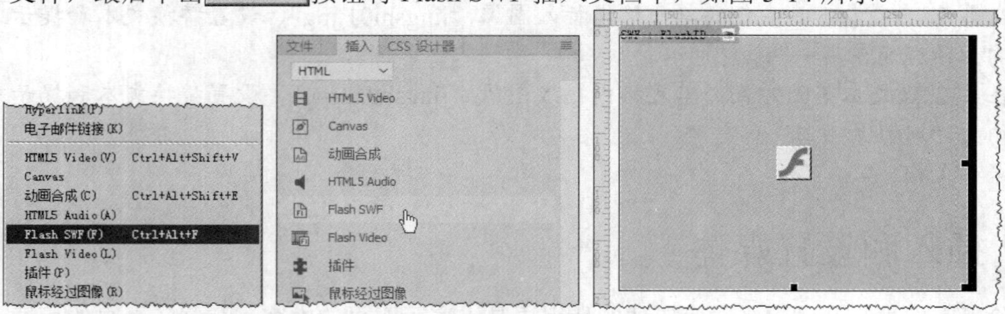

图3-14　插入 Flash SWF

在插入媒体时，有时会弹出【对象标签辅助功能属性】对话框。根据实际需要，在对话框中可以设置标题、访问键和 Tab 键索引。单击 取消 按钮，对象也能直接插入到文档中，但 Dreamweaver 不会将它与辅助功能标签或属性相关联。

在【对象标签辅助功能属性】对话框中，单击提示文本中的【请更改“辅助功能”首选参数】链接，打开【首选项】对话框，可以根据需要设置在插入对象时是否显示【对象标签辅助功能属性】对话框。如果取消选择【媒体】复选框，如图 3-15 所示，则在插入对象时不会再弹出【对象标签辅助功能属性】对话框。

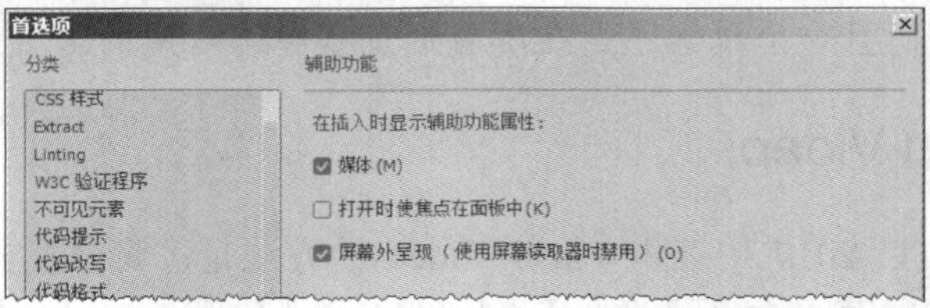

图3-15　【首选项】对话框

在页面中插入 Flash SWF 后，【属性】面板会显示当前 Flash SWF 的属性，用户可通过【属性】面板来修改 SWF 的属性设置，如在页面中显示的宽度和高度，是否循环和自动播放等，如图 3-16 所示。

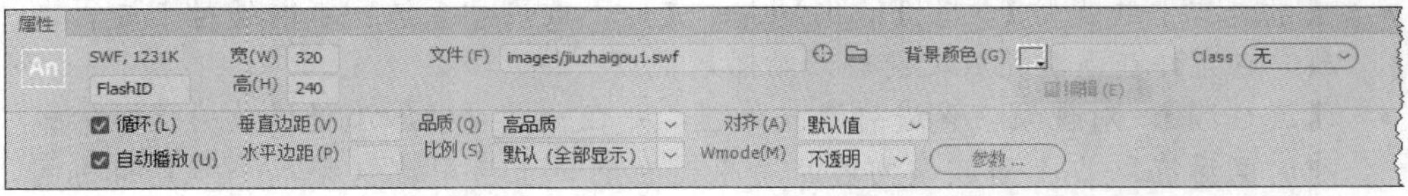

图3-16　Flash SWF【属性】面板

在【属性】面板的左上角，显示当前 Flash SWF 的标识和容量大小，【FlashID】文本框主要用来设置 Flash SWF 的 ID 名称，【文件】文本框主要用来显示当前 Flash SWF 的路径，可通过（浏览文件）按钮或（指向文件）按钮重新定义目标 Flash SWF 文件，【背景颜色】选项主要用于设置当前 Flash SWF 动画的背景颜色。

Flash SWF【属性】面板中各选项的功能介绍如下。

- 【宽】和【高】文本框：主要用来显示当前 Flash SWF 的宽度和高度。
- 【垂直边距】和【水平边距】文本框：主要用于定义 Flash SWF 动画边框与该动画周围其他内容之间的距离，单位默认为“px”，不需要输入。
- 【循环】复选框：主要用于设置 Flash SWF 在浏览器端是否循环播放。
- 【自动播放】复选框：主要用于设置 Flash SWF 被浏览器载入时是否自动播放。
- 【品质】下拉列表：主要用来设定 Flash SWF 在浏览器中的播放质量，包括以下 4 个选项。

  【低品质】：表示速度优于美观度，而且不应用反锯齿。

  【自动低品质】：表示刚开始着重于速度，但当需要时随时提升美观度。

  【自动高品质】：表示既着重播放速度又注意美观度，但需要时则牺牲美观度来保证播放速度。

  【高品质】：表示美观度优于播放速度，而且一直应用反锯齿，如果影片不包含动画则位图会被平滑化，如果影片包含动画则位图将不被平滑。

- 【比例】下拉列表：主要用来设定 Flash SWF 的显示比例。

- 【对齐】下拉列表：主要用来设置 Flash SWF 与周围内容的对齐方式。
- 参数... 按钮：主要用来设置使 Flash SWF 能够顺利运行的附加参数。
- 【Wmode】下拉列表：主要用来设置 Flash SWF 动画的窗口模式，指定 Flash SWF 在浏览器中的透明、层叠和位置属性，包括以下 3 个选项。

  【窗口】：表示 Flash SWF 在浏览器中自己的矩形窗口内播放。

  【不透明】：表示 Flash SWF 隐藏了所有在它后面的内容。

  【透明】：表示 Flash SWF 透明，显示透明影片后面的网页内容。这将会降低动画的性能，而且这个属性不是在所有浏览器中都可用的。

3.2.3 插入 Flash Video

在 Dreamweaver CC 2017 中插入 Flash Video 的方法是：将鼠标光标置于要插入 Flash Video 的位置，然后选择菜单命令【插入】/【HTML】/【Flash Video】，或在【插入】面板的【HTML】类别中单击 Flash Video 按钮，打开【插入 FLV】对话框，根据实际情况设置相应的参数。

在【视频类型】下拉列表中选择视频类型，共有以下两个选项。

- 【累进式下载视频】：将 Flash Video 文件下载到站点访问者的硬盘上进行播放，它允许在下载完成之前就开始播放视频文件。
- 【流视频】：对视频内容进行流式处理，并在一段可确保流畅播放的很短的缓冲时间后在网页上播放该内容。如果要在网页上启用流视频，必须具有访问 Adobe® Flash® Media Server 的权限。

在【URL】文本框中可以设置 Flash Video 文件的路径，可通过单击 浏览... 按钮来选择位于当前站点内的 Flash Video 文件。【外观】选项主要用来指定视频组件的外观形式，所选外观的预览图会显示在【外观】下拉列表的下方。在【宽度】和【高度】文本框中可以设置 Flash Video 文件的幅面大小，选择【限制高宽比】复选框将约束宽度和高度之间的比例关系。【自动播放】选项主要用于设置 Flash Video 被浏览器载入时是否自动播放，【自动重新播放】选项主要用于设置 Flash Video 播放完毕后是否返回起始位置，如图 3-17 所示。设置完毕后单击 确定 按钮，Flash Video 将被添加到页面中，如图 3-18 所示。

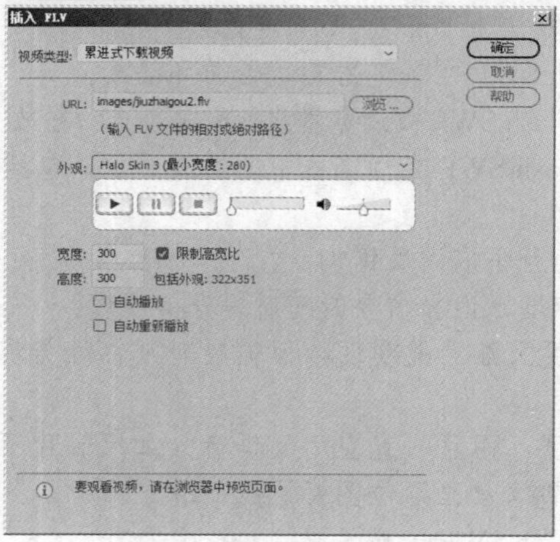

图3-17　【插入 FLV】对话框

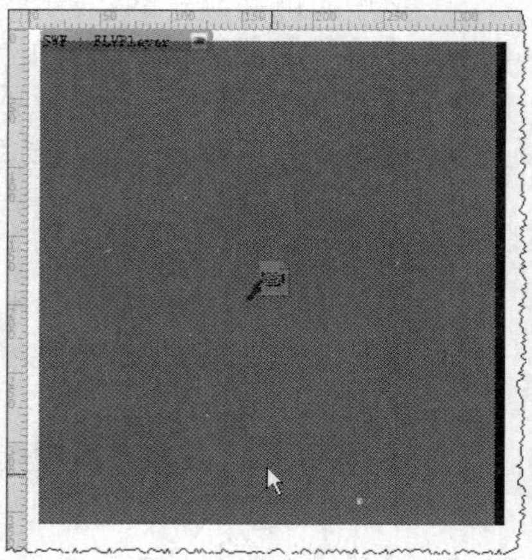

图3-18　插入 Flash Video

在 Flash Video【属性】面板中，用户可以根据需要修改相关参数，如图 3-19 所示。

图3-19 Flash Video【属性】面板

3.2.4 插入 HTML5 Audio

在 Dreamweaver CC 2017 中插入 HTML5 Audio 的方法是：将鼠标光标置于要插入 HTML5 音频的位置，然后选择菜单命令【插入】/【HTML】/【HTML5 Audio】，或在【插入】面板的【HTML】类别中单击 

按钮，在页面中插入一个 HTML5 Audio 文件占位符，接着在【属性】面板的【源】文本框中设置 HTML5 Audio 源文件位置，并根据需要设置其他相关选项，如图 3-20 所示。

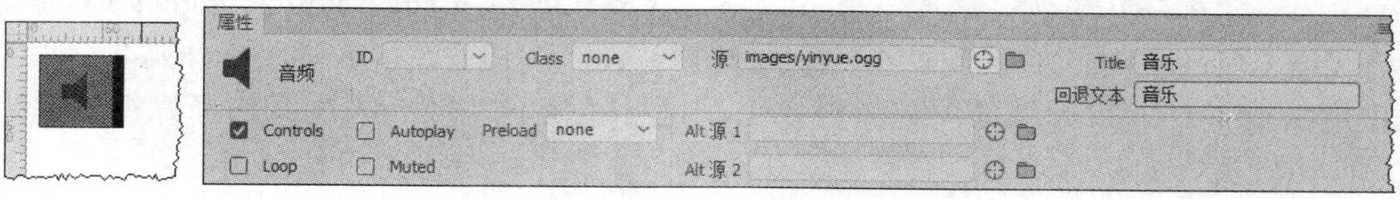

图3-20 HTML5 音频【属性】面板

HTML5 音频【属性】面板中各选项的功能介绍如下。

- 【源】文本框：主要用于设置音频的第一个源文件位置，如果文本框中设置的音频格式不被浏览器支持，则会使用【Alt 源 1】或【Alt 源 2】中设置的音频文件格式。
- 【Title】文本框：可以为音频文件设置标题，即在浏览器中显示的工具提示。
- 【回退文本】文本框：可以设置在浏览器不支持 HTML5 音频时要显示的提示文本。
- 【Controls】复选框：主要用于设置是否要在 HTML 页面中显示播放、暂停和静音等音频控件。
- 【Autoplay】复选框：主要用于设置音频在网页上加载后是否自动开始播放。
- 【Loop】复选框：主要用于设置音频是否连续播放。
- 【Muted】复选框：主要用于设置在音频下载后是否将其设置为静音。
- 【Preload】下拉列表：主要用于设置在页面加载时如何加载音频，选择【auto】会在页面下载时自动加载整个音频文件；选择【metadata】会在页面下载完成之后下载元数据。

3.2.5 插入 HTML5 Video

在 Dreamweaver CC 2017 中插入 HTML5 Video 的方法是：将鼠标光标置于要插入 HTML5 Video 的位置，然后选择菜单命令【插入】/【HTML】/【HTML5 Video】，或在【插入】面板的【HTML】类别中单击 

按钮，在页面中插入一个 HTML5 Video 文件占位符。接着选中 HTML5 Video 文件占位符，在【属性】面板的【源】文本框中设置 HTML5 Video 源文件位置及宽度和高度，并根据需要设置其他相关选项，如图 3-21 所示。

HTML5 Video 属性参数与 HTML5 音频属性参数大同小异，这里不再赘述。

图3-21　HTML5 Video【属性】面板

如果在 HTML5 页面中嵌入视频，在播放时发现页面只有声音没有图像，这是什么原因呢？这主要是因为 HTML5 并没有指定视频解码器，浏览器在播放时由浏览器自主决定。虽然 Safari 和 Internet Explorer 9 及以上版本浏览器可以支持公认的 MP4 标准编码 H.264 格式的视频，但 Firefox 和 Opera 是坚持开源 Theora 和 Vorbis 格式。因此，在页面中使用 HTML5 的视频时，必须提供这两种格式，以保证更多的浏览器能够播放。在页面中嵌入视频时，特别要注意视频编码方式。对于扩展名相同的视频文件，它们的视频编码可能是不一样的，同样是 MP4 格式的视频就有 3 种编码：mpg4（xdiv）、mpg4（xvid）和 avc（h264），这 3 种格式虽然在播放器里可以正常播放，但是 mpg4（xdiv）、mpg4（xvid）这两种格式嵌入到 HTML5 页面时就会出现只有声音没有图像的情况，转换成 h264 编码后就可以正常播放了。大家可以使用视频转换工具进行转换，在转换时注意选择好视频编码格式，目前比较流行的视频转换工具有格式工厂等，大家不妨从网上下载使用。

3.2.6 课堂案例——校园一角

本小节将通过案例“校园一角”来练习在页面中插入和设置 Flash SWF、Flash Video、HTML5 Video 和 HTML5 Audio 的基本方法，希望读者通过对案例的学习，能够熟练掌握在网页中使用媒体的基础知识和技能。在进行本实例操作前，请将素材文档复制到 Dreamweaver 站点下。实例效果如图 3-22 所示。

图3-22　校园一角

本例视频

【操作步骤】

1. 在站点内打开网页文档“326.htm”，如图 3-23 所示。

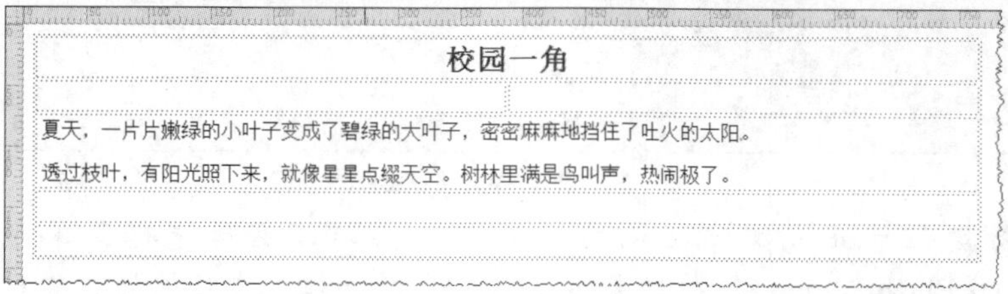

图3-23 打开文档

2. 选择菜单命令【文件】/【页面属性】，打开【页面属性】对话框，在【外观（CSS）】分类中设置背景图像为“images/xybg.jpg”，重复方式为【no-repeat】，如图 3-24 所示，然后单击[确定]按钮关闭对话框。

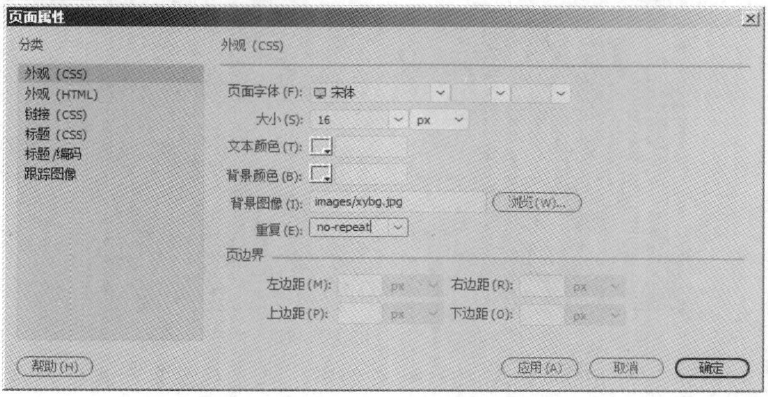

图3-24 设置背景图像

3. 将鼠标光标定位于正文文本上面左侧的单元格内，然后选择菜单命令【插入】/【HTML】/【Flash SWF】，打开【选择 SWF】对话框，选择要插入的 Flash SWF 文件，如图 3-25 所示。

4. 单击[确定]按钮，如果弹出【对象标签辅助功能属性】对话框，单击[取消]按钮即可，如图 3-26 所示，将 Flash SWF 插入文档中。

图3-25 【选择 SWF】对话框

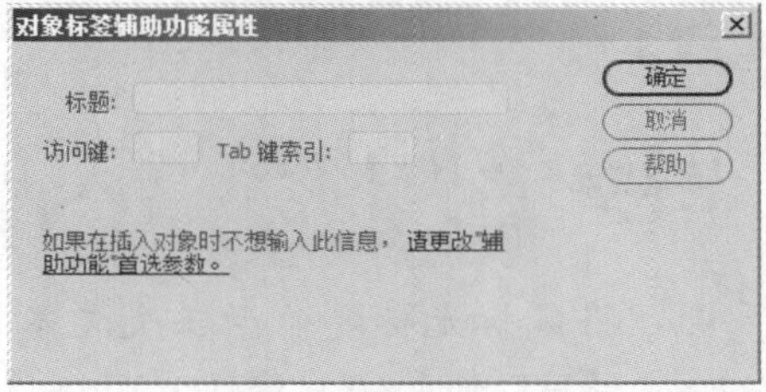

图3-26 【对象标签辅助功能属性】对话框

5. 在【属性】面板中保证选择了【循环】和【自动播放】复选框，如图 3-27 所示。

图3-27　设置 SWF 动画属性

6. 将鼠标光标定位于正文文本上面右侧的单元格内，然后选择菜单命令【插入】/【HTML】/【Flash Video】，打开【插入 FLV】对话框，在【视频类型】下拉列表中选择【累进式下载视频】，在【URL】文本框中设置 Flash Video 文件为“images/xiaoyuanfj.flv”，如图 3-28 所示。

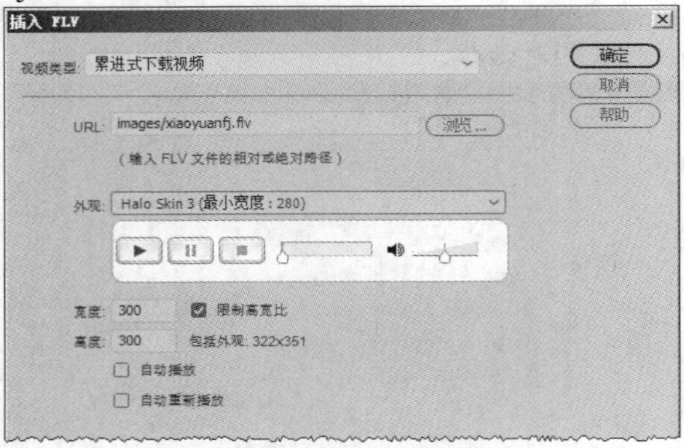

图3-28　【插入 FLV】对话框

7. 单击按钮，将 Flash FLV 插入到文档中，在【属性】面板中取消选择【限制高宽比】复选框，然后将高度修改为“225”，如图 3-29 所示。

图3-29　设置 FLV 属性

8. 将鼠标光标定位于正文文本下面的单元格内，然后选择菜单命令【插入】/【HTML】/【HTML5 Audio】，在页面中插入一个 HTML5 Audio 文件占位符，接着在【属性】面板的【源】文本框中设置 HTML5 Audio 源文件位置，如图 3-30 所示。

图3-30　HTML5 Audio【属性】面板

要点提示　在【源】文本框中设置 HTML5 Audio 源文件时，如果还有同名的其他格式的文件，Dreamweaver 会自动填充到【Alt 源 1】和【Alt 源 2】两个文本框中。

9. 将鼠标光标定位于正文文本下面的第 2 行单元格内，然后选择菜单命令【插入】/【HTML】/【HTML5 Video】，在页面中插入一个 HTML5 Video 文件占位符，接着在

【属性】面板的【源】文本框中设置 HTML5 Video 源文件位置，并将宽度和高度分别修改为“600”和“300”，如图 3-31 所示。

图3-31　HTML5 Video【属性】面板

10. 最后保存文件，弹出【复制相关文件】对话框，如图 3-32 所示。

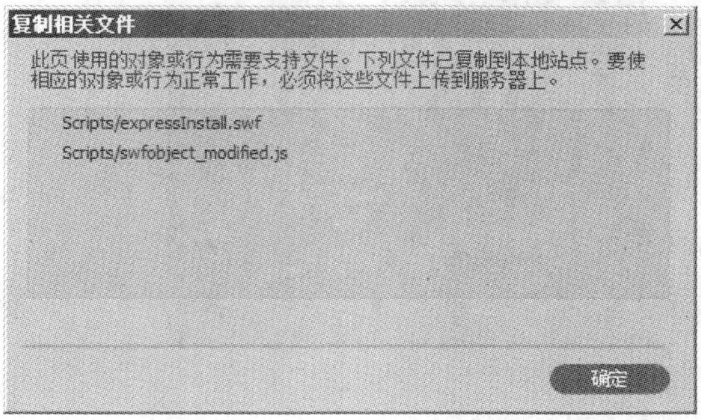

图3-32　【复制相关文件】对话框

11. 单击 确定 按钮，在站点中自动添加文件夹“Scripts”，其中包含了对话框中提示的两个文件，页面效果如图 3-33 所示。

图3-33　页面效果

3.2.7 课堂实训——绿色怡园

本小节实例“绿色怡园”由读者根据步骤提示自行操作，以进一步巩固在页面中使用媒体的基本方法。在进行本实例操作前，请将素材文档复制到 Dreamweaver 站点下。实例效果如图 3-34 所示。

本例视频

图3-34　绿色怡园

【步骤提示】

1. 在站点内打开网页文档“327.htm”。
2. 在文本“绿色怡园”下面的单元格内插入 HTML5 Video，源文件位置为“images/gongyuan.mp4”，并将宽度和高度分别修改为“600”和“300”。
3. 在 HTML5 Video 下面一行左侧的单元格内插入 Flash SWF，文件位置为“images/gongyuanfj.swf”，SWF 为循环自动播放。
4. 在 HTML5 Video 下面一行右侧的单元格内插入 HTML5 Audio，文件位置为“images/jita.mp3”。
5. 保存文档。

3.3 综合案例——瘦西湖

本节将通过综合案例“瘦西湖”来进一步巩固在页面中使用图像和媒体的基本方法。在进行本实例操作前，请将素材文档复制到 Dreamweaver 站点下。实例效果如图 3-35 所示。

【操作步骤】

1. 在站点内打开网页文档“33.htm”，如图 3-36 所示。

本例视频

图3-35　瘦西湖

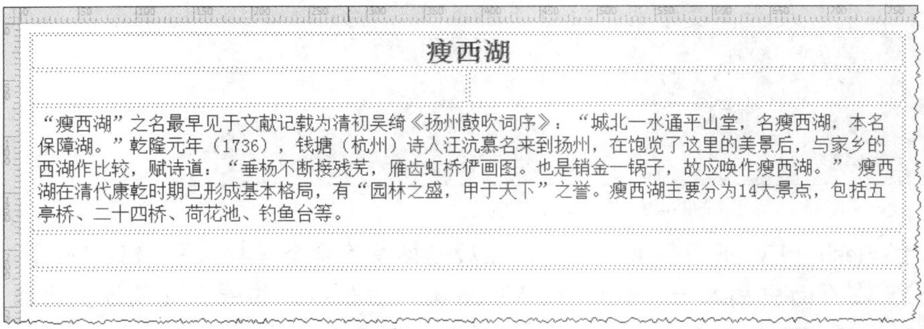

图3-36　打开文档

2. 将鼠标光标定位于“瘦西湖”下面的左侧单元格内，然后选择菜单命令【插入】/【Image】，插入图像“images/sxh.jpg”。

3. 在【属性】面板的【宽】文本框中将图像的宽度修改为“360px”，在【替换】文本框和【标题】文本框中均输入文本“瘦西湖图片”，如图 3-37 所示。

图3-37　设置属性

4. 将鼠标光标定位于“瘦西湖”下面的右侧单元格内，然后选择菜单命令【插入】/【HTML】/【Flash SWF】，插入 Flash SWF “images/sxhswf.swf”，在【属性】面板中保证选择了【循环】和【自动播放】复选框，如图 3-38 所示。

图3-38　设置 SWF 动画属性

5. 将鼠标光标定位于正文文本下面的单元格内，然后选择菜单命令【插入】/【HTML】/【Flash Video】，打开【插入 FLV】对话框，在【视频类型】下拉列表中选择【累进式下载视频】，在【URL】文本框中设置 Flash Video 源文件位置，如图 3-39 所示。

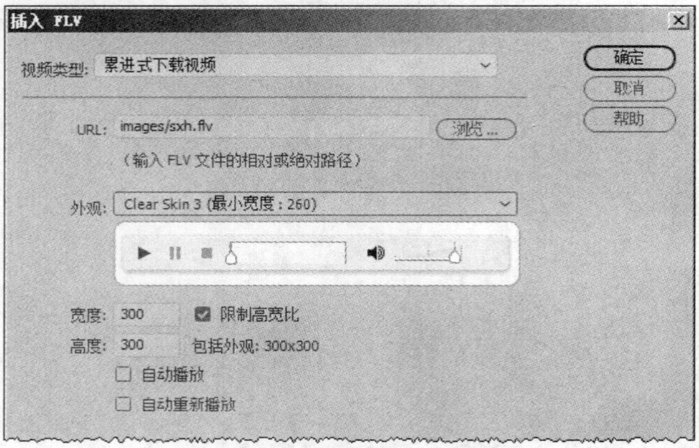

图3-39　【插入 FLV】对话框

6. 单击 确定 按钮，将 Flash FLV 插入文档中。在【属性】面板中，取消选择【限制高宽比】复选框，然后将宽度和高度分别修改为“700”和“200”，如图 3-40 所示。

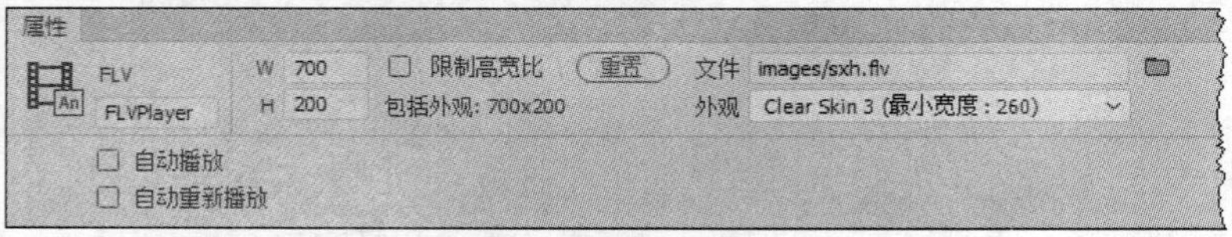

图3-40　设置 FLV 属性

7. 将鼠标光标定位于 Flash FLV 下面的单元格内，然后选择菜单命令【插入】/【HTML】/【HTML5 Video】，在页面中插入一个 HTML5 Video 文件占位符。接着在【属性】面板的【源】文本框中设置 HTML5 Video 源文件位置，并将宽度和高度分别修改为“700”和“200”，如图 3-41 所示。

图3-41　HTML5 Video【属性】面板

8. 保存文档，效果如图 3-42 所示。

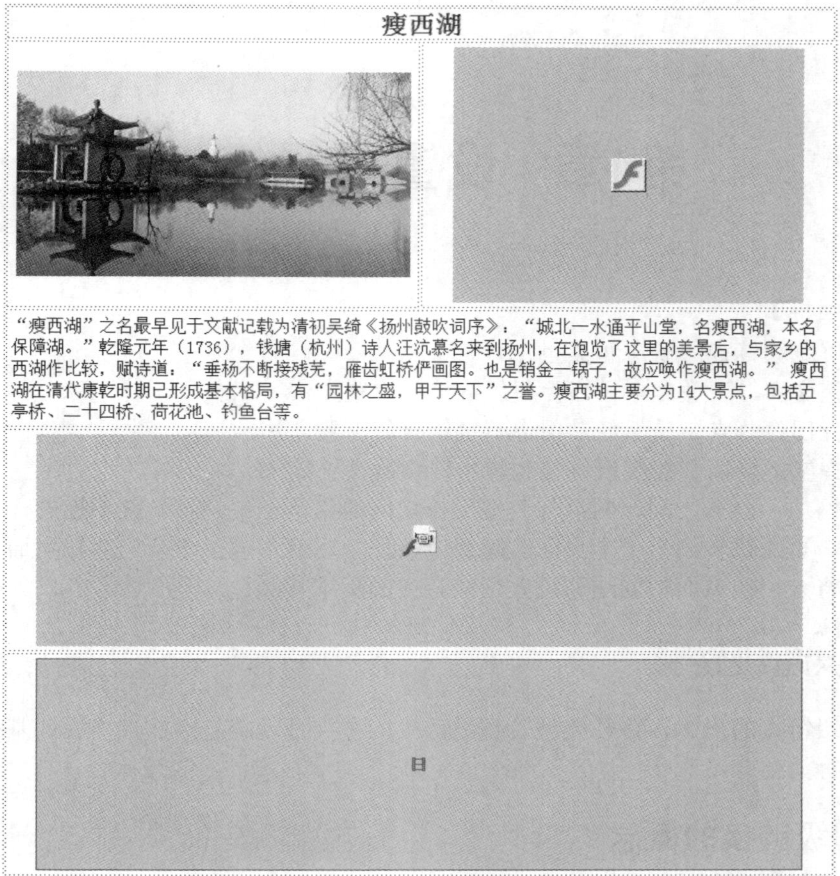

图3-42　页面效果

3.4 习题

1. 思考题。

   (1) 简述网页中常用的图像格式类型。

   (2) 简述 Flash SWF 和 Flash Video 的区别与联系。

   (3) 简述 HTML5 中 Audio 元素支持的音频格式类型。

   (4) 简述 HTML5 中 Video 元素支持的视频格式类型。

2. 操作题。

根据自己的喜好自行搜集图像和媒体素材，并运用本章所学知识编排一个网页，要求在页面中使用图像和媒体。

第4章　设置超级链接

【学习目标】

- 了解超级链接的概念和类型。
- 掌握文本、图像和电子邮件超级链接的设置方法。
- 掌握图像热点、鼠标经过图像超级链接的设置方法。
- 掌握空链接、下载超级链接和脚本链接的设置方法。

在互联网上，网页之间、网页与其他文档之间通常是通过超级链接相连的，点击超级链接可以从一个页面跳转到另一个页面。超级链接使互联网形成了一个内容翔实而丰富的立体结构。本章将介绍在页面中创建和设置超级链接的基本方法。

4.1　认识超级链接

了解超级链接的概念、路径类型及超级链接的种类是理解超级链接内涵的基础，下面对这些知识进行简要介绍。

4.1.1　超级链接的概念

超级链接又称超链接，是指从网页中的某个对象指向一个目标的连接关系。也就是说，页面上的某个对象被赋予了可以连接到其他目标的地址便形成了超级链接。网页中的对象即链接载体可以是页面上的文本、图像等元素，要连接的目标可以是一个网页、一个图片、一个电子邮件地址、一个文件，也可以是相同网页上的不同位置。当把鼠标指针移动到网页中的某个超级链接上时，箭头会变为一只小手，可以通过点击超级链接来进行页面跳转或转到当前文档中的某个位置甚至打开或下载文件。各个网页通过超级链接互相联系在一起后，才能真正构成一个网站。超级链接在本质上也属于网页的一部分，是一种跳转元素。

4.1.2　超级链接的路径类型

在因特网中，每个网页都有唯一的地址，通常称为 URL（Uniform Resource Locator，统一资源定位符）。URL 的书写格式通常为“协议://主机名/路径/文件名”，例如，“http://www.ptpress.com.cn/shopping/index.htm”便是网站一个完整的 URL，而“http://www.ptpress.com.cn”则省略了路径和文件名，但服务器会将首页文件回传给浏览器。

URL 主要包括以下部分。

- 通信协议：包括 HTTP、FTP、Telnet 和 Mailto 等几种形式。
- 主机名：指服务器在网络中的 IP 地址或域名，在因特网中使用的多是域名。
- 路径和文件名：主机名与路径及文件名之间以“/”分隔。

在创建到同一站点内网页文档的超级链接时，通常不指定作为链接目标的文档的完整URL，而是指定一个相对路径。通常有以下 3 种类型的链接路径。

(1) 绝对路径。绝对路径提供所链接文档的完整的 URL，其中包括所使用的协议，例如，“http://www.ptpress.com.cn/support/dreamweaver/contents.html”。在一个站点链接其他站点上的文档时，通常使用绝对路径。

(2) 文档相对路径。文档相对路径是省略对于当前文档和所链接的文档都相同的绝对路径部分，而只提供不同的路径部分，例如，“dreamweaver/contents.html”。对于大多数站点的本地链接来说，文档相对路径通常是最合适的路径。

(3) 站点根目录相对路径。站点根目录相对路径描述从站点的根文件夹到文档的路径，站点根目录相对路径以“/”开始，“/”表示站点根文件夹。例如，“/support/dreamweaver/contents.html”是文件“contents.html”的站点根目录相对路径。在处理使用多个服务器的大型站点或在使用承载多个站点的服务器时，可能需要使用这种路径。如果需要经常在站点的不同文件夹之间移动 HTML 文件，那么使用站点根目录相对路径通常也是最佳的方法。

4.1.3 超级链接的种类

根据链接载体形式的不同，超级链接大致可分为以下 3 种。

- 文本超级链接：以文本作为超级链接载体。
- 图像超级链接：以图像作为超级链接形体，如果以图像上的某一区域作为链接载体，通常称为图像热点。
- 表单超级链接：当填写完表单后，单击相应按钮会自动跳转到目标页。

根据链接目标位置的不同，超级链接可分为以下两种。

- 内部超级链接：链接目标位于同一站点内的超级链接形式。
- 外部超级链接：链接目标位于站点外的超级链接形式。外部超级链接可以实现网站之间的跳转，从而将浏览范围扩大到整个网络。

根据链接目标形式的不同，超级链接可分为以下 5 种。

- 网页超级链接：链接到 HTML、ASP、PHP 等格式的网页文档的链接，这是网站最常见的超链接形式。
- 下载超级链接：链接到图像、影片、音频、DOC、PPT 及 PDF 等资源文件或 RAR、ZIP 等压缩文件的链接。
- 电子邮件超级链接：将会启动邮件客户端程序，可以写邮件并发送到链接的邮箱中。
- 空链接：链接目标形式上为“#”，主要用于在对象上附加行为等。
- 脚本链接：用于创建执行 JavaScript 代码的链接。

Dreamweaver CC 2017 提供了创建超级链接的多种方法，可创建到文档、图像、多媒体文件或可下载软件的超级链接，可以建立到文档内任意位置的任何文本或图像的超级链接。

4.2 设置普通超级链接

这里所说的普通超级链接包括文本超级链接、图像超级链接、电子邮件超级链接等，这些是最为常用的超级链接类型。

4.2.1 创建文本超级链接

用文本作链接载体，这就是文本超级链接，它是最常见的超级链接类型。下面介绍创建文本超级链接和设置其状态的方法。

一、通过【属性（HTML）】面板创建超级链接

首先选中文本，然后在【属性（HTML）】面板的【链接】文本框中输入链接目标地址，如图 4-1 所示。

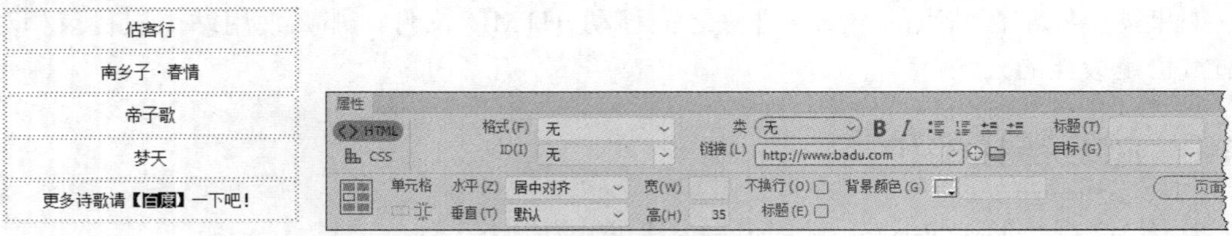

图4-1　输入链接目标地址

如果是同一站点内的文件，也可以单击文本框后的（浏览文件）按钮，在打开的【选择文件】对话框中选择目标文件，然后单击 确定 按钮即可，如图 4-2 所示。

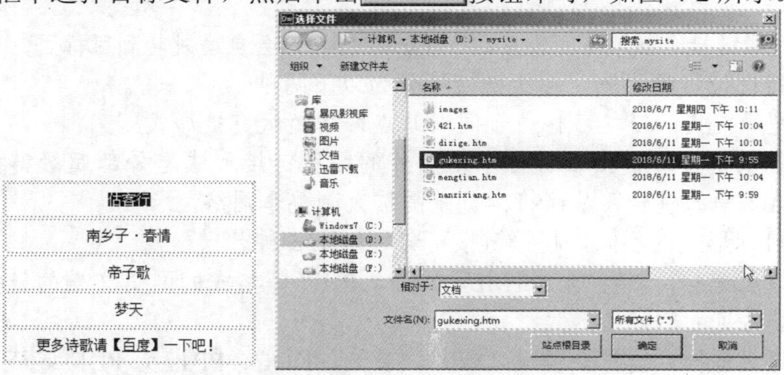

图4-2　【选择文件】对话框

也可以将【链接】文本框后面的（指向）图标拖曳到【文件】面板中的目标文件上，然后在【目标】下拉列表中选择窗口打开方式，还可以在【标题】文本框中输入当鼠标指针停留在超级链接载体上时显示的提示性文本，如图 4-3 所示。

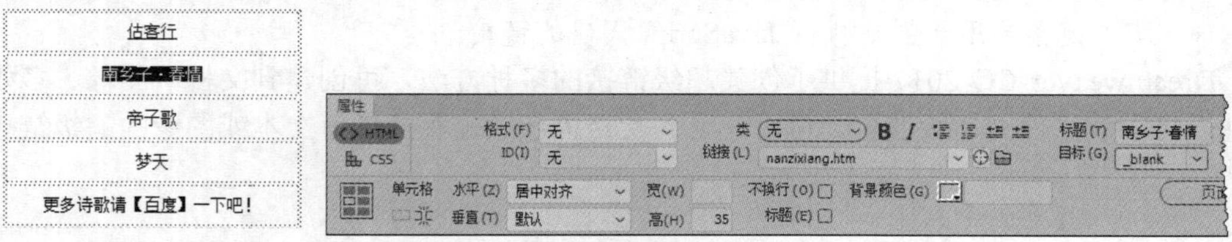

图4-3　【属性】面板

【目标】下拉列表中的各选项介绍如下。

- 【_blank】：表示将链接的文档载入一个新的浏览器窗口。
- 【new】：表示将链接的文档载入到同一个刚创建的窗口中。
- 【_parent】：表示将链接的文档载入该链接所在框架的父框架或父窗口，如果包含链接的框架不是嵌套框架，则所链接的文档载入整个浏览器窗口。
- 【_self】：表示将链接的文档载入链接所在的同一框架或窗口，此目标是默认的，因此通常不需要特别指定。
- 【_top】：表示将链接的文档载入整个浏览器窗口，从而删除所有框架。

二、 通过【Hyperlink】对话框创建超级链接

选择要设置超级链接的文本，然后选择菜单命令【插入】/【Hyperlink】，或者在【插入】面板的【HTML】类别中单击 Hyperlink 按钮，打开【Hyperlink】对话框。已经选择的文本将自动出现在【文本】文本框中，然后在【链接】文本框中设置目标地址，在【目标】下拉列表中选择目标窗口打开方式，在【标题】文本框中根据需要输入提示性文本，如图 4-4 所示。

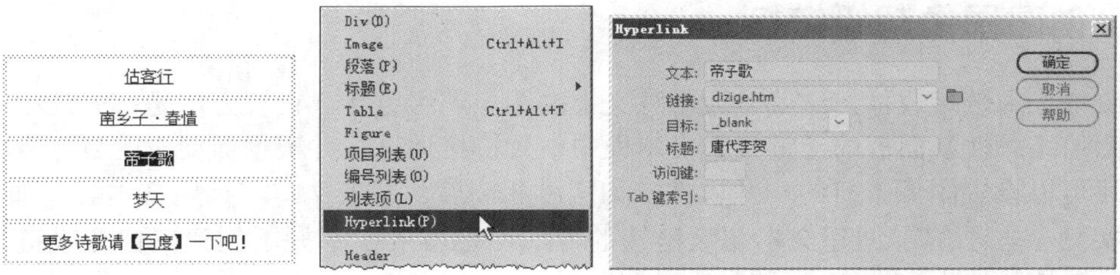

图4-4 【Hyperlink】对话框

用户可以在【访问键】文本框中设置链接的快捷键，也就是按 Alt+26 个字母键中的 1 个，将焦点切换至文本链接，还可以在【Tab 键索引】文本框中设置 Tab 键切换顺序。最后，单击 确定 按钮关闭对话框即可。

> **要点提示** 也可将鼠标光标置于要插入超级链接的位置，然后在【Hyperlink】对话框的【文本】文本框中输入文本，在单击 确定 按钮后输入的文本将自动显示在鼠标光标处。

三、 设置文本超级链接的状态

打开带有文本超级链接的网页后，在【属性】面板中单击 页面属性... 按钮，打开【页面属性】对话框，在【链接（CSS）】分类中设置文本超级链接的状态，包括字体、大小、不同状态下的颜色及下划线样式等，如图 4-5 所示。

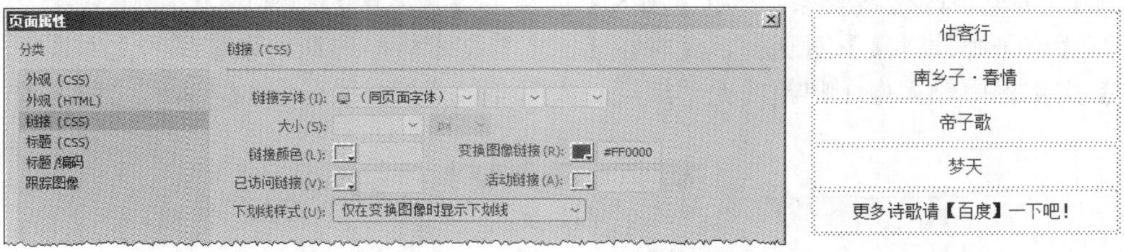

图4-5 【链接（CSS）】分类

在【页面属性】对话框中，【链接字体】选项主要用于设置链接文本的字体、字体样式和字体粗细。【大小】主要用于设置链接文本的大小。【链接颜色】【变换图像链接】【已访问

链接】【活动链接】4 个选项分别用于设置链接文本在正常显示时的颜色、鼠标光标经过时的颜色、鼠标单击后的颜色、鼠标单击时的颜色。默认状态下，链接文本为蓝色，已访问过的链接颜色为紫色。【下划线样式】下拉列表主要用于设置链接文本的下划线样式，共有 4 个选项，读者可以根据实际需要进行选择，如图 4-6 所示。设置了文本超级链接状态后的页面在浏览器中的浏览效果如图 4-7 所示。

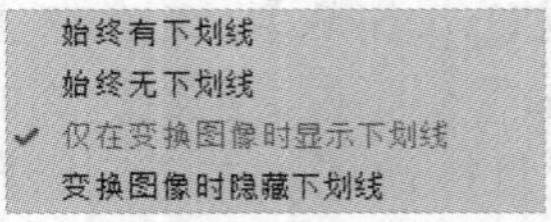

图4-6　下划线样式

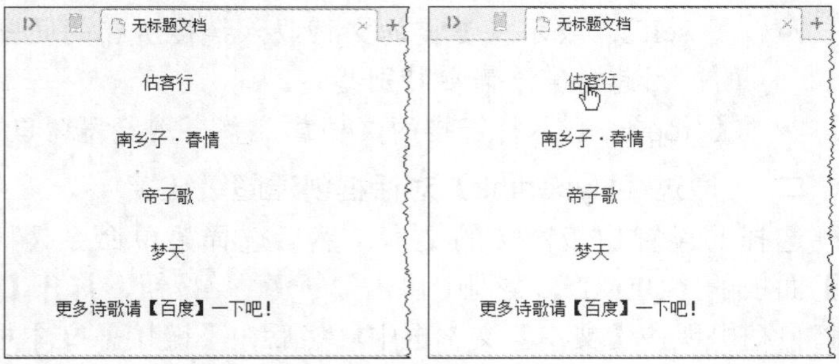

图4-7　浏览效果

4.2.2　创建图像超级链接

用图像作为链接载体，这就是通常意义上的图像超级链接。设置方法是：先选中图像，然后在图像【属性】面板的【链接】文本框中设置链接地址，并根据需要设置目标窗口打开方式，还可以设置图像本身的一些属性，如宽度和高度、替换文本和标题文本等，如图 4-8 所示。实际上，了解了创建文本超级链接的方法，也就等于掌握了创建图像超级链接的方法，只是链接载体由文本变成了图像。

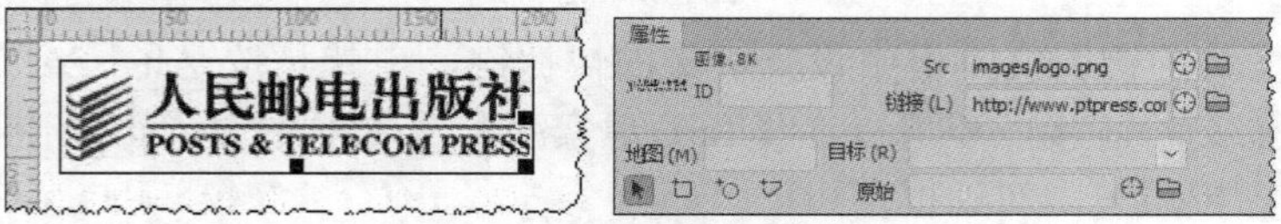

图4-8　图像【属性】面板

4.2.3　创建电子邮件超级链接

电子邮件超级链接与一般的文本和图像超级链接不同，因为电子邮件超级链接要将浏览者的本地电子邮件管理软件（如 Outlook Express、Foxmail 等）打开，而不是向服务器发出请求。创建电子邮件超级链接的方法是：先选中文本，然后选择菜单命令【插入】/【HTML】/【电子邮件链接】，或在【插入】面板的【HTML】类别中单击 电子邮件链接 按钮，打开【电子邮件链接】对话框，此时在【文本】文本框中自动出现选择的文本，在【电子邮件】文本框中输入电子邮箱的完整地址，如图 4-9 所示，然后单击 确定 按钮关闭对话框。

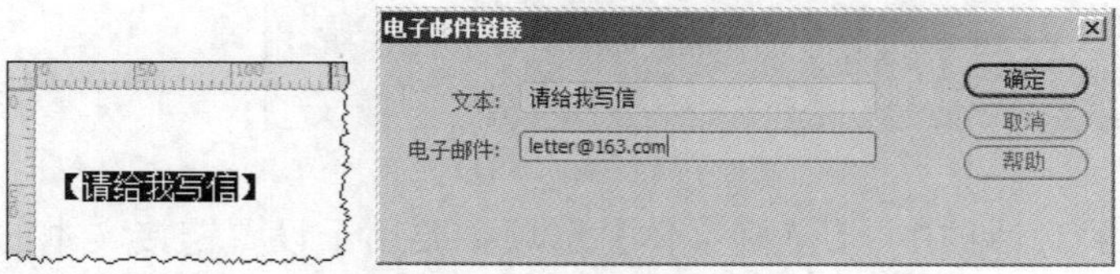

图4-9　【电子邮件链接】对话框

要点提示 如果没有预先选中文本，就要在【电子邮件链接】对话框的【文本】文本框中输入在文档中要显示的链接文本。

如果要修改已经设置的电子邮件链接的 E-mail，可以通过【属性（HTML）】面板进行重新设置。同时通过【属性（HTML）】面板也可以看出，“mailto:”“@”“.”这 3 个元素在电子邮件链接中是必不可少的，如图 4-10 所示。有了它们，才能构成一个正确的电子邮件链接。

图4-10 【属性】面板

在创建电子邮件超级链接时，为了更快捷，可以先选中需要添加链接的文本，当然也可以是图像，然后在【属性】面板的【链接】文本框中直接输入电子邮件地址，并在其前面加一个前缀“mailto:”，最后按 Enter 键确认即可，如图 4-11 所示。

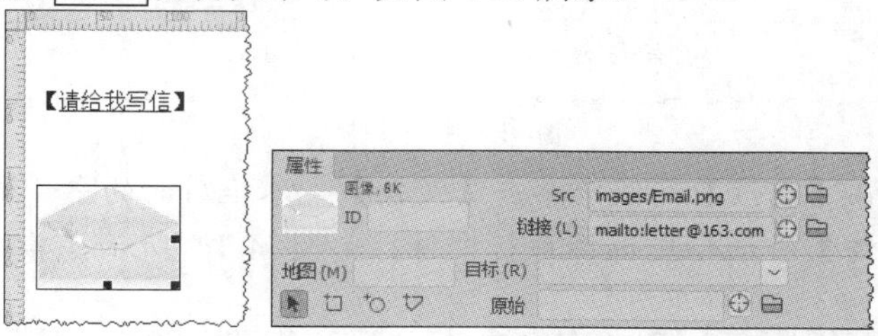

图4-11 电子邮件链接

4.2.4 课堂案例——古代诗歌欣赏

本小节将通过案例“古代诗歌欣赏”来练习设置文本超级链接、图像超级链接和电子邮件超级链接的基本方法，希望读者通过对案例的学习，能够熟练掌握在网页中设置常用超级链接的基本方法。在进行本实例操作前，请将素材文档复制到 Dreamweaver 站点下。实例效果如图 4-12 所示。

图4-12 古代诗歌欣赏

本例视频

【操作步骤】

1. 在站点内打开网页文档“424.htm”，如图 4-13 所示。

图4-13　打开文档

2. 选中图像，然后在【属性】面板中单击【链接】文本框后面的（浏览文件）按钮，在打开的【选择文件】对话框中选择目标文件，如图 4-14 所示，单击 确定 按钮关闭对话框。

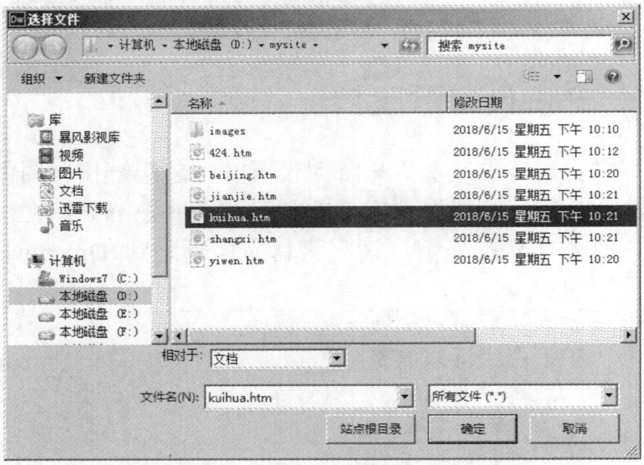

图4-14　选择目标文件

3. 在【属性】面板的【目标】下拉列表中选择窗口打开方式，在【替换】文本框中输入替换文本，在【标题】文本框中输入提示文本，如图 4-15 所示。

图4-15　【属性】面板

4. 选中文本“作者简介”，然后在【属性（HTML）】面板中单击【链接】文本框后面的（浏览文件）按钮，设置链接目标文件为“jianjie.htm”，并在【标题】文本框中输入提示文本，如图 4-16 所示。

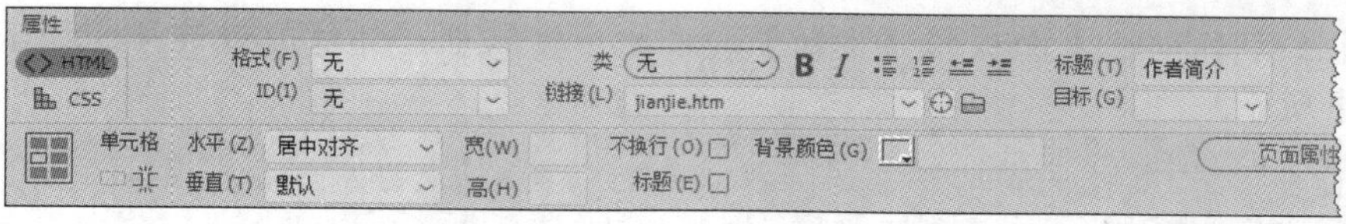

图4-16 设置“作者简介”超级链接

5. 选中文本“创作背景”，然后将【链接】文本框后面的（指向）图标拖曳到【文件】面板中的目标文件“beijing.htm”上，并在【标题】文本框中输入提示文本，如图 4-17 所示。

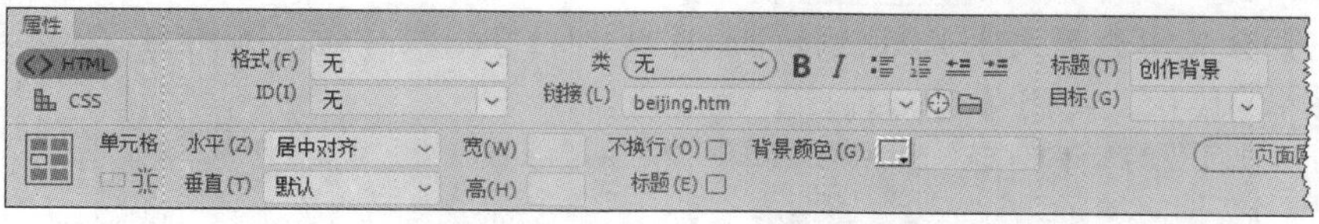

图4-17 设置“创作背景”超级链接

6. 选中文本“译文注释”，然后选择菜单命令【插入】/【HTML】/【Hyperlink】，打开【Hyperlink】对话框，在【链接】文本框中设置目标地址为“yiwen.htm”，在【标题】文本框中输入提示性文本，如图 4-18 所示，最后单击 确定 按钮关闭对话框。

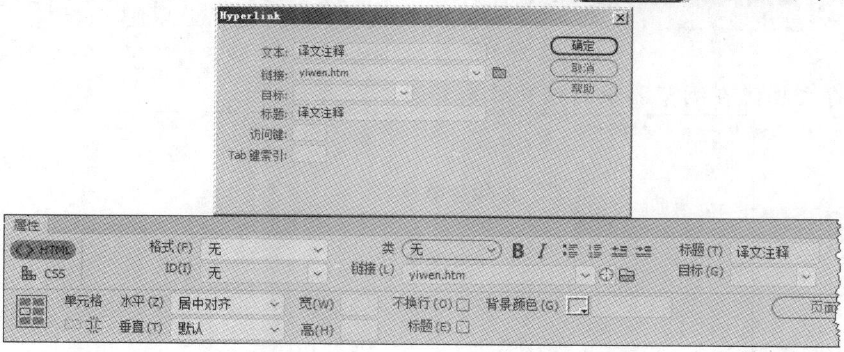

图4-18 设置“译文注释”超级链接

7. 选中文本“作品赏析”，然后在【属性（HTML）】面板的【链接】文本框中直接输入链接目标文件地址“shangxi.htm”，并在【标题】文本框中输入提示文本，如图 4-19 所示。

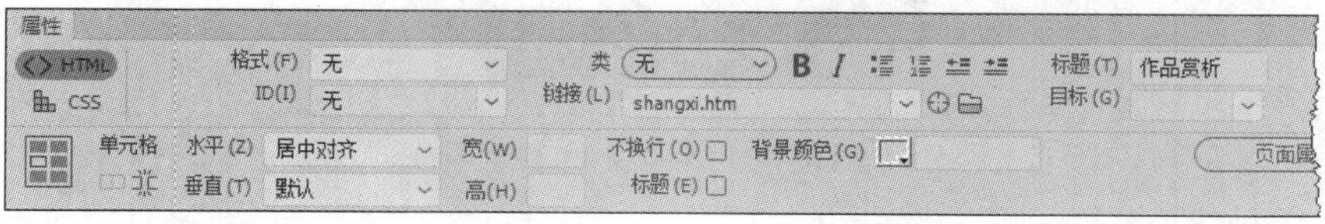

图4-19 设置“作品赏析”超级链接

8. 选中文本“发 Email”，然后选择菜单命令【插入】/【HTML】/【电子邮件链接】，打开【电子邮件链接】对话框，在【电子邮件】文本框中输入电子邮箱的完整地址，如图 4-20 所示，然后单击 确定 按钮关闭对话框。

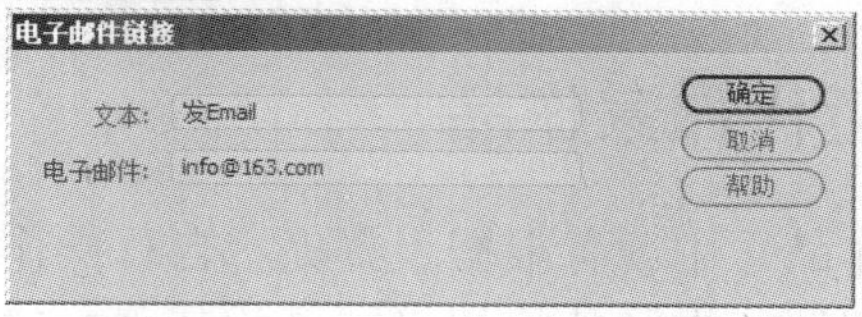

图4-20 设置电子邮件超级链接

9. 在【属性（HTML）】面板的【标题】文本框中输入电子邮件超级链接的提示文本，如图 4-21 所示。

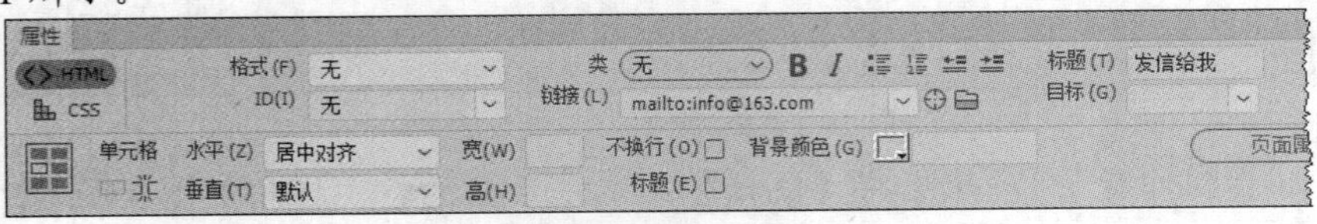

图4-21　设置电子邮件超级链接提示文本

10. 在【属性】面板中单击 页面属性... 按钮，打开【页面属性】对话框，在【链接（CSS）】分类中设置文本超级链接的颜色状态和下划线样式，如图 4-22 所示，然后单击 确定 按钮，关闭【页面属性】对话框。

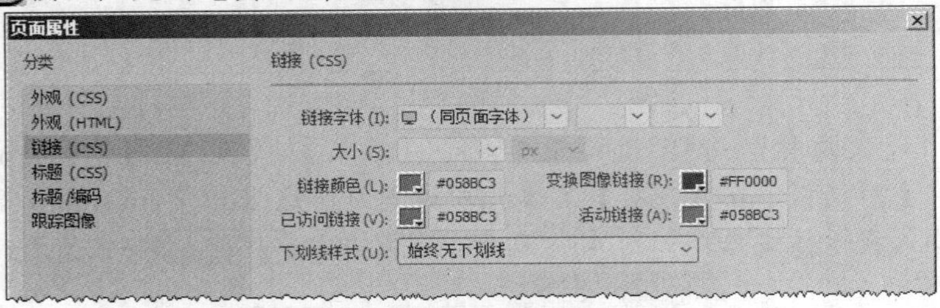

图4-22　设置文本超级链接状态

11. 最后保存文档，在浏览器中的预览效果如图 4-23 所示。

图4-23　在浏览器中的预览效果

4.2.5　课堂实训——近代作家作品

本小节实例“近代作家作品”由读者根据步骤提示自行操作，以进一步巩固在页面中使用文本超级链接、图像超级链接、电子邮件超级链接的基本方法。在进行本实例操作前，请将素材文档复制到 Dreamweaver 站点下。实例效果如图 4-24 所示。

本例视频

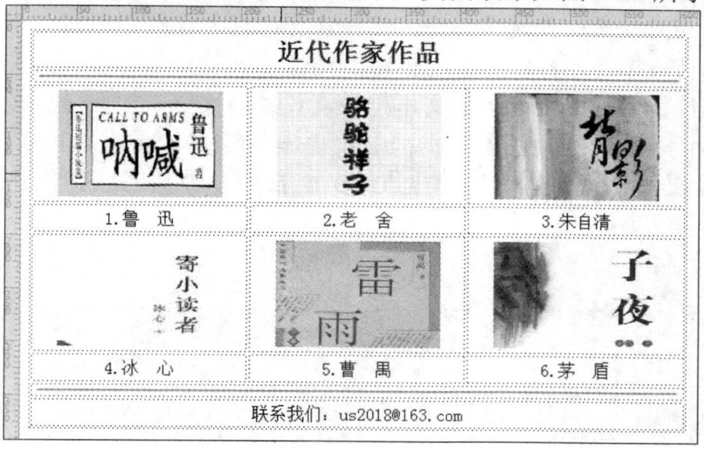

图4-24　近代作家作品

【步骤提示】

1. 在站点内打开网页文档“425.htm”。
2. 设置文本“鲁 迅”及其对应图像的链接目标文件为“luxun.htm”，目标窗口打开方式为“_blank”。
3. 设置文本“老 舍”及其对应图像的链接目标文件为“laoshe.htm”，目标窗口打开方式为“_blank”。
4. 设置文本“朱自清”及其对应图像的链接目标文件为“zhuziqing.htm”，目标窗口打开方式为“_blank”。
5. 设置文本“冰 心”及其对应图像的链接目标文件为“bingxin.htm”，目标窗口打开方式为“_blank”。
6. 设置文本“曹 禺”及其对应图像的链接目标文件为“caoyu.htm”，目标窗口打开方式为“_blank”。
7. 设置文本“茅 盾”及其对应图像的链接目标文件为“maodun.htm”，目标窗口打开方式为“_blank”。
8. 设置文本超级链接的【变换图像链接】颜色为红色“#0000FF”，其他状态下颜色均为蓝色“#0000FF”，下划线样式为“仅在变换图像时显示下划线”。
9. 最后保存文档。

4.3　设置特殊超级链接

这里所说的特殊超级链接包括图像热点、鼠标经过图像、空链接、下载超级链接和脚本链接等，下面进行简要介绍。

4.3.1　设置图像热点

图像热点又称图像地图、图像热区，实际上就是为一幅图像绘制一个或几个独立区域，并为这些区域添加超级链接。创建图像热点必须使用图像热点工具，它位于图像【属性】面板的左下方，包括矩形热点工具、椭圆形热点工具和多边形热点工具3 种形式。

创建图像热点超级链接的方法是：先选中图像，然后在【属性】面板中单击左下方的热点工具按钮，如矩形热点工具按钮，并将鼠标光标移到图像上，按住鼠标左键并拖曳鼠标绘制一个区域；接着在【属性】面板的【链接】文本框中设置链接地址，根据需要设置目标窗口打开方式和替换文本，还可以在【地图】文本框中设置热点名称，如图 4-25 所示。要编辑图像热点，可以单击【属性】面板中的指针热点工具按钮，然后对已经创建好的图像热点进行移动和调整大小等。

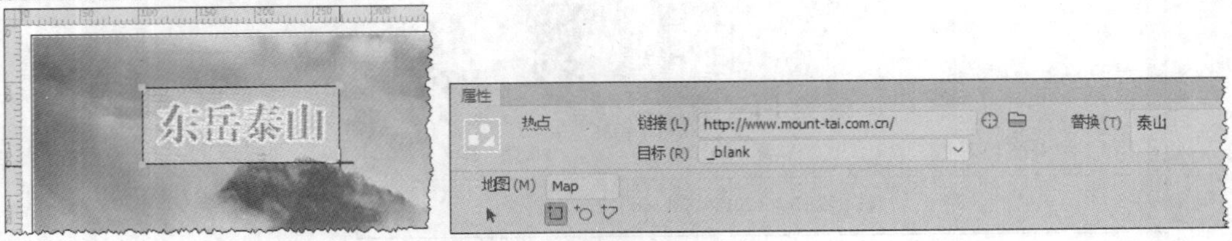

图4-25　图像热点超级链接

4.3.2　插入鼠标经过图像

鼠标经过图像是指当鼠标指针移到图像上时，图像会自动更换为另一幅图像，从而使网页变得生动活泼，当单击鼠标左键时将会打开目标地址。鼠标经过图像是基于图像的比较特殊的链接形式。创建鼠标经过图像的方法是：定位好要插入鼠标经过图像的位置，然后选择菜单命令【插入】/【HTML】/【鼠标经过图像】，或在【插入】面板的【HTML】类别中单击 鼠标经过图像 按钮，打开【插入鼠标经过图像】对话框，在其中设置图像名称、首次加载页面时显示的原始图像、鼠标经过时更换显示的图像、是否预载鼠标经过图像、图像不能显示时的替换文本及单击图像时前往的目标地址即可，如图 4-26 所示。

通常使用两幅图像来创建鼠标经过图像。在设置鼠标经过图像时，为了保证显示效果，建议两幅图像的尺寸保持一致。如果这两幅图像大小不同，Dreamweaver CC 2017 将调整第 2 幅图像的大小与第 1 幅图像匹配。插入鼠标经过图像后的页面如图 4-27 所示。

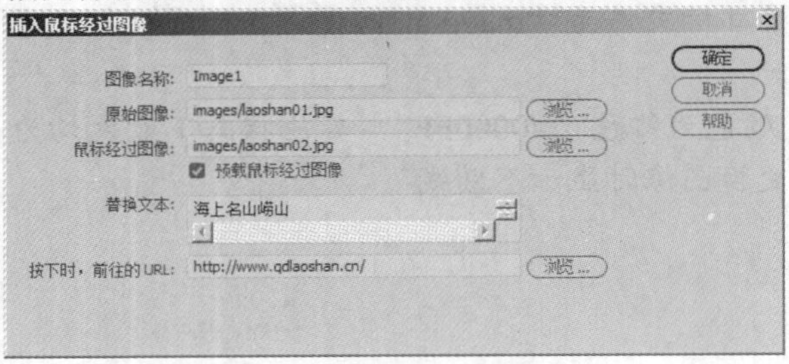

图4-26　【插入鼠标经过图像】对话框

图4-27　插入鼠标经过图像

在浏览器中的浏览效果如图 4-28 所示，当鼠标指针移到图像上时，图像会自动变为另一幅图像，当单击鼠标左键时将会打开目标地址网页。

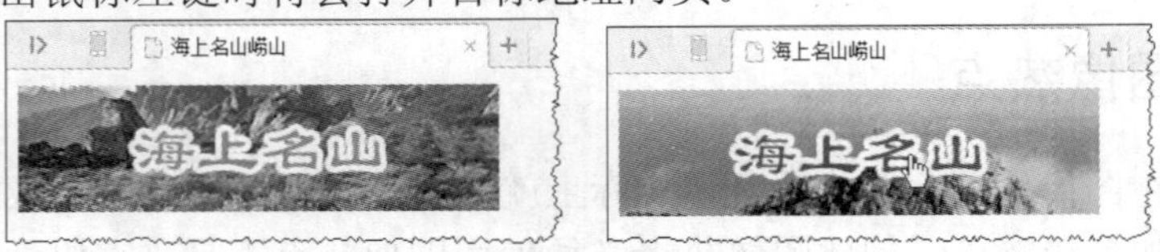

图4-28　浏览效果

4.3.3 设置空链接和下载超级链接

空链接是一个未指派目标的链接，可用于向页面上的对象或文本附加行为等。例如，可向空链接附加一个行为，以便在鼠标指针滑过该链接时会交换图像等。关于行为的知识将在后续章节介绍。设置空链接的方法是，选中文本或图像等链接载体后，在【属性】面板的【链接】文本框中输入“#”即可，如图 4-29 所示。

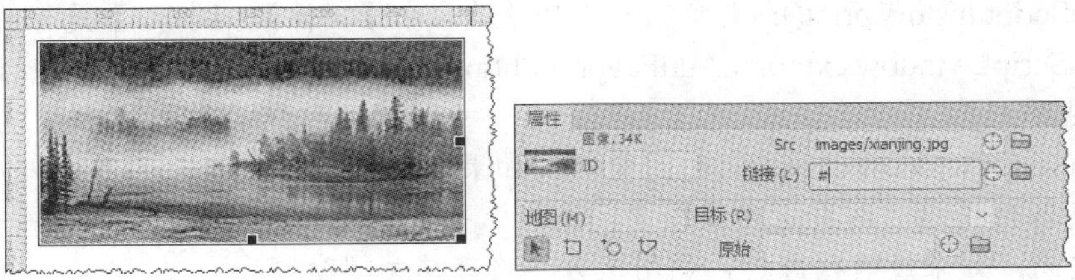

图4-29　设置空链接

在实际应用中，链接目标也可以是其他类型的文件，如压缩文件、Word 文件或 PDF 文件等。如果要在网站中提供资料下载，就需要为文件提供下载超级链接，方法是在【属性】面板的【链接】文本框中设置好要下载的文件路径，如图 4-30 所示。下载超级链接并不是一种特殊的链接，只是下载超级链接所指向的文件是特殊的。

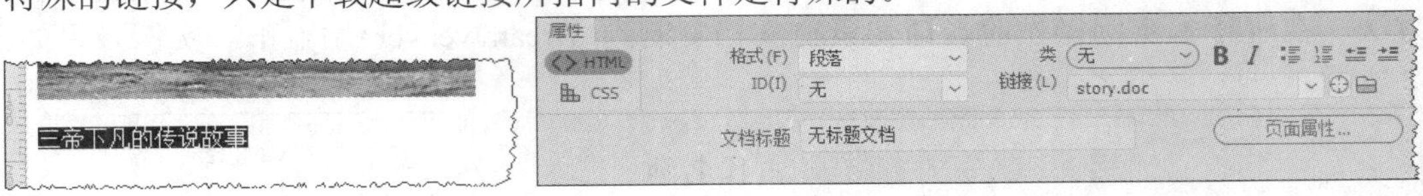

图4-30　设置下载超级链接

4.3.4 设置脚本链接

脚本链接用于执行 JavaScript 代码或调用 JavaScript 函数，能够在不离开当前页面的情况下为访问者提供有关某项的附加信息或执行计算、验证表单等特殊任务。创建脚本链接的方法是：首先选定文本或图像，然后在【属性（HTML）】面板的【链接】文本框中输入要执行的代码，如图 4-31 所示。

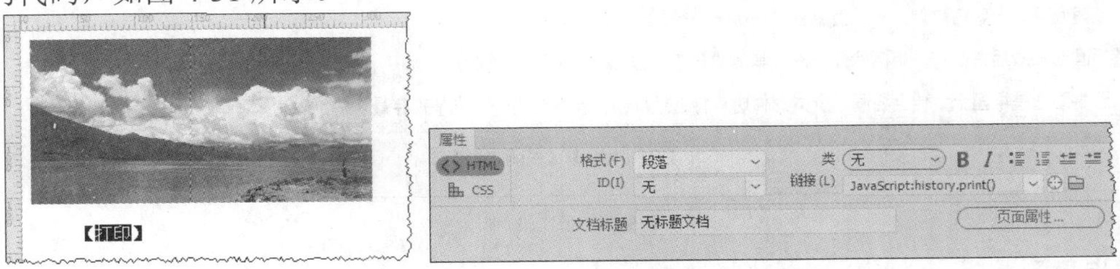

图4-31　设置脚本链接

要点提示　输入的代码通常是“JavaScript:”标识后面跟一些 JavaScript 代码或函数调用，在冒号与代码或调用之间不能键入空格。

下面对经常用到的 JavaScript 代码进行简要说明。

- JavaScript:alert('字符串')：弹出一个只包含 确定 按钮的对话框，显示“字符串”的内容，整个文档的读取、Script 的运行都会暂停，直到用户单击

确定 按钮为止。

- JavaScript:history.go(1)：前进，与浏览器窗口上的（前进）按钮是等效的。
- JavaScript:history.go(-1)：后退，与浏览器窗口上的（后退）按钮是等效的。
- JavaScript:history.forward(1)：前进，与浏览器窗口上的（前进）按钮是等效的。
- JavaScript:history.back(1)：后退，与浏览器窗口上的（后退）按钮是等效的。
- JavaScript:history.print()：打印，与选择菜单命令【文件】/【打印】是等效的。
- JavaScript:window.external.AddFavorite('http://www.baidu.com','百度')：收藏指定的网页。
- JavaScript:window.close()：关闭窗口。如果该窗口有状态栏，调用该方法后在浏览器会提示“网页正在试图关闭窗口，是否关闭？”，然后等待用户选择是否关闭；如果没有状态栏，调用该方法将直接关闭窗口。

4.3.5 课堂案例——古代名画

本小节将通过案例“古代名画”来练习设置图像热点、鼠标经过图像和脚本链接的基本方法，希望读者通过对案例的学习，能够熟练掌握在网页中设置这些比较特殊超级链接的基本方法。在进行本实例操作前，请将素材文档复制到 Dreamweaver 站点下。实例效果如图 4-32 所示。

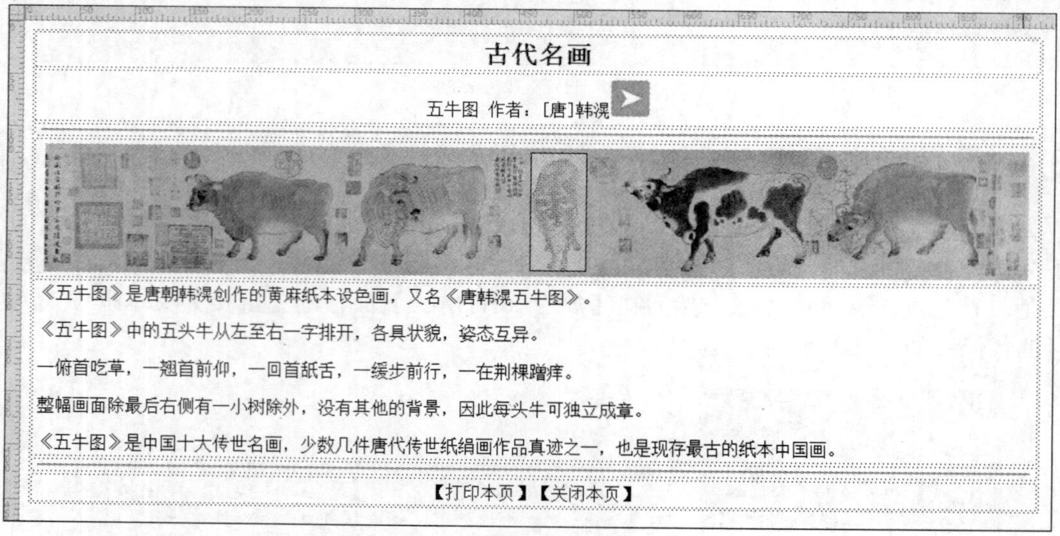

图4-32　古代名画

【操作步骤】

1. 在站点内打开网页文档“435.htm”，如图 4-33 所示。
2. 将鼠标光标置于文本“[唐]韩滉”的后面，然后选择菜单命令【插入】/【HTML】/【鼠标经过图像】，打开【插入鼠标经过图像】对话框，设置好【图像名称】【原始图像】【鼠标经过图像】【替换文本】【按下时，前往的 URL】等选项，最后单击 确定 按钮插入鼠标经过图像，如图 4-34 所示。

本例视频

图4-33　打开文档

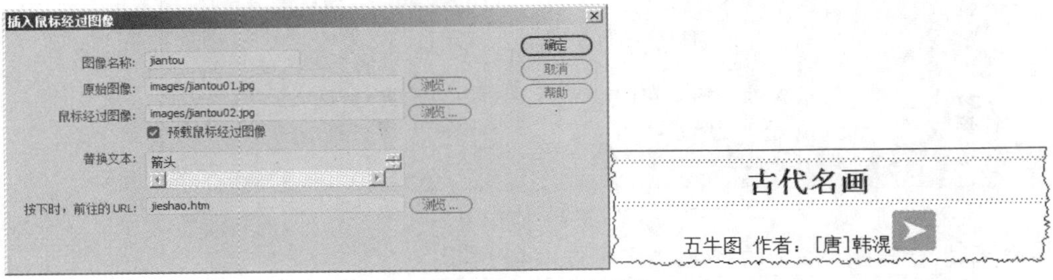

图4-34　插入鼠标经过图像

3. 选中图像，然后单击【属性】面板中左下方的□按钮，并将鼠标指针移到图像上，按住鼠标左键在图像中间拖曳绘制一个矩形区域，如图 4-35 所示。

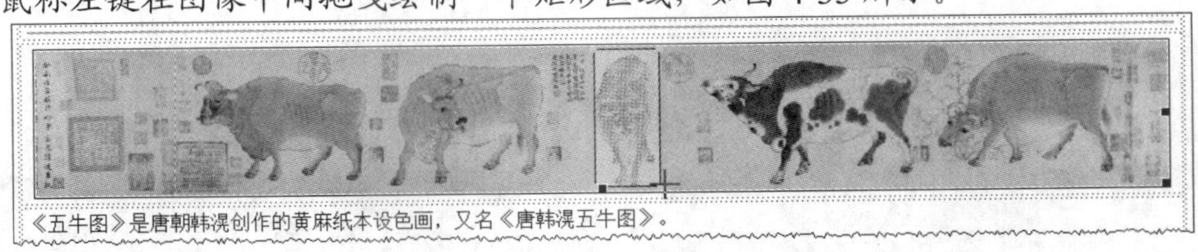

图4-35　绘制矩形区域

4. 在【属性】面板的【链接】文本框中设置好链接地址、目标窗口打开方式和替换文本，如图 4-36 所示。

图4-36　【属性】面板

5. 选中文本“打印本页”，然后在【属性（HTML）】面板的【链接】文本框中输入要执行的打印代码，如图 4-37 所示。

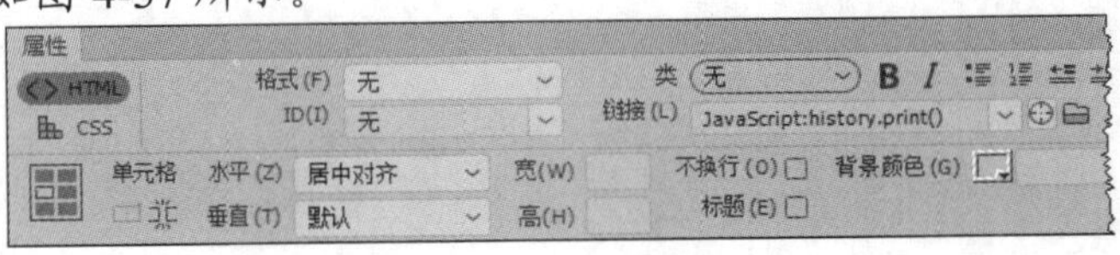

图4-37　设置打印代码

6. 选中文本“关闭本页”，然后在【属性（HTML）】面板的【链接】文本框中输入要执行的关闭页面代码，如图 4-38 所示。

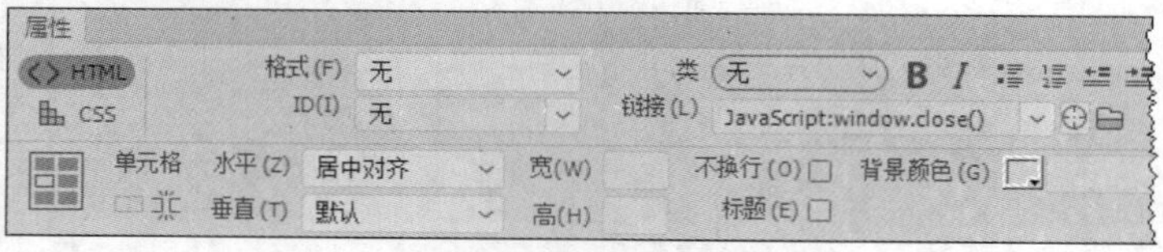

图4-38 设置关闭页面代码

7. 在【属性】面板中单击 页面属性... 按钮，打开【页面属性】对话框，在【链接（CSS）】分类中设置文本超级链接的颜色状态和下划线样式，如图 4-39 所示，然后单击 确定 按钮，关闭【页面属性】对话框。

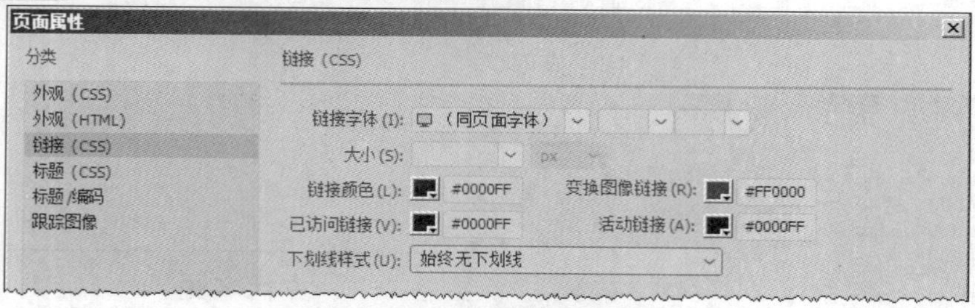

图4-39 设置文本超级链接状态

8. 最后保存文档，在浏览器中的预览效果如图 4-40 所示。

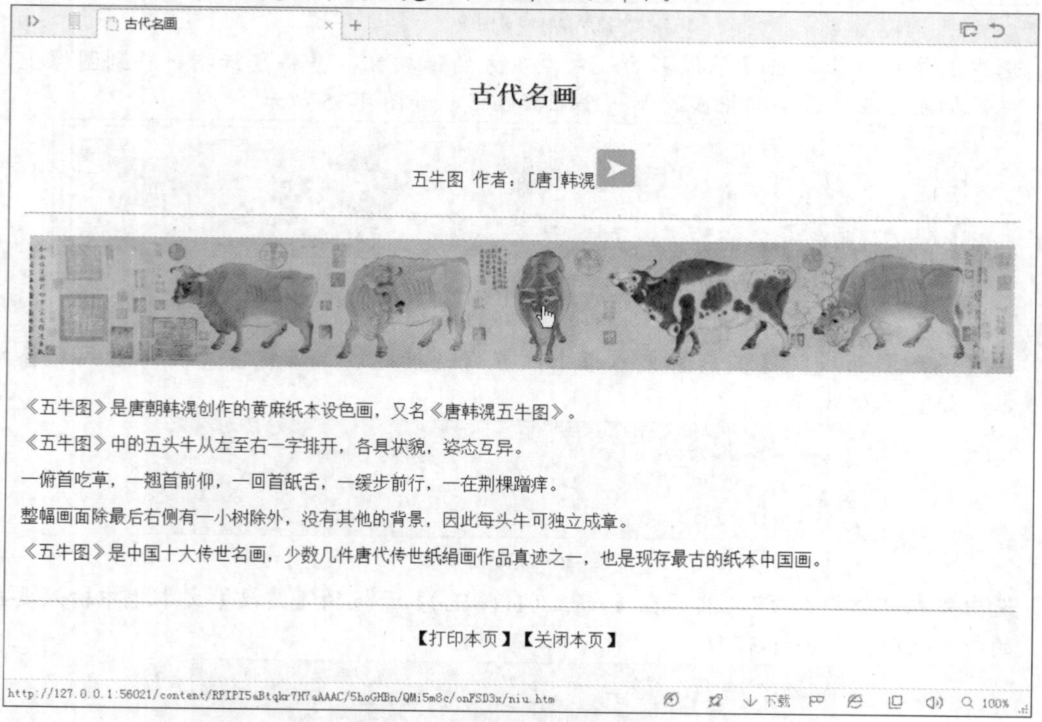

图4-40 在浏览器中的预览效果

4.3.6 课堂实训——古代书法

本例视频

本小节实例“古代书法”由读者根据步骤提示自行操作，以进一步巩固在页面中使用图像热点、鼠标经过图像和脚本链接等特殊超级链接的基本方法。在进行本实例操作前，请将素材文档复制到 Dreamweaver 站点下。实例效果如图 4-41 所示。

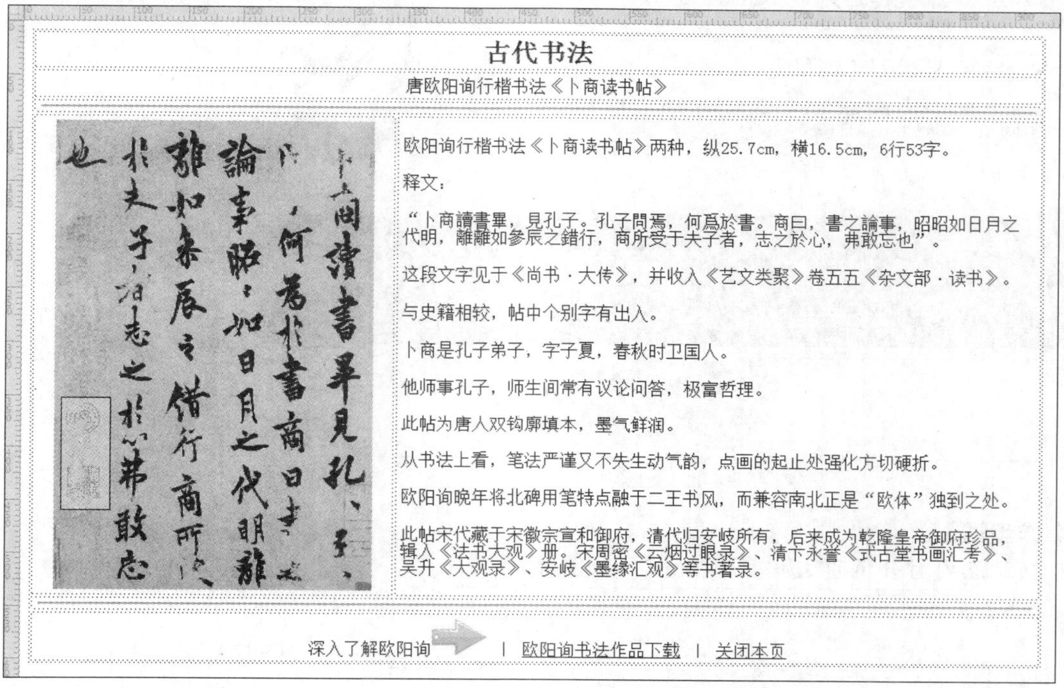

图4-41 古代书法

【步骤提示】

1. 在站点内打开网页文档“436.htm”。
2. 在图像左下方的红色印章位置创建一个矩形热点，链接目标文件为“renwu.htm”，目标窗口打开方式为新建窗口“_blank”，替换文本为“人物图像”。
3. 在文本“深入了解欧阳询”的后面插入鼠标经过图像，原始图像为“jian01.jpg”，鼠标经过图像为“jian02.jpg”，目标 URL 为“jianjie.htm”，其他保持默认设置。
4. 设置文本“欧阳询书法作品下载”的目标文件为“zuopin.rar”。
5. 设置文本“关闭本页”执行代码为“JavaScript:window.close()”。
6. 最后保存文档。

4.4 综合案例——文化习俗

本节将通过综合案例“文化习俗”来进一步巩固在页面中使用超级链接的基本方法。在进行本实例操作前，请将素材文档复制到 Dreamweaver 站点下。实例效果如图 4-42 所示。

本例视频

图4-42　文化习俗

【操作步骤】

1. 在站点内打开网页文档“44.htm”，如图 4-43 所示。

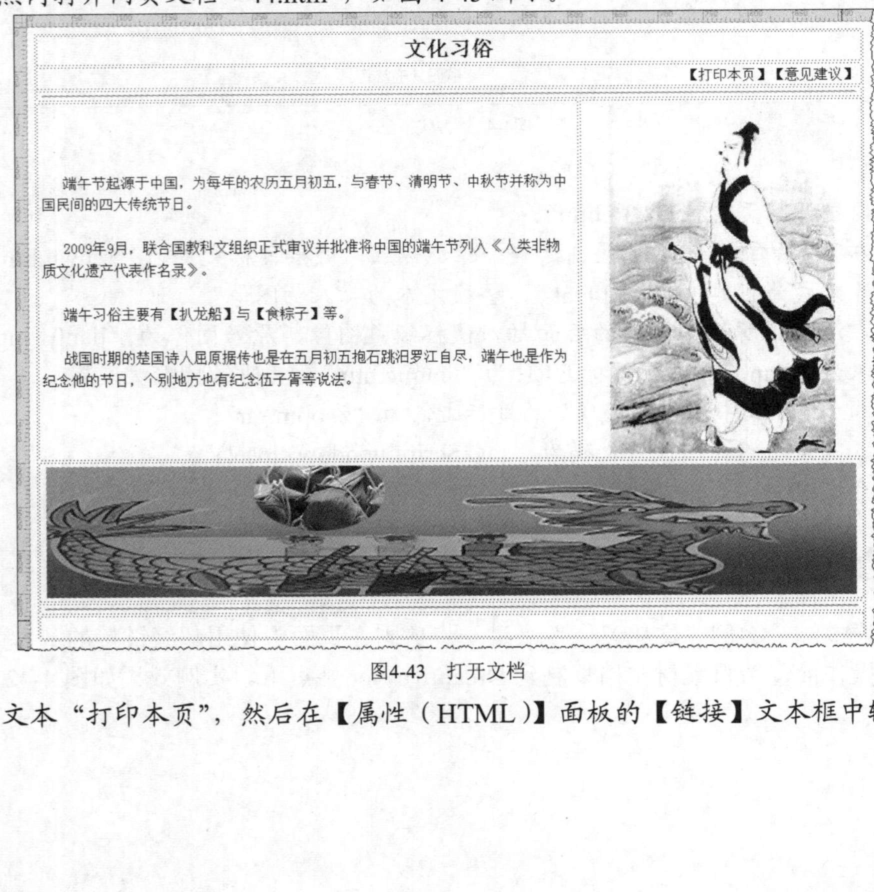

图4-43　打开文档

2. 选中文本“打印本页”，然后在【属性（HTML）】面板的【链接】文本框中输入要执行的打印代码，如图 4-44 所示。

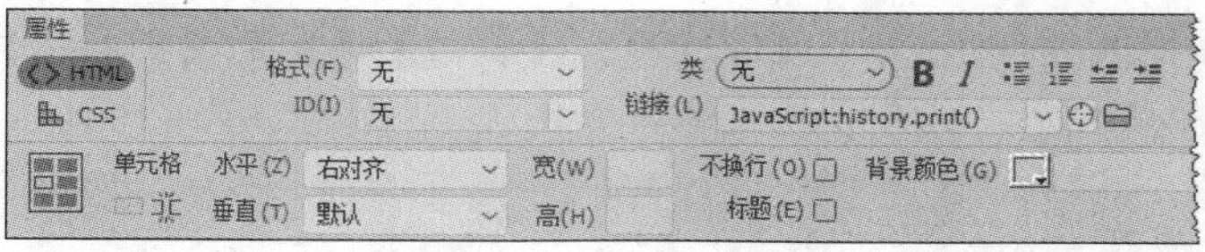

图4-44　设置打印代码

3. 选中文本“意见建议”，然后选择菜单命令【插入】/【HTML】/【电子邮件链接】，打开【电子邮件链接】对话框，在【电子邮件】文本框中输入电子邮箱的完整地址，如图 4-45 所示，然后单击 确定 按钮关闭对话框。

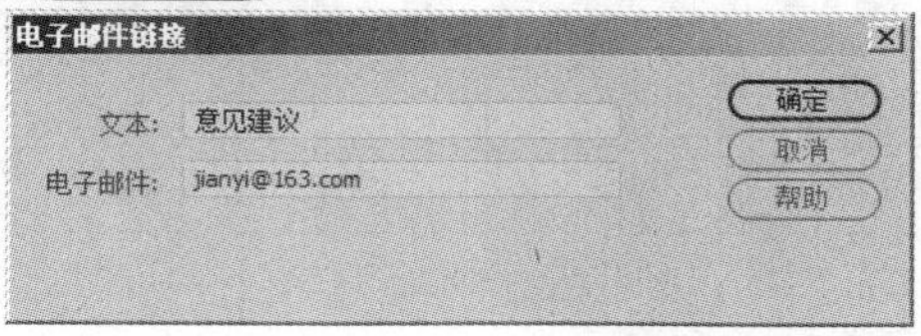

图4-45　设置电子邮件超级链接

4. 选中文本“扒龙船”，然后在【属性（HTML）】面板中单击【链接】文本框后面的（浏览文件）按钮，设置链接目标文件为“palongchuan.htm”，并在【目标】下拉列表中设置目标窗口打开方式为“_blank”，如图 4-46 所示。

图4-46　设置“扒龙船”超级链接

5. 选中文本“食粽子”，然后选择菜单命令【插入】/【HTML】/【Hyperlink】，打开【Hyperlink】对话框，在【链接】文本框中设置目标地址为“shizongzi.htm”，并在【目标】下拉列表中设置目标窗口打开方式为“_blank”，如图 4-47 所示，最后单击 确定 按钮关闭对话框。

图4-47　设置“食粽子”超级链接

6. 选中正文文本右侧的图像，然后在【属性（HTML）】面板中单击【链接】文本框后面的（浏览文件）按钮，设置链接目标文件为“quyuan.htm”，并在【目标】下拉列表中设置目标窗口打开方式为“_blank”，如图 4-48 所示。

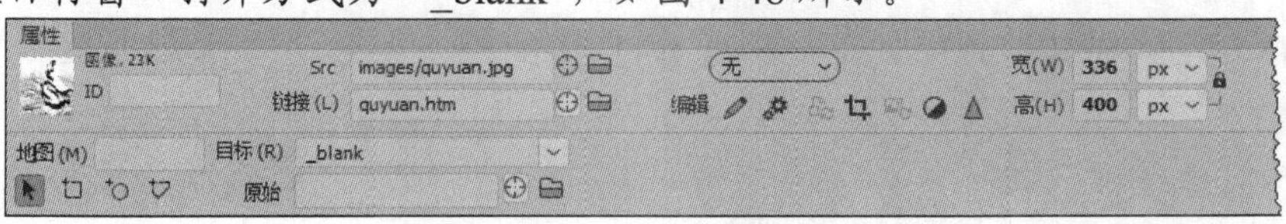

图4-48　设置图像超级链接

7. 选中正文文本下面的图像，然后在【属性】面板中单击左下方的按钮，在图像的"粽子"位置拖曳绘制一个矩形区域，并在【属性】面板的【链接】文本框中设置好链接地址、目标窗口打开方式和替换文本，如图 4-49 所示。

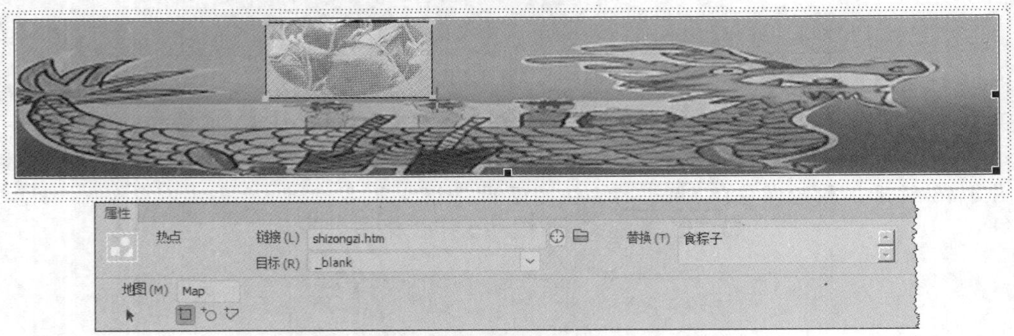

图4-49　绘制矩形区域

8. 将鼠标光标置于水平线下面的单元格内，然后选择菜单命令【插入】/【HTML】/【鼠标经过图像】，打开【插入鼠标经过图像】对话框，设置好【图像名称】【原始图像】【鼠标经过图像】【替换文本】【按下时，前往的 URL】等选项，最后单击 确定 按钮插入鼠标经过图像，如图 4-50 所示。

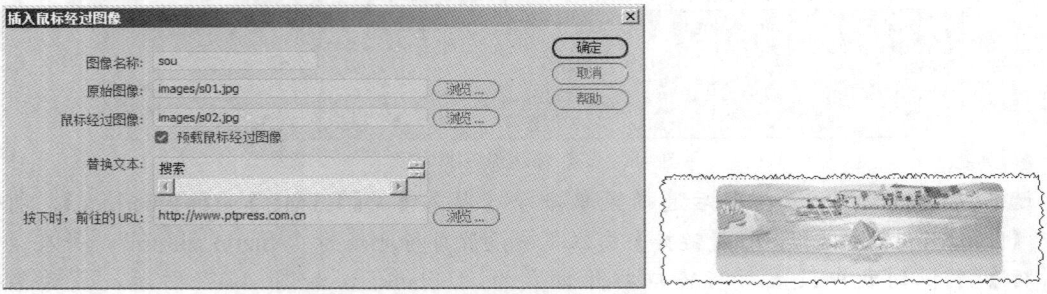

图4-50　插入鼠标经过图像

9. 在【属性】面板中单击 页面属性... 按钮，打开【页面属性】对话框，在【链接（CSS）】分类中设置超级链接的颜色状态和下划线样式，如图 4-51 所示，然后单击 确定 按钮关闭【页面属性】对话框。

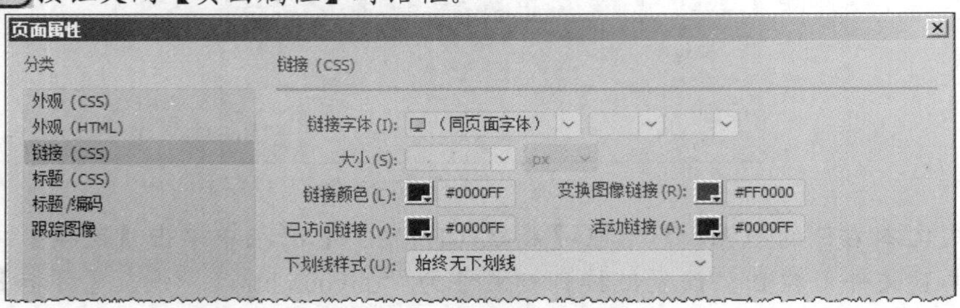

图4-51　设置文本超级链接状态

10. 保存文档，在浏览器中的预览效果如图 4-52 所示。

图4-52　在浏览器中的预览效果

4.5　习题

1. 思考题。

   (1) URL 主要包括哪几部分？

   (2) 超级链接的路径通常有哪几种类型？

   (3) 简要说明超级链接的种类。

2. 操作题。

根据自己的喜好自行搜集素材，并运用本章所学知识制作一个网页，要求在页面中至少使用文本超级链接、图像超级链接、电子邮件超级链接、图像热点等链接类型，并设置超级链接的状态。

第5章　使用表格

【学习目标】

- 了解表格的概念和表格的结构。
- 掌握插入表格和编辑表格属性的方法。
- 掌握设置表格属性和单元格属性的方法。
- 掌握使用表格组织数据和布局页面的方法。

表格是重要的网页布局工具，就像报纸排版一样，在网页中可以使用表格来布局页面内容，以便让浏览者读起来有较好的视觉效果。本章将介绍有关表格的基本知识，以及使用表格组织数据和布局页面的基本方法。

5.1　认识表格

表格的作用是非常重要的，掌握了表格的使用就等于掌握了页面布局最基本的方法。下面简要介绍表格的概念，以及插入表格、设置表格属性和单元格属性的基本方法。

5.1.1　表格概念

表格是由行和列组成的，水平方向的一组单元格称为行，垂直方向的一组单元格称为列。行和列是由单元格组成的，单元格是表格中一行与一列相交的部分，包括单元格边框及以内的区域，是组成表格的最基本单位。单元格之间的间隔称为单元格间距，单元格内容与单元格边框之间的间隔称为单元格边距（也称填充）。单元格边框包括亮边框和暗边框两部分，粗细不可设置（默认 1 个像素），颜色可以设置。表格边框也包括亮边框和暗边框两部分，可以设置边框粗细、颜色等属性。但如果表格的边框为“0”，则单元格边框宽度也为“0”。表格是用于在页面上显示表格式数据，以及对文本和图形等网页元素进行布局的重要工具，它可以将文本等内容按特定的行、列进行排列。

理解了表格的结构以后，就可以很容易地计算出表格的宽度。一个包括 n 列表格的宽度＝2×表格边框＋（n＋1）×单元格间距＋2n×单元格边距＋n×单元格宽度+2n×单元格边框宽度。

要点提示 单元格边框默认为 1 像素，当表格边框设置为“0”时，那么单元格边框自动也为“0”。

例如，一个 3 行 4 列的表格，其表格边框是 20 像素，间距是 10 像素，边距是 10 像素，单元格宽度是 150 像素，单元格边框是固定值 1 像素，根据上述公式，其表格宽度=2×20＋（4＋1）×10＋2×4×10＋4×150+2×4×1，即 778 像素，如图 5-1 所示。

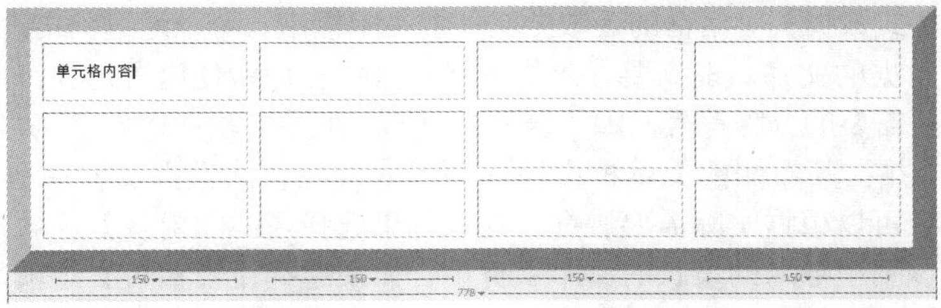

图5-1　单元格边框为 1 像素时的状态

同样是这个表格，如果表格边框是“0”，那么单元格边框也为“0”，这时表格的宽度是 2×0＋（4＋1）×10＋2×4×10＋4×150+2×4×0，即 730 像素，如图 5-2 所示。

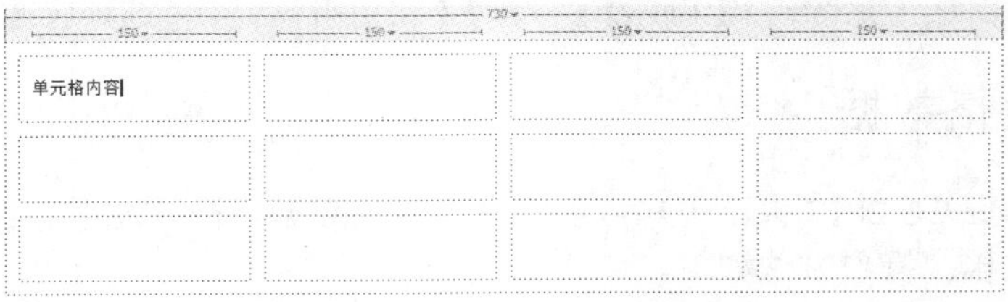

图5-2　单元格边框为“0”时的状态

在网页制作中，表格不仅可以组织数据，还可以定位网页元素，甚至可以用来制作一些特殊效果。组织数据是表格最基本的作用，如成绩单、工资表、销售表等。页面布局是表格组织数据作用的延伸，由简单地组织一些数据发展成定位网页元素，进行版面布局。制作特殊效果，如制作细线边框等，若结合 CSS 样式会制作出更多更好的效果。

5.1.2　导入表格式数据

在 Dreamweaver CC 2017 中，用户可以将使用定界符（如 Tab、逗号、分号、引号或其他分隔符，定界符须是半角）的表格式数据以表格形式导入到页面中。操作方法如下。

首先将鼠标光标置于要导入数据的页面中，然后选择菜单命令【文件】/【导入】/【表格式数据】，打开【导入表格式数据】对话框，并设置相关选项，如图 5-3 所示。

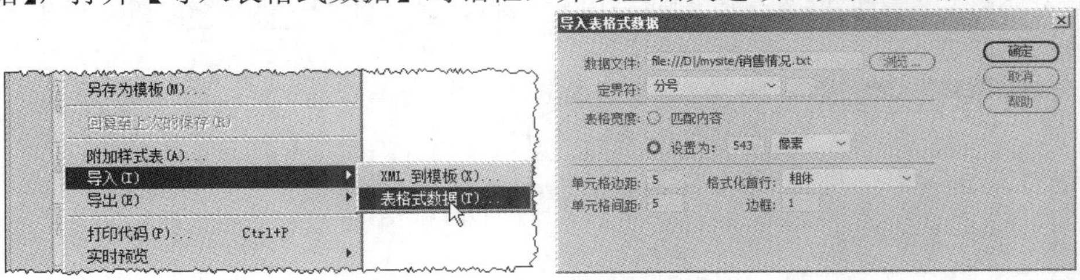

图5-3　【导入表格式数据】对话框

参数设置完毕后，单击按钮即可将表格式数据导入到页面中，如图 5-4 所示。

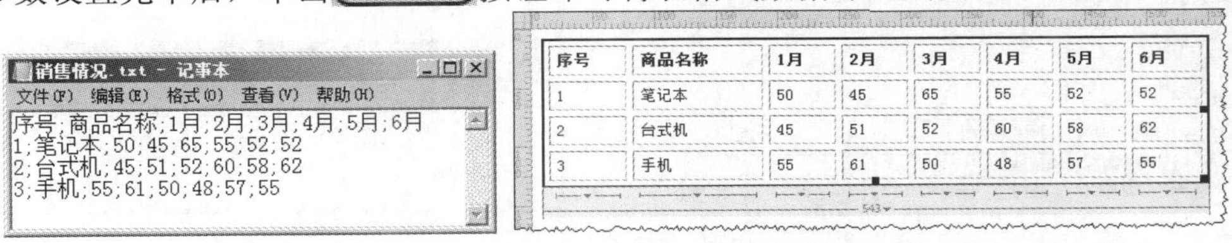

图5-4　导入表格式数据

在【导入表格式数据】对话框的【数据文件】文本框中，可以通过单击 浏览... 按钮来定位要导入表格式数据的文件。根据要导入的表格式数据文件所使用的定界符，在【定界符】下拉列表中选择所需要的分隔符号，如“分号”，如果列表中没有适合的定界符选项，这时需要选择【其他】，并在其右侧的文本框中输入要导入的表格式数据文件中所使用的分隔符。【表格宽度】选项可以根据实际需要进行选择。如果选择【匹配内容】选项，则会使每个列足够宽，以适应该列中导入的最长的文本字符串；如果选择【设置为】选项，则可以在文本框中定义表格宽度。表格的宽度可以根据表格的边框粗细、单元格间距和边距大小，以及单元格宽度等数据来计算，当然也可以导入数据后再修改相关设置，包括单元格宽度。如果要导入的表格式数据存在首行标题文本，可在【格式化首行】下拉列表中选择要应用于表格首行的文本格式，可以从【无格式】【粗体】【斜体】【加粗斜体】4 个选项中选择一项。

5.1.3 导出表格数据

在 Dreamweaver CC 2017 中，用户可以将页面中的数据表格以使用定界符的表格式数据形式导出成文本文档。操作方法如下。

将鼠标光标置于页面的表格中，然后选择菜单命令【文件】/【导出】/【表格】，打开【导出表格】对话框。在【定界符】下拉列表中可以选择要在导出的结果文件中使用的分隔符类型，包括【Tab】【空白键】【逗点】【分号】【引号】。在【换行符】下拉列表中可以选择操作系统类型，包括【Windows】【Mac】【UNIX】，如图 5-5 所示。

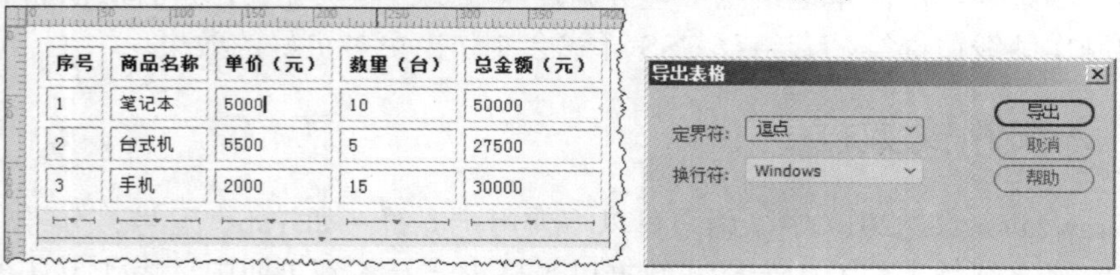

图5-5　【导出表格】对话框

单击 导出 按钮，打开【表格导出为】对话框，设置好文件的保存位置和名称，名称中要输入导出文件的扩展名，以保证导出文件的类型，单击 保存(S) 按钮将导出的数据保存，如图 5-6 所示。

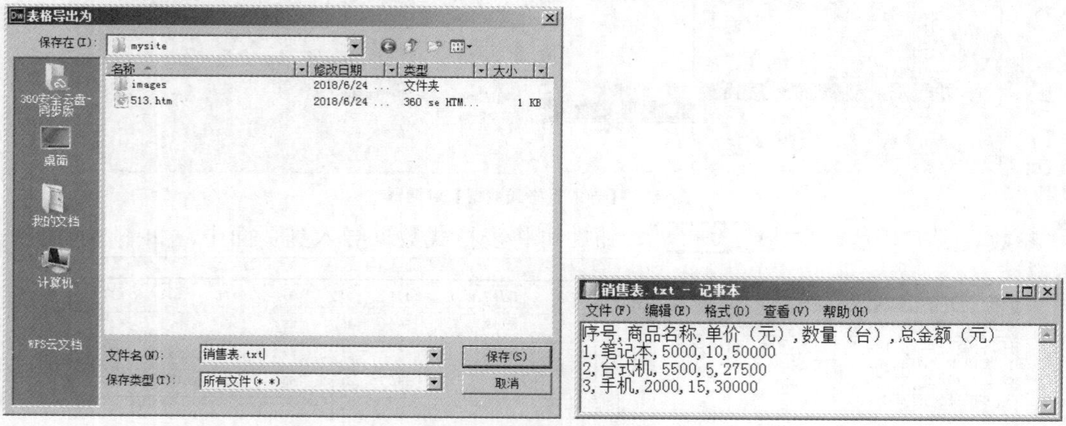

图5-6　将表格数据导出

5.1.4 课堂案例——通讯录

本小节将通过案例“通讯录”来练习导入和导出表格数据的基本方法，希望读者通过案例的学习，能够熟练掌握向页面中导入表格式数据，以及从页面中导出表格数据的基本方法。在进行本实例操作前，请将素材文档复制到 Dreamweaver 站点下。实例效果如图 5-7 所示。

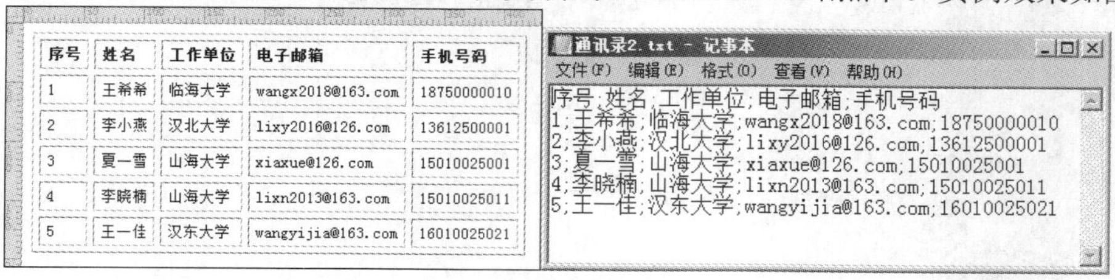

本例视频

图5-7 通讯录

【操作步骤】

1. 在站点内创建一个网页文档并保存为“514.htm”。
2. 选择菜单命令【文件】/【导入】/【表格式数据】，打开【导入表格式数据】对话框，参照文件“通讯录.txt”设置对话框中的相关选项，如图 5-8 所示。

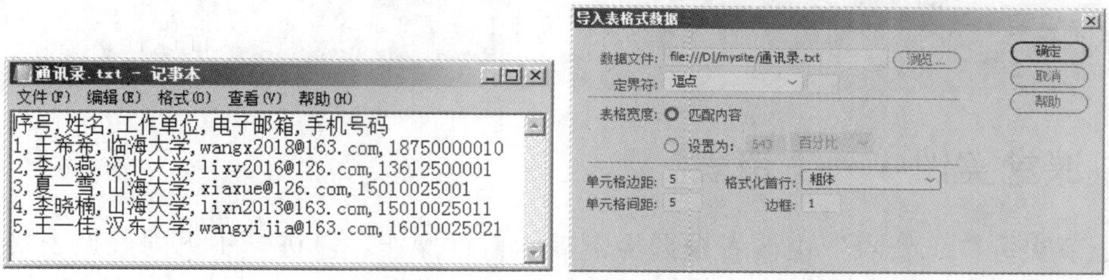

图5-8 【导入表格式数据】对话框

3. 单击 确定 按钮将表格式数据导入页面中并保存文档，如图 5-9 所示。

图5-9 导入表格式数据

4. 将鼠标光标置于页面的表格中，然后选择菜单命令【文件】/【导出】/【表格】，打开【导出表格】对话框，选项设置如图 5-10 所示。

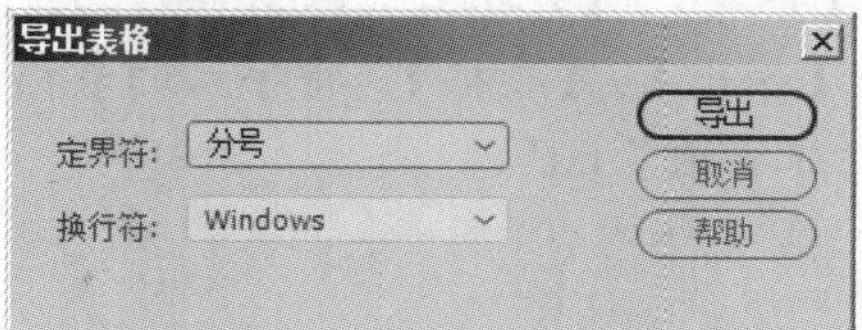

图5-10 【导出表格】对话框

5. 单击 导出 按钮，打开【表格导出为】对话框，设置好文件名称，然后单击 保存(S) 按钮，将表格数据导出，如图 5-11 所示。

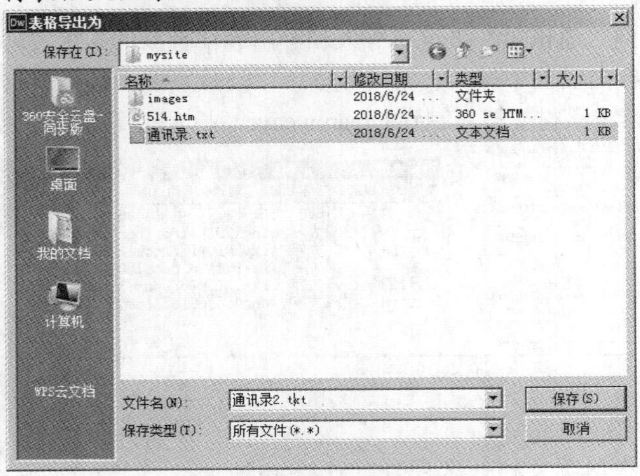

图5-11　将表格数据导出

6. 打开文档“通讯录 2.txt”，导出的数据如图 5-7 右图所示。

要点提示 从导出的数据可以看出，数据定界符使用的是半角分号，这与在【导出表格】对话框中设置的定界符是一致的。

5.1.5 课堂实训——工资表

本小节实例“工资表”由读者根据步骤提示自行操作，以进一步巩固数据表格导入/导出的基本方法。在进行本实例操作前，请将素材文档复制到 Dreamweaver 站点下。实例效果如图 5-12 所示。

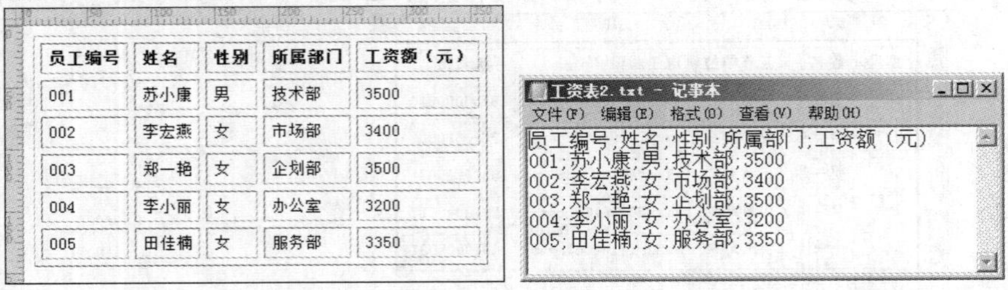

本例视频

图5-12　工资表

【步骤提示】

1. 在站点内创建一个网页文档并保存为“515.htm”。
2. 选择菜单命令【文件】/【导入】/【表格式数据】，导入文件“工资表.txt”。
3. 选择菜单命令【文件】/【导出】/【表格】，将导入的表格进行导出，定界符设置为半角逗号，导出文件名为“工资表 2.txt”。

5.2 设置表格

掌握在页面中插入和设置表格的方法是灵活使用表格的前提。下面简要介绍在

Dreamweaver CC 2017 中插入表格，以及设置表格和单元格属性的基本方法。

5.2.1 插入表格

在页面中插入表格的方法是：将鼠标光标置于页面中，然后选择菜单命令【插入】/【Table】或在【插入】面板的【HTML】类别中单击 Table 按钮，打开【Table】对话框，根据需要设置好参数后，单击 确定 按钮插入表格，如图 5-13 所示。

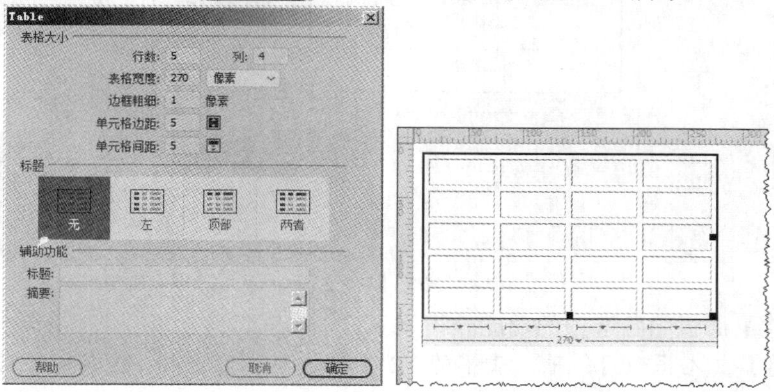

图5-13 插入表格

在【Table】对话框的【表格大小】选项组中可以根据需要设置要插入表格的行数、列数、表格宽度、边框粗细、单元格边距及单元格间距等基本参数。表格宽度的单位有“像素”和“百分比”两种。以“像素”为单位设置表格宽度，表格的绝对宽度将保持不变。以“百分比”为单位设置表格宽度，表格的宽度将随浏览器页面大小的变化而变化。边框粗细、单元格边距和单元格间距均以“像素”为单位。如果没有明确设置边框粗细、单元格间距和单元格边距的值，则多数浏览器都按边框粗细和单元格边距为“1”、单元格间距为“2”来显示表格。如果不需要显示边距、间距和边框，应该将边距、间距和边框的值设置为“0”。

在【标题】选项组根据需要可设置表格标题行或列的格式，包括【无】【左】【顶部】【两者】4 个选项，分别介绍如下。

- 【无】: 表示插入的表格不要标题行，这是插入表格时最常用的选项。
- 【左】: 表示插入的表格左侧第 1 列是标题列，单元格内的文本将以粗体显示。
- 【顶部】: 表示插入的表格第 1 行是标题行，单元格内的文本将以粗体显示。
- 【左】: 表示插入的表格最左侧的一列是标题列，单元格内的文本将以粗体显示;【两者】表示插入的表格第 1 行是标题行，左侧第 1 列也是标题列，单元格内的文本均以粗体显示。

在【辅助功能】选项组的【标题】文本框中可根据需要设置整个表格的标题文字，在【摘要】列表框中可设置表格的描述性文字。在实际插入表格的应用中，这两个选项是较少使用的。

如果要在表格的后面继续插入表格，需要将鼠标光标置于该表格的后面或先选中该表格，然后再利用插入表格命令来插入表格。在插入一次表格后再次插入表格时，【Table】对话框会自动记住上次的参数设置，直到用户修改为止。

5.2.2　设置表格属性

在插入表格后，用户可以通过【属性】面板修改或设置表格相关属性，如表格的 ID 名称、行数和列数、表格宽度、填充和间距、边框粗细、对齐方式，以及引用的类 CSS 样式等，如图 5-14 所示。

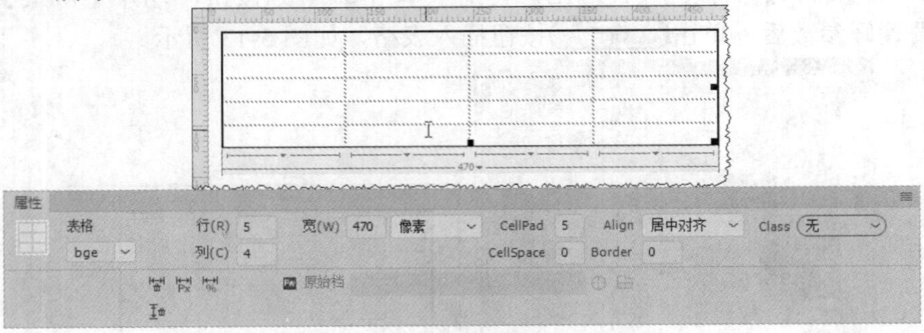

图5-14　表格【属性】面板

表格【属性】面板中各选项的功能介绍如下。

- 【表格】文本框：可以输入表格的 ID 名称，在创建表格 ID 名称 CSS 样式时会用到。
- 【行】和【列】文本框：可以设置表格的行数和列数。
- 【宽】文本框：可以设置表格的宽度，以“%”或“像素”为单位。
- 【CellPad】(填充，也称边距)、【CellSpace】(间距)和【Border】(边框)文本框：可以根据需要重新设置相关值。
- 【Align】(对齐)下拉列表：可以选择表格的对齐方式，包括【默认】【左对齐】【居中对齐】【右对齐】4 个选项。
- 【Class】(类)下拉列表：可以设置表格所引用的类 CSS 样式，关于 CSS 样式将在后续章节详细介绍。
- 和按钮：主要用于清除表格的行高和列宽。
- 和按钮：主要用于根据当前值将表格宽度转换成像素或百分比。

5.2.3　设置单元格属性

通过【属性】面板可以修改或设置表格的行、列或单元格的相关属性，如可以设置单元格的水平和垂直对齐方式、宽度和高度、背景颜色等，如图 5-15 所示。设置表格的行、列或单元格属性要先选择行、列或单元格，然后在【属性】面板中进行设置。行、列、单元格【属性】面板的属性参数都是一样的。单元格的【属性】面板主要分为上下两个部分，上面部分主要用于设置单元格中文本的属性，下面部分主要用于设置行、列或单元格的属性。

【属性】面板中各选项的功能介绍如下。

- 【ID】文本框：可以输入单元格的 ID 名称，在创建 ID 名称 CSS 样式时会用到。
- 【水平】下拉列表：可以设置单元格内对象的水平对齐方式。
- 【垂直】下拉列表：可以设置单元格内对象的垂直对齐方式。
- 【宽】和【高】文本框：可以设置单元格的宽度和高度。

- 【不换行】复选框：若选择此复选框，则可以防止文本换行，从而使给定单元格中的所有文本都在一行上。
- 【标题】复选框：若选择此复选框，表示将单元格设置为标题单元格，标题文本呈粗体并居中显示。
- 【背景颜色】文本框：可以设置单元格的背景色。
- （合并）按钮：可以将所选的连续的单元格、行或列合并为一个单元格，只有当单元格形成矩形块时才可以合并这些单元格。
- （拆分）按钮：可以将一个单元格分成两个或多个单元格，一次只能拆分一个单元格，如果选择的单元格多于一个，则此按钮将禁用。

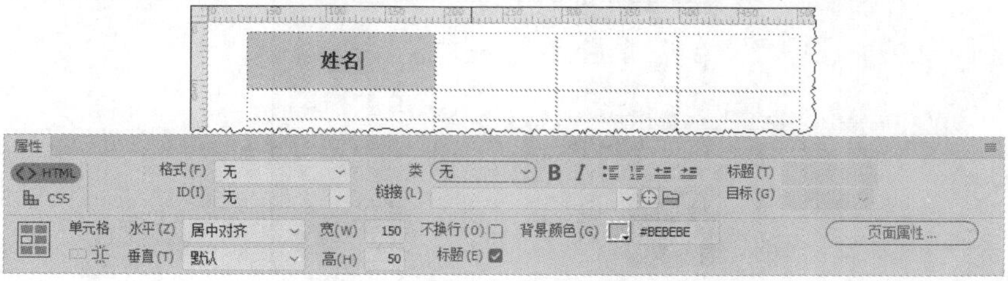

图5-15　单元格【属性】面板

如果设置表格列的属性，Dreamweaver CC 2017 将更改对应于该列中每个单元格的<td>标签的属性。如果设置表格行的属性，Dreamweaver CC 2017 将更改<tr>标签的属性，而不是<td>标签的属性。在将同一种格式应用于行中的所有单元格时，将格式应用于<tr>标签会生成更加简明清晰的 HTML 代码。可以通过设置表格及单元格的属性或将预先设计好的 CSS 样式应用于表格、行或单元格，来美化表格的外观。在设置表格和单元格的属性时，属性设置所起作用的优先顺序为单元格、行和表格。

5.2.4 课堂案例——中国瓷器

本小节将通过案例“中国瓷器”来练习插入和设置表格的基本方法，希望读者通过对案例的学习，能够熟练掌握使用表格布局页面元素的基本方法。在进行本实例操作前，请将素材文档复制到 Dreamweaver 站点下。实例效果如图 5-16 所示。

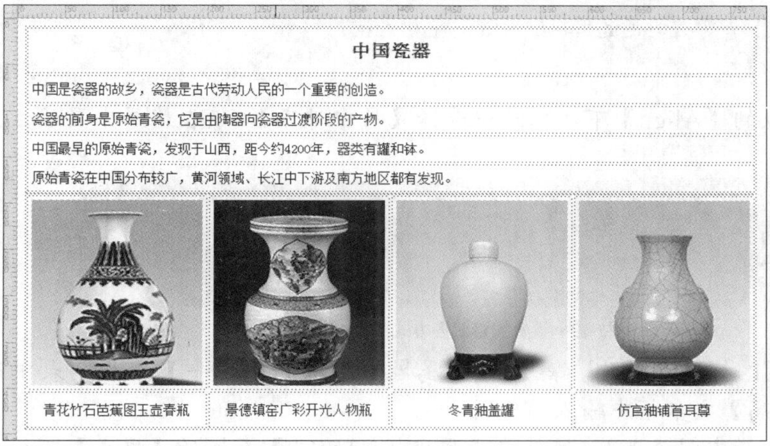

图5-16　中国瓷器

本例视频

【操作步骤】

1. 在站点内创建一个网页文档并保存为“524.htm”。
2. 在【属性】面板中单击 页面属性... 按钮，打开【页面属性】对话框，在【外观（CSS）】分类中设置页面字体为“宋体”、大小为“14px”，然后单击 确定 按钮关闭对话框。
3. 将鼠标光标置于页面中，然后选择菜单命令【插入】/【Table】，打开【Table】对话框，在【表格大小】选项组中设置好相关参数，在【标题】选项组中选择【无】，如图 5-17 所示。

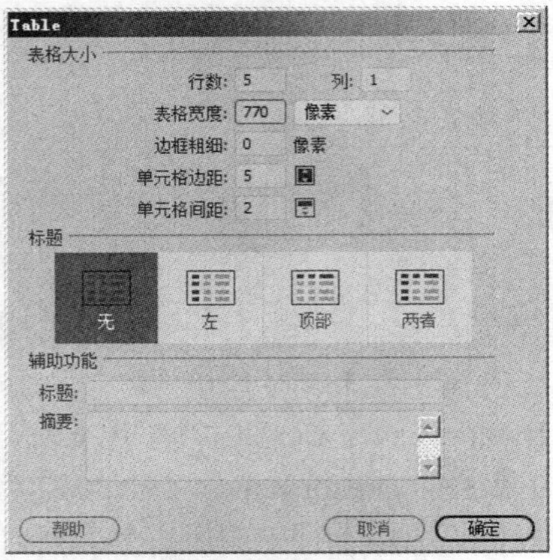

图5-17　【Table】对话框

4. 单击 确定 按钮，插入表格，如图 5-18 所示。

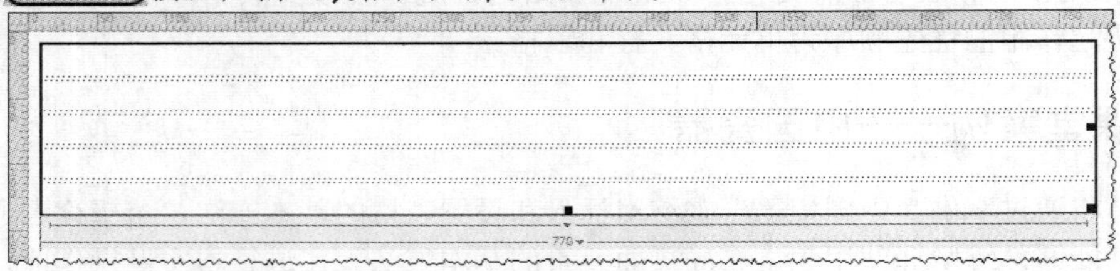

图5-18　插入表格

要点提示　在使用表格布局页面时，表格的边框粗细通常设置为“0”。

5. 在表格【属性】面板的【Align】下拉列表中选择【居中对齐】，使表格居中显示，如图 5-19 所示。

图5-19　设置表格对齐方式

6. 将鼠标光标置于第 1 行单元格内，然后在【属性】面板的【水平】下拉列表中选择【居中对齐】，在【高】文本框中输入“50”。
7. 在单元格内输入文本“中国瓷器”，然后在【属性（HTML）】面板的【格式】下拉列表中选择【标题 2】，如图 5-20 所示。

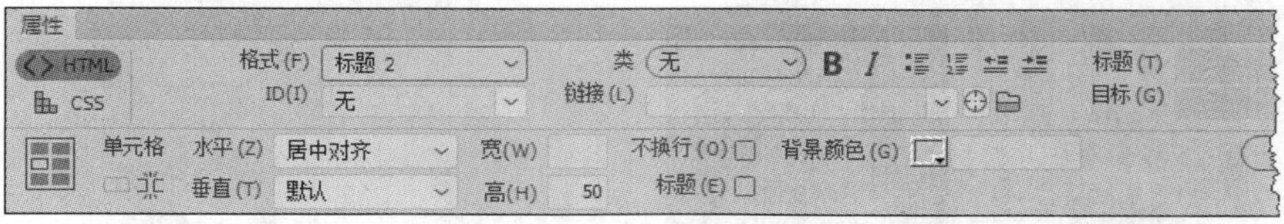

图5-20　设置单元格属性

8. 设置其他 4 行单元格的高度均为“30”，然后在每行单元格中输入相应的文本，如图 5-21 所示。

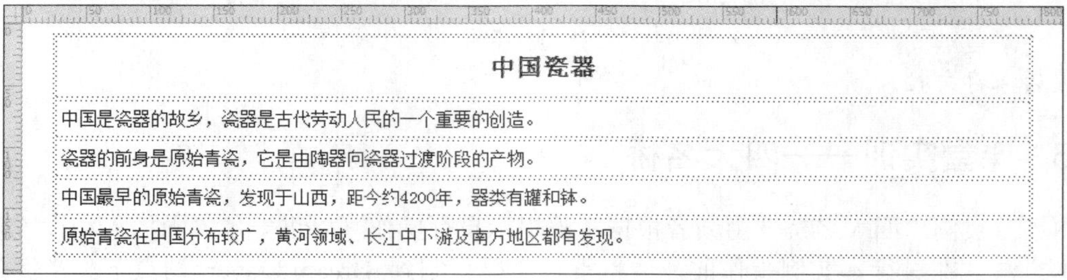

图5-21　输入文本

9. 将鼠标光标置于表格的后面，然后再插入一个 2 行 4 列的表格，相关属性设置如图 5-22 所示。

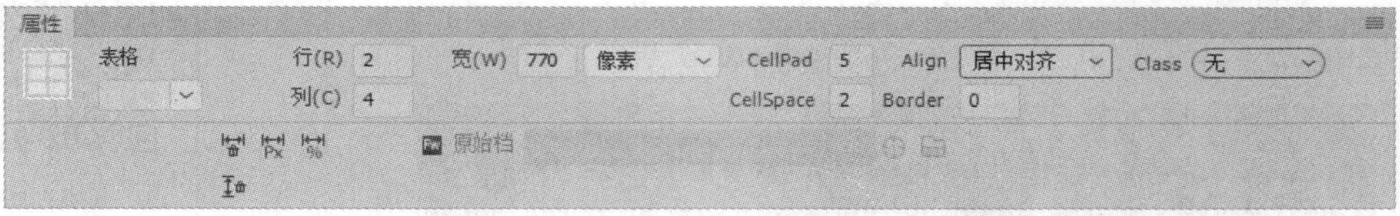

图5-22　【属性】面板

10. 设置第 1 行所有单元格的水平对齐方式均为“居中对齐”，宽度均为“25%”，如图 5-23 所示。

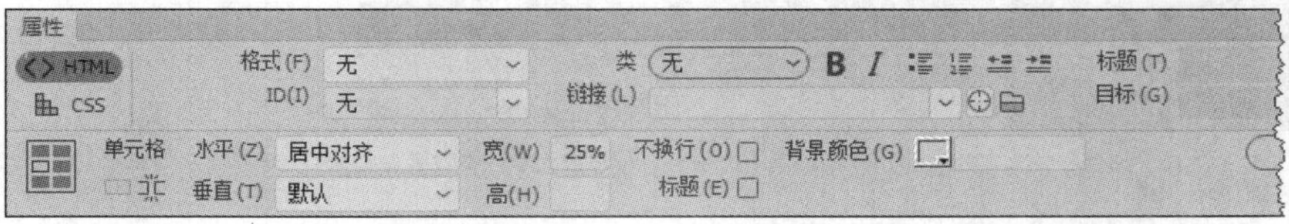

图5-23　设置单元格属性（1）

11. 将鼠标光标置于第 1 行的第 1 个单元格内，然后选择菜单命令【插入】/【Image】，插入图像“mages/1-chunping.jpeg”，运用同样的方法在其他 3 个单元格内依次插入图像“images/2-renwuping.jpeg”“images/3-gaiguan.jpeg”“images/4-erzun.jpeg”。
12. 设置第 2 行所有单元格的水平对齐方式均为“居中对齐”，高度均为“40”，如图 5-24 所示。

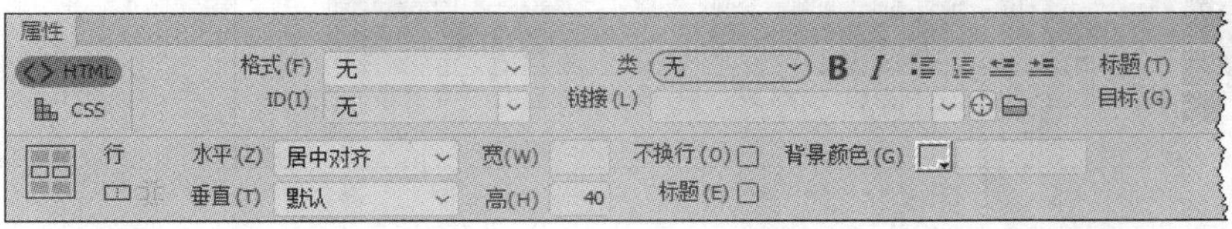

图5-24　设置单元格属性（2）

13. 在单元格中依次输入相应的文本，如图 5-25 所示。

图5-25　输入文本

14.　最后保存文档。

5.2.5　课堂实训——四大名桥

本小节实例“四大名桥”由读者根据步骤提示自行操作，以进一步巩固插入和设置表格的基本方法。在进行本实例操作前，请将素材文档复制到 Dreamweaver 站点下。实例效果如图 5-26 所示。

本例视频

图5-26　四大名桥

【步骤提示】

1.　在站点内创建一个网页文档并保存为“525.htm”。

2.　在【页面属性】对话框中设置页面字体为“宋体”、大小为“16px”。

3. 插入一个 10 行 1 列的表格，表格宽度为“650 像素”，单元格间距为“5”，单元格边距和边框粗细均为“0”，表格的对齐方式为“居中对齐”。
4. 设置第 1 行单元格的水平对齐方式为“居中对齐”，高度为“40”，然后输入文本“四大名桥”，并将其设置为“标题 2”格式。
5. 设置第 2 行单元格的高度为“50”，并在其中输入关于“四大名桥”的介绍文本。
6. 设置第 3 行单元格的水平对齐方式为“居中对齐”，然后插入关于“广济桥”的图像“images/1-guangjiqiao.jpg”。
7. 设置第 4 行单元格的高度为“50”，并在其中输入关于“广济桥”的介绍文本。
8. 设置第 5 行单元格的水平对齐方式为“居中对齐”，然后插入关于“赵州桥”的图像“2-zhaozhouqiao.jpg”。
9. 设置第 6 行单元格的高度为“50”，并在其中输入关于“赵州桥”的介绍文本。
10. 设置第 7 行单元格的水平对齐方式为“居中对齐”，然后插入关于“洛阳桥”的图像“images/3-luoyangqiao.jpg”。
11. 设置第 8 行单元格的高度为“50”，并在其中输入关于“洛阳桥”的介绍文本。
12. 设置第 9 行单元格的水平对齐方式为“居中对齐”，然后插入关于“卢沟桥”的图像“4-lugouqiao.jpg”。
13. 设置第 10 行单元格的高度为“50”，并在其中输入关于“卢沟桥”的介绍文本。
14. 保存文档。

5.3 编辑表格

在页面中直接插入的表格通常都是比较规则的，在实际应用中，更多的时候还需要对表格进行调整，使其更符合需要。下面简要介绍编辑表格的基本方法。

5.3.1 选择表格

表格的选择操作包括选择整个表格、选择表格的行或列及选择表格的单元格 3 种情形。

一、 选择整个表格

- 单击表格左上角或单击表格中任何一个单元格的边框线，如图 5-27 所示。
- 将鼠标光标置于表格内，单击鼠标右键，在弹出的快捷菜单中选择【表格】/【选择表格】命令。
- 将鼠标光标移到表格内，表格上端或下端弹出绿线的标志，单击绿线中的按钮，从弹出的下拉菜单中选择【选择表格】命令，如图 5-28 所示。
- 将鼠标光标移到表格内，单击文档窗口左下角相应的<table>标签。

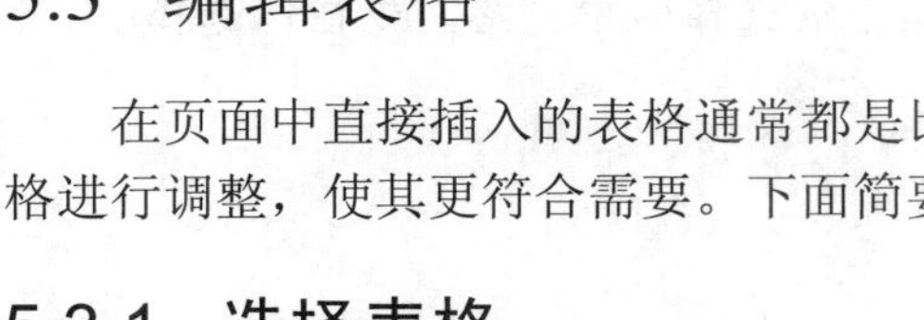

图5-27 选择表格

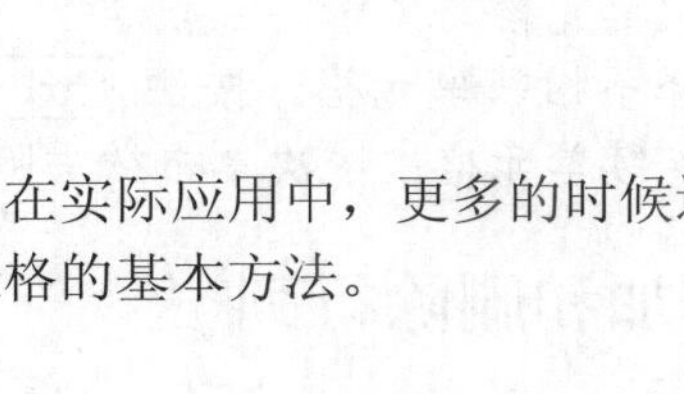

图5-28 【选择表格】命令

二、 选择表格的行或列

- 当鼠标光标位于欲选择的行首或列顶时，其变成黑色箭头形状，这时单击鼠标左键，便可选择行或列，如图 5-29 所示。如果按住鼠标左键并拖曳鼠标，则可以选择连续的行或列，也可以按住 Ctrl 键依次单击欲选择的行或列，这样可以选择不连续的多行或多列。
- 按住鼠标左键从左至右或从上至下拖曳鼠标，将选择相应的列或行。
- 将鼠标光标移到欲选择的行中，单击文档窗口左下角的<tr>标签选择该行。

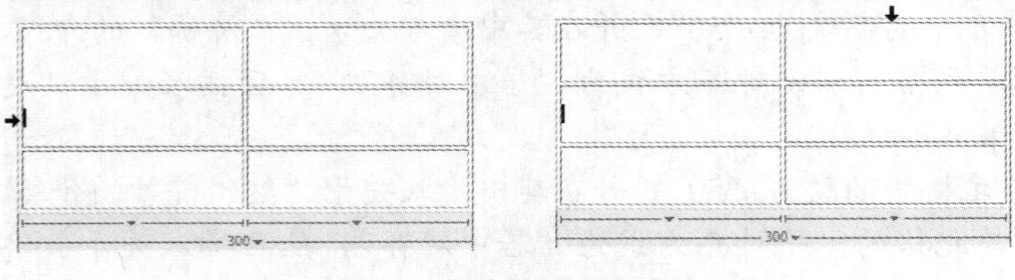

图5-29　通过单击选择行或列

三、 选择表格的单元格

- 选择单个单元格：将鼠标光标置于单元格内，然后按住 Ctrl 键不放单击单元格或单击文档窗口左下角的<td>标签将其选择。
- 选择相邻单元格：在开始的单元格中按住鼠标左键不放并拖曳鼠标到最后的单元格，也可将鼠标光标置于开始的单元格内，然后按住 Shift 键不放单击最后的单元格。
- 选择不相邻单元格：按住 Ctrl 键不放依次单击欲选择的单元格，或在已选择的连续单元格中依次单击欲去除的单元格。

5.3.2　增加和删除行列

在表格编辑操作中，增加和删除行列的操作是经常使用到。

一、 增加行或列

首先将鼠标光标移到欲插入行或列的单元格内，然后采取以下最常用的方法进行操作。

- 在鼠标右键快捷菜单中选择【表格】/【插入行】命令，表示在鼠标光标所在单元格的上面增加 1 行；选择【表格】/【插入列】命令，表示在鼠标光标所在单元格的左侧增加 1 列。
- 在鼠标右键快捷菜单中选择【表格】/【插入行或列】命令，打开【插入行或列】对话框，如图 5-30 所示。【插入】选项组包括【行】和【列】两个选项，其默认选择的是【行】，因此下面的选项就是【行数】，在【行数】文本框中可以定义预插入的行数，在【位置】选项组中可以定义插入行的位置是【所选之上】还是【所选之下】。在【插入】选项组中如果选择【列】，那么下面的选项就变成了【列数】，在【位置】选项组中可以定义插入列的位置是【当前列之前】还是【当前列之后】。

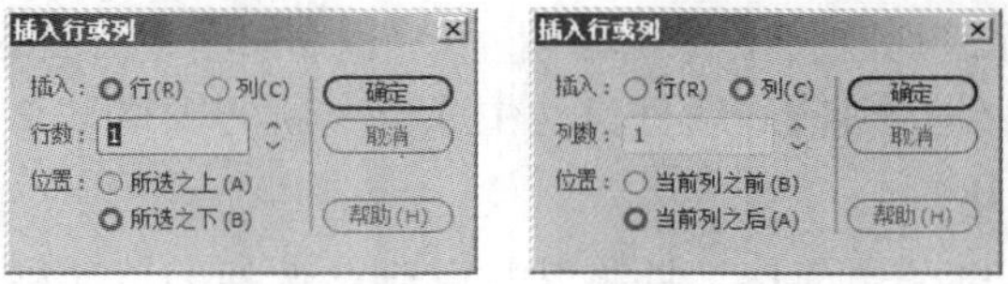

图5-30 【插入行或列】对话框

二、 删除行或列

如果要删除行或列，首先需要将鼠标光标置于要删除的行或列中，然后在鼠标右键快捷菜单中选择【表格】/【删除行】命令或【表格】/【删除列】命令进行删除。实际上，最简捷的方法就是先选定要删除的行或列，然后按 Delete 键进行删除。

5.3.3 合并和拆分单元格

在表格编辑操作中，合并和拆分单元格的操作也经常用到。

一、 合并单元格

合并单元格是指将多个单元格合并成为一个单元格。首先选择欲合并的单元格，然后单击鼠标右键，在弹出的快捷菜单中选择【表格】/【合并单元格】命令，也可单击【属性】面板左下角的□（合并）按钮进行单元格合并。

二、 拆分单元格

拆分单元格是针对单个单元格而言的，可看成是合并单元格的逆操作。首先需要将鼠标光标定位到要拆分的单元格中，然后在鼠标右键快捷菜单中选择【表格】/【拆分单元格】命令，也可单击【属性】面板左下角的□（拆分）按钮打开【拆分单元格】对话框，如图5-31 所示。在【把单元格拆分】选项组中有【行】和【列】两个选项，这表明可以将单元格纵向拆分或横向拆分。在【行数】或【列数】文本框中可以定义要拆分的行数或列数。

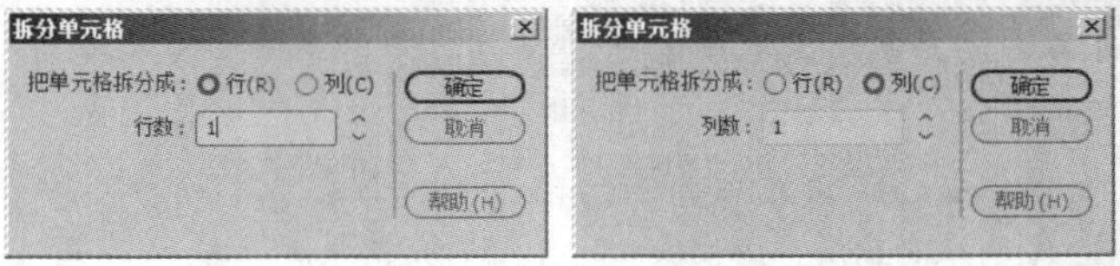

图5-31 拆分单元格

5.3.4 复制/粘贴/移动操作

选择了整个表格、表格的某行、某列或单元格后，选择【编辑】菜单中的【拷贝】或【剪切】命令可以将所选择的内容复制或剪切。将鼠标光标置于要粘贴的位置，然后选择菜单命令【编辑】/【粘贴】，便可将所复制或剪切的表格、行、列或单元格等粘贴到鼠标光标所在的位置。

一、复制/粘贴表格

当鼠标光标位于单个单元格内时，粘贴整个表格后，将在单元格内插入一个嵌套的表格。如果鼠标光标位于表格外，那么将粘贴一个新的表格。

二、 复制/粘贴行或列

选择与所复制内容结构相同的行或列，然后使用粘贴命令，复制的内容将取代行或列中原有的内容。若不选择行或列，将鼠标光标置于单元格内，则粘贴后将自动添加 1 行或 1 列。若鼠标光标位于表格外，则粘贴后将自动生成一个新的表格。

三、 复制/粘贴单元格

若被复制的内容是一部分单元格，并将其粘贴到被选择的单元格上，则被选择的单元格内容将被复制的内容替换，前提是复制和粘贴前后的单元格结构要相同。若鼠标光标在表格外，则粘贴后将生成一个新的表格。

四、 移动行或列

有时需要移动表格中的数据位置才能更符合实际需要。在 Dreamweaver 中可以整行或整列地移动数据。首先需要选择要移动的行或列，接着选择菜单命令【编辑】/【剪切】，然后将鼠标光标定位到目标位置，选择菜单命令【编辑】/【粘贴】。粘贴的内容将位于插入点所在行的上方或插入点所在列的左方。

5.3.5 课堂案例——中国名塔

本小节将通过案例“中国名塔”来练习插入、设置和编辑表格的基本方法，希望读者通过对案例的学习，能够熟练掌握使用表格布局页面元素的基本知识和技能。在进行本实例操作前，请将素材文档复制到 Dreamweaver 站点下。实例效果如图 5-32 所示。

本例视频

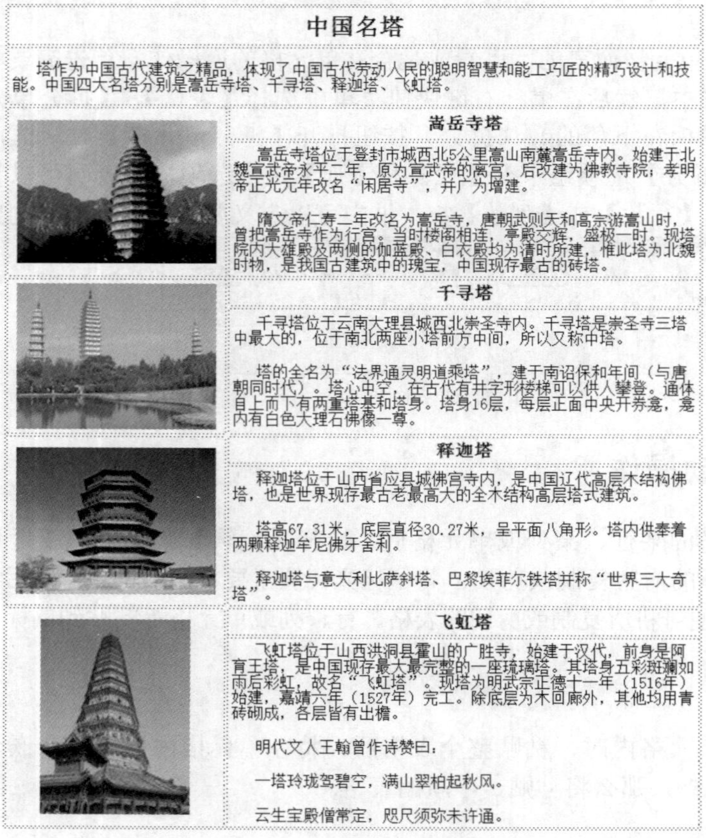

图5-32　中国名塔

【操作步骤】

1. 在站点内创建一个网页文档并保存为“535.htm”。
2. 在【属性】面板中单击 页面属性... 按钮，打开【页面属性】对话框，在【外观（CSS）】分类中设置页面字体为“宋体”、大小为“16px”，在【标题/编码】分类中设置标题为“中国名塔”，然后单击 确定 按钮关闭对话框。
3. 将鼠标光标置于页面中，然后选择菜单命令【插入】/【Table】，打开【Table】对话框并设置相关参数，如图 5-33 所示。

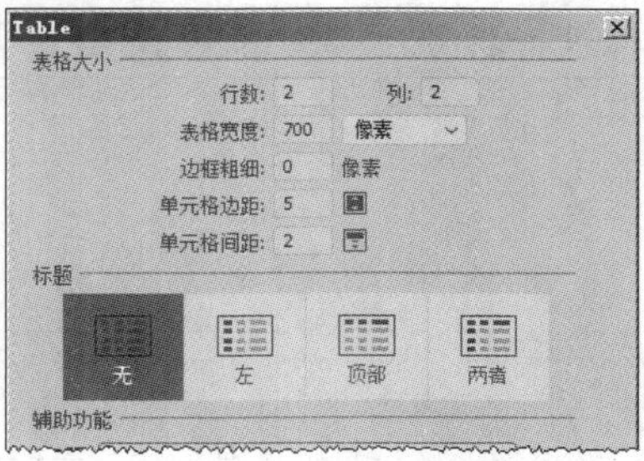

图5-33 【Table】对话框

4. 单击 确定 按钮插入表格，如图 5-34 所示。

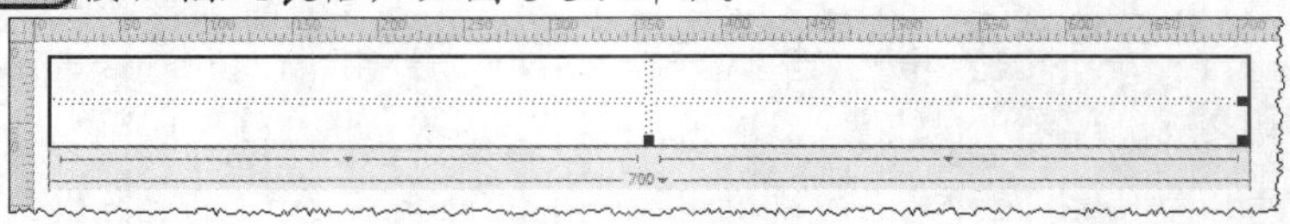

图5-34 插入表格

5. 在表格【属性】面板的【Align】下拉列表框中选择【居中对齐】，使表格居中显示，如图 5-35 所示。

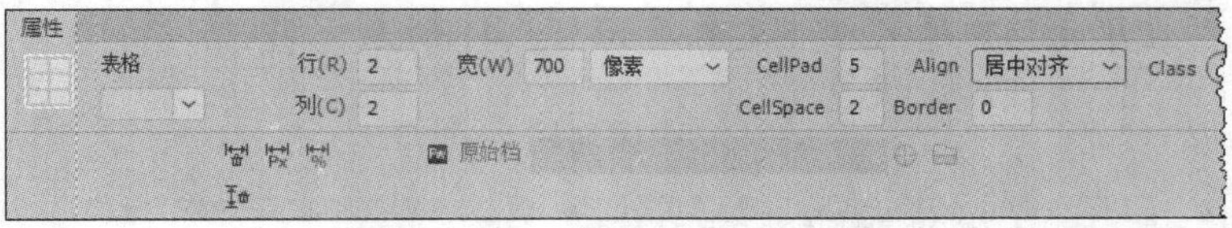

图5-35 设置表格对齐方式

6. 选中第 1 行两个单元格，然后单击【属性】面板左下角的按钮，将单元格进行合并，如图 5-36 所示。

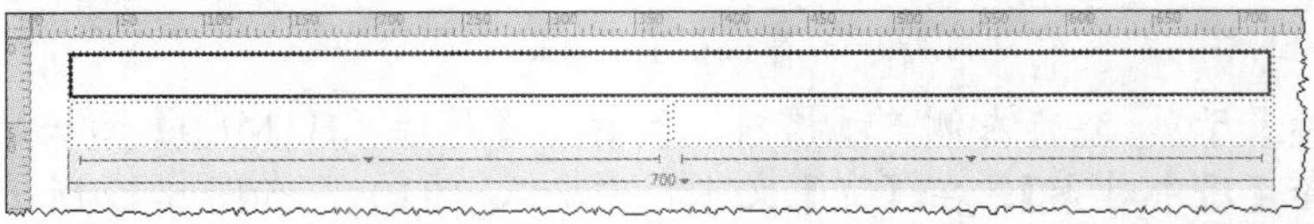

图5-36 合并单元格

7. 将鼠标光标置于第 1 行单元格内，然后单击鼠标右键，在弹出的快捷菜单中选择【表格】/【插入行】命令增加 1 行，如图 5-37 所示。

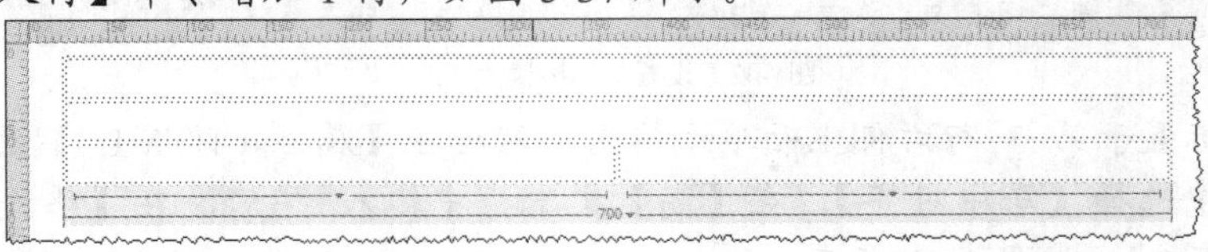

图5-37 增加行

8. 将鼠标光标置于第 3 行右侧单元格内，然后单击【属性】面板左下角的 （拆分）按钮，打开【拆分单元格】对话框，输入要拆分的行数，如图 5-38 所示。

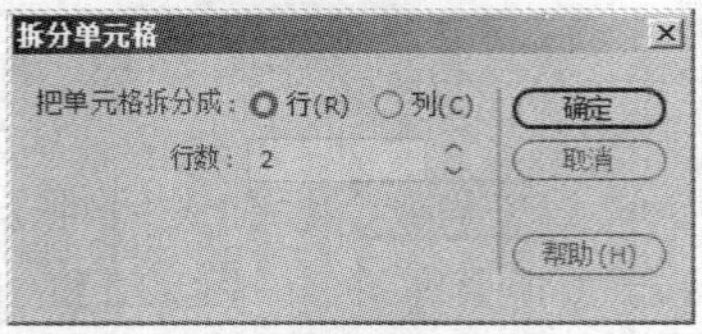

图5-38　【拆分单元格】对话框

9. 单击 确定 按钮将单元格进行拆分，如图 5-39 所示。

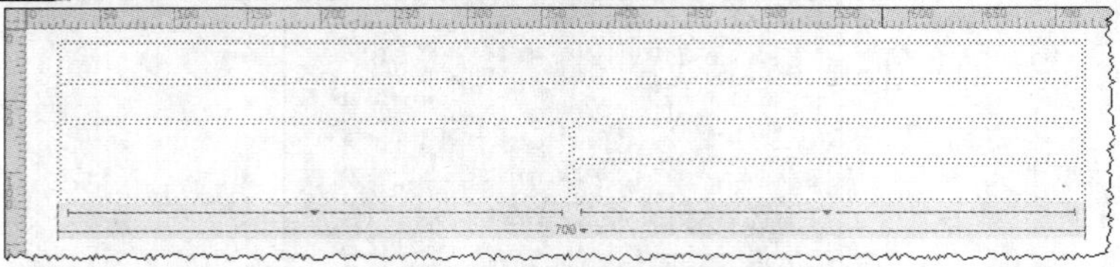

图5-39　拆分单元格

10. 将鼠标光标置于第 1 行单元格内，然后在【属性（HTML）】面板的【水平】下拉列表中选择【居中对齐】，在【高】文本框中输入“40”，并在【格式】下拉列表中选择【标题 2】，如图 5-40 所示，然后在单元格中输入文本“中国名塔”。

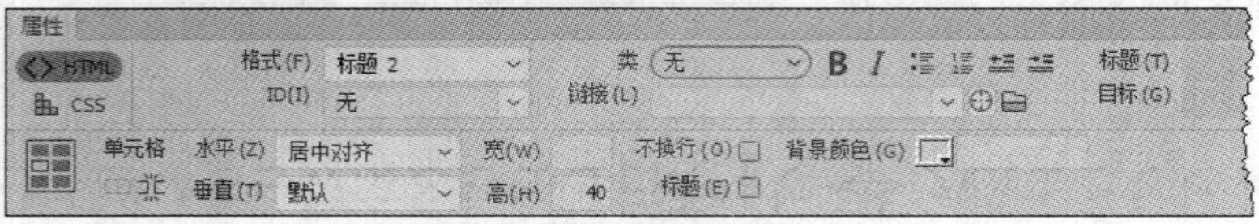

图5-40　设置单元格属性（1）

11. 将鼠标光标置于第 2 行单元格内，然后在【属性（HTML）】面板的【高】文本框中输入“60”，并在单元格中输入相应文本，如图 5-41 所示。

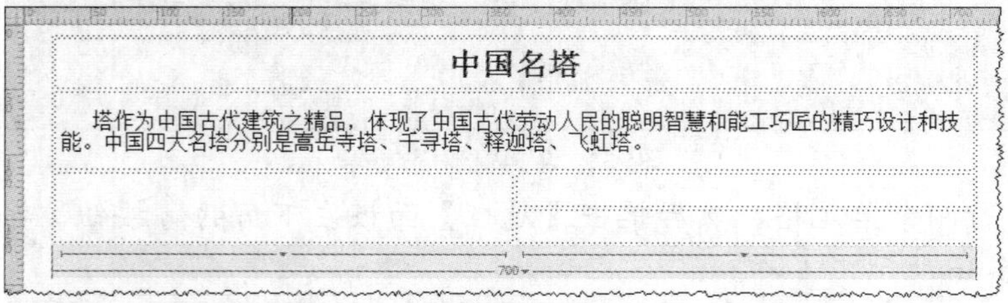

图5-41　输入文本

12. 将鼠标光标置于第 3 行左侧单元格内，然后在【属性（HTML）】面板的【水平】下拉列表中选择【居中对齐】，在【宽】文本框中输入“210”，如图 5-42 所示。

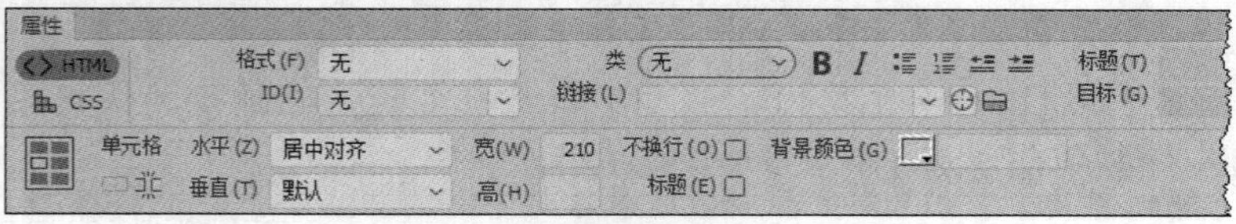

图5-42　设置单元格属性（2）

13. 将鼠标光标置于第 3 行右侧上面单元格内，然后在【属性（HTML）】面板的【水平】下拉列表中选择【居中对齐】，在【高】文本框中输入“35”，在【格式】下拉列表中选择【标题 3】，如图 5-43 所示。

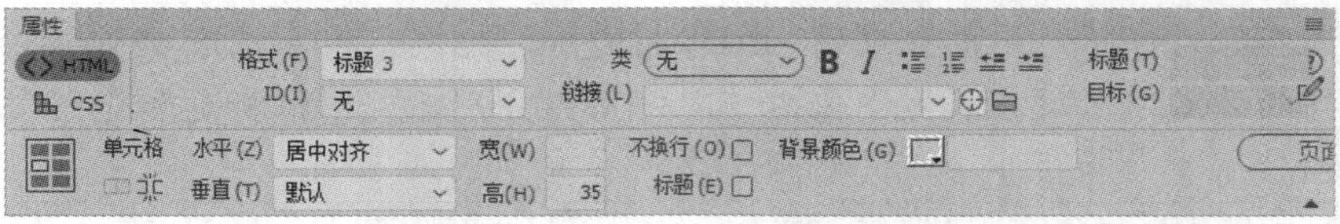

图5-43　设置单元格属性（3）

14. 将鼠标光标置于第 3 行左侧单元格内，然后按住鼠标左键不放并拖曳鼠标光标到右侧单元格，选中 3 个单元格，之后选择菜单命令【编辑】/【拷贝】，将所选择的内容进行复制，如图 5-44 所示。

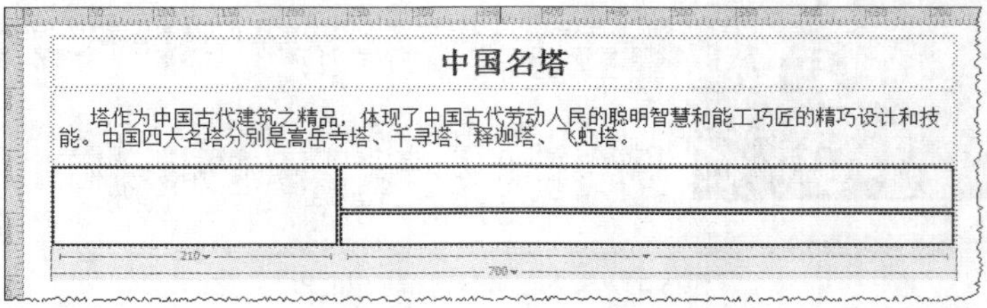

图5-44　选择复制单元格

15. 将鼠标光标仍然置于第 3 行左侧单元格内，然后选择菜单命令【编辑】/【粘贴】，将所选择的内容进行粘贴，按照同样的操作方法接着再粘贴两次，效果如图 5-45 所示。

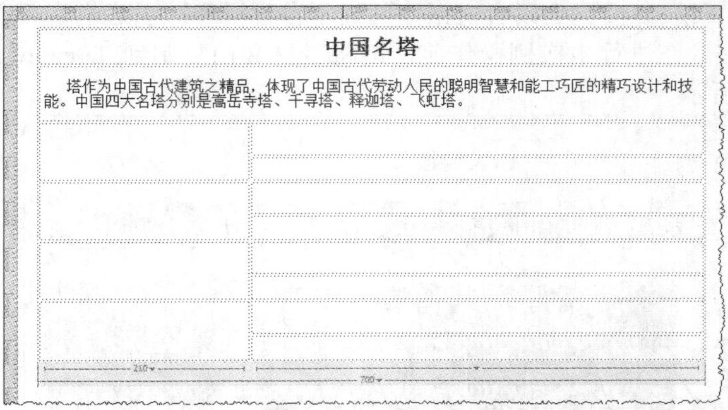

图5-45　粘贴单元格

16. 将鼠标光标置于表格左侧第 1 个空白单元格内，然后选择菜单命令【插入】/【Image】，插入图像“1-songyuesita.jpg”，运用同样的方法在其他 3 个单元格内依次插入图像“2-qianxunta.jpg”“3-shijiata.jpg”“images/4-feihongta.jpg”，如图 5-46 所示。

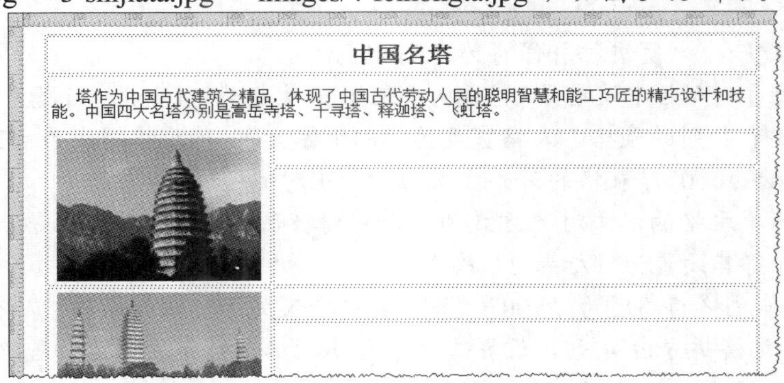

图5-46　插入图像

17. 在第 1 幅图像右侧单元格内分别输入图像标题和介绍文本，如图 5-47 所示。
18. 按照同样的方式，依次在其他图像右侧单元格内分别输入图像标题和介绍文本。
19. 保存文档。

图5-47　输入图像标题和介绍文本

5.3.6 课堂实训——四大名楼

本小节实例“四大名楼”由读者根据步骤提示自行操作，以进一步巩固插入、设置和编辑表格的基本方法。在进行本实例操作前，请将素材文档复制到 Dreamweaver 站点下。实例效果如图 5-48 所示。

图5-48　四大名楼

本例视频

【步骤提示】

1. 在站点内创建一个网页文档并保存为“536.htm”。
2. 在【页面属性】对话框中设置页面字体为“宋体”、大小为“16px”、标题为“四大名楼”。
3. 插入一个 3 行 1 列的表格，表格宽度为“810 像素”，单元格间距为“2”，单元格边距和边框粗细均为“0”，表格的对齐方式为“居中对齐”。
4. 设置第 1 行单元格的水平对齐方式为“居中对齐”，高度为“40”，然后输入文本“四大名楼”，并将其设置为“标题 2”格式。
5. 设置第 2 行单元格的高度为“100”，并在其中输入关于“四大名楼”的介绍文本。
6. 将第 3 行单元格拆分为 4 列，设置每个单元格的水平对齐方式为“居中对齐”，宽度为“25%”。

7. 将鼠标光标置于第 3 行单元格中，然后在鼠标右键快捷菜单中选择【表格】/【插入行】命令再插入一行。
8. 在第 3 行 4 个单元格中依次插入图像“1-guanquelou.jpg”“2-tengwangge.jpg”“3-huangquelou.jpg”“4-yueyanglou.jpg”。
9. 设置第 4 行单元格的高度为“35”，并在 4 个单元格中依次输入文本“鹳雀楼”“滕王阁”“黄鹤楼”“岳阳楼”。
10. 保存文档。

5.4 综合案例——美好河山

本节将通过综合案例“美好河山”来进一步巩固在页面中使用表格进行页面布局的基本方法。在进行本实例操作前，请将素材文档复制到 Dreamweaver 站点下。实例效果如图 5-49 所示。

本例视频

图5-49 美好河山

【操作步骤】

1. 在站点内创建一个网页文档并保存为“54.htm”。
2. 选择菜单命令【文件】/【页面属性】，打开【页面属性】对话框，设置页面字体为“宋体”，文字大小为“14px”，设置标题为“美好河山”。

   下面设置页眉部分。
3. 选择菜单命令【插入】/【Table】，插入一个 2 行 1 列的表格，表格宽度为“780 像素”，边距、间距和边框均为“0”，然后在表格【属性】面板中设置表格的对齐方式为【居中对齐】，如图 5-50 所示。
4. 将鼠标光标置于第 1 行单元格中，然后选择菜单命令【插入】/【Image】，插入图像“images/logo.jpg”。

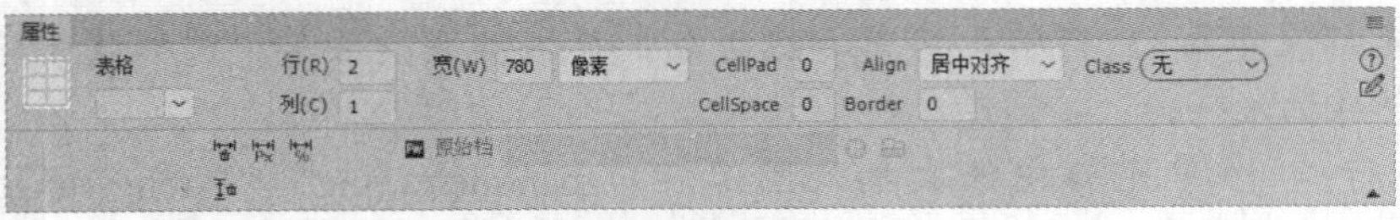

图5-50　设置表格属性

5. 在【属性】面板中设置第 2 行单元格的水平对齐方式为【居中对齐】，高度为“20”，然后选择菜单命令【插入】/【Image】，插入图像“images/line.jpg”，如图 5-51 所示。

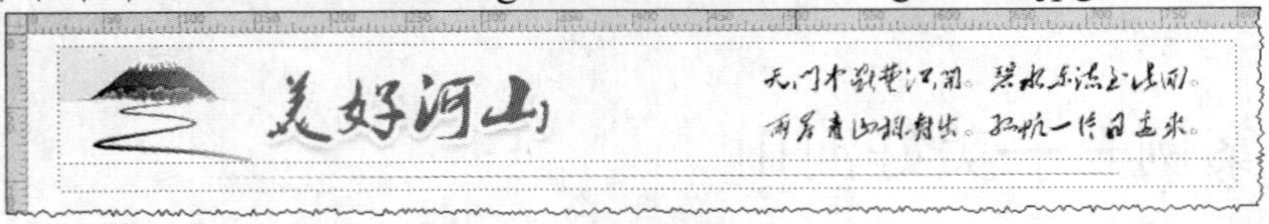

图5-51　插入图像

下面设置主体部分。

6. 在上一个表格的外面继续插入一个 1 行 2 列的表格，表格宽度为“780 像素”，边距、间距和边框均为“0”，对齐方式为“居中对齐”，如图 5-52 所示。

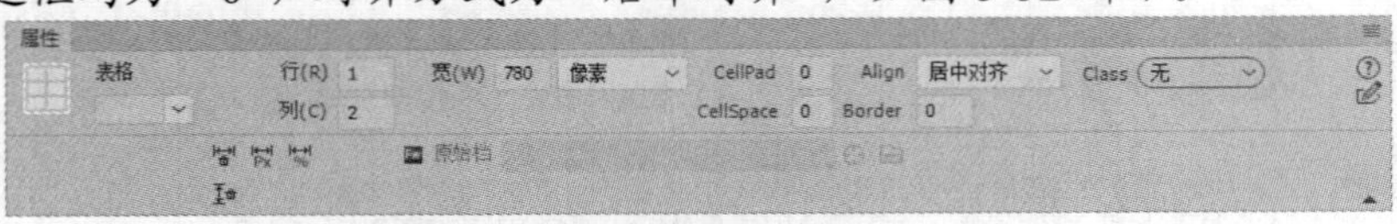

图5-52　设置表格属性

要点提示

在使用表格布局页面时，建议在<body>标签内从上到下使用多个表格布局页面，而不主张将整个页面全部使用一个表格套起来，因为网页在显示时需要将表格内的所有内容下载完毕才能显示。如果使用多个表格就可以在下载完一个表格的内容后就显示一个表格的内容，理论上提高了显示速度。

7. 设置左侧单元格的水平对齐方式为【居中对齐】，垂直对齐方式为【顶端】，宽度为“180”；设置右侧单元格的水平对齐方式为【居中对齐】，垂直对齐方式为“顶端”。
8. 在左侧单元格中插入一个 6 行 1 列的表格，表格宽度为“96%”，边距和边框均为“0”，间距为“2”，如图 5-53 所示。

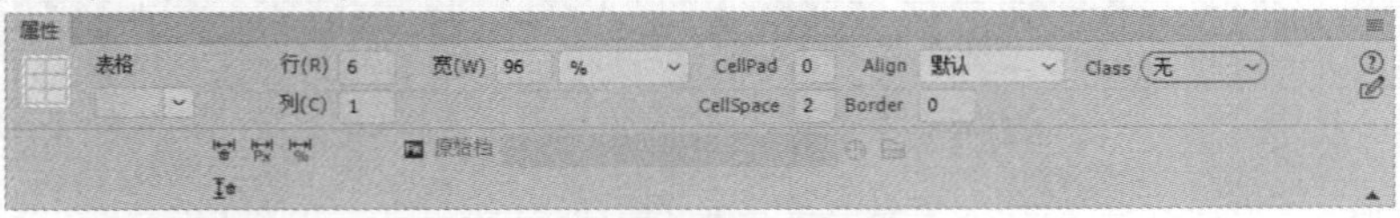

图5-53　设置表格属性

9. 设置所有单元格的水平对齐方式均为“居中对齐”，高度为“30”，背景颜色为“#AAF1F0”，然后输入相应文本，如图 5-54 所示。

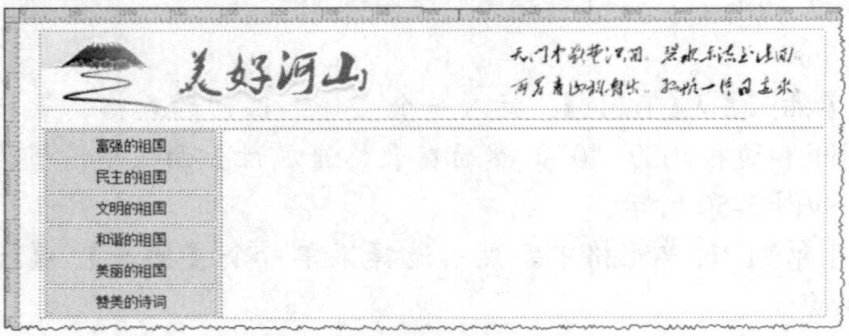

图5-54　输入文本

10. 在右侧单元格中插入一个 3 行 4 列的表格，表格宽度为“100%”，边距和边框均为“0”，间距为“2”，如图 5-55 所示。

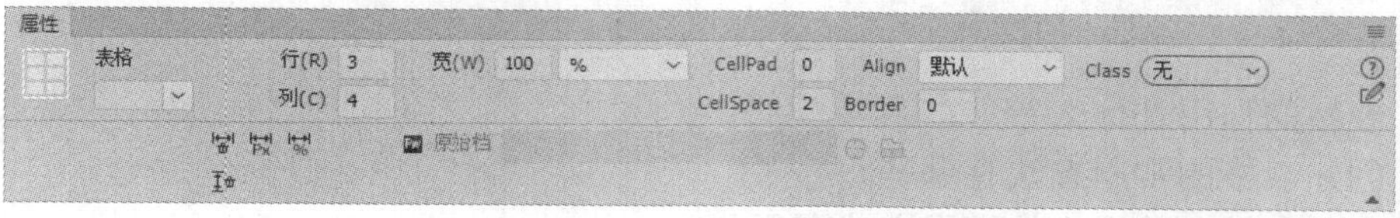

图5-55 设置表格属性

11. 将第 1 行单元格合并，设置其水平对齐方式为【居中对齐】，高度为“160”，然后在单元格中插入图像“images/shanhe.jpg”。
12. 设置第 2 行和第 3 行所有单元格的水平对齐方式为【居中对齐】，宽度为“25%”，高度为“120”，然后在第 2 行单元格中依次插入图像“images/1-huangshan.jpg”“images/2-songshan.jpg”“images/3-emeishan.jpg”“images/4-wudangshan.jpg”，在第 3 行单元格中依次插入图像“images/5-changjiang.jpg”“images/6-huanghe.jpg”“images/7-xihu.jpg”“images/8-poyanghu.jpg”，如图 5-56 所示。

图5-56 插入图像

下面设置页脚部分。

13. 在主体部分表格的外面继续插入一个 2 行 1 列的表格，宽度为“780 像素”，边距、间距和边框均为“0”，对齐方式为【居中对齐】。
14. 设置第 1 行单元格的水平对齐方式为【居中对齐】，高度为“20 像素”，然后在单元格中插入图像“line.jpg”。
15. 设置第 2 行单元格的水平对齐方式为【居中对齐】，高度为“30 像素”，然后输入相应的文本，如图 5-57 所示。

图5-57 设置页脚

16. 保存文档。

5.5 习题

1. 思考题。
   (1) 表格的作用是什么？
   (2) 创建表格的常用方法有哪些？
   (3) 合并和拆分单元格的常用方法有哪些？
2. 操作题。

根据自己的喜好自行搜集素材，并运用本章所学知识制作一个网页，要求在页面中至少使用表格进行页面布局。

第6章 使用 CSS 样式

【学习目标】

- 了解 CSS 样式的基本知识。
- 掌握 CSS 样式的基本属性。
- 掌握创建 CSS 样式的基本方法。
- 掌握在页面中引用 CSS 样式的方法。

CSS 是当前网页设计中非常流行的样式定义技术，主要用于控制网页中的元素和区域的外观格式。本章将介绍 CSS 样式的基本知识及在页面中使用 CSS 样式的基本方法。

6.1 CSS 基础知识

下面首先介绍 HTML 和 CSS 的基本知识，包括 HTML 基础、CSS 的概念、层叠次序、语法结构、样式类型及速记格式等。

6.1.1 HTML 基础

HTML 是学习 CSS 的基础，只有了解 HTML 才能更深入地理解 CSS。HTML 是 HyperText Markup Language 的缩写，中文名为超文本标记语言，是用来描述网页的一种标记语言。HTML 标记标签通常被称为 HTML 标签，HTML 标签是由尖括号包围的关键词，通常是成对出现的，如<html>和</html>。包含 HTML 标签和纯文本的文档称为 HTML 文档，可以使用记事本、写字板、Dreamweaver 等编辑工具来编写，其扩展名是“.htm”或“.html”。HTML 文档通常使用 Web 浏览器来读取，并以网页的形式显示出来。浏览器不会显示 HTML 标签，而是使用 HTML 标签来解释页面的内容。HTML4.01 于 1999 年 12 月 24 日成为 W3C（全称 World Wide Web Consortium，万维网联盟）推荐标准，自此以后，Web 世界经历了巨变。下面基于 HTML4.01 简要介绍一下 HTML 的基本知识。

一、 HTML 文档的基本结构

HTML 文档的基本结构如下。

```
<html>
<head>
<title>名言</title>
</head>
<body>
<p>1.友谊是一棵可以庇荫的树。——柯尔律治</p>
<p>2.理想是人生的太阳。——德莱赛</p>
```

```
<p>3.笨蛋自以为聪明，聪明人才知道自己是笨蛋。——莎士比亚</p>
</body>
</html>
```

HTML 代码中包含 3 对最基本的 HTML 标签。

- <html>…</html>

<html>标记符号出现在每个 HTML 文档的开头，</html>标记符号出现在每个 HTML 文档的结尾。通过对这一对标记符号的读取，浏览器可以判断目前正在打开的是网页文件而不是其他类型的文件。

- <head>…</head>

<head>…</head>构成 HTML 文档的开头部分，在<head>和</head>之间可以使用<title>…</title>、<script>…</script>等标记，这些标记都是用于描述 HTML 文档相关信息的，不会在浏览器中显示出来。其中<title>…</title>标记是最常用的，在<title>和</title>标记之间的文本将显示在浏览器的标题栏中。

- <body>…</body>

<body>…</body>是 HTML 文档的主体部分，在此标记之间可以包含<p>…</p>、
、<hr>、<img>、<table>…</table>、<div>…</div>等大部分 HTML 标记，它们所定义的文本、水平线、图像等将会在浏览器中显示出来。

二、　HTML 文档的标题

每篇文档都要有自己的标题，每篇文档的正文都要划分段落。为了突出正文标题的地位和它们之间的层次关系，HTML 设置了 6 级标题。HTML 标题是通过<h1> ～<h6>等标签进行定义的。其中，数字越小，字号越大；数字越大，字号越小。例如：

```
<h2>名人名言</h2>
```

三、　HTML 文档中的段落

HTML 使用<p>…</p>标签给网页正文分段，它将使标记后面的内容在浏览器窗口中另起一段。用户可以通过该标记中的 align 属性对段落的对齐方式进行控制。align 属性的值通常有 left、right、center 3 种，可分别使段落内的文本居左、居右、居中对齐。使用段落标记<p>…</p>与使用换行标记
是不同的，
标记只能起到另起一行的作用，不等于另起一段，换行仍然是发生在段落内的行为。例如：

```
<p>修养的花儿在寂静中开过去了，成功的果子便要在光明里结实。<br>——冰心</p>
```

四、　HTML 文档中的超级链接

HTML 语言使用<a>…</a>标签在文档中创建超级链接，例如：

```
<a href="http://www.ptpress.com.cn" target="_blank">人民邮电出版社</a>
```

其中，href 属性用来创建指向另一个网址的链接，使用 target 属性定义被链接的文档在何处显示，_blank 表示在新窗口中打开文档。

五、　HTML 文档中的表格

HTML 使用<table>标签来定义表格，每个表格有若干行，使用<tr>标签来定义，每行又分为若干单元格，使用<td>标签来定义。如果表格有标题行或标题列，使用<th>标签来定义。如果表格外有表头即表格标题，使用<caption>标签来定义。表格的宽度使用 width 属性进行定义，表格的边框粗细使用 border 属性进行定义。例如：

```
<table width="200" border="1" cellpadding="0" cellspacing="0">
<caption>学生名单</caption>
<tr>
<th width="50%" height="30">姓名</th>
<th>班级</th>
</tr>
<tr>
<td width="50%" height="30" align="center">王小东</td>
<td align="center">五年级 3 班</td>
</tr>
<tr>
<td width="50%" height="30" align="center">王小楠</td>
<td align="center">五年级 2 班</td>
</tr>
</table>
```

六、 HTML5

2014 年 10 月，HTML5 成为 W3C 推荐标准，成为目前 HTML 的最新版本，它与 HTML4.01 相比有着明显不同。例如，许多网站都提供视频服务。但长期以来，不存在一项旨在网页上显示视频的标准。大多数视频是通过插件（如 Flash）来显示的。但并非所有浏览器都拥有同样的插件。HTML5 提供了展示视频的标准，它规定通过 video 元素来包含视频。当前，video 元素支持 3 种视频格式：Ogg、MPEG4 和 WebM。Ogg 是带有 Theora 视频编码和 Vorbis 音频编码的 Ogg 文件。MPEG4 是带有 H.264 视频编码和 AAC 音频编码的 MPEG4 文件。WebM 是带有 VP8 视频编码和 Vorbis 音频编码的 WebM 文件。在 HTML5 中显示视频代码格式是：

```
<video src="movie.ogg" width="320" height="240" controls="controls">
您的浏览器不支持 video 标签。
</video>
```

control 属性提供添加播放、暂停和音量控件。width 和 height 属性用于设置视频显示的宽度和高度。<video>与</video>之间插入的内容是供不支持 video 元素的浏览器显示的。

上面的示例使用一个 Ogg 文件，适用于 Firefox、Opera 及 Chrome 浏览器。要确保适用于 Safari 浏览器，视频文件必须是 MPEG4 类型。video 元素允许设置多个 source 元素。source 元素可以链接不同的视频文件，浏览器将使用第 1 个可识别的格式，例如：

```
<video width="600" height="300" controls>
  <source src="images/xiaoyuan.mp4" type="video/mp4">
  <source src="images/xiaoyuan.ogg" type="video/ogg">
  <source src="images/xiaoyuan.webm" type="video/webm">
  您的浏览器不支持 video 标签。
</video>
```

总之，HTML5 具有全新的、更加语义化的、合理的结构化元素，新的更具表现性的表单控件，以及多媒体视频和音频支持，更加强大的交互操作功能，一切都是全新的。HTML5 仍处于完善之中，但目前大部分浏览器已经具备了对某些 HTML5 功能的支持。

6.1.2 CSS 的概念

HTML 的初衷是用于定义网页内容，不涉及页面布局，即通过使用<h1>、<p>、<table>等 HTML 标签来让浏览器知道哪部分是标题、哪部分是段落、哪部分是表格。至于网页布局由浏览器来完成，而不使用任何的格式化标签。由于当时盛行的两种浏览器 Netscape 和 Internet Explorer 不断将新的 HTML 标签和属性（如字体标签和颜色属性）添加到 HTML 规范中，使创建网页内容清晰地独立于网页表现层的站点变得越来越困难。

为了解决这个问题，非营利的标准化联盟 W3C 肩负起了 HTML 标准化的使命，并在 HTML4.0 之外创造出了样式（Style）。CSS 是 Cascading Style Sheets 的缩写，中文名为层叠样式表，其作用主要是用于定义如何显示 HTML 元素。

CSS 可以称得上是 Web 设计领域的一个突破，因为它允许一个外部样式表同时控制多个页面的样式和布局，也允许一个页面同时引用多个外部样式表。其优点是，如需进行网站样式全局更新，只要简单地改变样式表，网站中的所有元素就会自动更新。

使用 CSS 样式，不仅方便网页设计人员管理和维护网页源文件，还可以加快网页的读取速度。目前主流浏览器都支持 CSS 样式。

6.1.3 CSS 的存储和层叠次序

CSS 允许使用多种方式保存样式信息，可以根据需要保存在单个的 HTML 标签元素中，称为内联样式。内联样式使用<span>…</span>标签，并使用 style 标签来定义相关属性参数。例如：

```
<p>在人类历史的长河中，<span style="color: #FF0000">真理因为像黄金一样重，总是沉于河底而很难被人发现</span>，相反地，那些牛粪一样轻的谬误倒漂浮在上面到处泛滥。——培根</p>
```

要点提示 内联样式只适合特殊情况的需要，并不适合大规模使用，也无法在其他地方重复引用。

样式也可以保存在 HTML 文档的头部元素<head>标签中，称为内部样式表。内部样式表使用<style>…</style>标签来标识。例如：

```
<style type="text/css">
body,td,th {
font-family: "宋体";
font-size: 16px;
}
</style>
```

样式还可以保存在一个外部的 CSS 样式表文件中，称为外部样式表，外部样式表文件通常以“.css”为扩展名。例如，一个名称为“yangshibiao.css”的外部样式表文件，其包含的样式表如下：

```
@charset "gb2312";
.pstyle {
line-height: 20px;
font-size: 18px;
}
```

在 HTML 文档中，使用以下格式连接外部样式表。

```
<link href="yangshibiao.css" rel="stylesheet" type="text/css">
```

在同一个 HTML 文档中可同时引用多个外部样式表。如果对 HTML 元素没有进行任何样式设置，浏览器会按照默认设置进行显示。如果同一个 HTML 元素被不止一个样式定义时，会按照内联样式、内部样式表、外部样式表和浏览器默认设置的优先顺序进行显示。

6.1.4 CSS 的语法结构

CSS 格式设置规则由两部分组成：选择器和声明（大多数情况下为包含多个声明的代码块）。选择器是标识已设置格式元素的术语（如 HTML 标签、类名称或 ID），而介于大括号（即{}）之间的所有内容都是声明块，声明块主要用于定义样式属性，可以是一条也可以是多条，每条声明由一个属性和一个值组成。

```
选择器 {声明 1; 声明 2; ... 声明 N}
```

属性是需要设置的样式属性，属性和值用冒号分开。在 CSS 语法中，所使用的冒号等分隔符号均是英文状态下的符号。例如：

```
h3 {color: red; font-size: 14px;}
```

上面代码的作用是将 h3 元素内的文本颜色定义为红色，字体大小设置为 14 像素。在这个例子中，h3 是选择器，它有两条声明："color: red" 和 "font-size: 14px"，其中 "color" 和 "font-size" 是属性，"red" 和 "14px" 是值。

在 CSS 中，值有不同的写法和单位。在上面的例子中，除了英文单词 "red"，还可以使用十六进制的颜色值 "#ff0000"；为了节约字节，还可以使用 CSS 的缩写形式 "#f00"，例如：

```
p {color: #ff0000;}
p {color: #f00; }
```

也可以通过两种方法使用 RGB 值，例如：

```
p {color: rgb(255,0,0);}
p {color: rgb(100%,0%,0%);}
```

当使用 RGB 百分比时，即使当值为 "0" 时也要写百分比符号。但是在其他情况下，就不需要这么做了。例如，当尺寸为 "0" 像素时，"0" 之后不需要使用单位 "px"。

另外，如果值不是一个单词而是多个单词时，则要使用逗号分隔每个值，并给每个值加引号，例如：

```
p {font-family: "sans", "serif";}
```

上面代码的作用是将 p 元素内的文本字体依次定义为 "sans" 和 "serif"，表示如果计算机中有第 1 种字体则使用第 1 种字体显示该段落内的文本，否则使用第 2 种字体显示该段落内的文本。

如果声明不止一个，则需要用分号将每个声明分开。通常最后一条声明是不需要加分号的，因为分号在英语中是一个分隔符号，不是结束符号。但是，大多数有经验的设计师会在每条声明的末尾都加上分号，其好处是，当从现有的规则中增减声明时，会尽可能减少出错的机会。例如：

```
p {text-align: center; color: red;}
```

为了增强样式定义的可读性，建议在每行只描述一个属性，例如：

```
p {
margin-top:5px;
margin-bottom:10px;
line-height:35px;
}
```

大多数样式表包含的规则比较多，而大多数规则包含不止一个声明。因此，在声明中注意空格的使用会使得样式表更容易被编辑，包含空格不会影响 CSS 在浏览器中的显示效果。同时，CSS 对大小写不敏感，但是如果涉及与 HTML 文档一起工作，class 和 id 名称对大小写是敏感的。

6.1.5 CSS 的样式类型

CSS 样式可以分为类样式、ID 名称样式、标签样式、复合内容样式及内联样式几种形式，下面做简要说明。

一、 类样式

类样式可应用于任何 HTML 元素，它以一个点号来定义，例如：

```
.pstyle {font-size: 16px}
```

上面代码的作用是将所有拥有 pstyle 类的 HTML 元素显示为居左对齐。在 HTML 文档中引用类 CSS 样式时，通常使用 class 属性，在属性值中不包含点号。在下面的 HTML 代码中，h1 和 p 元素中都有 pstyle 类，表示两者都将遵守 pstyle 选择器中的规则。

```
<h2 class="pstyle">哲理名言 </h2>
<p class="pstyle">真的猛士，敢于直面惨淡的人生，敢于正视淋漓的鲜血。——鲁迅</p>
```

二、 ID 名称样式

ID 名称样式可以为标有特定 ID 名称的 HTML 元素指定特定的样式，它只能应用于同一个 HTML 文档中的一个 HTML 元素，ID 选择器以“#”来定义，例如：

```
#pp {color: #0000FF;}
```

在下面的 HTML 代码中，ID 名称为 pp 的 p 元素内的文本显示为蓝色。

```
<p class="pstyle" id="pp">读书之法，在循序而渐进，熟读而精思。——朱熹</p>
```

三、 标签样式

最常见的 CSS 选择器是标签选择器。换句话说，文档的 HTML 标签就是最基本的选择器，例如：

```
p {line-height: 25px;}
```

标签样式匹配 HTML 文档中标签类型的名称，也就是说，标签样式不需要使用特定的方式进行引用。一旦定义了标签样式，在 HTML 文档中凡是含有该标签的地方自动应用该样式。

四、 复合内容样式

复合内容样式主要是指标签组合、标签嵌套等形式的 CSS 样式。标签组合即同时为多个 HTML 标签定义相同的样式，例如：

```
h1,p{font-size: 12px}
```

标签嵌套即在某个 HTML 标签内出现的另一个 HTML 标签，可以包含多个层次。例如，每当标签 h2 出现在表格单元格内时使用的选择器格式是：

```
td h2{font-size: 18px}
```

复合内容选择器有时也会是多种形式的组合，例如：

```
#mytable a:link, #mytable a:visited{color: #000000}
```

上面的样式只会应用于 ID 名称是 mytable 的标签内的超级链接。

五、 内联样式

内联样式设置在单个的 HTML 元素中，前面已介绍，此处不再赘述。

上面对 CSS 样式进行了最基本的介绍，其内容还有很多，有兴趣的读者可以查阅相关资料进行研究，这里不再详述。总之，通过使用 CSS 样式设置页面的格式，可将页面的内容与表现形式分离。将内容与表现形式分离，不仅使站点的外观维护更加容易，而且还使 HTML 文档代码更加简练，缩短了浏览器的加载时间，可谓一举两得。

6.1.6 CSS 速记格式

CSS 规范支持使用速记 CSS 的简略语法格式创建 CSS 样式，可以用一个声明指定多个属性的值。例如，font 属性可以在同一行中设置 font-style、font-variant、font-weight、font-size、line-height 及 font-family 等多个属性。但使用速记 CSS 带来的问题是，速记 CSS 属性省略的值会被指定为属性的默认值。当两个或多个 CSS 规则指定给同一标签时，这可能会导致页面无法正确显示。例如，下面显示的 h1 规则使用了普通的 CSS 语法格式，其中已经为 font-variant、font-style、font-stretch 和 font-size-adjust 属性分配了默认值。

```
h1 {
font-weight: bold;
font-size: 16pt;
line-height: 18pt;
font-family: Arial;
font-variant: normal;
font-style: normal;
font-stretch: normal;
font-size-adjust: none
}
```

下面使用一个速记属性重写这一规则，可能的形式为：

```
h1 { font: bold 16pt/18pt Arial }
```

上述速记示例省略了 font-variant、font-style、font-stretch 和 font-size-adjust 标签，CSS

会自动将省略的值指定为它们的默认值。在 Dreamweaver CC 2017 中，通过【首选项】对话框可以设置在定义 CSS 规则时是否使用速记的形式，如图 6-1 所示。

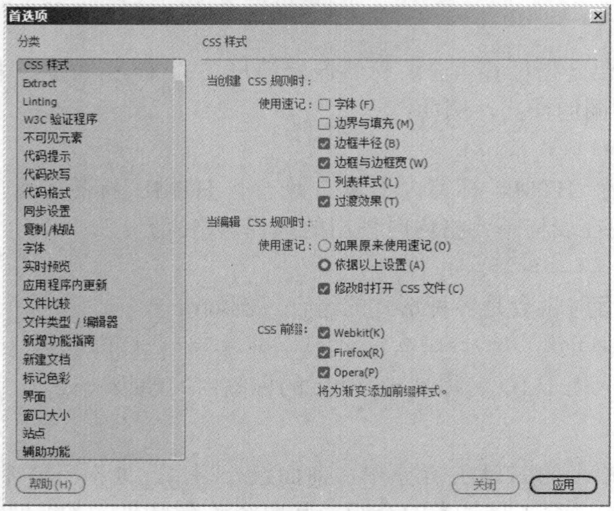

图6-1　【首选项】对话框

如果需要使用 CSS 速记可以直接在【首选项】对话框中选择要应用的 CSS 样式选项。

- 在【当创建 CSS 规则时】选项中可以设置【使用速记】的几种情形，包括【字体】【边界与填充】【边框半径】【边框与边框宽】【列表样式】及【过渡效果】，当选择相应选项后，Dreamweaver CC 2017 将以速记形式编写 CSS 样式属性。
- 在【当编辑 CSS 规则时】选项中可以设置重新编写现有样式时【使用速记】的几种情形。若选择【如果原来使用速记】单选按钮，则在重新编写现有样式时仍然保留原样。若选择【根据以上设置】单选按钮，则将根据在【使用速记】中选择的属性重新编写样式。当选中【修改时打开 CSS 文件】复选框时，如果使用的是外部样式表文件，则在修改 CSS 样式时会打开该样式表文件，否则不打开。

如果使用 CSS 语法的速记格式和普通格式在多个位置定义了样式，例如在 HTML 页面中嵌入样式并从外部样式表中导入了样式，那么速记规则中省略的属性可能会覆盖其他规则中明确设置的属性。同时，速记这种形式使用起来虽然感觉比较方便，但某些较旧版本的浏览器通常不能正确解释。因此，Dreamweaver CC 2017 默认情况下使用 CSS 语法的普通格式，同时也建议读者在初学时使用 CSS 语法的普通格式创建 CSS 样式。如果读者喜欢速记格式，可以在对 CSS 非常熟悉后再使用也未尝不可。

要点提示　建议读者在一个站点中设计 CSS 样式时要么使用速记格式要么使用普通格式，做到 CSS 样式的格式统一，同时尽量不要在多个位置定义 CSS 样式并同时加以引用。

6.2　创建和应用 CSS 样式

下面介绍在页面中创建和应用 CSS 样式的基本知识和方法。

6.2.1 创建 CSS 样式

在创建 CSS 样式时，内联样式可通过【属性（CSS）】面板来创建，这在第 2 章已经介绍，此处不再赘述。类样式、ID 名称样式、标签样式及复合内容样式可通过【CSS 设计器】面板来创建。使用这些 CSS 样式，可将页面的内容与表现形式分离。

通过【CSS 设计器】面板创建 CSS 样式的方法和过程如下。

(1) 首先创建一个网页文档并保存，也可打开一个现有的网页文档，接着选择菜单命令【窗口】/【CSS 设计器】，打开【CSS 设计器】面板，如图 6-2 所示。

> 要点提示 因为只有在当前文档下，【CSS 设计器】面板才处于可用状态。

【CSS 设计器】面板各部分是上下相关的。对于任何给定的上下文或选定的页面元素，都可以查看关联的选择器和属性。而且，在【CSS 设计器】面板中选中某个选择器时，关联的源和媒体查询将在各自的窗口中高亮显示。【CSS 设计器】面板由以下 4 部分组成。

- 【源】：主要列出与文档相关的所有 CSS 样式表，使用此窗口还可以创建新的 CSS 文件，附加现有的 CSS 文件，也可以在文档中定义 CSS 样式。
- 【@媒体】：用于在窗口中列出所选源中的全部媒体查询，如果不选择特定 CSS，则此窗口将显示与文档关联的所有媒体查询。
- 【选择器】：用于在窗口中列出所选源中的全部选择器，如果同时还选择了一个媒体查询，则此窗口会为该媒体查询缩小选择器列表范围；如果没有选择 CSS 或媒体查询，则此窗口将显示文档中的所有选择器。
- 【属性】：用于显示可为指定的选择器设置的相关属性。

(2) 添加 CSS 源：在【源】窗口中单击 + （添加 CSS 源）按钮，在弹出的【添加 CSS 源】下拉菜单中选择相应的选项来定义新建 CSS 语句的保存位置，如图 6-3 所示。

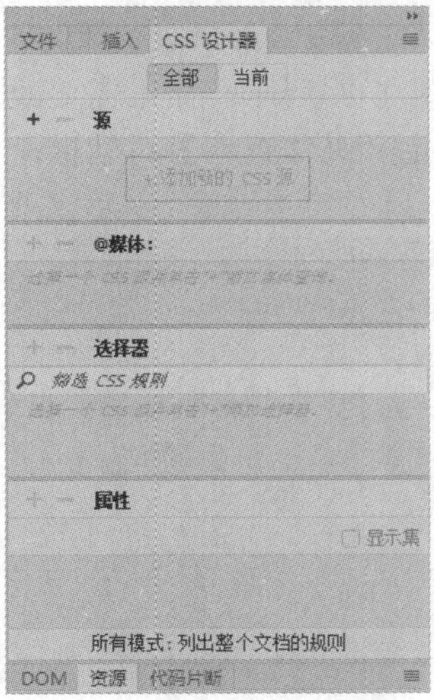

图6-2 【CSS 设计器】面板

图6-3 【添加 CSS 源】下拉菜单

在【添加 CSS 源】下拉菜单中共有 3 个选项，下面简要说明其作用。

- 【创建新的 CSS 文件】选项：主要用来创建新 CSS 文件并将其附加到当前文档，

如果选择该选项将显示【创建新的 CSS 文件】对话框，用户可在【文件/URL】文本框中直接输入要创建的 CSS 文件名称，如图 6-4 所示。

- 【附加现有的 CSS 文件】选项：主要用来将现有 CSS 文件附加到当前文档，如果选择该选项将显示【使用现有的 CSS 文件】对话框，单击 浏览... 按钮可以指定要保存 CSS 样式的 CSS 文件，如图 6-5 所示。

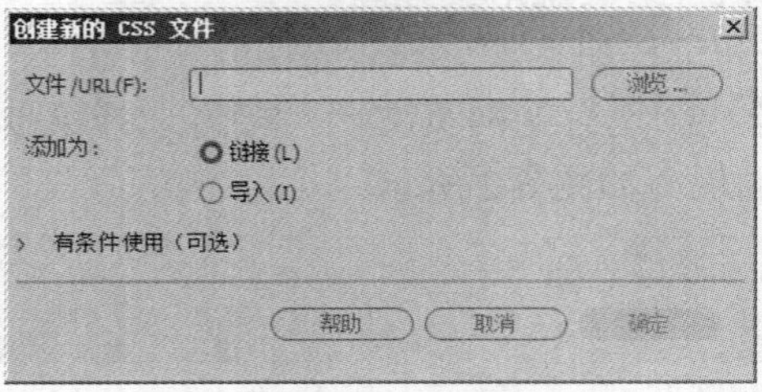

图6-4　【创建新的 CSS 文件】对话框

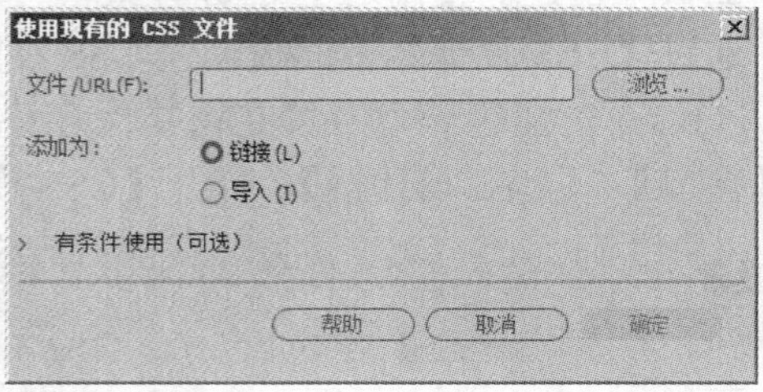

图6-5　【使用现有的 CSS 文件】对话框

> **要点提示** 在【添加为】选项组中共有两个选项：【链接】和【导入】。【链接】主要用于将网页文档链接到 CSS 样式表文件，【导入】主要用于将 CSS 样式表文件导入到网页文档中，在实际应用中通常默认选择【链接】选项。

- 【在页面中定义】选项：主要用来在当前文档中保存 CSS 样式，如果选择该选项将在【源】窗口中添加一个<style>标签，如图 6-6 所示。

图6-6　【源】窗口中的<style>标签

> **要点提示** 如果单击 − （删除 CSS 源）按钮，可将窗口列表中选中的 CSS 源删除。

(3)　添加媒体查询：通常保持默认选项【全局】，如图 6-7 所示。如果需要改变，可单击【@媒体】窗口中的 + （添加媒体查询）按钮，打开【定义媒体查询】对话框，根据需要设置即可，如图 6-8 所示。

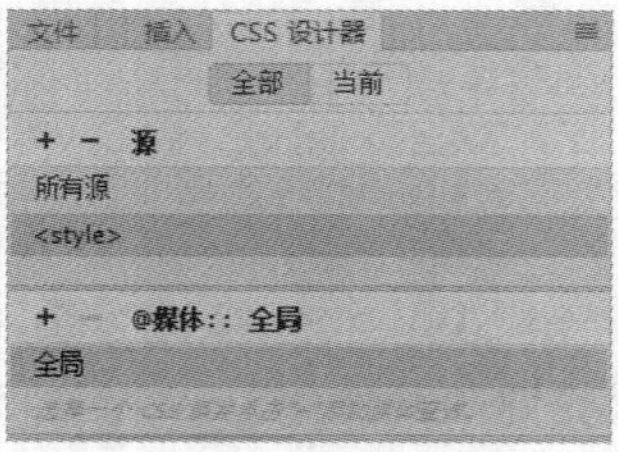

图6-7　媒体查询

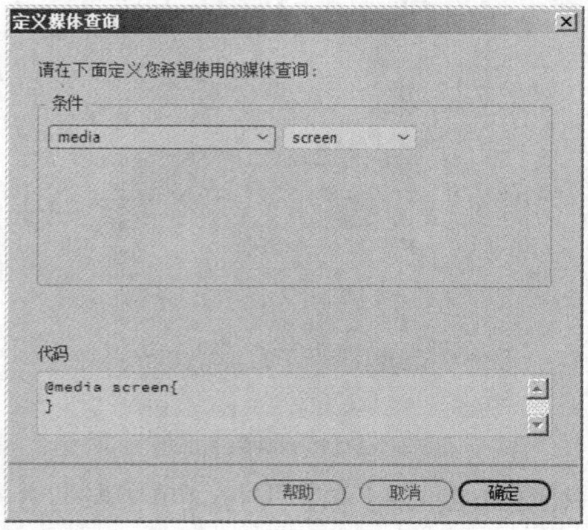

图6-8　【定义媒体查询】对话框

(4) 添加选择器：在【源】窗口中存在多个 CSS 源的情况下保证已选择了合适的 CSS 源，同样在【@媒体】窗口中已选择了合适的媒体查询，然后在【选择器】窗口中单击+（添加选择器）按钮，在出现的文本框中设置好要添加的选择器名称，然后按 Enter 键确认即可，如图 6-9 所示。

常用的选择器有类、ID 名称、HTML 标签和复合内容等类型。如果指定类名称样式，需要在名称前添加前缀“.”，即英文状态下的点，如“.pstyle”。通常类名称样式不会自动出现在文本框中，需要直接输入。如果指定 ID 名称样式，在 ID 名称之前需要添加前缀“#”。如果已经给对象命名了 ID 名称，那么在对象选中的状态下创建 CSS 样式，ID 名称会自动出现在文本框中，并且自动添加了前缀“#”，如“#table-1”。HTML 标签名称样式直接在文本框中设置即可，如段落标签“p”。复合内容样式名称在选择内容后会自动出现在文本框中，也可手动输入，如“body p”。

在【选择器】窗口可以进行以下操作。

- 在 CSS 样式名称非常多的情况下要搜索特定选择器，可使用【筛选 CSS 规则】搜索框。
- 如果要重命名样式名称，可双击该选择器，然后输入新名称并加以确认。
- 如果要调整选择器中样式的顺序，可选中某样式名称后将其拖至所需位置。
- 如果要将样式从一个源移至另一个源，可将该样式名称拖至所需的源上。
- 如果要复制样式，可单击鼠标右键，在弹出的快捷菜单中选择【直接复制】命令，这时将出现一个与复制对象同名的样式名称，进行修改即可。
- 复制/粘贴样式：通过鼠标右键快捷菜单可以将一个选择器中的样式复制/粘贴到其他选择器中，也可以复制所有样式或仅复制布局、文本和边框等特定类别的样式，如果选择器没有设置样式，则【复制所有样式】【复制样式】【粘贴样式】处于禁用状态，如图 6-10 所示。

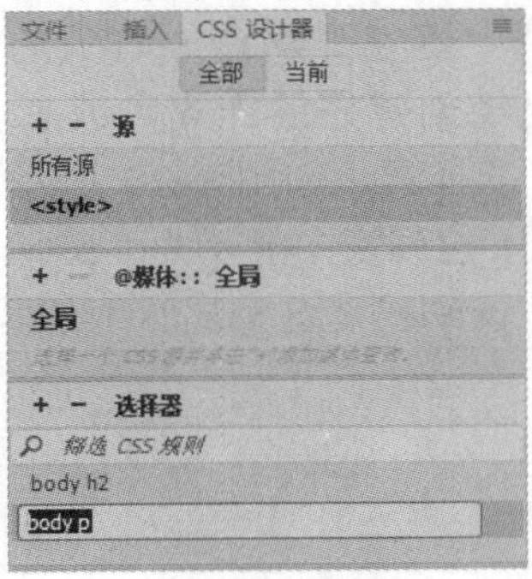

图6-9 【选择器】窗口

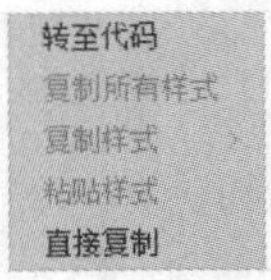

图6-10 复制/粘贴样式菜单

(5) 设置 CSS 属性：在【选择器】窗口设置好选择器后，就可以在【属性】窗口中根据需要设置 CSS 属性了。

在【CSS 设计器】面板中，Dreamweaver CC 2017 将 CSS 属性分为【布局】【文本】【边框】【背景】【更多】5 个类别，分别用、、、、按钮显示在【属性】窗口顶部。单击按钮可以在列表框中设置相应的文本属性，当将鼠标光标置于某个设置了属性值的属性上时，在其后面会显示和两个按钮，如图 6-11 所示。单击按钮将禁用该项 CSS 属性，使其不起作用。单击按钮将删除用户设置的 CSS 属性值，并将属性恢复成默认值。

【更多】类别是“仅文本”属性而非具有可视控件的属性的列表，如图 6-12 所示。选中【显示集】复选框可只显示已设置的属性，如图 6-13 所示。如果要查看可为选择器指定的所有属性，需要取消选择【显示集】复选框。

图6-11　【文本】类别

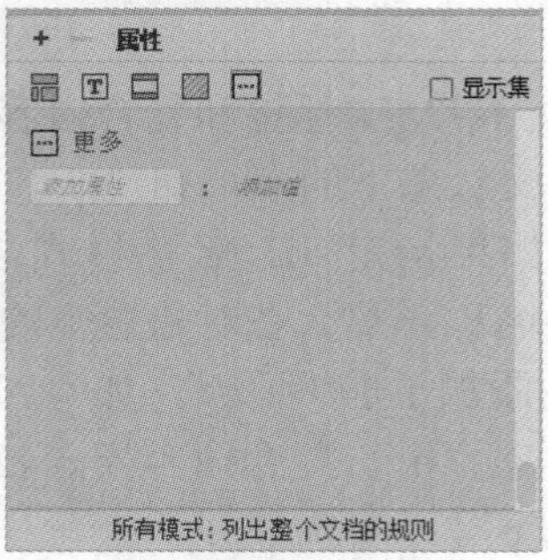

图6-12　【更多】类别

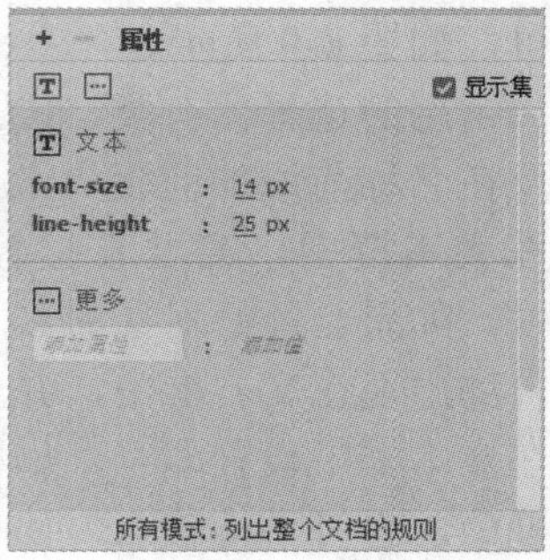

图6-13　选中【显示集】复选框

6.2.2 应用 CSS 样式

创建的 CSS 样式有些是自动应用的，有些需要手动引用才行。

一、 自动应用的 CSS 样式

在已经创建好的 CSS 样式中，标签 CSS 样式、ID 名称 CSS 样式和复合内容 CSS 样式基本上都是自动应用的。重新定义了标签的 CSS 样式，凡是使用该标签的内容将自动应用该标签 CSS 样式。例如，重新定义了段落标签<p>的 CSS 样式，凡是使用标签<p>的内容都将应用其样式。定义了 ID 名称 CSS 样式，拥有该 ID 名称的对象将应用该样式。复合内容 CSS 样式将自动应用到所选择的内容上。

二、 类 CSS 样式的应用

类 CSS 样式不是自动应用的，需要手动指定。首先选中要应用类 CSS 样式的对象，然后在【属性（HTML）】面板的【类】下拉列表中选择已经创建好的样式，或者在【属性（CSS）】面板的【目标规则】下拉列表中选择已经创建好的样式，如图 6-14 所示。同是一个类 CSS 样式名称，在【属性（HTML）】面板的【类】下拉列表中显示为“pstyle”，而在【属性（CSS）】面板的【目标规则】下拉列表中显示为“.pstyle”，这是显示上的区别。

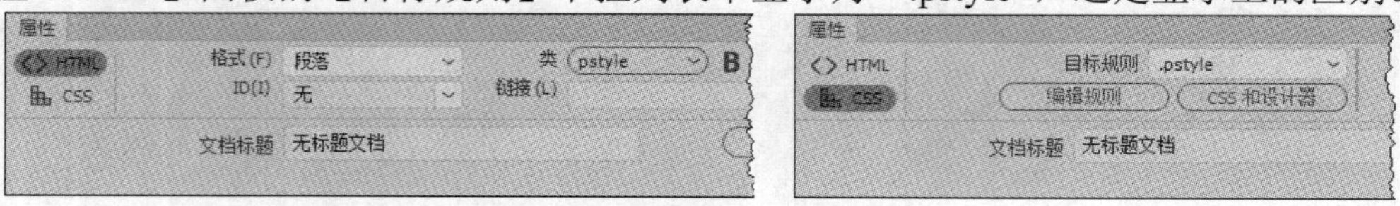

图6-14　通过【属性】面板应用样式

6.2.3 课堂案例——一诺千金

本小节将通过案例“一诺千金”来练习创建和应用 CSS 样式的基本方法，希望读者通过对案例的学习，能够熟练掌握 CSS 样式的基本知识和创建 CSS 样式的基本过程。在进行本实例操作前，请将素材文档复制到 Dreamweaver 站点下。实例效果如图 6-15 所示。

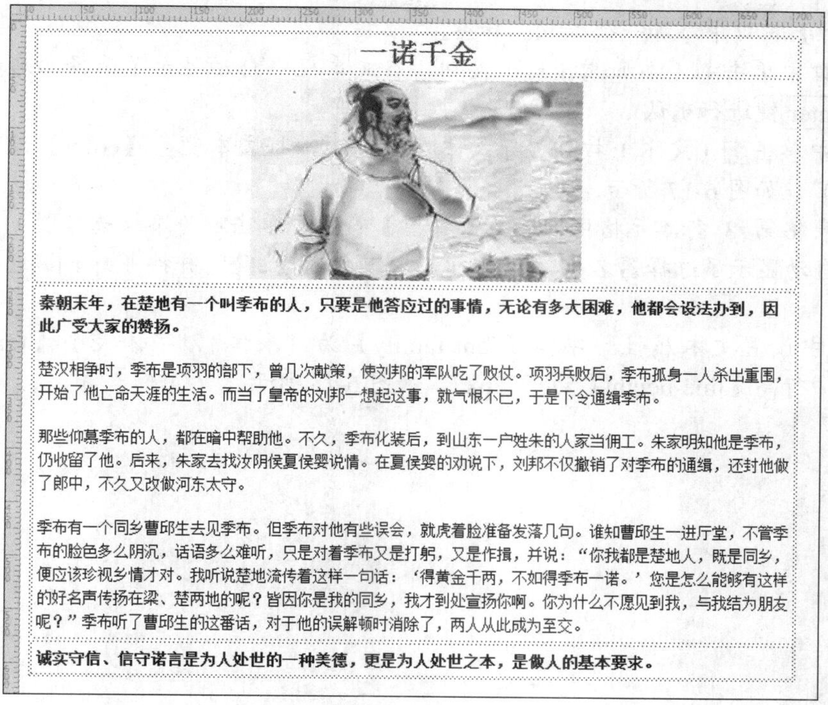

图6-15　一诺千金

本例视频

【操作步骤】

1. 在站点内打开网页文档“623.htm”，如图 6-16 所示。

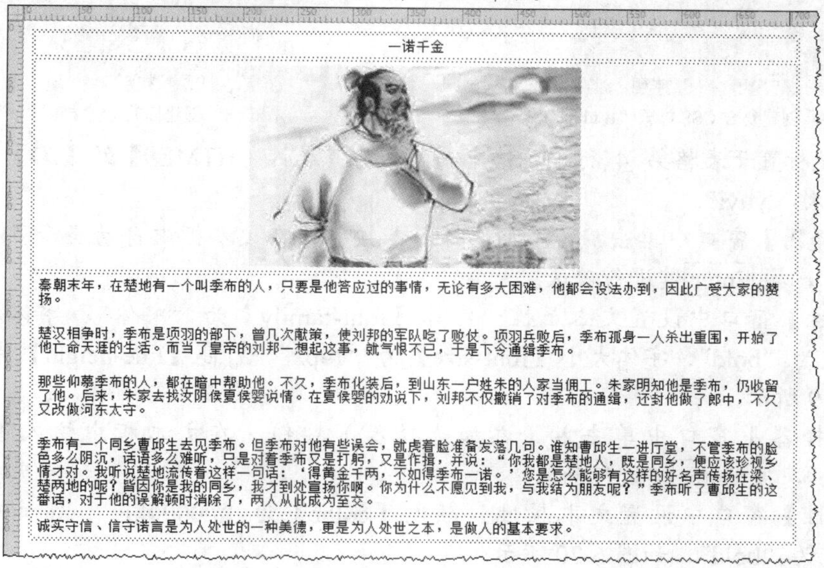

图6-16　打开网页文档

2. 将鼠标光标置于文本“一诺千金”处，然后在【属性（HTML）】面板的【格式】下拉列表中选择【标题 1】。
3. 选择菜单命令【窗口】/【CSS 设计器】，打开【CSS 设计器】面板，在【源】窗口中单击 **+**（添加 CSS 源）按钮，在弹出的【添加 CSS 源】下拉菜单中选择【在页面中定义】选项，在【源】窗口中添加一个<style>标签。

4. 在【选择器】窗口中单击 + （添加选择器）按钮，在文本框中自动显示了选择器名称“tr td h1”，按 Enter 键进行确认。
5. 在【属性】窗口中单击 T （文本）按钮显示文本属性选项，将文本颜色【color】设置为红色“#FF0000”，如图 6-17 所示。
6. 将鼠标光标置于表格第 3 行单元格中，在【选择器】窗口中单击 + （添加选择器）按钮，在文本框中自动显示了选择器名称“tr td p”，将其修改为“p”并按 Enter 键进行确认。
7. 在【属性】窗口中设置文本属性：字体【font-family】为“宋体”、字体大小【font-size】为“14px”、行高【line-height】为“22px”，如图 6-18 所示。

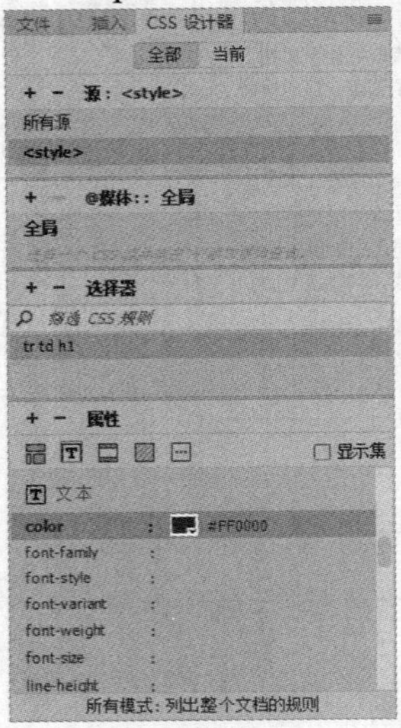

图6-17　创建复合 CSS 样式“tr td h1”

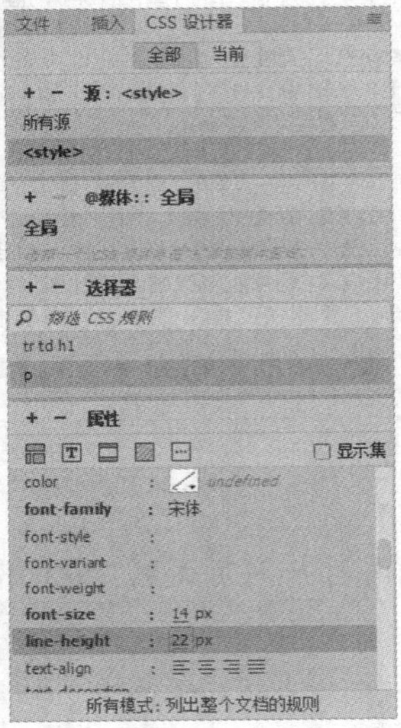

图6-18　创建标签 CSS 样式“p”

8. 将鼠标光标置于表格第 4 行单元格中，然后在【属性（HTML）】的【ID】文本框中输入 ID 名称“yuyi”。
9. 在【选择器】窗口中单击 + （添加选择器）按钮，在文本框中自动显示了选择器名称“#yuyi”，按 Enter 键进行确认。
10. 在【属性】窗口中设置文本属性：字体【font-family】为“宋体”、字体粗细【font-weight】为“bold”、字体大小【font-size】为“14px”、行高【line-height】为“22px”，如图 6-19 所示。
11. 在【选择器】窗口中单击 + （添加选择器）按钮，在文本框中输入选择器名称“.pstyle”，按 Enter 键进行确认。
12. 在【属性】窗口中设置文本属性：颜色【color】为“#0000FF”、字体粗细【font-weight】为“bold”，如图 6-20 所示。
13. 将鼠标光标置于表格第 3 行单元格的第 1 段文本中，然后在【属性（HTML）】的【类】下拉列表中选择【pstyle】。
14. 保存文档。

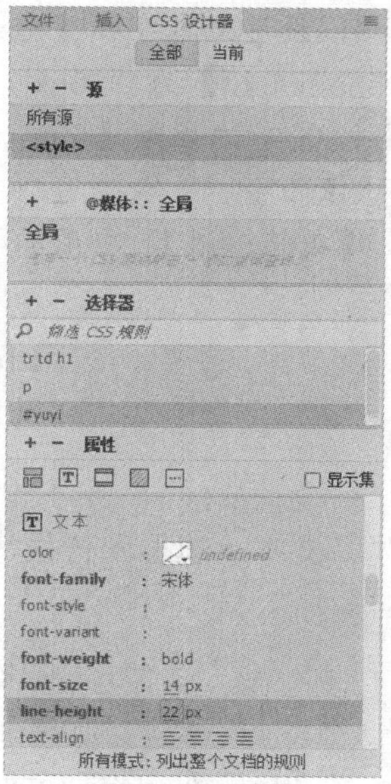

图6-19　创建 ID 名称 CSS 样式“#yuyi”

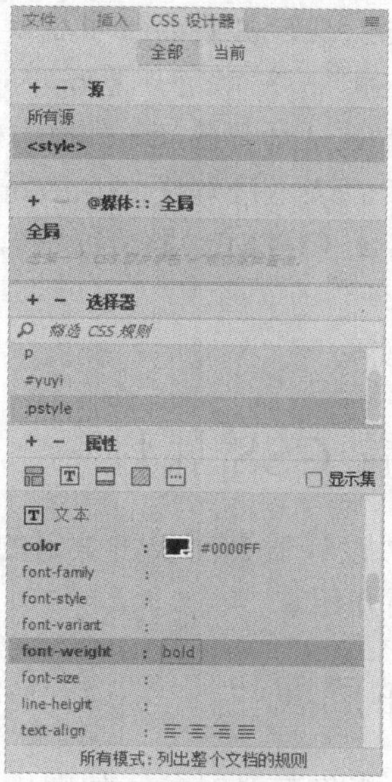

图6-20　创建类 CSS 样式“.pstyle”

6.2.4 课堂实训——烽火戏诸侯

本小节实例“烽火戏诸侯”由读者根据步骤提示自行操作，以进一步巩固创建和应用 CSS 样式的基本方法。在进行本实例操作前，请将素材文档复制到 Dreamweaver 站点下。实例效果如图 6-21 所示。

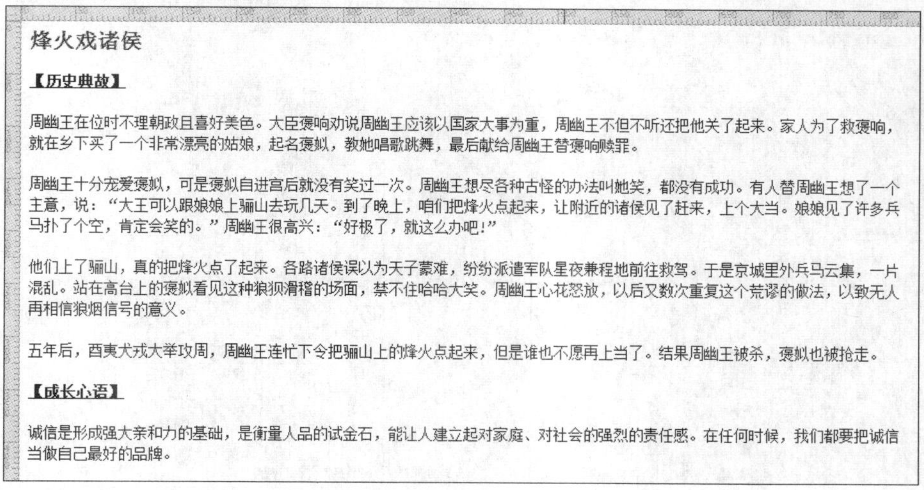

烽火戏诸侯

【历史典故】

周幽王在位时不理朝政且喜好美色。大臣褒响劝说周幽王应该以国家大事为重，周幽王不但不听还把他关了起来。家人为了救褒响，就在乡下买了一个非常漂亮的姑娘，起名褒姒，教她唱歌跳舞，最后献给周幽王替褒响赎罪。

周幽王十分宠爱褒姒，可是褒姒自进宫后就没有笑过一次。周幽王想尽各种古怪的办法叫她笑，都没有成功。有人替周幽王想了一个主意，说：“大王可以跟娘娘上骊山去玩几天。到了晚上，咱们把烽火点起来，让附近的诸侯见了赶来，上个大当。娘娘见了许多兵马扑了个空，肯定会笑的。”周幽王很高兴：“好极了，就这么办吧！”

他们上了骊山，真的把烽火点了起来。各路诸侯误以为天子蒙难，纷纷派遣军队星夜兼程地前往救驾。于是京城里外兵马云集，一片混乱。站在高台上的褒姒看见这种狼狈滑稽的场面，禁不住哈哈大笑。周幽王心花怒放，以后又数次重复这个荒谬的做法，以致无人再相信狼烟信号的意义。

五年后，西夷犬戎大举攻周，周幽王连忙下令把骊山上的烽火点起来，但是谁也不愿再上当了。结果周幽王被杀，褒姒也被抢走。

【成长心语】

诚信是形成强大亲和力的基础，是衡量人品的试金石，能让人建立起对家庭、对社会的强烈的责任感。在任何时候，我们都要把诚信当做自己最好的品牌。

本例视频

图6-21　烽火戏诸侯

【步骤提示】

1. 在站点内打开网页文档“624.htm”。
2. 在【属性（HTML）】面板中给文本“烽火戏诸侯”应用“标题 2”格式。
3. 在【CSS 设计器】面板中重新定义标签“h2”的 CSS 样式，设置文本颜色【color】为“#0000FF”。

4. 在【CSS 设计器】面板中创建复合 CSS 样式“body p”，设置文本字体【font-family】为“宋体”、字体大小【font-size】为“14px”、行高【line-height】为“20px”。
5. 在【CSS 设计器】面板中创建类 CSS 样式“ptitle”，设置字体粗细【font-weight】为“bold”、文本修饰【text-decoration】为“underline（下划线）”。
6. 在【属性（HTML）】面板中给文本“【历史典故】”和“【成长心语】”应用类 CSS 样式“ptitle”。
7. 保存文档。

6.3 设置 CSS 属性

【CSS 设计器】面板将常用的 CSS 属性划分成了布局、文本、边框和背景等类别，下面进行简要介绍。

6.3.1 布局属性

布局是指将某个对象（如图像和文本）放入一个容器盒子（如一个 1 行 1 列的表格），通过控制这个盒子的位置达到控制对象的目的。在定义盒子宽度和高度的时候，要考虑到内填充、边框、边界的存在。通过 CSS 还可以控制包含对象的盒子的外观和位置。在【CSS 设计器】面板的【属性】窗口中，单击按钮可以显示布局的相关属性，如图 6-22 所示。下面对其中的各个选项进行简要介绍。

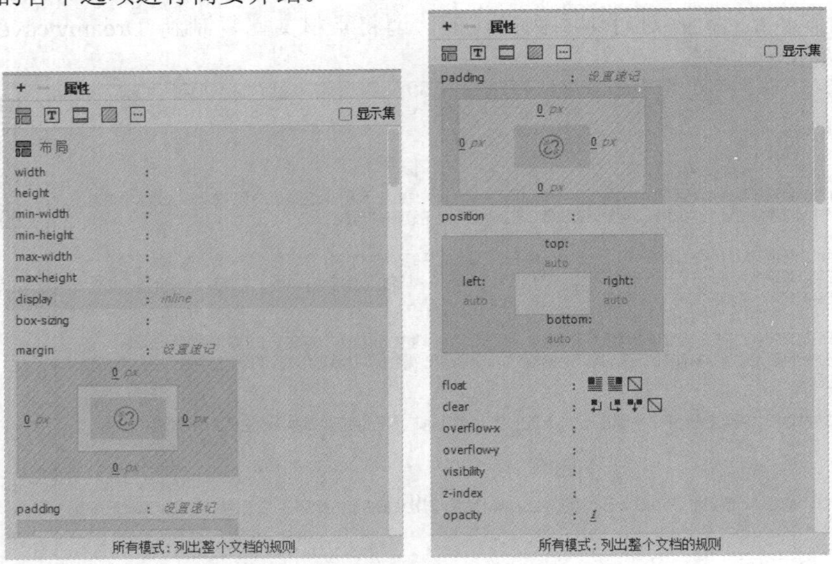

图6-22　布局属性

- 【width】（宽度）和【height】（高度）：用于设置元素的宽度和高度，可以选择“auto（自动）”让浏览器自行控制，也可以直接输入数值进行设置。
- 【min-width】（最小宽度）和【min-height】（最小高度）：用于设置元素的最小宽度和最小高度，元素可以比指定值宽或高，但不能比其小。
- 【max-width】（最大宽度）和【max-height】（最大高度）：用于设置元素的最

大宽度和最大高度，元素可以比指定值窄或矮，但不能比其大。

- 【display】(显示)：用于设置区块的显示方式，共有 19 种方式，初学者在使用该选项时，其中的 block（块）可能经常用到。
- 【box-sizing】(盒子尺寸)：用于以特定的方式设置匹配某个区域的特定元素，包括【content-box】【border-box】【inherit】3 个选项。当选择【content-box】时，表示 padding 和 border 不被包含在定义的 width 和 height 之内，对象的实际宽度等于设置的 width、border、padding 3 个参数值之和。当选择【border-box】时，表示 padding 和 border 被包含在定义的 width 和 height 之内，对象的实际宽度等于设置的 width 值，即使定义有 border 和 padding 也不会改变对象的实际宽度。当选择【inherit】时，表示应从父元素继承 box-sizing 属性的值。
- 【margin】(边距)：用于设置围绕边框的外边距大小，包括【margin-top】（上，控制顶部边距的宽度）、【margin-right】(右，控制右边距的宽度)、m【argin-bottom】(下，控制下边距的宽度)、【margin-left】(左，控制左边距的宽度）4 个选项，如果将对象的左右边界均设置为 auto（自动），可使对象居中显示。
- 【padding】(填充)：用于设置围绕内容到边框的空白大小，包括【padding-top】（上，控制上空白的宽度）、【padding-right】(右，控制右空白的宽度)、p【adding-bottom】(下，控制下空白的宽度）和【padding-left】(左，控制左空白的宽度）4 个选项。
- 【position】(位置)：用于确定定位的类型，有【static】(静态，HTML 元素的默认值，即没有定位，元素出现在正常的流中，静态定位的元素不会受到 top、bottom、left 和 right 影响)、【absolute】(绝对，相对于最近的已定位父元素，如果元素没有已定位的父元素，那么它的位置相对于页面左上角)、【fixed】(固定，元素的位置相对于浏览器窗口是固定位置，即使窗口是滚动的它也不会移动，Fixed 定位在 IE 7 和 IE 8 下需要描述“!DOCTYPE”才能支持，fixed 定位使元素的位置与文档流无关，因此不占据空间，Fixed 定位的元素和其他元素重叠）和【relative】(相对，相对其正常位置，相对定位元素经常被用来作为绝对定位元素的容器块）4 个选项。在为元素确定了绝对和相对定位类型后，可以设置元素在网页中的具体位置，包括【top】(上)、【right】(右)、【bottom】（下)、【left】(左）4 个选项。
- 【float】(浮动)：用于设置块元素的对齐方式。
- 【clear】(清除)：用于设置清除浮动效果，让父容器知道其中的浮动内容在哪里结束，从而使父容器能完全容纳它们。在网页布局中，此功能会经常使用，届时读者就会明白其真正的作用。
- 【overflow-x】(水平溢出）和【overflow-y】(垂直溢出)：用于设置如果内容溢出元素内容区域是否对内容的左右或上下边缘进行裁剪。这两个属性无法在 IE 8 及更早的浏览器中正确地工作。该属性共有【visible】(可见，不裁剪内容，可能会显示在内容框之外)、【hidden】(隐藏，只显示内容框内的内容，超出内容框的内容隐藏，不提供滚动机制)、【scroll】(滚动，显示内容框内的内容，超出内容框的内容通过移动滚动条显示）和【auto】（自动，当内容超出内容框时，自动显示滚动条）、【no-content】（如果内容不适合内容框，则隐藏整个内容）和【no-display】（如果内容不适合内容框，则删除整个框）等 6 个选项。

- 【visibility】（显示）：用于设置网页中的元素显示方式，共有【inherit】（继承母体要素的可视性设置）、【visible】（可见）、【hidden】（隐藏）和【collapse】（合并）（当在表格元素中使用时，此值可删除一行或一列，但是它不会影响表格的布局，被行或列占据的空间会留给其他内容使用，如果此值被用在其他的元素上，会呈现为【hidden】）4 个选项。
- 【z-index】：用于控制网页中块元素的叠放顺序，可以为元素设置重叠效果。该属性的参数值使用纯整数，数值大的在上，数值小的在下。
- 【opacity】：用于设置元素的不透明级别，取值范围从 0.0（完全透明）到 1.0（完全不透明），默认值为 1，如果将其值设置为 inherit，表示应该从父元素继承 opacity 属性的值。IE 8 及更早的版本支持替代的 filter 属性，例如：filter:Alpha(opacity=50)。

6.3.2　文本属性

文本属性主要用于定义网页中文本的字体、大小、颜色、样式、行高，以及文本阴影效果、元素间距、列表属性等。在【CSS 设计器】面板的【属性】窗口中，单击按钮可以显示文本的相关属性，如图 6-23 所示。下面对其中的各个选项进行简要介绍。

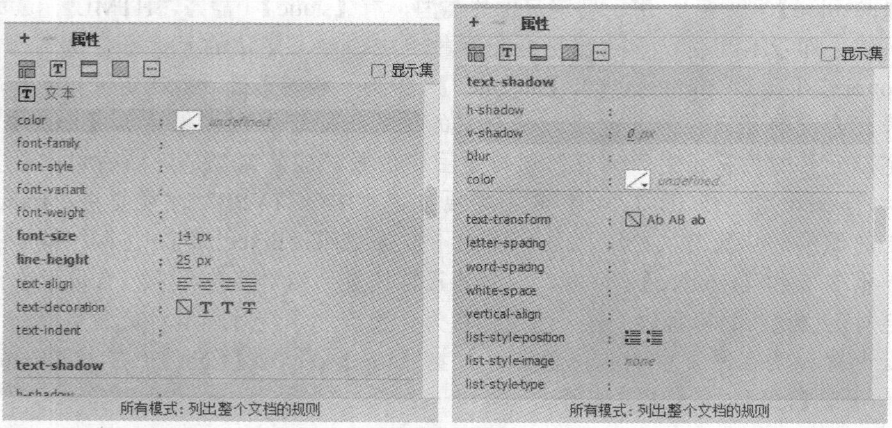

图6-23　文本属性

- 【color】（颜色）：用于设置文本的颜色。这个属性设置了一个元素的前景色，在 HTML 表现中就是元素文本的颜色。光栅图像不受 color 属性影响。这个颜色还会应用到元素的所有边框，除非被 border-color 或另外某个边框颜色属性覆盖。要设置一个元素的前景色，最容易的方法是使用 color 属性。
- 【font-family】（字体系列）：用于设置文本的字体系列。
- 【font-style】（字体样式）：用于设置文本的字体样式，包括【normal】（默认值，浏览器显示一个标准的字体样式）、【italic】（浏览器会显示一个斜体的字体样式）和【oblique】（浏览器会显示一个倾斜的字体样式）3 个选项。

- 【font-variant】（字体变形）：用于设置英文文本的字体变形，即规定是否以小型大写字母的字体显示文本。包括【normal】（默认值，浏览器会显示一个标准的字体）和【small-caps】（浏览器会显示小型大写字母的字体）两个选项。
- 【font-weight】（字体粗细）：用于设置文本的粗细，包括 13 个选项，其中【normal】表示标准字符、【bold】表示粗体字符、【bolder】表示更粗的字符、【lighter】表示更细的字符。还可以通过选择 100、200、300 直至最大值 900 来定义文本由细到粗，400 等同于 normal，而 700 等同于 bold。
- 【font-size】（字体大小）：用于设置文本的字体大小，实际上它设置的是字体中字符框的高度，实际的字符字形可能比这些框高或矮（通常会矮）。
- 【line-height】（行高）：用于设置行间的距离（行高），值可设为 normal（默认，设置合理的行间距）或具体的值，常用单位为 px（像素）。
- 【text-align】（文本对齐）：用于设置文本的水平对齐方式，包括【left】（左对齐）、【right】（右对齐）、【center】（居中对齐）和【justify】（两端对齐）4 个选项。
- 【text-decoration】（文本修饰）：用于设置添加到文本的装饰效果，有【underline】（下划线）、【overline】（上划线）、【line-through】（删除线）和【none】（无）4 种修饰方式可供选择。
- 【text-indent】（首行缩进）：用于设置文本首行的缩进，允许使用负值。如果使用负值，那么首行会被缩进到左边。
- 【text-shadow】（文本阴影）：用于设置文本的阴影效果，可向文本添加一个或多个阴影，阴影列表用逗号分隔，每个阴影有 2 个或 3 个长度值和 1 个可选的颜色值进行规定，省略的长度是 0。该属性有【h-shadow】（水平阴影的位置，必需，允许负值）、【v-shadow】（垂直阴影的位置，必需，允许负值）、【blur】（模糊的距离，可选）和【color】（阴影的颜色，可选）4 个属性参数。
- 【text-transform】（文本大小写）：用于设置文本的大小写，有【none】（无）、【capitalize】（文本中的每个单词以大写字母开头）、【uppercase】（文本中的每个单词全部使用大写字母）和【lowercase】（文本中的每个单词全部使用小写字母）4 个选项。
- 【letter-spacing】（字符间距）：用于设置字符间距，增加或减少字符间的空白。该属性定义了在文本字符框之间插入多少空间，由于字符字形通常比其字符框要窄，所以指定长度值时，会调整字母之间通常的间隔。因此，值为 normal 就相当于值为 0。允许使用负值，这会让字母之间挤得更紧。
- 【word-spacing】（字间距）：用于设置单词间距，增加或减少单词间的空白。CSS 把“字（word）”定义为任何非空白符字符组成的串，并由某种空白字符包围。这个定义没有实际的语义，它只是假设一个文档包含由一个或多个空白字符包围的字。支持 CSS 的用户代理不一定能确定一个给定语言中哪些是合法的字，而哪些不是。尽管这个定义没有多大价值，不过它意味着采用象形文字的语言或非罗马书写体往往无法指定字间隔。
- 【white-space】（空格）：用于设置如何处理元素内的空格，有【normal】（默认，空白会被浏览器忽略）、【pre】（空白会被浏览器保留，其行为方式类似 HTML 中的<pre>标签）、【nowrap】（文本不会换行，文本会在同一行上继续，直到遇到
标签为止）、【pre-wrap】（保留空白符序列，但是正常地进行换行）和【pre-line】（合并空白符序列，但是保留换行符）5 个选项。

- 【vertical-align】（垂直对齐）：用于设置元素的垂直对齐方式，该属性定义行内元素的基线相对于该元素所在行的基线的垂直对齐。允许指定负长度值和百分比值。这会使元素降低而不是升高。在表格单元格中，这个属性会设置单元格中内容的对齐方式。
- 【list-style-position】（列表标记位置）：用于设置列表项标记的放置位置，包括【Inside】（列表项目标记放置在文本以内，环绕文本与标记对齐）和【outside】（默认值，保持标记位于文本的左侧。列表项目标记放置在文本以外，且环绕文本不与标记对齐）两个选项。
- 【list-style-image】（图像列表）：用于设置将图像作为列表项标记，图像相对于列表项内容的放置位置通常使用 list-style-position 属性控制，建议设置一个 list-style-type 属性以防图像不可用。
- 【list-style-type】（列表标记）：用于设置列表项标记的类型，共有 21 个选项，其中比较常用的有【Disc】（默认，实心圆）、【circle】（空心圆）、【square】（实心方块）、【decimal】（数字）、decimal-leading-zero（0 开头的数字，如 01、02、03 等）、【lower-roman】（小写罗马数字 i、ii、iii、iv、v 等）、【upper-roman】（大写罗马数字 I、II、III、IV、V 等）、【lower-alpha】（小写英文字母 a、b、c 等）及【upper-alpha】（大写英文字母 A、B、C 等）。

6.3.3 边框属性

【边框】属性主要用于设置一个元素边框的宽度、式样和颜色等。在【CSS 设计器】面板的【属性】窗口中，单击▭按钮可以显示边框的相关属性，如图 6-24 所示。下面对其中的属性选项进行简要介绍。

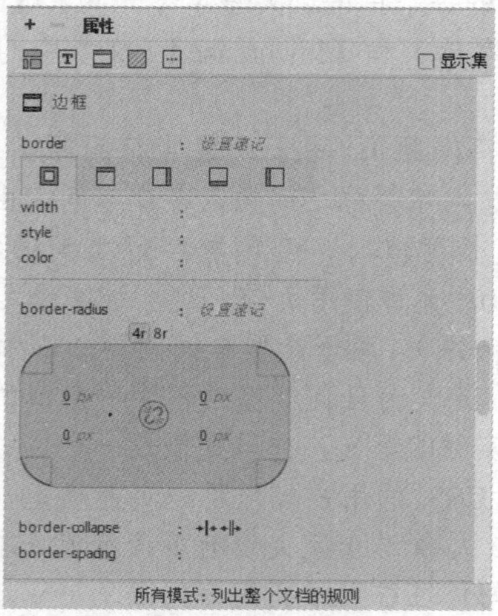

图6-24　边框属性

- 【border】(边框):用于设置以速记的方式定义所有的边框属性,如可以输入"3px dotted red"。
- 按钮:单击该按钮,设置上、右、下和左 4 个边框的属性。
- 按钮:单击该按钮,仅设置上边框的宽度、样式和颜色属性。
- 按钮:单击该按钮,仅设置右边框的宽度、样式和颜色属性。
- 按钮:单击该按钮,仅设置下边框的宽度、样式和颜色属性。
- 按钮:单击该按钮,仅设置左边框的宽度、样式和颜色属性。
- 【width】(宽度):用于设置边框的宽度,可以把边框粗细设置成【thin】(细)、【medium】(默认,中)、【thick】(粗),也可以设置为具体的数值。
- 【style】(样式):用于设置边框样式,包括【none】(无边框)、【hidden】(与 none 相同,不过应用于表时,hidden 用于解决边框冲突)、【dotted】(点状线,在大多数浏览器中呈现为实线)、【dashed】(虚线,在大多数浏览器中呈现为实线)、【solid】(实线)、【double】(双线,双线的宽度等于 border-width 的值)、【groove】(凹槽线,效果取决于 border-color 的值)、【ridge】(垄状线,效果取决于 border-color 的值)、【inset】(凹陷,效果取决于 border-color 的值)、【outset】(凸出,效果取决于 border-color 的值)等 10 个选项。
- 【color】(颜色):用于设置边框的颜色。
- 【border-radius】:用于设置以速记的方式定义边框半径(用 r 表示),如可以输入"25px",表示所有的边框半径均是 25px,也可以按 4r 方式输入"25px 20px 20px 15px",表示上左角、上右角、下右角和下左角的边框半径分别是 25px、20px、20px、15px,如果按 8r 方式可以输入"2em 1em 4em / 0.5em 3em"。在定义边框半径时,如果省略 bottom-left,则与 top-right 相同。如果省略 bottom-right,则与 top-left 相同。如果省略 top-right,则与 top-left 相同。
- 4r 按钮和 8r 按钮:用于选择是按 4r 方式设置边框半径还是按 8r 方式设置,选择后可以在 4 个边角的位置设置相应的半径大小,如图 6-25 所示。

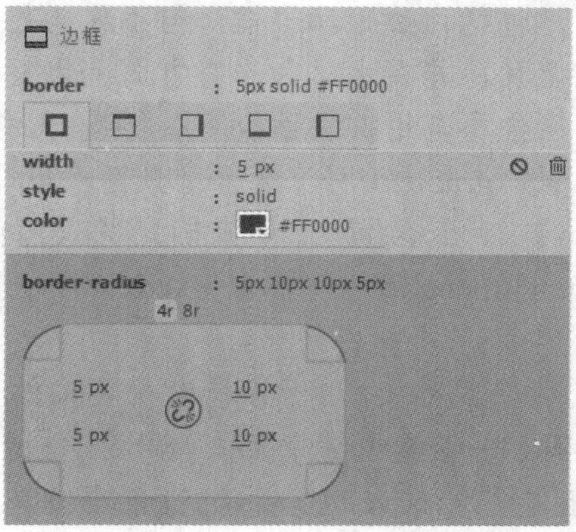

图6-25 设置边框半径

- 【border-collapse】(边框折叠):用于设置边框是否被合并为一个单一的边框,还是像在标准的 HTML 中那样分开显示。表示 separate(默认值,边框会被分开,不会忽略 border-spacing 和 empty-cells 属性),表示 collapse(如果可能,边框会合并为一个单一的边框,会忽略 border-spacing 和 empty-cells

属性）。

- 【border-spacing】（边框空间）：用于设置相邻边框间的距离，仅用于 border-collapse 属性设置为 Separate 的情况。第 1 个选项用于设置水平间距，第 2 个选项用于设置垂直间距。

6.3.4　背景属性

【背景】属性主要用于定义网页的背景颜色或背景图像等。在【CSS 设计器】面板的【属性】窗口中，单击按钮可以显示背景的相关属性，如图 6-26 所示。下面对其中的属性选项进行简要介绍。

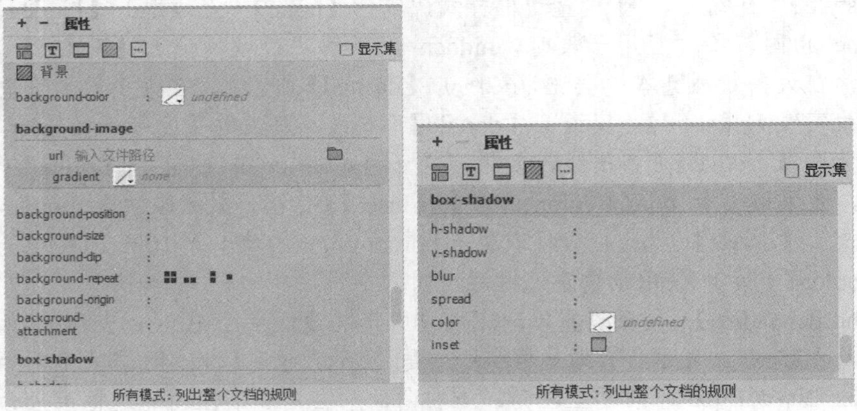

图6-26　背景属性

- 【background-color】（背景颜色）：用于设置元素的背景颜色，这种颜色会填充元素的内容、内边距和边框区域，扩展到元素边框的外边界（但不包括外边距）。如果边框有透明部分（如虚线边框），会透过这些透明部分显示出背景色。
- 【background-image】（背景图像）：用于设置元素的背景图像，元素的背景占据了元素的全部尺寸，包括内边距和边框，但不包括外边距。默认情况下，背景图像位于元素的左上角，并在水平和垂直方向上重复。建议设置一种可用的背景颜色，如果背景图像不可用，页面也可获得良好的视觉效果。其中 url 用于定义背景图像的位置，gradient 用于设置背景图像渐变。
- 【background-position】（背景位置）：用来确定背景图像的水平和垂直位置。需要把 background-attachment 属性设置为 fixed，才能保证该属性在 Firefox 和 Opera 中正常工作。
- 【background-size】（背景尺寸）：用于设置背景图像的大小，可以设置背景图像的宽度和高度，第 1 个值设置宽度，第 2 个值设置高度，也可以把 background-size 的值设置为 cover（表示把背景图像扩展至足够大，以使背景图像完全覆盖背景区域。背景图像的某些部分也许无法显示在背景定位区域中）或 contain（表示把图像扩展至最大尺寸，以使其宽度和高度完全适应内容区域）。
- 【background-clip】（背景剪辑）：用于设置背景的绘制区域，包括【padding-box】（背景被裁剪到内边距框）、【border-box】（背景被裁剪到边框盒）和

【content-box】（背景被裁剪到内容框）3 个选项。

- 【background-repeat】（背景重复）：用于设置背景图像的平铺方式，有【repeat】（图像沿水平、垂直方向平铺）、【repeat-x】（图像沿水平方向平铺）、【repeat-y】（图像沿垂直方向平铺）和【no-repeat】（不重复）4 个选项，默认选项是【repeat】。
- 【background-origin】（背景起源）：用于设置 background-position 属性相对于什么位置来定位，包括【padding-box】（背景图像相对于内边距框来定位）、【border-box】（背景图像相对于边框盒来定位）和【content-box】（背景图像相对于内容框来定位）3 个选项。如果背景图像的 background-attachment 属性设置为 fixed，则该属性没有效果。
- 【background-attachment】（背景滚动模式）：用来设置背景图像是否固定或随着页面的其余部分滚动，有【scroll】（背景图像会随着页面其余部分的滚动而移动）和【fixed】（当页面的其余部分滚动时背景图像不会移动）两个选项，默认选项是【scroll】。
- 【box-shadow】（方框阴影）：用于设置向方框添加一个或多个阴影，阴影列表用逗号分隔，每个阴影由 2~4 个长度值、可选的颜色值及可选的 inset 关键词来规定，省略长度的值是 0。该属性有【h-shadow】（水平阴影的位置，必需，允许负值）、【v-shadow】（垂直阴影的位置，必需，允许负值）、【blur】（模糊的距离，可选）、【spread】（阴影的尺寸，可选）、【color】（阴影的颜色，可选）和【inset】（将外部阴影改为内部阴影，可选）6 个属性参数。

6.3.5 课堂案例——苏东坡与海棠

本小节将通过案例“苏东坡与海棠”来练习设置 CSS 属性的基本方法，希望读者通过对案例的学习，能够熟练掌握创建复杂 CSS 样式的基本方法。在进行本实例操作前，请将素材文档复制到 Dreamweaver 站点下。实例效果如图 6-27 所示。

本例视频

图6-27　苏东坡与海棠

【操作步骤】

1. 在站点内打开网页文档“635.htm”，如图 6-28 所示。

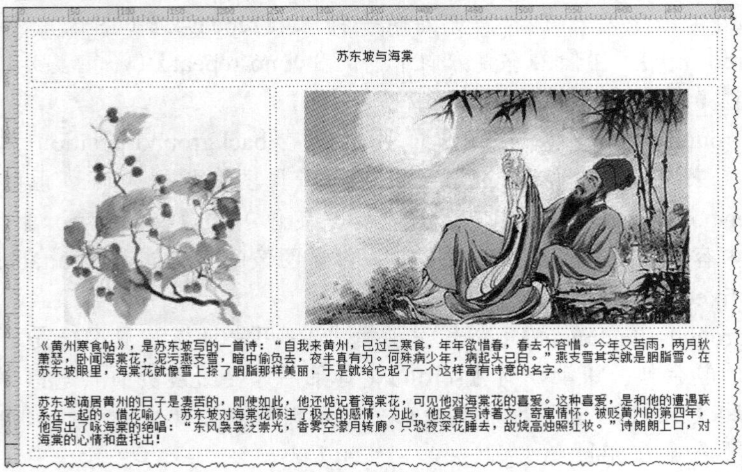

图6-28　打开文档

2. 在【CSS 设计器】面板的【源】窗口中单击 +（添加 CSS 源）按钮，在弹出的下拉菜单中选择【在页面中定义】选项，此时在【源】窗口中添加了<style>标签。
3. 在【选择器】窗口中单击 +（添加选择器）按钮，在文本框中输入标签选择器名称“body”，然后按 Enter 键确认，如图 6-29 所示。
4. 在【属性】窗口中单击（背景）按钮，显示背景属性，设置背景图像【background-image】的【url】为“images/bg.jpg”，单击【background-repeat】后面的（不重复）按钮，将背景图像的重复方式设置为“no-repeat”，如图 6-30 所示。

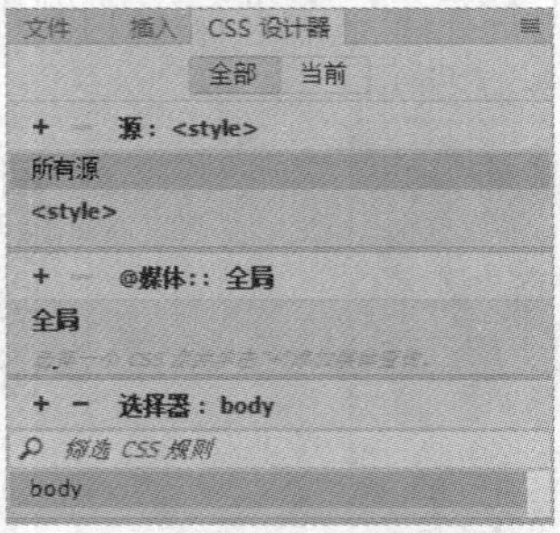

图6-29　添加标签选择器

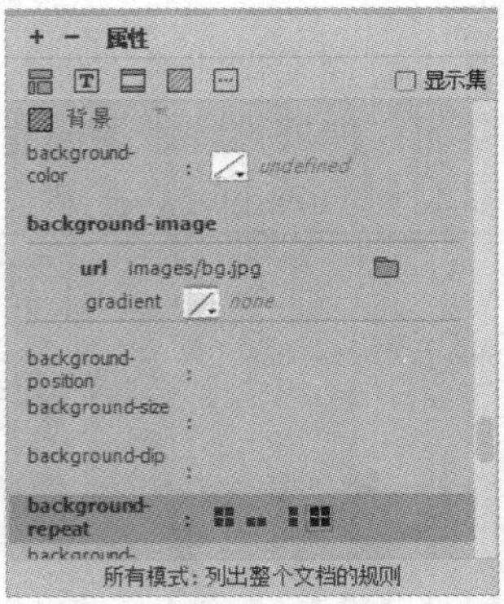

图6-30　设置背景属性

5. 在【选择器】窗口中单击 +（添加选择器）按钮，在文本框中输入类选择器名称“.title”，然后按 Enter 键确认，如图 6-31 所示。
6. 在【属性】窗口中单击 T（文本）按钮，显示文本属性，设置文本颜色【color】为“#FFFFFF”、文本字体【font-family】为【黑体】、文本大小【font-size】为“36px”，如图 6-32 所示。
7. 将鼠标光标置于文本“苏东坡与海棠”处，然后在【属性（HTML）】面板的【类】下拉列表中选择类名称“title”。

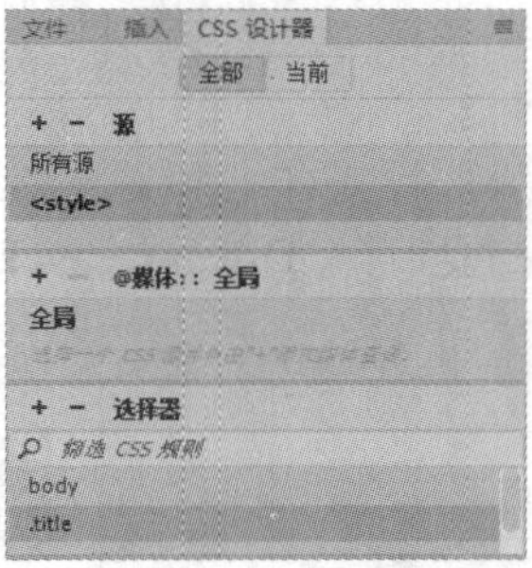

图6-31 添加类选择器

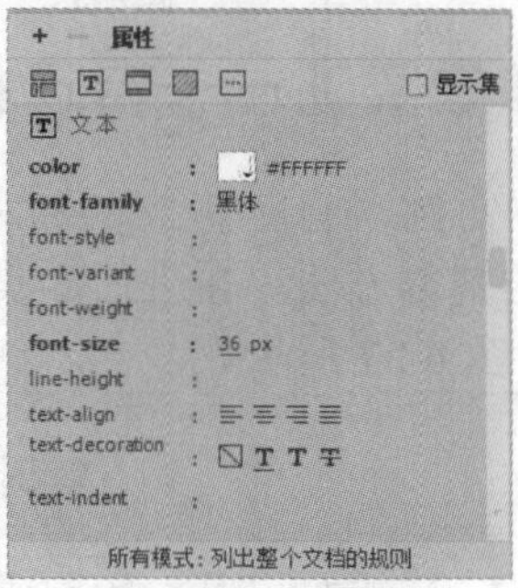

图6-32 设置文本属性

8. 选中文档中的表格，在表格【属性】面板中设置表格的 ID 名称为“mytable”。
9. 在【CSS 设计器】面板的【选择器】窗口中单击 +（添加选择器）按钮，在文本框中输入 ID 选择器名称“#mytable”，然后按 Enter 键确认，如图 6-33 所示。
10. 在【属性】窗口中单击（边框）按钮，显示边框属性，设置方框顶部边框宽度【width】为“5px”、边框样式【style】为【dotted】、方框颜色【color】为“#FFFFFF”，如图 6-34 所示。

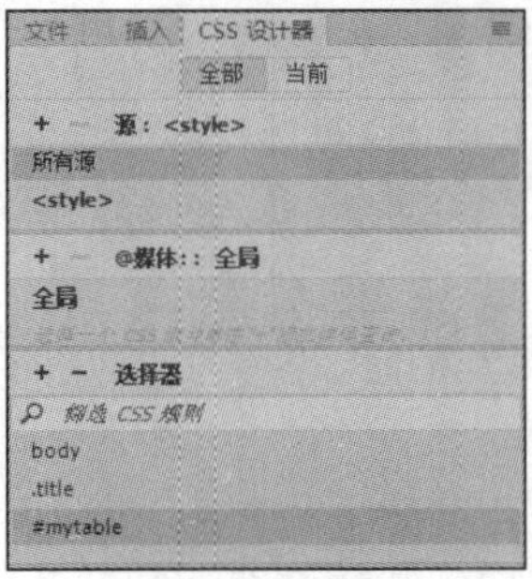

图6-33 添加 ID 选择器

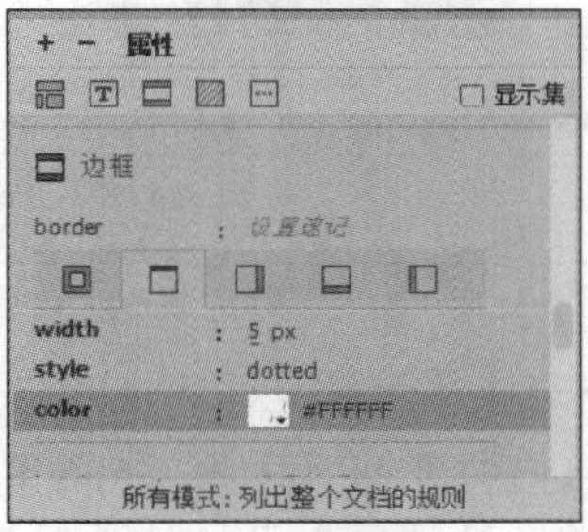

图6-34 设置边框属性

11. 将鼠标光标置于图像下面单元格的文本中，然后在【选择器】窗口中单击 +（添加选择器）按钮，在文本框中自动出现复合内容选择器名称“tr td p”，按 Enter 键确认，如图 6-35 所示。
12. 在【属性】窗口中单击（文本）按钮，显示文本属性，设置文本字体【font-family】为【宋体】、文本大小【font-size】为“14px”、行高【line-height】为“20px”，如图 6-36 所示。

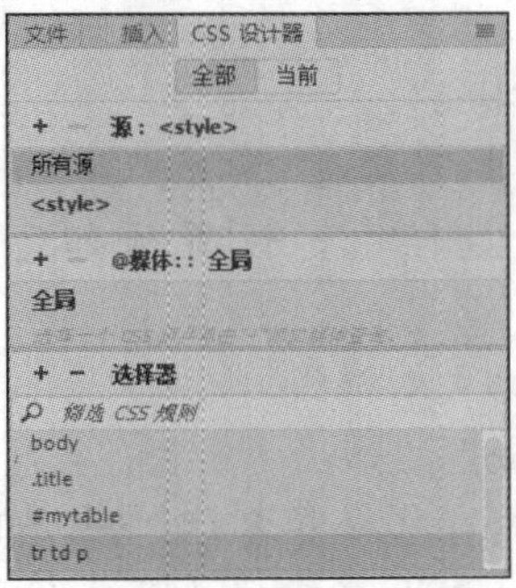

图6-35 添加复合内容选择器

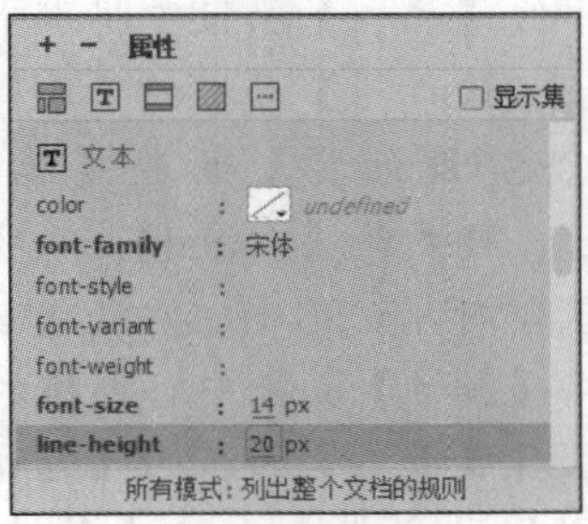

图6-36 设置文本属性

13. 在每段文本开头适当添加空格，然后保存文档。

6.3.6 课堂实训——自己折断的树枝

本小节实例“自己折断的树枝”由读者根据步骤提示自行操作，以进一步巩固设置 CSS 属性的基本方法。在进行本实例操作前，请将素材文档复制到 Dreamweaver 站点下。实例效果如图 6-37 所示。

本例视频

图6-37　自己折断的树枝

【步骤提示】

1. 在站点内打开网页文档“636.htm”。
2. 在【CSS 设计器】面板的【源】窗口中创建新的 CSS 源文件“636.css”。
3. 创建类 CSS 样式“.title”来设置标题“自己折断的树枝”的文本样式。

(1) 在【选择器】窗口中添加类选择器名称“.title”。

(2) 在【属性】窗口的【文本】属性中设置字体【font-family】为【黑体】、字体大小【font-size】为“20px”。

(3) 选中标题文本“自己折断的树枝”，在【属性（HTML）】面板的【类】下拉列表中选择【title】。

4. 创建 ID 名称 CSS 样式“#line”来设置水平线的外观。

(1) 在水平线【属性】面板中将水平线的 ID 名称设置为“line”。

(2) 在【CSS 设计器】面板的【选择器】窗口中添加 ID 选择器名称“#line”。

(3) 在【CSS 设计器】面板【属性】窗口的【边框】属性中，设置顶部边框宽度为“5px”、样式为【dotted】、颜色为“#189239”。

5. 创建复合内容 CSS 样式“#mytab p”来设置表格单元格文本样式。

(1) 在表格【属性】面板中将表格的 ID 名称设置为“mytab”。

(2) 在【CSS 设计器】面板的【选择器】窗口中添加复合内容选择器名称“#mytab p”。

(3) 在【CSS 设计器】面板【属性】窗口的【文本】属性中设置字体为【宋体】、大小为“14px”、行高为“20 px”。

6. 创建复合内容 CSS 样式“tr td a:link, tr td a:visited”来设置超级链接样式。

(1) 在【选择器】窗口中添加复合内容选择器名称“tr td a:link, tr td a:visited”。

(2) 在【属性】窗口的【文本】属性中设置文本修饰【text-decoration】为【none】(无)。

7. 创建复合内容 CSS 样式“tr td a:hover”来设置超级链接鼠标光标悬停样式。

(1) 在【选择器】窗口中添加复合内容选择器名称“tr td a:hover”。

(2) 在【属性】窗口的【文本】属性中设置文本颜色【color】为“#FF0000”，文本修饰【text-decoration】为【underline】(下划线)。

8. 在每段文本开头适当添加空格，然后保存文档。

6.4 CSS 过渡效果

通过【CSS 过渡效果】面板可以创建、修改和删除 CSS 过渡效果。要创建 CSS 过渡效果，需要通过为元素的过渡效果属性指定值来创建过渡效果类。如果在创建过渡效果类之前已选择元素，则过渡效果类会自动应用于选定的元素。可以选择将生成的 CSS 代码添加到当前文档中，也可保存到指定的外部 CSS 文件中。CSS 过渡效果是 HTML5 的一个重要特色，在使用该功能时，建议创建的网页文档类型为 HTML5，以保证功能的完美应用。

创建并应用 CSS 过渡效果的基本方法是：首先选择要应用过渡效果的元素，如段落、标题等（也可以先创建过渡效果稍后将其应用到元素上），然后选择菜单命令【窗口】/【CSS 过渡效果】，打开【CSS 过渡效果】面板，在该面板中单击+按钮打开【新建过渡效果】对话框，利用该对话框中的选项创建过渡效果类。

- 在【目标规则】下拉列表中输入目标规则名称。目标规则名称可以是任意 CSS 选择器，包括标签、规则、ID 或复合选择器等。例如，如果将过渡效果应用到所有<p>标签，需要输入“p”。
- 在【过渡效果开启】下拉列表中选择要应用过渡效果的条件或状态。例如，如果要在鼠标光标移至元素上时应用过渡效果，需要选择【hover】选项。
- 如果希望【对所有属性使用相同的过渡效果】，即相同的“持续时间”“延迟”“计时功能”，请选择此选项。如果希望【对每个属性使用不同的过渡效果】，即过渡的每个 CSS 属性指定不同的“持续时间”“延迟”“计时功能”，请选择此选项。
- 在【属性】列表框下侧单击+按钮，在打开的菜单中选择相应的选项以向过渡效果添加 CSS 属性。持续时间和延迟时间以 s（秒）或 ms（毫秒）为单位。过渡效果的结束值是指过渡效果结束后的属性值。例如，如果想要文本颜色在过渡效果的结尾变为红色，需要在【属性】列表框中添加【color】，在【结束值】文本框中输入“#FF0000”。
- 如果要在当前文档中嵌入样式，需要在【选择过渡的创建位置】下拉列表中选择【(仅限该文档)】。如果要为 CSS 代码创建外部样式表，需要选择【(新建样式表文件)】。

设置完毕后单击 创建过渡效果(C) 按钮，【CSS 过渡效果】面板中就添加了创建的过渡效果，如图 6-38 所示。在【CSS 过渡效果】面板中，选择一个过渡效果并单击（编辑）按钮，还可以打开【编辑过渡效果】对话框，对过渡效果重新编辑。

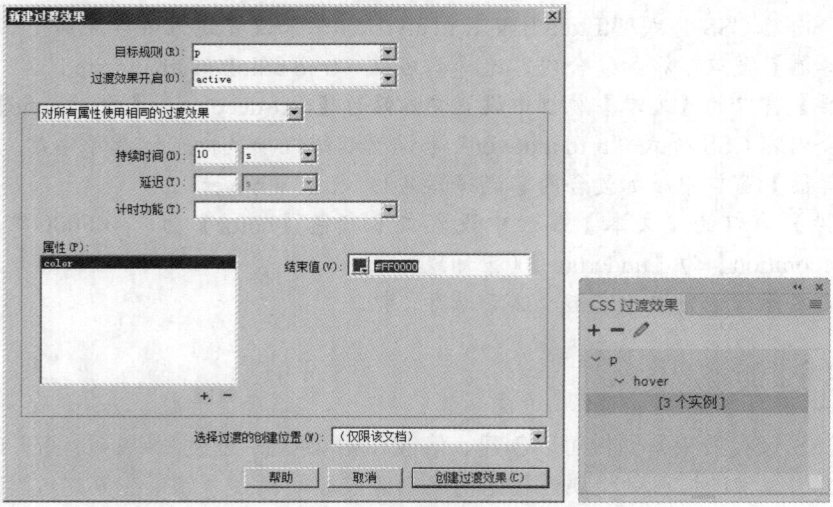

图6-38　创建的过渡效果

设置了过渡效果后，保存文档并在浏览器中预览，当鼠标光标停留在文本上时，文本的颜色慢慢变为红色，如图 6-39 所示。

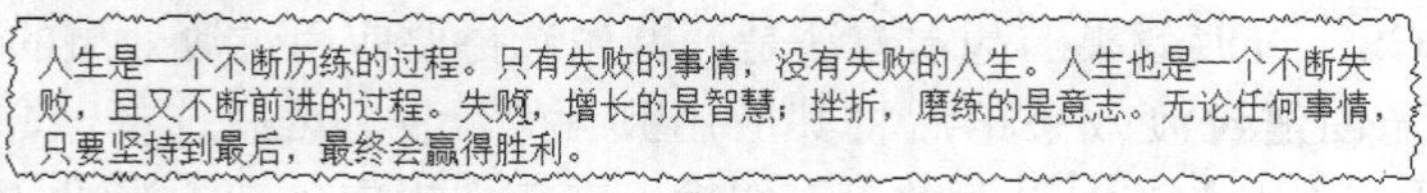

图6-39　过渡效果

6.5　综合案例——守望相助

本节将通过综合案例“守望相助”进一步巩固在页面中使用 CSS 样式控制网页外观的基本方法。在进行本实例操作前，请将素材文档复制到 Dreamweaver 站点下。实例效果如图 6-40 所示。

本例视频

图6-40　守望相助

【操作步骤】

1. 在站点内打开网页文档“65.htm”，如图 6-41 所示。

图6-41 打开文档

2. 在【CSS 设计器】面板的【源】窗口中单击（添加 CSS 源）按钮，在弹出的下拉菜单中选择【在页面中定义】选项，在【源】窗口中添加<style>标签。
3. 在【选择器】窗口中单击（添加选择器）按钮，在文本框中输入标签选择器名称“body”，然后按 Enter 键确认，如图 6-42 所示。
4. 在【属性】窗口中单击（文本）按钮，显示文本属性，设置文本字体【font-family】为【宋体】、文本大小【font-size】为“14px”，如图 6-43 所示。

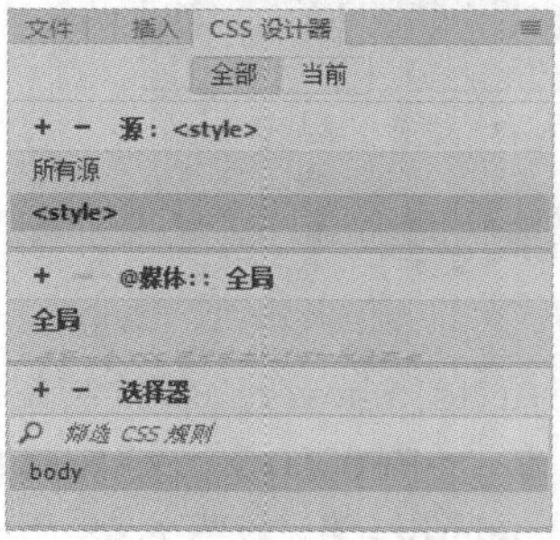

图6-42 添加标签选择器

图6-43 设置文本属性

5. 保证导航表格的 ID 名称已设置为“navigate”，然后在【选择器】窗口中单击（添加选择器）按钮，在文本框中输入 ID 选择器名称“#navigate”并按 Enter 键确认，如图 6-44 所示。
6. 在【属性】窗口中单击（背景）按钮，显示背景属性，设置背景图像的【url】为“images/line1.jpg”，背景图像的【background-position】为“0%”和【bottom】，单击【background-repeat】后面的（不重复）按钮，将背景图像的重复方式设置为“no-repeat”，如图 6-45 所示。

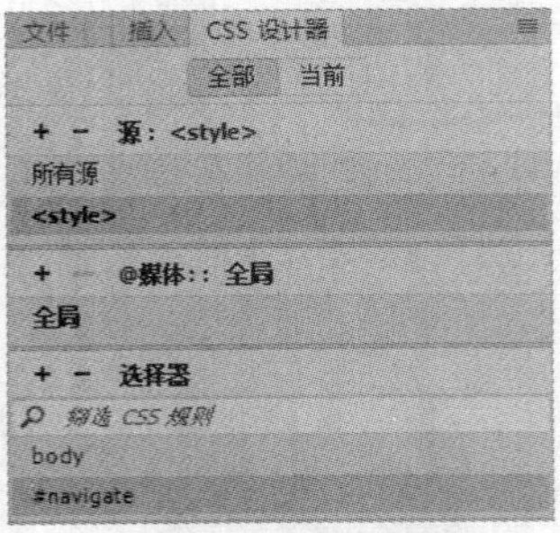

图6-44　添加 ID 选择器

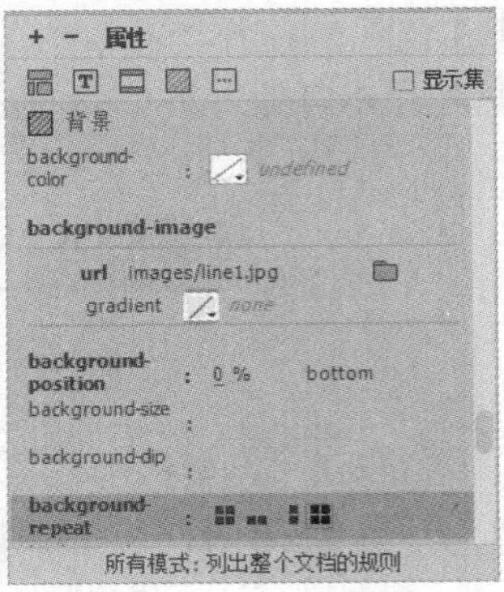

图6-45　设置背景属性

7.　在【选择器】窗口中单击 + （添加选择器）按钮，在文本框中输入复合内容选择器名称“#navigate tr td a:link, #navigate tr td a:visited”，然后按 Enter 键确认，如图 6-46 所示。

8.　在【属性】窗口中单击 T （文本）按钮，显示文本属性，设置文本颜色【color】为“#006600”、文本粗细【font-weight】为【bold】、文本修饰【font-decoration】为【none】，如图 6-47 所示。

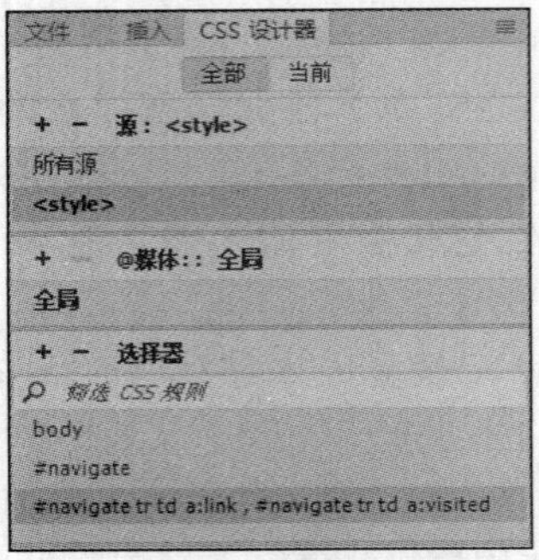

图6-46　添加复合内容选择器

图6-47　设置文本属性

要点提示　在页面中创建超级链接 CSS 样式，控制超级链接正常显示时和已访问过时的显示状态，同时还要创建鼠标指针悬停时的状态，这在网页设计中经常用到。

9.　运用同样的方法创建复合内容的 CSS 样式“#navigate tr td a:hover”来控制超级链接文本的鼠标指针悬停样式，其中文本颜色【color】为“#FF0000”、文本粗细【font-weight】为【bold】、文本修饰【font-decoration】为【underline】，如图 6-48 所示。

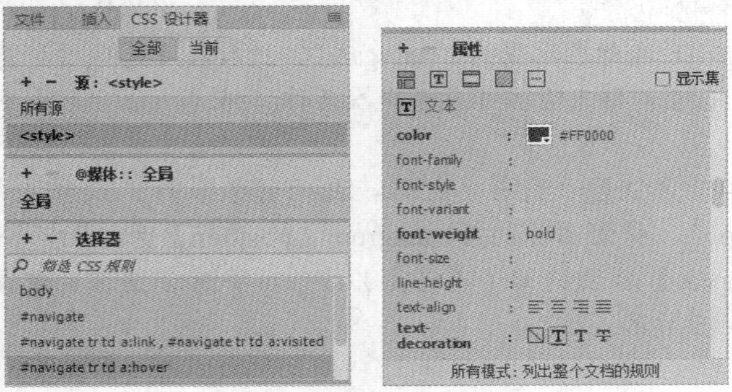

图6-48　创建复合内容的 CSS 样式

10. 保证正文文本所在表格的 ID 名称已设置为“main”，然后在【选择器】窗口中单击+（添加选择器）按钮，在文本框中输入复合内容选择器名称“#main tr td p”，最后按Enter键确认，如图 6-49 所示。
11. 在【属性】窗口中单击T（文本）按钮，显示文本属性，设置文本行高【line-height】为“25px”，单击（布局）按钮显示布局属性，设置上下边界均为“5px”，如图 6-50 所示。

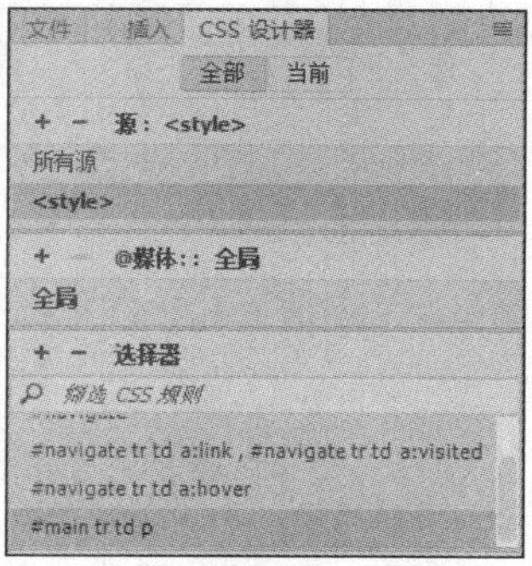

图6-49　添加复合内容选择器

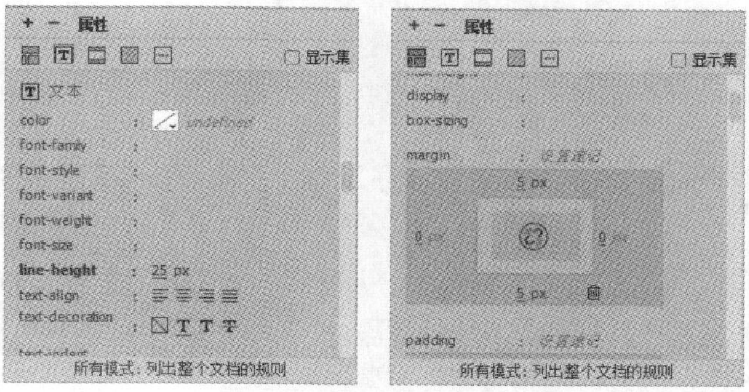

图6-50　设置文本和布局属性

12. 在【选择器】窗口中单击+（添加选择器）按钮，在文本框中输入类选择器名称“.bg”，然后按Enter键确认，如图 6-51 所示。
13. 在【属性】窗口中单击T（文本）按钮，显示文本属性，设置文本大小【font-size】为“12px”，如图 6-52 所示。
14. 选中页脚链接文本所在单元格，然后在【属性（HTML）】面板的【类】下拉列表中选择【bg】，如图 6-53 所示。

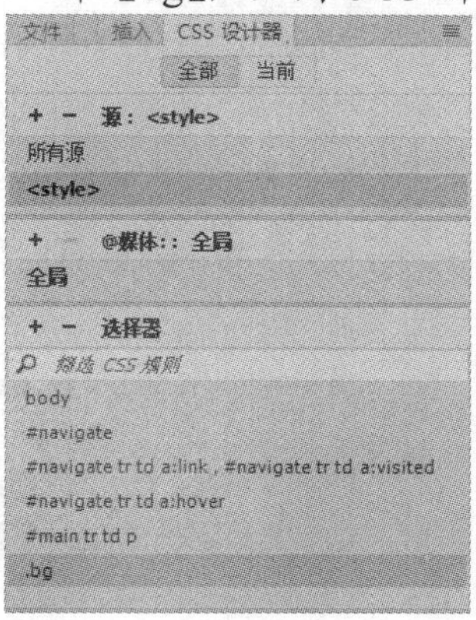

图6-51　添加类选择器

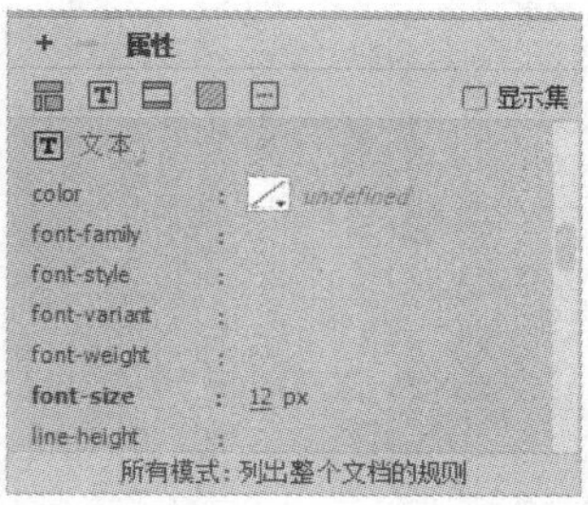

图6-52　设置文本属性

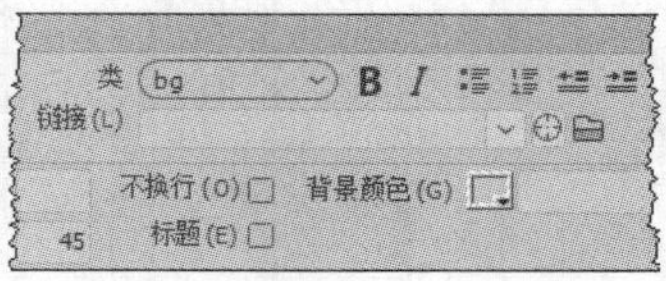

图6-53　应用类 CSS 样式

15. 保存文档。

6.6 习题

1. 思考题。
   (1) 举例说明 CSS 的语法结构。
   (2) CSS 样式通常有哪几种类型？
   (3) 如何附加外部样式表文件？

2.　操作题。

根据自己的喜好自行搜集素材，并运用本章所学知识制作一个网页，要求在页面中使用 CSS 样式控制页面外观。

第7章　使用 Div+CSS

【学习目标】

- 了解 CSS 盒子模型的含义。
- 掌握插入 HTML5 结构元素的方法。
- 掌握插入 Div 类型的 jQuery UI 的方法。
- 掌握使用 Div+CSS 技术布局网页的方法。

如果说表格是传统的网页布局技术，那么 Div+CSS 就是目前流行的网页布局工具。本章将介绍有关 Div+CSS、HTML5 结构语意元素和 jQuery UI 布局部件的基本知识，以及使用 Div+CSS 布局页面的基本方法。

7.1　使用 Div+CSS 布局技术

下面介绍 CSS 盒子模型和使用 Div+CSS 布局页面的基本方法。

7.1.1　认识 CSS 盒子模型

W3C 组织建议把网页上的对象放在盒子中，CSS 盒子模型有两种，分别是标准 W3C 盒子模型和 IE 盒子模型。标准 W3C 盒子模型如图 7-1 所示，其范围包括 margin、border、padding、content，其中 content 部分的宽度和高度不包含 border 和 padding 部分。

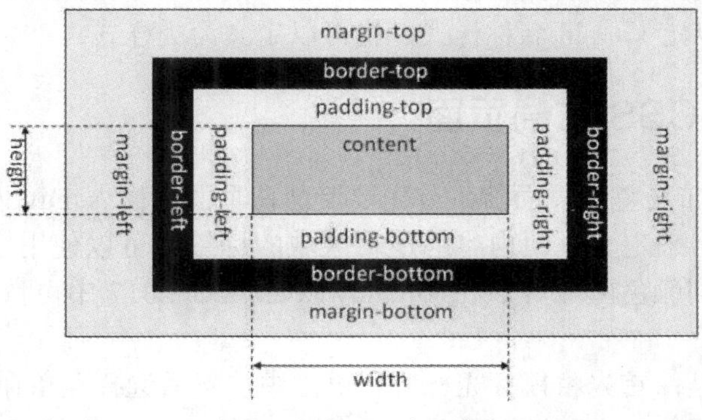

图7-1　标准 W3C 盒子模型

IE 盒子模型如图 7-2 所示，其范围也包括 margin、border、padding、content，但与标准 W3C 盒子模型不同，IE 盒子模型 content 部分的宽度和高度包含了 border 和 padding 部分。

例如，一个盒子的 margin 为 20px，border 为 1px，padding 为 10px，content 的宽为 200px、高为 50px，如果用标准 W3C 盒子模型解释，那么这个盒子需要占据的位置情况：宽度是 20px × 2+1px × 2+10px × 2+200px=262px，高度是 20px × 2+1px × 2+10px ×

2+50px=112px，去除边界后盒子占有的实际位置大小为：宽度是 1px×2+10px×2+200px=222px，高度是 1px×2+10px×2+50px=72px；如果用 IE 盒子模型计算，那么这个盒子需要占据的位置为：宽度是 20px×2+200px=240px，高度是 20px×2+50px=70px，去除边界后盒子占有的实际位置大小为：宽度是 200px，高度是 50px。

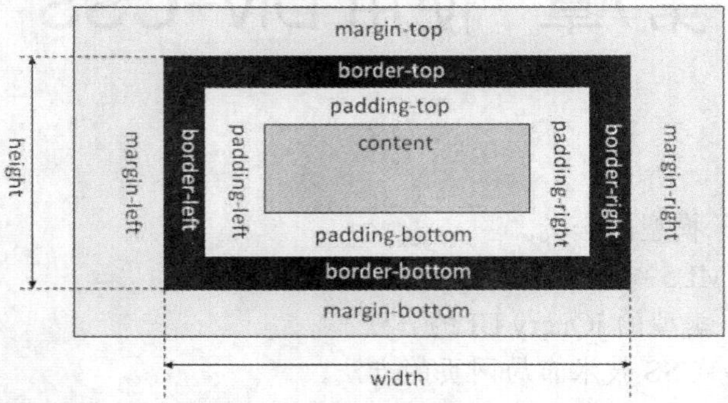

图7-2　IE 盒子模型

在设计网页时建议选择标准 W3C 盒子模型，在网页的顶部加上 DOCTYPE 声明即可。如果没加 DOCTYPE 声明，各个浏览器会根据自己采用的标准去理解网页，所以网页显示时也就不会完全一样。如果加上了 DOCTYPE 声明，所有浏览器都会采用标准 W3C 盒子模型去解释盒子，网页就能在各个浏览器中显示一致了。

在网站设计标准中，相对于传统的表格，Div＋CSS 是一种新的排版理念，是目前页面布局的主流技术，绝大多数网站都采用 Div＋CSS 的方式实现各种页面元素的定位。Div 是一个 HTML 标签（即<div>…</div>），在大多数情况下用作文本、图像等页面元素的容器。使用 CSS 技术能够将 Div 定位在页面不同的位置上，从而实现文本、图像等页面元素的定位。在使用 Div＋CSS 布局页面时，经常会用 class 或 id 来调用 CSS 样式属性。class 在 CSS 中叫“类”，在同一个页面可以无数次调用相同的类样式。id 表示标签的身份，是标签的唯一标识。在页面中凡是需要多次引用的样式通常定义成类样式，通过 class 进行调用。凡是只用一次的样式，可以定义成 id 名称样式，也可以定义为类样式。

7.1.2　使用 Div+CSS 布局页面

在使用 Div+CSS 布局整个页面前，首先要清楚在页面中插入 Div 及使用 CSS 控制 Div 的基本方法。Div 是用来定义页面内容的逻辑区域的标签，可以使用 Div 将内容块居中、创建列效果及创建不同颜色区域等。在 Dreamweaver CC 2017 中可快速插入 Div，并对它应用 CSS 样式。

插入 Div 的方法是：首先将鼠标光标置于页面中，然后选择菜单命令【插入】/【Div】或在【插入】面板的【HTML】类别中单击 Div 按钮，打开【插入 Div】对话框。在【插入】下拉列表中设置要插入 Div 的位置，如果此时要定义 ID 名称 CSS 样式，可以在【ID】文本框中输入 Div 的 ID 名称，如图 7-3 所示。如果使用类 CSS 样式，可以在【Class】文本框中输入类 CSS 样式的名称，但仍然建议在【ID】文本框中输入 Div 的 ID 名称，以方便后续 Div 的插入和管理，特别是在【插入】下拉列表中容易确定要插入 Div 的相对位置。在设置完各个选项后，可以单击 确定 按钮插入 Div，此时插入的 Div 还是一个没有使用 CSS 样式的标签，可以根据实际需要通过【CSS 设计器】面板创建 CSS 样式进行控制。

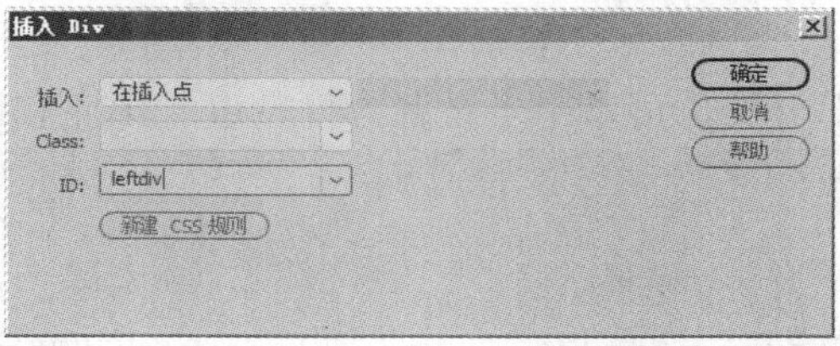

图7-3 【插入 Div】对话框

要点提示 当页面中含有多个 Div 且都命名了 ID 名称时，【插入 Div】对话框中【插入】选项的设置就显得非常重要，它将决定要插入的 Div 与其他 Div 的相对位置关系。

如果要在插入 Div 的同时继续创建与 Div 有关的 CSS 样式，可以单击【插入 Div】对话框中的 新建 CSS 规则 按钮，打开【新建 CSS 规则】对话框进行设置即可。在【新建 CSS 规则】对话框的【选择器类型】列表框中可根据需要选择选择器类型，在【选择器名称】文本框中输入选择器名称，在【规则定义】下拉列表中选择规则要保存的位置，如图 7-4 所示。

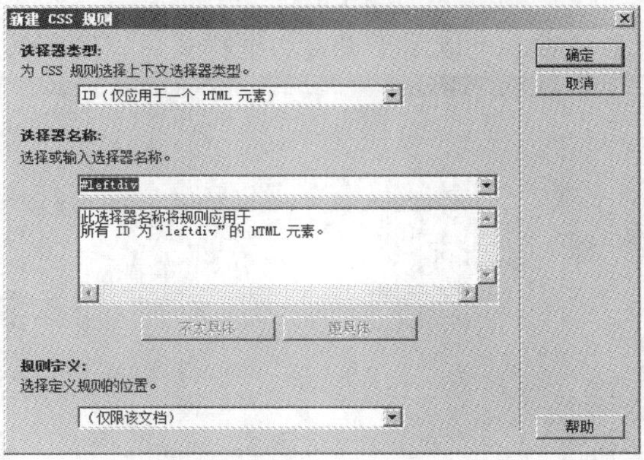

图7-4 【新建 CSS 规则】对话框

设置完毕后单击 确定 按钮，打开相应的【CSS 规则定义】对话框，根据需要在各个类别中定义相关属性即可。图 7-5 所示是【CSS 规则定义】对话框中的【类型】分类。

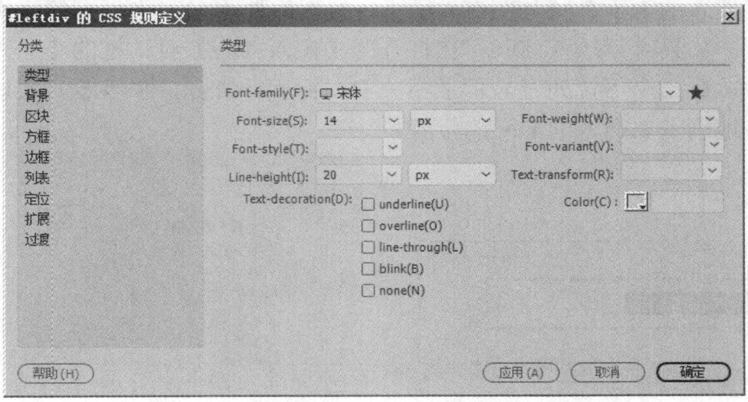

图7-5 【类型】分类

在【CSS 规则定义】对话框中，CSS 属性被分为 9 大类：【类型】【背景】【区块】【方框】【边框】【列表】【定位】【扩展】【过渡】。实际上该对话框中各个大类的属性参数与【CSS 设计器】面板中的【布局】【文本】【边框】【背景】等类别中的属性参数基本是一致的，只是形式不同而已。

图 7-6 所示是【方框】分类，可以用于设置方框宽度、填充和边界等属性。

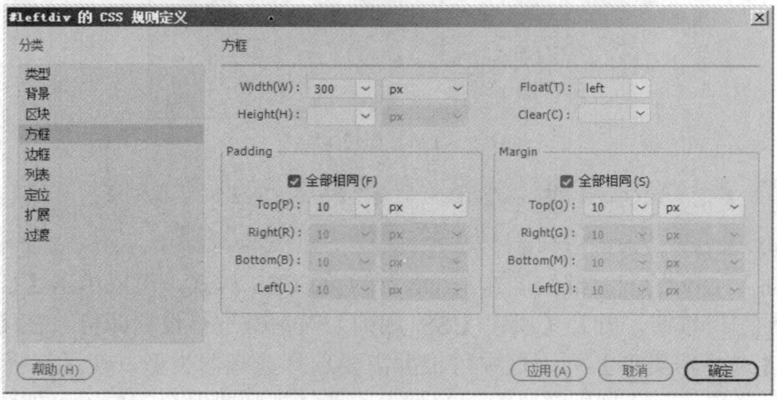

图7-6　设置【方框】分类参数

图 7-7 所示是【边框】分类，可以用于设置边框样式、宽度和颜色等属性。

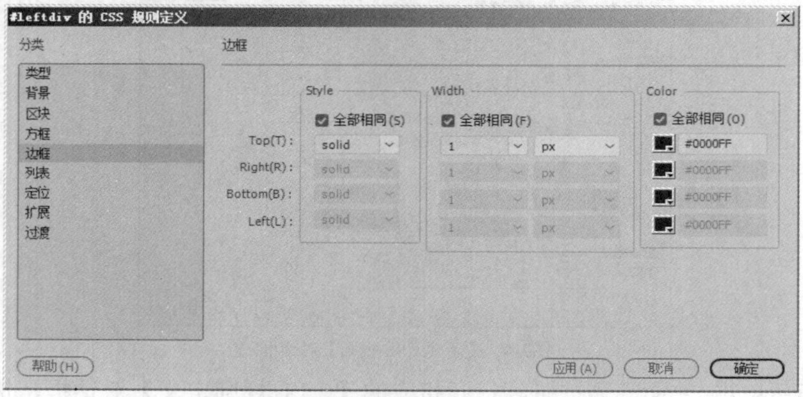

图7-7　设置【边框】分类参数

设置完毕后插入的 Div 效果如图 7-8 所示，根据需要将 Div 中原有的文本删除，然后输入新的文本即可。如果继续插入 Div，在打开的【插入 Div】对话框的【插入】下拉列表中显示了位置选项，后一个下拉列表显示了相关 Div 标签，如图 7-9 所示。通过【插入】选项就可以非常容易地确定要插入的 Div 的位置。

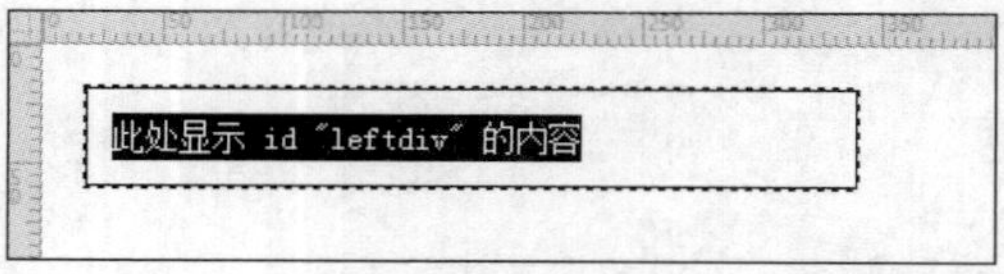

图7-8　插入 Div

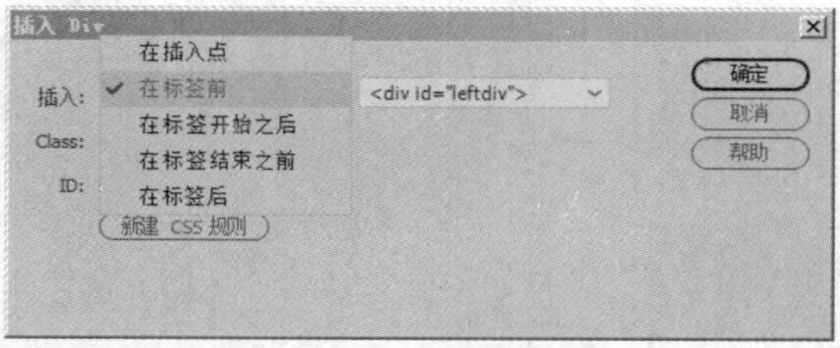

图7-9　【插入 Div】对话框

上面介绍的是先插入 Div，然后在其中输入文本或插入其他对象。如果文本已经在页面中，还可以选中相应的文本，然后选择菜单命令【插入】/【Div】，使选择的文本位于所插入的 Div 内，如图 7-10 所示。可以依次选择文本并插入 Div，然后根据需要设置相应的 CSS 样式对 Div 进行控制。

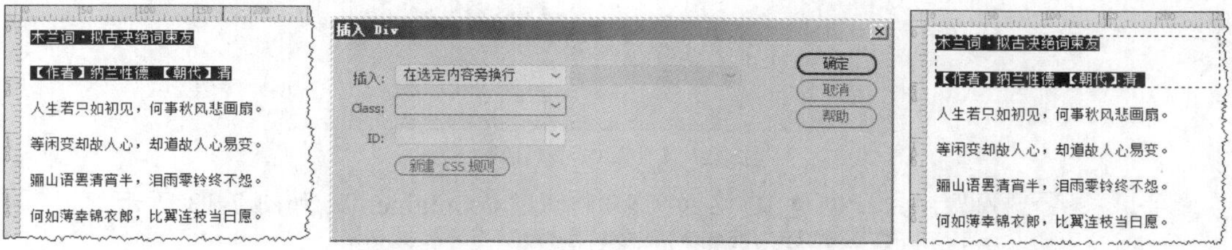

图7-10 选中内容后再插入 Div

在页面布局中，Div 是一个非常多见的元素，配上一定的 CSS 样式就可应用于特定场景，如页眉、侧边栏、导航栏等。为了维护方便，设计人员常给这些 Div 使用具有特殊意义的类名称或 ID 名称。例如，一个表示页眉的 Div，其类名称或 ID 名称可以为 page-header、header 等。

7.1.3 课堂案例——感悟人生

本小节将通过案例“感悟人生”来练习插入 Div 和设置 CSS 属性的基本方法，希望读者通过对案例的学习，能够熟练掌握使用 Div+CSS 对页面进行布局的基本方法。在进行本实例操作前，请将素材文档复制到 Dreamweaver 站点下。实例效果如图 7-11 所示。

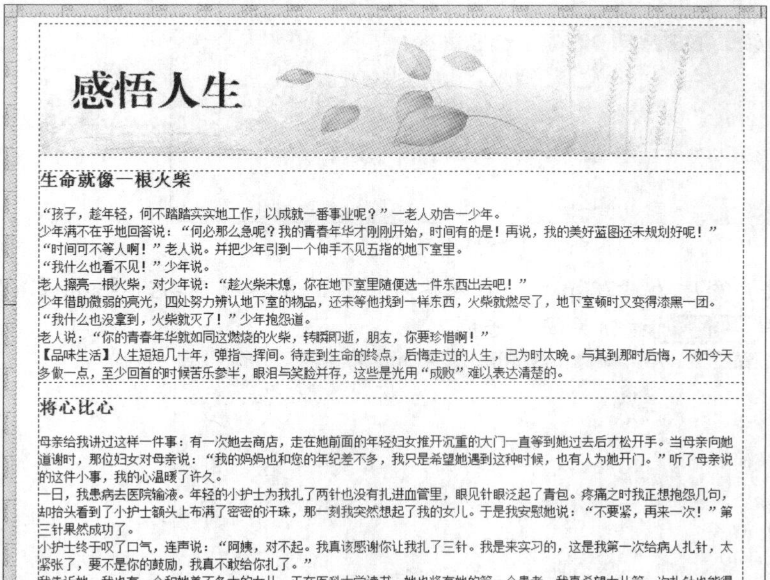

图7-11 感悟人生

本例视频

【操作步骤】

1. 在站点内创建一个文档并保存为“713.htm”。
2. 选择菜单命令【插入】/【Div】，打开【插入 Div】对话框，在【ID】文本框中输入 ID 名称“container”，如图 7-12 所示。

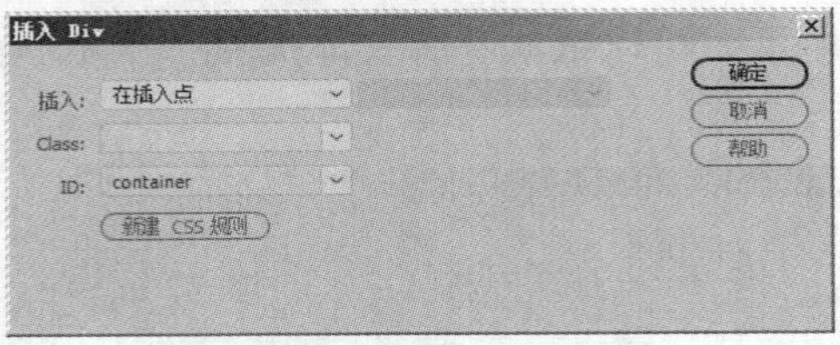

图7-12　【插入 Div】对话框

3. 单击 新建 CSS 规则 按钮，创建 ID 名称 CSS 样式 “#container”，如图 7-13 所示。

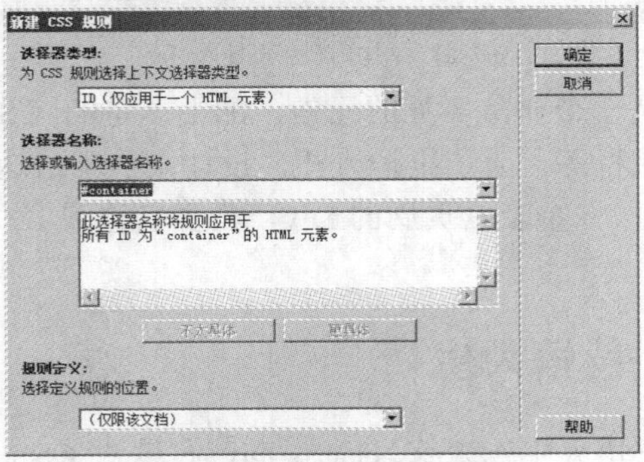

图7-13　创建 ID 名称 CSS 样式

4. 单击 确定 按钮，打开【#container 的 CSS 规则定义】对话框，在【类型】分类中设置字体为【宋体】、大小为 “14px”，如图 7-14 所示。

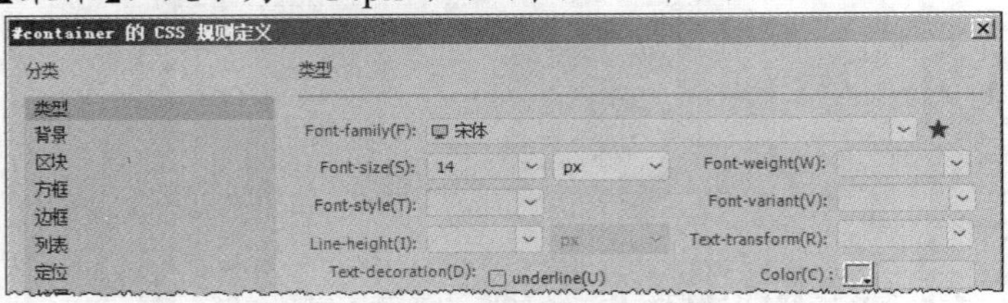

图7-14　【类型】分类

5. 在【方框】分类中设置宽度为 “780px”、上边界为 “0”、左右边界均为【auto】，如图 7-15 所示，然后单击 确定 按钮关闭对话框。

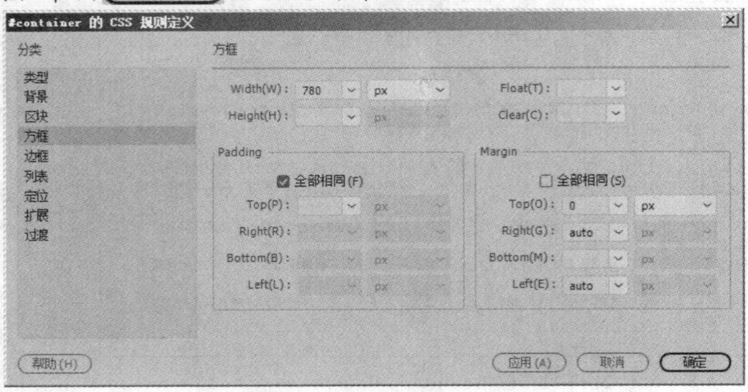

图7-15　【方框】分类

要点提示 将左边界【Left】和右边界【Right】同时设置为【auto】，则可使方框居中显示，这是页面布局中使 Div 居中显示的一个技巧。

6. 在【插入 Div】对话框中单击 确定 按钮插入 Div，如图 7-16 所示。

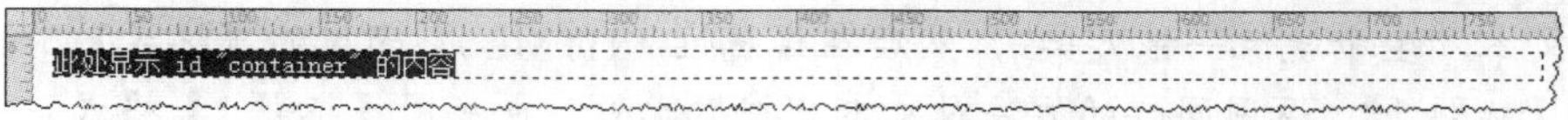

图7-16 插入 Div

7. 将 Div 内的文本删除，然后选择菜单命令【插入】/【Div】，打开【插入 Div】对话框并进行参数设置，如图 7-17 所示。

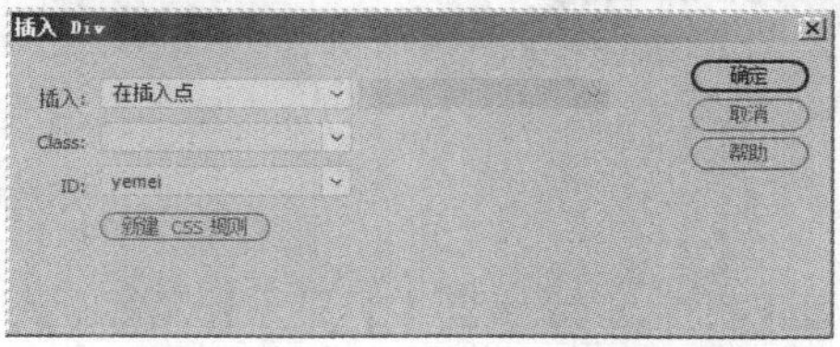

图7-17 【插入 Div】对话框

8. 单击 确定 按钮，插入 ID 名称为 “yemei” 的 Div，然后将 Div 内的文本删除，插入图像 “logo.jpg”，如图 7-18 所示。

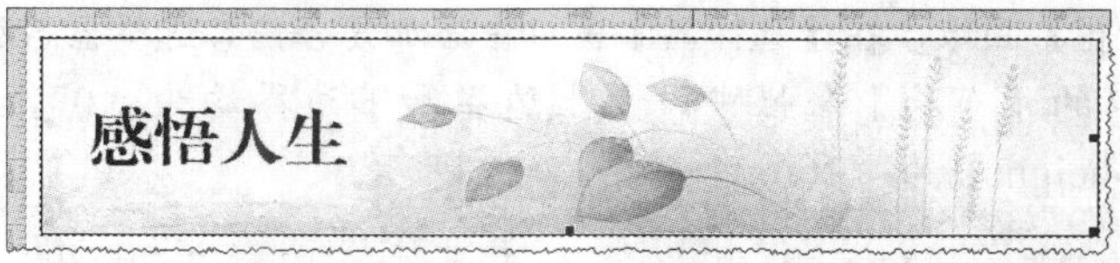

图7-18 插入图像

9. 选择菜单命令【插入】/【Div】，打开【插入 Div】对话框并进行参数设置，如图 7-19 所示。

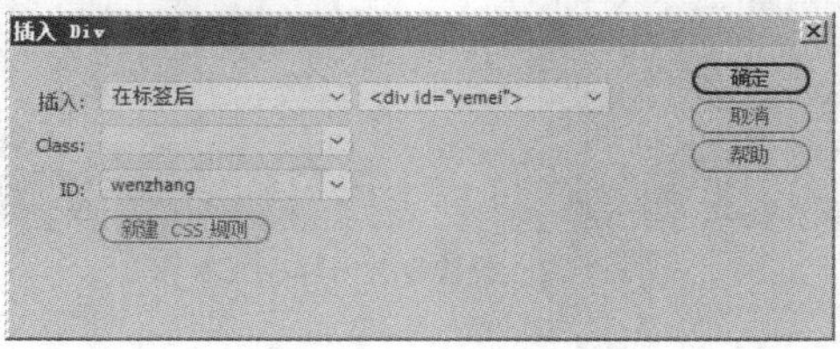

图7-19 【插入 Div】对话框

10. 单击 确定 按钮，插入 ID 名称为 “wenzhang” 的 Div，将 Div 内的文本删除，然后输入文本，如图 7-20 所示。

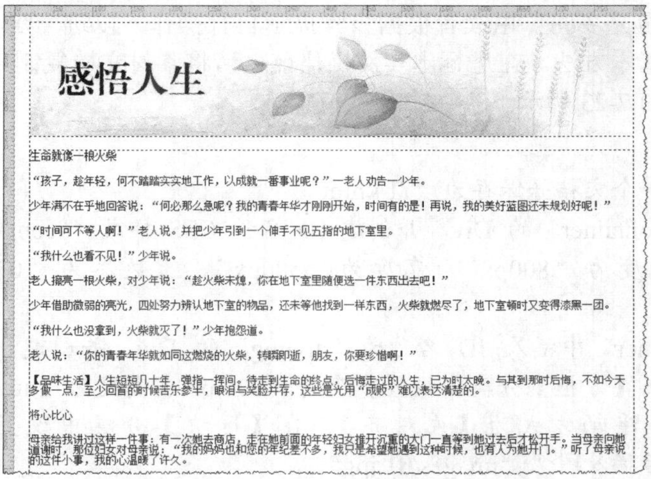

图7-20 输入文本

11. 选择文本“生命就像一根火柴”，然后在【属性（HTML）】面板的【格式】下拉列表中选择【标题 2】，运用同样的方法对文本“将心比心”也应用【标题 2】格式。
12. 选择小标题“生命就像一根火柴”及其下面相应的文本，然后选择菜单命令【插入】/【Div】，打开【插入 Div】对话框并进行参数设置，如图 7-21 所示。

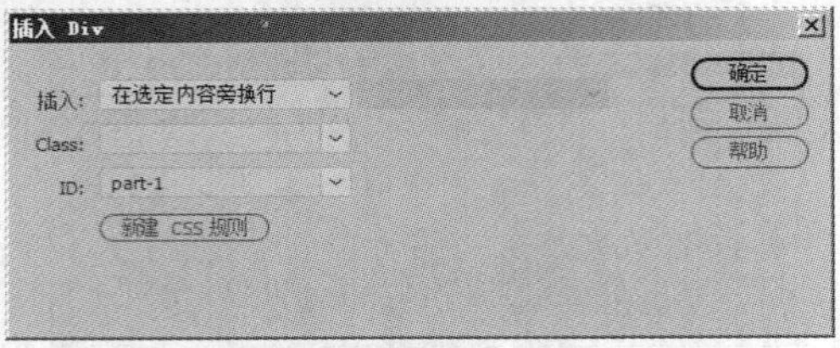

图7-21　【插入 Div】对话框

13. 单击 确定 按钮插入 Div，运用同样的方法给小标题“将心比心”及其下面相应的文本插入 Div，ID 名称为“part-2”。
14. 打开【CSS 设计器】面板，在【选择器】窗口中添加复合内容选择器名称“#wenzhang p”，在【属性】窗口的【布局】属性中设置上边界和下边界均为“0”，在【文本】属性中设置行高【line-height】为“20px”，如图 7-22 所示。

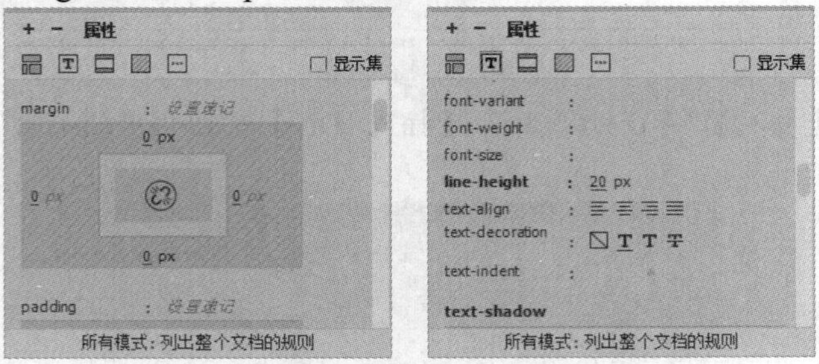

图7-22　设置复合内容样式

15. 保存文档。

7.1.4　课堂实训——日光乡间

本小节实例“日光乡间”由读者根据步骤提示自行操作，以进一步巩固使用 Div+CSS 对页面进行布局的基本方法。在进行本实例操作前，请将素材文档复制到 Dreamweaver 站点下。实例效果如图 7-23 所示。

【步骤提示】

1. 在站点内创建一个文档并保存为“714.htm”。
2. 插入名称为“container”的 Div，并创建 ID 名称 CSS 样式“#container”，在【方框】分类中设置宽度为“800px”、高度为“500px”、上边界为“0”、左右边界均为【auto】。
3. 在 Div“container”中插入 ID 名称为“divimg”的 Div，并创建 ID 名称 CSS 样式“#divimg”，在【方框】分类中设置宽度为“200px”、高度为【auto】、上边界和左边界均为“0”、浮动方式为【左对齐】，在【区块】分类中设置文本对齐方式为【center】，然后插入图像“images/01.jpg”。

本例视频

图7-23　日光乡间

4. 在 Div “divimg” 之后继续插入 Div “divtext”，在【方框】分类中设置宽度为“580px”、高度为【auto】、浮动方式为【左对齐】、填充均为“5px”、上边界为“0”、左边界为“10px”。

> **要点提示** 设置两个具有一定宽度的 Div 的浮动方式均为【左对齐】，可使两个 Div 并排显示。

5. 在 Div “divtext” 中输入文本，将文本“日光乡间”应用“标题 2”格式，保证其他两段文本应用了“段落”格式，然后创建复合内容样式“#container #divtext p”，设置文本字体为【宋体】、文本大小为“16px”、行高为“25px”。
6. 在 Div “divtext” 后面继续插入 Div “divimg2”，设置清除浮动的方式为【both】，然后在其中插入一个 1 行 3 列的表格，设置表格宽度为“630px”，边框、边距和填充均为“0”，表格对齐方式为【居中对齐】，设置每个单元格对齐方式为【居中对齐】，单元格宽度均为“210”，在单元格中依次插入图像“images/02.jpg”“images/03.jpg”“images/04.jpg”。
7. 保存文档。

> **要点提示** 设置清除浮动的方式为【both】，让父容器知道前面的浮动内容在此结束，下面的 Div 不再与前面的 Div 一起浮动，就像段落中的重起一段一样。

7.2 使用 HTML5 结构语意元素

HTML5 标准增加了很多新的语意元素，使用语义元素将会有更清晰的页面结构信息，易于页面的后续维护，有助于屏幕阅读器和其他辅助工具的读取，有利于搜索引擎优化。下面介绍 HTML5 结构语意元素的基本知识。

7.2.1 认识 HTML5 结构语意元素

语义元素就是拥有语义的元素，元素的名称就是元素要表达的意思。语义元素清楚地向浏览器和开发者描述其意义，如语义元素<form>、<table>、<img>等清晰地定义了其内容，而非语义元素<div>和<span>等无法提供关于其内容的信息。在使用 HTML4.01 时，通常会使用一些属性名称来设置页面元素的样式，如 header、top、bottom、footer、navigation、main、container 及 content 等，但浏览器无法从标签识别网页内容。而通过 HTML5 语意元素，如<header>、<footer>、<nav>、<section>等，浏览器就可从标签识别网页内容。

HTML5 提供了定义页面不同部分新的语义元素，主要有<article>、<aside>、<details>、<figcaption>、<figure>、<footer>、<header>、<main>、<mark>、<nav>、<section>、<summary>和<time>等。其中许多是用于页面布局的，只是代替 Div 使用，如 Header（页眉）、Navigation（导航）、Main（主结构）、Aside（侧边）、Article（文章）、Section（章节）、Footer（页脚）及 Figure（图表）等，其自身没有特别样式，需要搭配 CSS 使用。下面对部分元素进行简要说明。

一、 Header

Header 标签是<header>，为文档或节规定页眉，一个文档中可以有多个<header>元素。当标注网页的页眉时，可包含 Logo、导航、搜索条等信息。当标注某篇文章（article）或某个区块（section）部分的页眉时，只有当标题还附带其他信息时才考虑使用<header>，一般情况下使用<h1>等类似标签标注标题即可。

二、 Navigation

Navigation 标签为<nav>，主要定义大型的导航链接块，可包含多个超链接的区域。一个页面可包含多个<nav>，如页面的导航和相关文章推荐等。如果文档中有“前后”意义的按钮，建议把它放到<nav>元素中。不过，并非文档中所有链接都应该位于<nav>元素中。<footer>区域里的联系信息、认证信息可不必包含在<nav>标签里。

三、 Main

Main 标签为<main>，主要用于定义文档的主体内容。网站各个页面可以共享<heade>和<footer>等通用元素，但<main>元素应该是彼此不同的。

四、 Aside

Aside 标签为<aside>，主要用于定义页面主内容之外的某些内容，其内容应该与周围内容相关。如侧栏，一般以左右边栏的形式呈现在页面两边。

五、 Article

Article 标签为<article>，主要用于定义独立的自包含内容，文档有其自身的意义，并且可以独立于网站其他内容进行阅读。<article>元素的应用场景主要有论坛、博客、新闻等，可能的<article>实例有论坛帖子、报纸文章、博客条目及用户评论等。<article>标签里面可包含<header>、<footer>等标签。

六、 Section

Section 标签为<section>，主要用于定义文档中的节，其自身并不具有特别的语义，通常用来把一些相关的元素组合在一起，起到对页面上的内容进行分块的目的。根据 W3C 的

HTML 文献：“节（section）是有主题的内容组，通常具有标题”。也就是说，该元素通常由内容及其标题组成。可以将网站首页划分为简介、内容及联系信息等节，还可以定义文档中的节，如章节、页眉、页脚或文档中的其他部分。

七、 Footer

Footer 标签为<footer>，主要用于为文档或节规定页脚，应该提供有关其包含元素的信息。作为文档的页脚时，通常包含文档的作者、版权信息、使用条款链接、联系信息等内容。作为文章的页脚时，通常包含作者相关信息。可以在一个文档中使用多个<footer>元素。

八、 Figure

在书籍和报纸中，与图片搭配的标题很常见。标题（caption）的作用是为图片添加可见的解释。通过 HTML5，图片和标题能够被组合在<figure>元素中。<figure>标签规定独立的流内容，如图像、图表、照片及代码等。<figure>元素的内容应该与主内容相关，但如果被删除，也不会对文档流产生影响。

7.2.2 插入 HTML5 结构语意元素

在 Dreamweaver CC 2017 中插入 HTML5 结构语意元素的方法与插入 Div 是一样的，直接选择【插入】菜单下的【Header】【Navigation】【Main】【aside】【article】【Section】【Footer】命令或在【插入】面板的【HTML】类别中单击 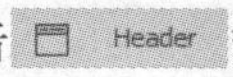

等相应按钮。打开的对话框与插入 Div 时也是相似的，图 7-24 所示是【插入 Header】对话框。学会了如何插入 Div 就等于掌握了如何插入 Header 等结构语意元素。

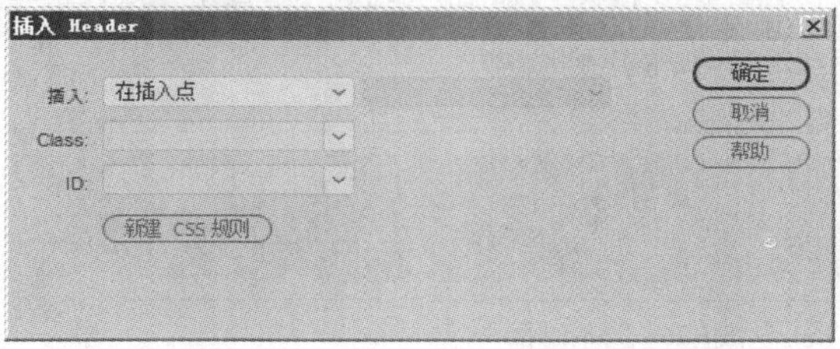

图7-24 【插入 Header】对话框

在 Dreamweaver CC 2017 中，还可以选择菜单命令【插入】/【Figure】，插入 Figure 语意元素。在插入时，可在页面中的“这是布局标签的内容”处插入图片、插图、表格及代码段等内容，在“这是布局图标签的题注”处输入标题性说明文字，如图 7-25 所示。

图7-25 插入 Figure

Figure 语意元素标签为<figure>，代表一段独立的内容，经常与标签<figcaption>配合使用，可用于文章中的图片、插图、表格及代码段等。在插入<figure>标签时会自动插入<figcaption>标签，主要用于定义 Figure 元素的标题（caption）。Figcaption 元素应该被置于

Figure 元素的第一个或最后一个子元素的位置。

7.2.3　课堂案例——每周时报

本小节将通过案例“每周时报”来练习插入和设置 HTML5 结构语意元素的基本方法，希望读者通过对案例的学习，能够熟练掌握使用 HTML5 结构语意元素对页面进行布局的基本方法。在进行本实例操作前，请将素材文档复制到 Dreamweaver 站点下。实例效果如图 7-26 所示。

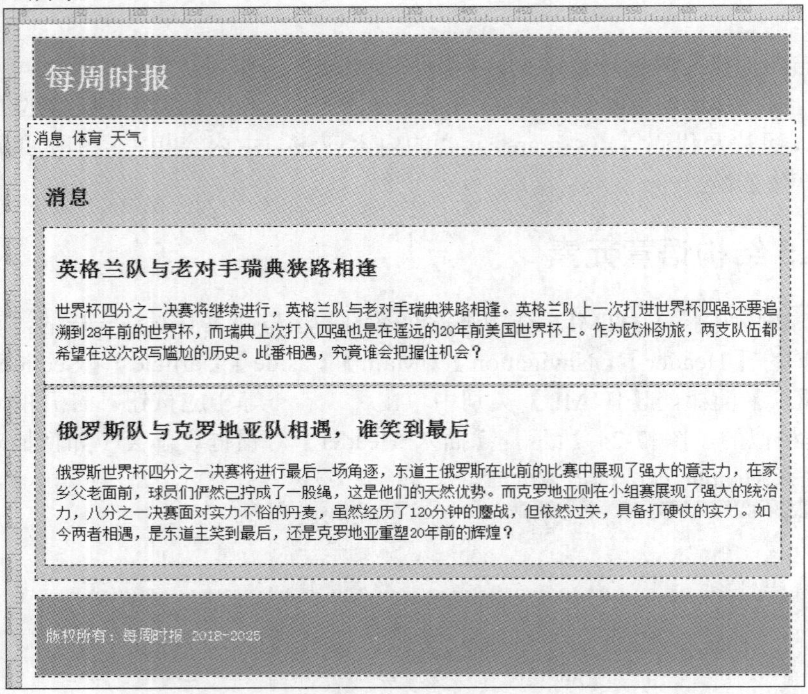

本例视频 1

本例视频 2

图7-26　每周时报

【操作步骤】

1.　在站点内创建一个文档并保存为“723.htm”。
2.　选择菜单命令【插入】/【Header】，打开【插入 Header】对话框，然后单击 确定 按钮插入 Header，如图 7-27 所示。

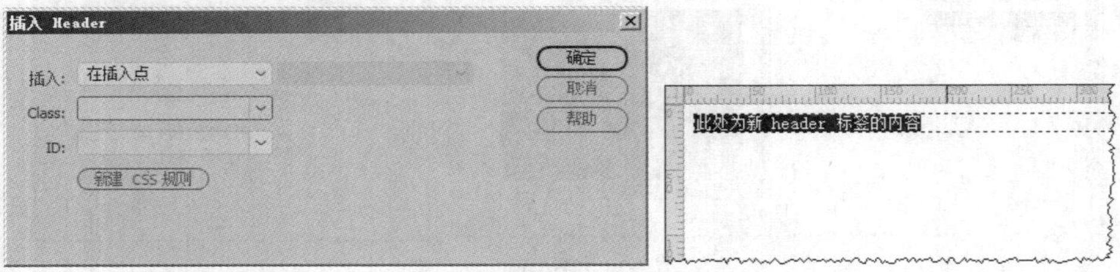

图7-27　插入 Header

3.　将 Header 标签内的文本删除，然后输入文本“每周时报”，并在【属性（HTML）】面板中对其应用“标题 1”格式。
4.　选择菜单命令【插入】/【Navigation】，打开【插入 Navigation】对话框，在【插入】选项确定插入位置，然后单击 确定 按钮插入 Navigation，如图 7-28 所示。

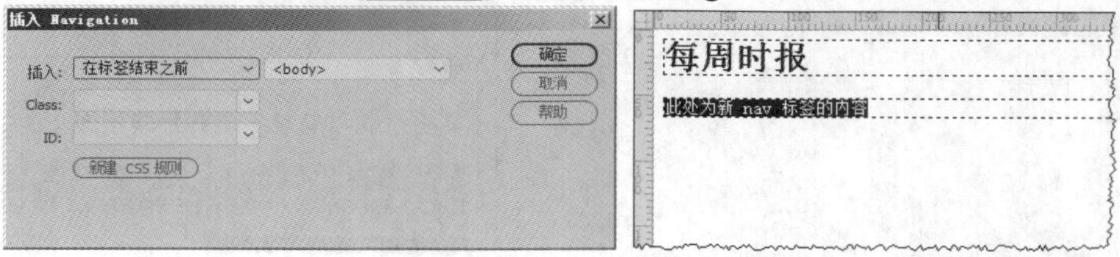

图7-28 插入 Navigation

5. 将 Navigation 标签内的文本删除，然后输入文本“消息 体育 天气”，并在【属性（HTML）】面板中单击 按钮对其应用项目列表格式。
6. 选择菜单命令【插入】/【Section】，打开【插入 Section】对话框，在【插入】选项确定插入位置，然后单击 确定 按钮插入 Section，如图 7-29 所示。

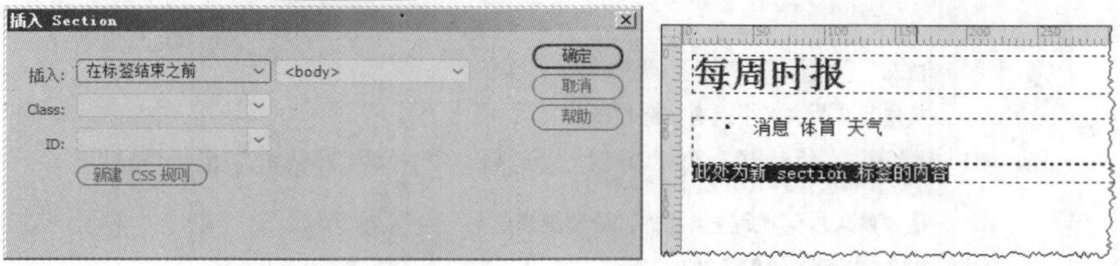

图7-29 插入 Section

7. 将 Section 标签内的文本删除，然后输入文本“消息”，并在【属性（HTML）】面板中对其应用“标题 2”格式。
8. 将鼠标光标置于文本“消息”的后面，然后选择菜单命令【插入】/【Div】，打开【插入 Div】对话框，在【插入】选项确定要插入 Div 的位置及 ID 名称，然后单击 确定 按钮插入 Div，如图 7-30 所示。

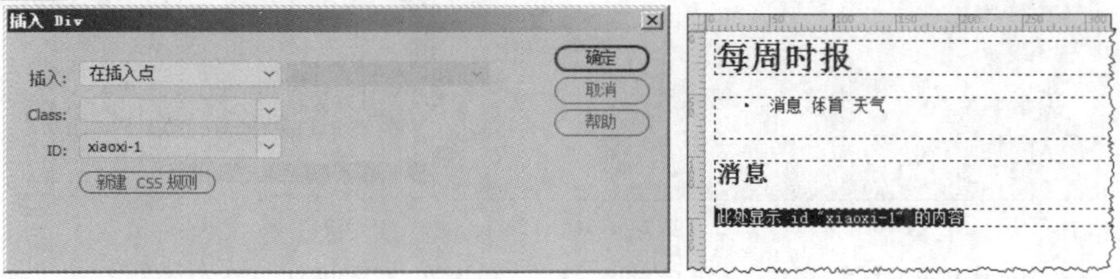

图7-30 插入 Div

9. 将 Div 标签内的文本删除，然后输入相应文本，并在【属性（HTML）】面板中对标题文本应用“标题 2”格式，如图 7-31 所示。

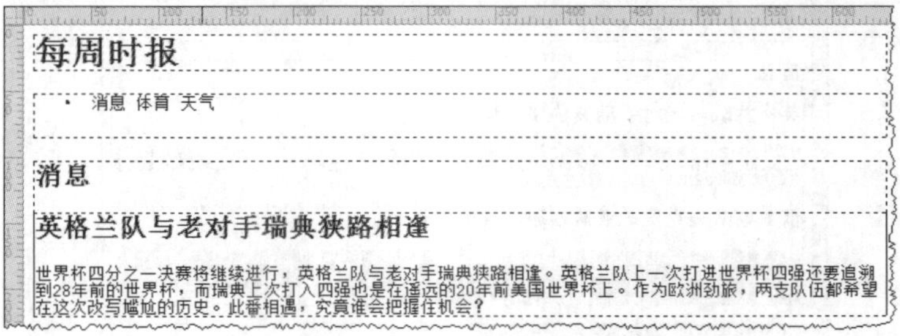

图7-31 输入文本并设置标题格式

10. 选择菜单命令【插入】/【Div】，打开【插入 Div】对话框，在【插入】选项确定要插入 Div 的位置及 ID 名称，然后单击 确定 按钮插入 Div，如图 7-32 所示。

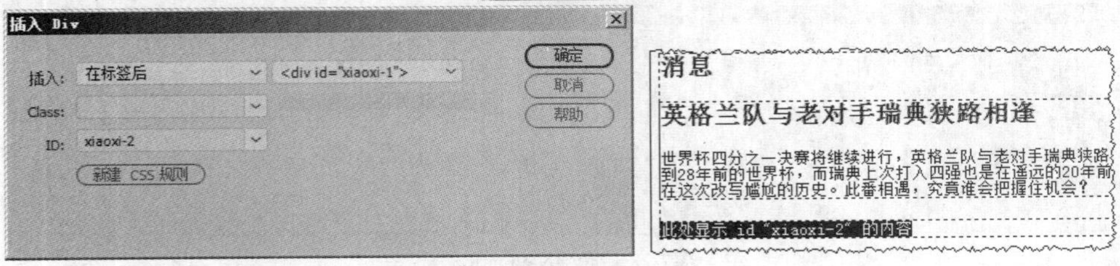

图7-32 插入 Div

11. 将 Div 标签内的文本删除，然后输入相应文本，并在【属性（HTML）】面板中对标题文本应用“标题 2”格式，如图 7-33 所示。

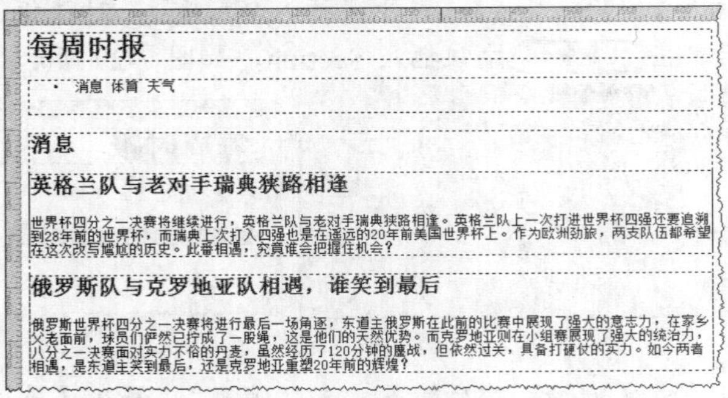

图7-33 输入文本并设置标题格式

12. 选择菜单命令【插入】/【Footer】，打开【插入 Footer】对话框，在【插入】选项确定要插入 Footer 的位置，然后单击 确定 按钮插入 Footer，如图 7-34 所示。

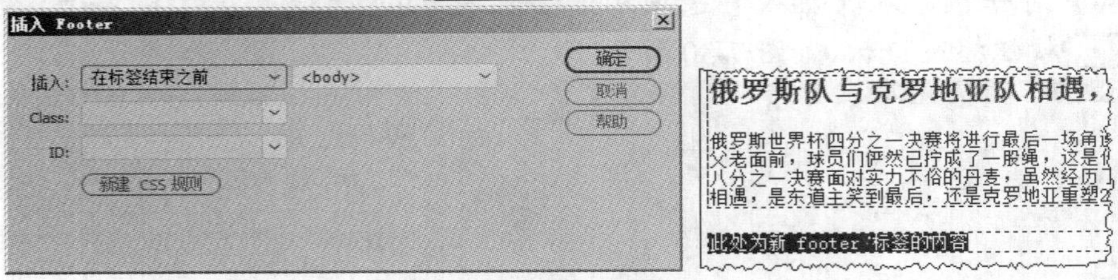

图7-34 插入 Footer

13. 将 Footer 标签内的文本删除，然后输入文本，并在【属性（HTML）】面板中对文本应用“段落”格式，如图 7-35 所示。

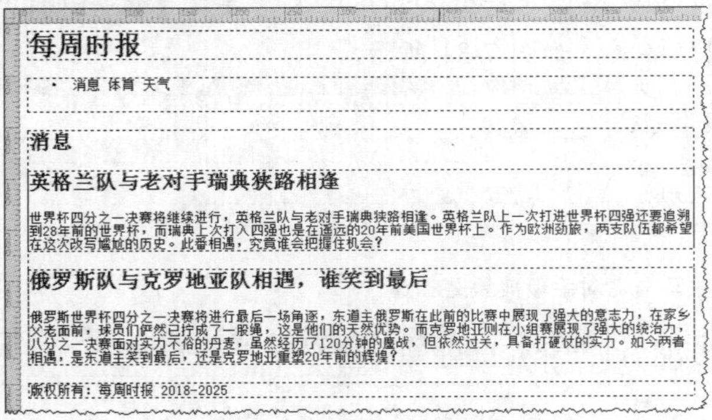

图7-35 输入文本并设置段落格式

14. 在【CSS 设计器】面板的【源】窗口中单击+（添加 CSS 源）按钮，在弹出的下拉菜单中选择【在页面中定义】选项，此时在【源】窗口中添加了<style>标签。
15. 在【选择器】窗口中单击+（添加选择器）按钮，在文本框中输入标签选择器名称“body”，然后按 Enter 键确认，接着在【属性】窗口中设置文本属性：文本字体【font-family】为【宋体】、文本大小【font-size】为“14px”。
16. 在【选择器】窗口中单击+（添加选择器）按钮，在文本框中输入复合内容选择器名称“header,footer,section”，然后按 Enter 键确认，接着在【属性】窗口中设置布局属性：顶部边距、左边距和右边距均为“5px”，下边距为“15px”，填充均为“8px”；文本属性：行高【line-height】为“20px”；边框属性：宽度【width】为“1px”、样式【style】为“solid”、颜色【color】为“#CCCCCC”；背景属性：背景颜色【background-color】为“#FFFFFF”，如图 7-36 所示。

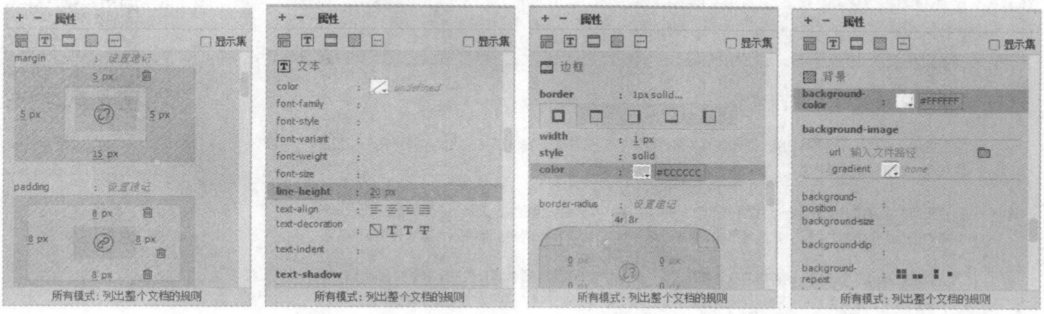

图7-36　设置复合内容 CSS 样式

17. 在【选择器】窗口中单击+（添加选择器）按钮，在文本框中输入复合内容选择器名称“header,footer”，然后按 Enter 键确认，接着在【属性】窗口中设置布局属性：下边距为“5px”；文本属性：颜色【color】为“#FFFFFF”；背景属性：背景颜色【background-color】为“#5DA8F7”。
18. 在【选择器】窗口中单击+（添加选择器）按钮，在文本框中输入标签选择器名称“section”，然后按 Enter 键确认，接着在【属性】窗口中设置背景属性：背景颜色【background-color】为“#BAD9ED”。
19. 在【选择器】窗口中单击+（添加选择器）按钮，在文本框中输入类选择器名称“.xiaoxi”，然后按 Enter 键确认，接着在【属性】窗口中设置布局属性：顶部边距和下边距均为“5px”，顶部填充和左填充均为“10px”；背景属性：背景颜色【background-color】为“#FFFFFF”。
20. 在页面中选中 ID 名称为“xiaoxi-1”的 Div，然后在【属性】面板的【Class】下拉列表中选择类样式【xiaoxi】，如图 7-37 所示，运用同样的方法给 ID 名称为“xiaoxi-2”的 Div 应用类样式【xiaoxi】。

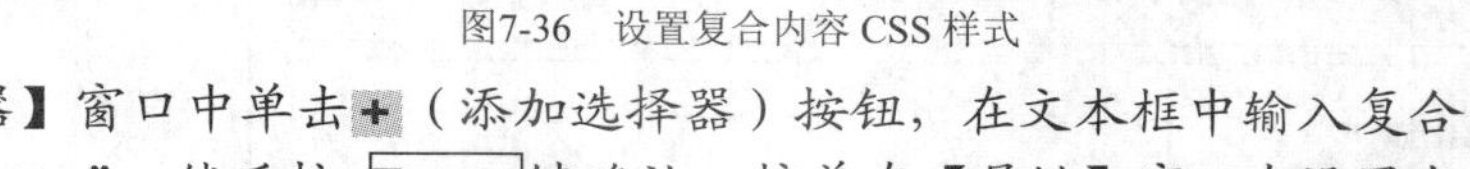

图7-37　应用类样式

21. 在【选择器】窗口中单击+（添加选择器）按钮，在文本框中输入复合内容选择器名称“nav ul”，然后按 Enter 键确认，接着在【属性】窗口中设置布局属性：高度【height】为“25px”，边距均为“0”，填充均为“0”；文本属性：行高【line-height】为“25px”。

22. 在【选择器】窗口中单击 + （添加选择器）按钮，在文本框中输入复合内容选择器名称“nav ul li”，然后按 Enter 键确认，接着在【属性】窗口中设置布局属性：显示【display】为“inline”，边距【margin】均为“5px”。
23. 保存文档。

7.2.4　课堂实训——体育要闻

本小节实例“体育要闻”由读者根据步骤提示自行操作，以进一步巩固使用 HTML5 结构语意元素的基本方法。在进行本实例操作前，请将素材文档复制到 Dreamweaver 站点下。实例效果如图 7-38 所示。

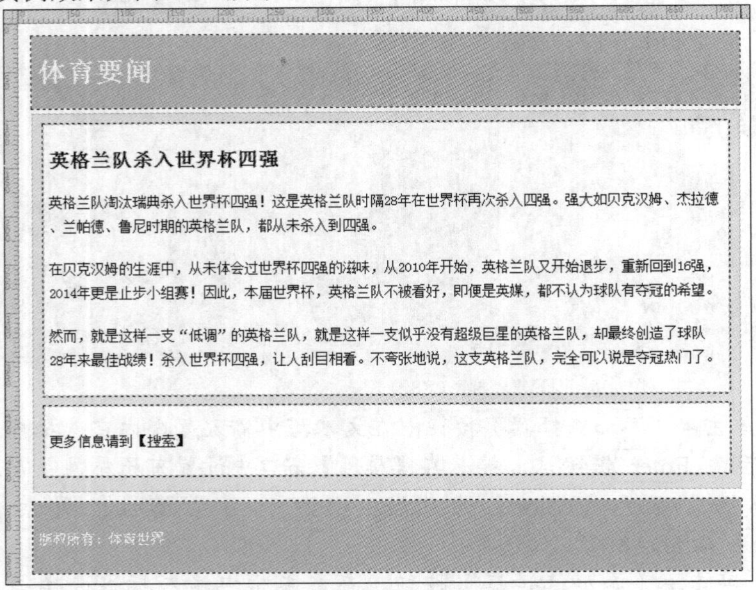

本例视频

图7-38　体育要闻

【步骤提示】

1. 在站点内打开网页文档“724.htm”。
2. 选中文本“体育要闻”，然后选择菜单命令【插入】/【Header】，对文本使用 Header 标签。
3. 选中文本“版权所有：体育世界”，然后选择菜单命令【插入】/【Footer】对文本使用 Footer 标签。
4. 选中 Header 标签与 Footer 标签中间的所有文本，然后选择菜单命令【插入】/【Main】对文本使用 Main 标签。
5. 选中文本“更多信息请到【百度】搜索”，然后选择菜单命令【插入】/【Navigation】对文本使用 Navigation 标签。
6. 选中文本“英格兰队杀入世界杯四强”及其内容，然后选择菜单命令【插入】/【article】对文本使用 article 标签。
7. 在【CSS 设计器】面板中定义标签 CSS 样式“body”，在【属性】窗口中设置文本字体【font-family】为“宋体”、文本大小【font-size】为“14px”。
8. 在【CSS 设计器】面板中定义复合内容 CSS 样式“header,footer,main,article,nav”，设置

顶部边距、左边距和右边距均为“5px”，下边距为“10px”，填充均为“5px”，行高【line-height】为“20px”，边框宽度【width】为“1px”，边框样式【style】为“solid”，边框颜色【color】为“#CCCCCC”，背景颜色【background-color】为白色“#FFFFFF”。

9. 在【CSS 设计器】面板中定义复合内容 CSS 样式“header,footer”，设置下边距为“5px”、文本颜色【color】为“#FFFFFF”、背景颜色【background-color】为“#87D2F1”。
10. 在【CSS 设计器】面板中定义标签 CSS 样式“main”，设置背景颜色【background-color】为“#EBEBEB”。
11. 在【属性（HTML）】面板中对文本“体育要闻”应用“标题 1”格式，对文本“英格兰队杀入世界杯四强”应用“标题 2”格式。
12. 保存文档。

7.3 使用 Query UI 布局部件

下面介绍 Query UI 布局部件的基本知识及使用方法。

7.3.1 插入 Query UI 布局部件

在 jQuery UI 中，像 Accordion（折叠面板）、Tabs（选项卡面板）等是与布局有关的小部件，可以通过选择菜单命令【插入】/【jQuery UI】/【Accordion】或【Tabs】等或在【插入】面板的【jQuery UI】类别中单击相应的按钮来插入。

一、 Accordion（折叠面板）

通过 Accordion 可以创建一个折叠式面板，可以实现展开或折叠效果。当用户需要在一个固定大小的空间内实现多个内容展示时，这个效果非常有用。选择菜单命令【插入】/【jQuery UI】/【Accordion】，会插入一个折叠面板，其【属性】面板如图 7-39 所示，其选项介绍如下。

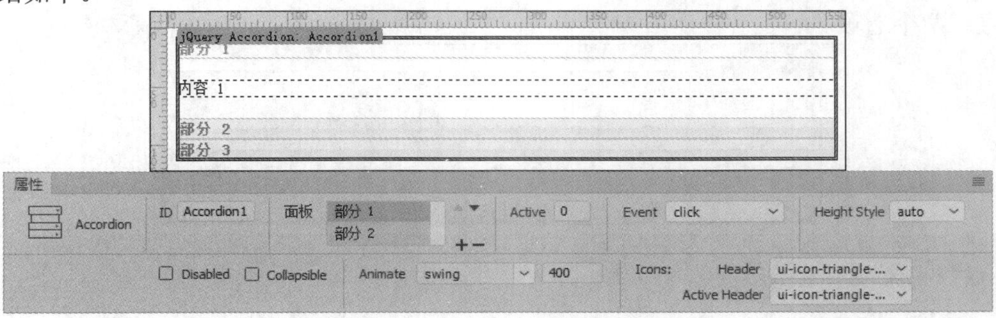

图7-39 折叠面板

- 【ID】文本框：可设置 Accordion 的 ID 名称。
- 【面板】列表框：单击＋按钮将在当前选中面板的后面添加面板，单击－按钮将删除当前选中的面板，单击▲按钮将上移当前选中的面板，单击▼按钮将下移当前选中的面板。在【面板】列表框中，当前选中的面板在页面中面板名称以深黄色显示并处在展开状态，此时可修改面板名称并添加相应的内容，当前未选中的面板以蓝色显示，并处在折叠状态。

- 【Active】文本框：可设置默认情况下展开的面板，默认值是“0”，即表示第 1 个面板，如果设置为“1”，即表示第 2 个面板。
- 【Event】下拉列表：可设置动作的触发器，即如何展开面板，默认是【click】，也可以选择【mouseover】。
- 【Height Style】下拉列表：可设置面板的高度，有【auto】【fill】【content】3 个选项。

  【auto】：表示所有面板的显示高度均以具有最高内容的面板为准。

  【fill】：表示每个面板显示时均以【Active】选项设置的默认面板内容的高度为准。

  【Content】：表示每个面板显示时均以自身面板内容的高度为准。如果勾选【Disable】选项，表示面板不可用。
- 【collapsible】复选框：若选择此复选框，则表示允许折叠当前面板。
- 【Animate】下拉列表：可以选择动画效果，在后面的文本框中设置动画延迟时间。
- 【Icons】选项组：在【Header】下拉列表中可以设置面板标题的小图标，在【Active header】下拉列表中可以设置活动面板标题的小图标，即在浏览器中显示时折叠面板标题左侧的小图标和展开面板标题左侧的小图标。如果要修改 Accordion 的外观，可通过【CSS 设计器】面板修改相应的 CSS 样式即可。

二、 Tabs（选项卡面板）

通过 Tabs 可以创建一个选项卡式面板，浏览者可以单击面板的标签来显示面板中的内容同时隐藏其他面板的内容。当用户需要在一个固定大小的空间内实现多个内容展示时，这个效果将非常有用。选择菜单命令【插入】/【jQuery UI】/【Tabs】，会插入一个选项卡面板，其【属性】面板如图 7-40 所示。其中，【Hide】和【Show】用于设置面板显示或隐藏时的效果，【Orientation】用于设置 Tabs 的方向，包括【horizontal】（水平）和【vertical】（垂直）两个选项。

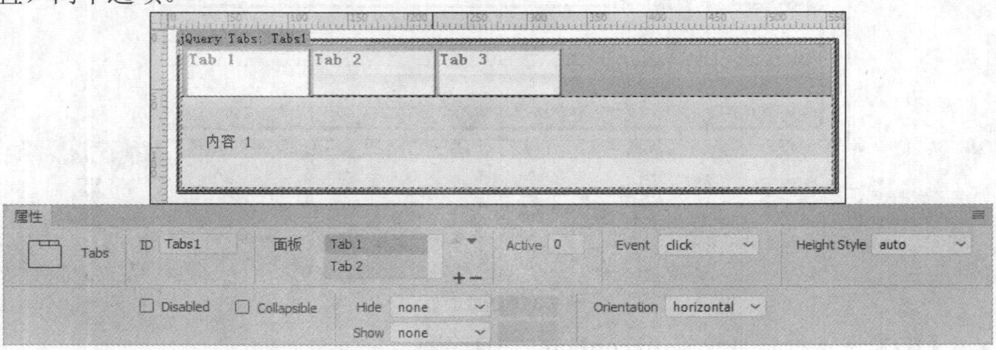

图7-40　选项卡面板

7.3.2 课堂案例——风景如画

本小节将通过案例“风景如画”来练习插入和设置 Query UI 布局部件 Accordion 的基

本方法，希望读者通过对案例的学习，能够熟练掌握在页面布局中使用 Query UI 布局部件的基本技能。在进行本实例操作前，请将素材文档复制到 Dreamweaver 站点下。实例效果如图 7-41 所示。

本例视频

图7-41　风景如画

【操作步骤】

1. 在站点内创建一个文档并保存为“732.htm”，然后在【属性】面板的【文档标题】文本框中设置标题为“风景如画”。
2. 选择菜单命令【插入】/【Header】，打开【插入 Header】对话框，单击 确定 按钮插入 Header，将 Header 标签内的文本删除，然后输入文本“风景如画”，并在【属性（HTML）】面板中对其应用“标题 1”格式，如图 7-42 所示。

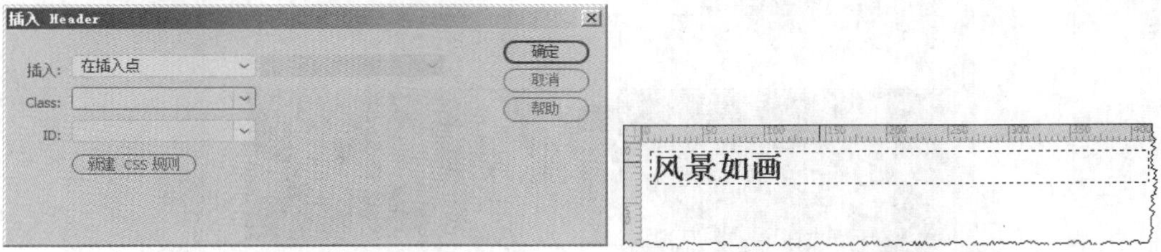

图7-42　插入 Header

3. 在窗口左下方选中标签 Header，然后选择菜单命令【插入】/【jQuery UI】/【Accordion】，在标签 Header 后面插入一个折叠面板，如图 7-43 所示。

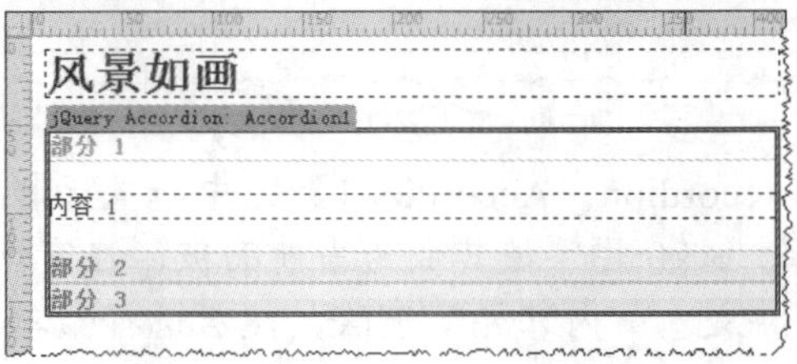

图7-43　插入折叠面板

4. 在窗口中将文本“部分 1”修改为“桂林山水甲天下”，将文本“内容 1”删除，然后选择菜单命令【插入】/【Image】，插入图像“images/guilin.jpg”，如图 7-44 所示。
5. 单击顶部的【jQuery Accordion: Accordion1】选中折叠面板，然后在【属性】面板的

【面板】列表框中选择“部分 2”使其成为当前面板，如图 7-45 所示。

图7-44　添加第 1 个面板内容

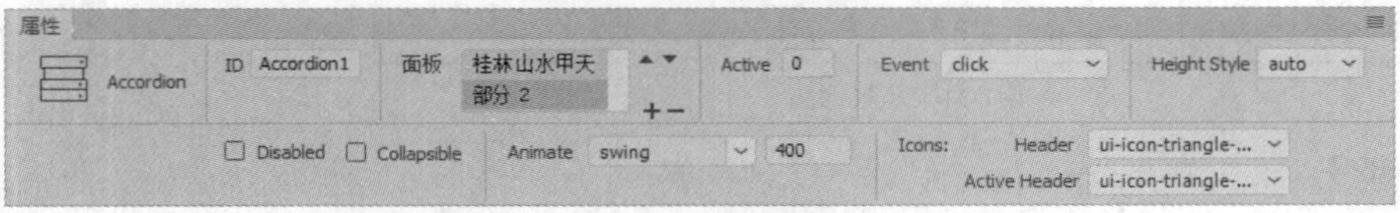

图7-45　Accordion【属性】面板

6. 在窗口中将文本“部分 2”修改为“黄果树大瀑布”，将文本“内容 2”删除，然后选择菜单命令【插入】/【Image】，插入图像“images/huangguoshu.jpg”，如图 7-46 所示。

图7-46　添加第 2 个面板内容

7. 单击顶部的【jQuery Accordion: Accordion1】选中折叠面板，然后在【属性】面板的【面板】列表框中选择“部分 3”使其成为当前面板，在窗口中将文本“部分 3”修改为“海上名山崂山”，将文本“内容 3”删除，然后选择菜单命令【插入】/【Image】，插入图像“images/laoshan.jpg”，如图 7-47 所示。
8. 内容添加完毕后保存文档，此时会弹出【复制相关文件】对话框，如图 7-48 所示，单击 确定 按钮即可。

图7-47　添加第 3 个面板内容

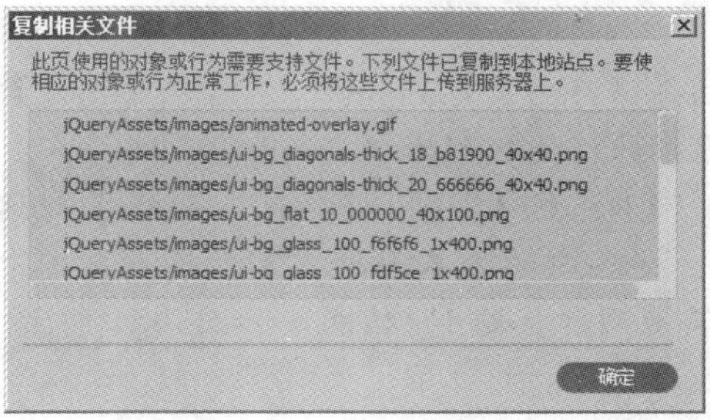

图7-48　【复制相关文件】对话框

9.　在浏览器中预览，效果如图 7-49 所示。

图7-49　折叠面板在浏览器中的效果

7.3.3　课堂实训——美丽如初

本小节实例“美丽如初”由读者根据步骤提示自行操作，以进一步巩固使用 Query UI 布局部件的基本方法。在进行本实例操作前，请将素材文档复制到 Dreamweaver 站点下。实例效果如图 7-50 所示。

图7-50　美丽如初

本例视频

【步骤提示】

1. 在站点内创建一个文档并保存为“733.htm”，然后在【属性】面板的【文档标题】文本框中设置显示在浏览器标题栏的标题为“美丽如初”。
2. 选择菜单命令【插入】/【Header】，打开【插入 Header】对话框，单击 确定 按钮插入 Header，将 Header 标签内的文本删除，然后输入文本“美丽如初”，并在【属性（HTML）】面板中对其应用“标题 1”格式，如图 7-51 所示。

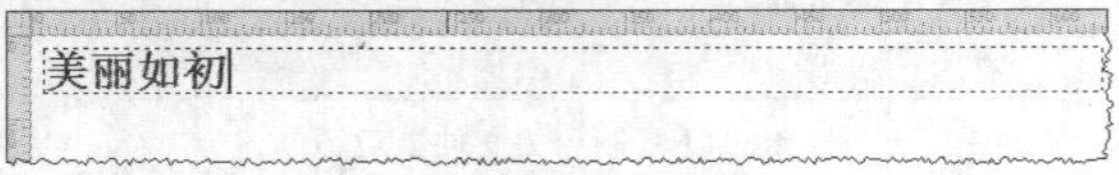

图7-51　插入 Header 并输入文本

3. 在窗口左下方选中标签 Header，然后选择菜单命令【插入】/【jQuery UI】/【Tabs】，在标签 Header 后面插入一个选项卡面板，如图 7-52 所示。

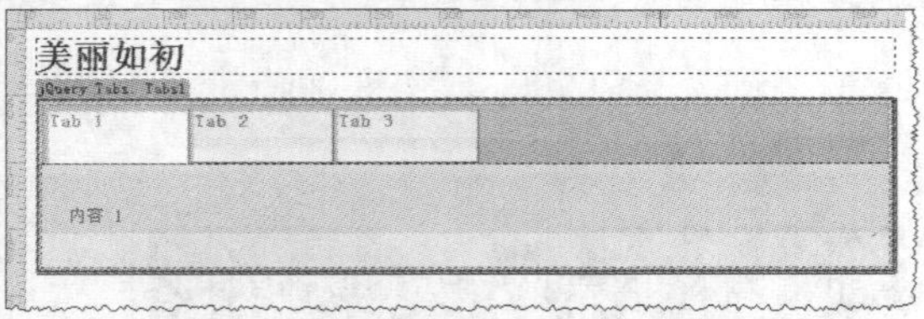

图7-52　插入选项卡面板

4. 在窗口中将文本“Tab1”修改为“杜鹃花”，将文本“内容 1”删除，然后选择菜单命令【插入】/【Image】，插入图像“images/dujuan.jpg”，如图 7-53 所示。

图7-53　添加第 1 个选项卡内容

5. 单击顶部的【jQuery Tabs: Tabs1】选中选项卡，然后在【属性】面板的【面板】列表框中选择“Tab2”使其成为当前选项卡，如图 7-54 所示。

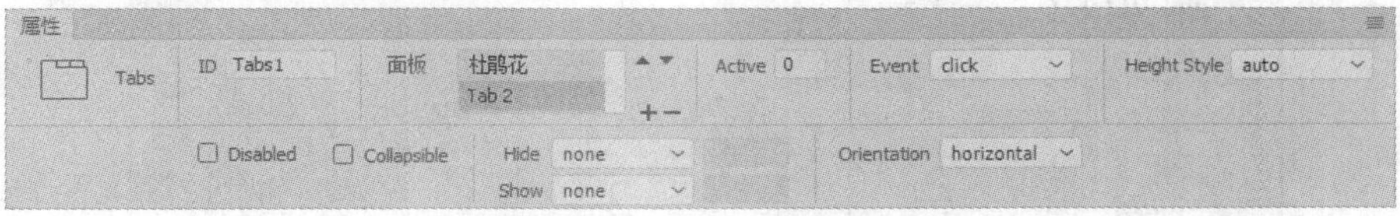

图7-54 Tabs【属性】面板

6. 在窗口中将文本“Tab2”修改为“茉莉花”，将文本“内容 2”删除，然后选择菜单命令【插入】/【Image】，插入图像“images/moli.jpg”，如图 7-55 所示。

图7-55 添加第 2 个选项卡内容

7. 单击顶部的【jQuery Tabs: Tabs1】选中选项卡，然后在【属性】面板的【面板】列表框中选择“Tab3”使其成为当前选项卡，在窗口中将文本“Tab3”修改为“向日葵”，将文本“内容 3”删除，然后选择菜单命令【插入】/【Image】，插入图像“images/xiangrikui.jpg”，如图 7-56 所示。

图7-56 添加第 3 个选项卡内容

8. 内容添加完毕后保存文档，此时会弹出【复制相关文件】对话框，单击 确定 按钮即可。
9. 在浏览器中预览，效果如图 7-57 所示。

图7-57　选项卡面板在浏览器中的效果

7.4 综合案例——启迪人生

本节将通过综合案例“启迪人生”来进一步巩固使用 Div+CSS 对页面进行布局的基本方法。在进行本实例操作前，请将素材文档复制到 Dreamweaver 站点下。实例效果如图 7-58 所示。

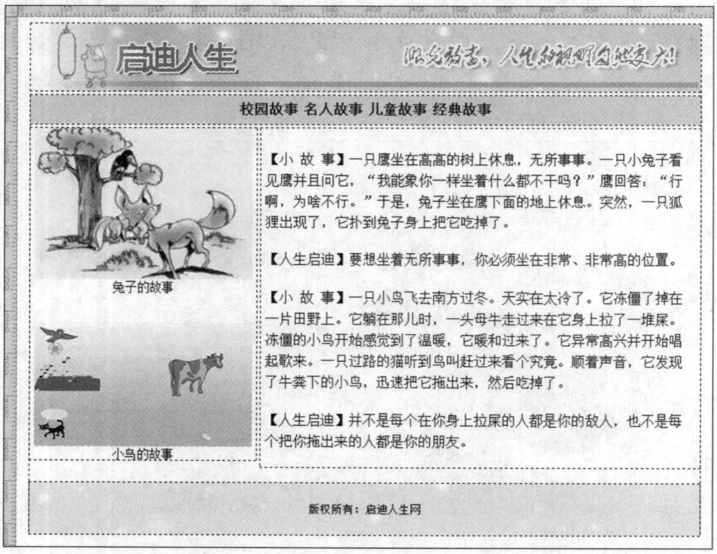

图7-58　启迪人生

本例视频 1

本例视频 2

【操作步骤】

1. 新建一个文档并保存为“74.htm”，然后在【属性】面板的【文档标题】文本框中设置显示在浏览器标题栏的标题为“启迪人生”。
2. 选择菜单命令【插入】/【Div】，插入 ID 名称为“container”的 Div，并单击 新建 CSS 规则 按钮创建 ID 名称 CSS 样式“#container”，如图 7-59 所示。

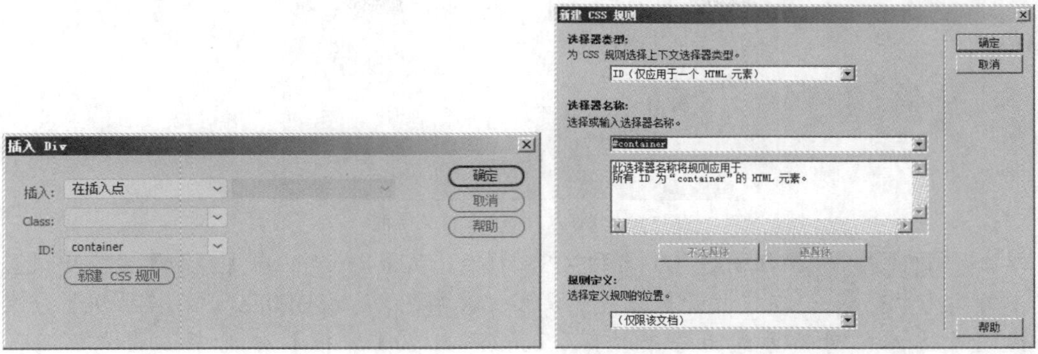

图7-59　创建 ID 名称 CSS 样式

3. 单击 确定 按钮打开【#container 的 CSS 规则定义】对话框，在【方框】分类中设置方框宽度为“770px”、上下边界均为“0”、左右边界均为【auto】，如图 7-60 所示。

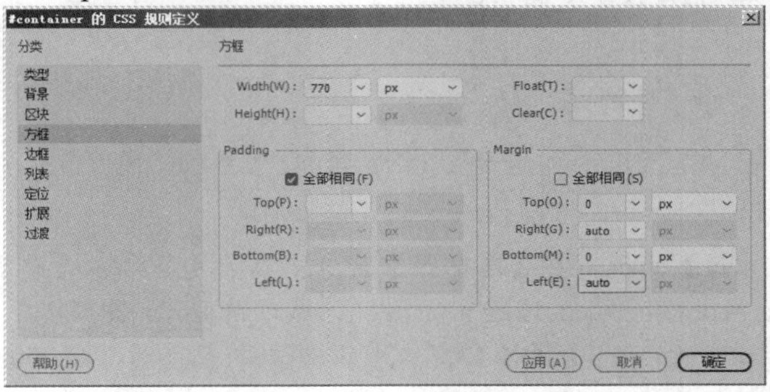

图7-60　设置【方框】分类参数

4. 依次单击 确定 按钮插入 Div 标签，然后将 Div 标签内的文本删除，选择菜单命令【插入】/【Header】，打开【插入 Header】对话框并进行参数设置，如图 7-61 所示。

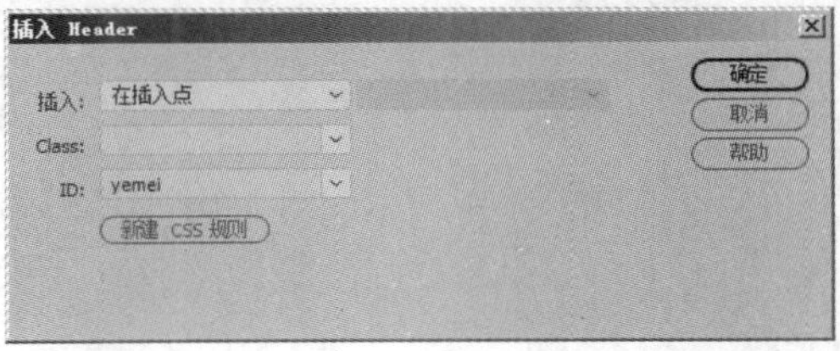

图7-61　【插入 Header】对话框

5. 单击 确定 按钮在 Div 标签内插入 Header，将其中的文本删除，然后选择菜单命令【插入】/【Image】，插入图像“images/logo.jpg”，如图 7-62 所示。

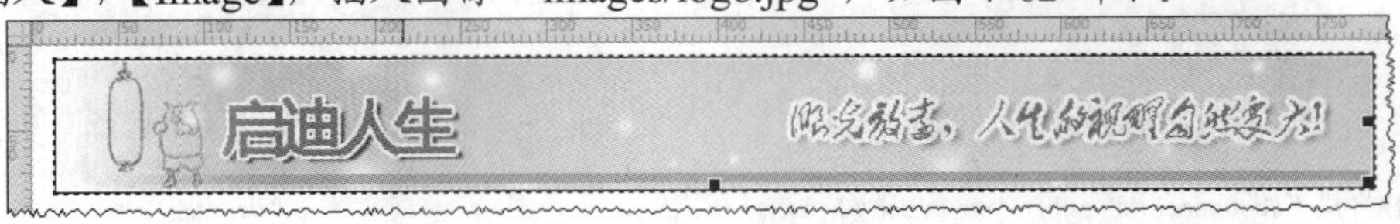

图7-62　插入图像

6. 选择菜单命令【插入】/【Navigation】，打开【插入 Navigation】对话框并进行参数设置，如图 7-63 所示。

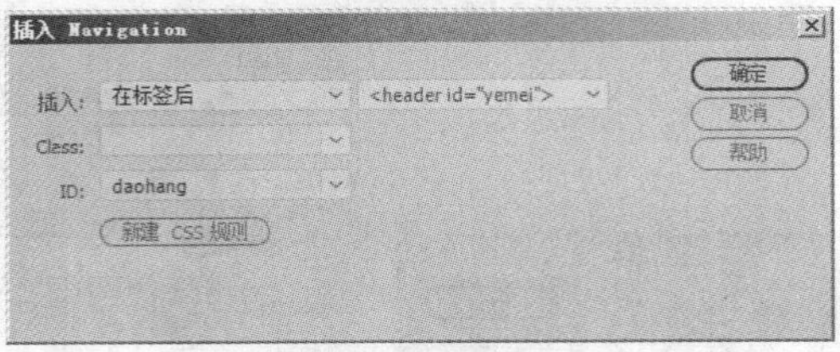

图7-63　【插入 Navigation】对话框

7. 单击 新建 CSS 规则 按钮创建 ID 名称 CSS 样式 “#daohang”，在【类型】分类中设置文本行高为 “35px”，在【背景】分类中设置背景颜色为 “#8BF0F8”，在【区块】分类中设置文本水平对齐方式为居中对齐 “center”，在【方框】分类中设置方框高度为 “35px”，上下边界均为 “5px”。
8. 依次单击 确定 按钮在 Header 标签后插入 Navigation，将其中的文本删除，然后输入新的文本并添加空链接，如图 7-64 所示。

图7-64　输入文本并添加空链接

9. 打开【CSS 设计器】面板，在【选择器】窗口中添加复合内容选择器名称 “#container #daohang a:link, #container #daohang a:visited”，然后按 Enter 键确认。
10. 在【CSS 设计器】面板的【属性】窗口中设置文本颜色为 “#0000FF”、文本大小为 “16px”、文本粗细为【bold】、文本修饰为【none】，如图 7-65 所示。
11. 运用同样的方法创建复合内容的 CSS 样式 “#container #daohang a:hover” 来控制超级链接文本的鼠标悬停样式，设置文本颜色为 “#FF0000”、文本粗细为【bold】、文本修饰为【underline】，如图 7-66 所示。

图7-65　创建样式 “#container #dh a:link, #container #dh a:visited”

图7-66　创建样式 “#container #dh a:hover”

12. 选择菜单命令【插入】/【Main】，打开【插入主要内容】对话框并进行参数设置，如图 7-67 所示。
13. 单击 确定 按钮插入 Main，将其中的文本删除，然后选择菜单命令【插入】/【Div】，打开【插入 Div】对话框并进行参数设置，如图 7-68 所示。

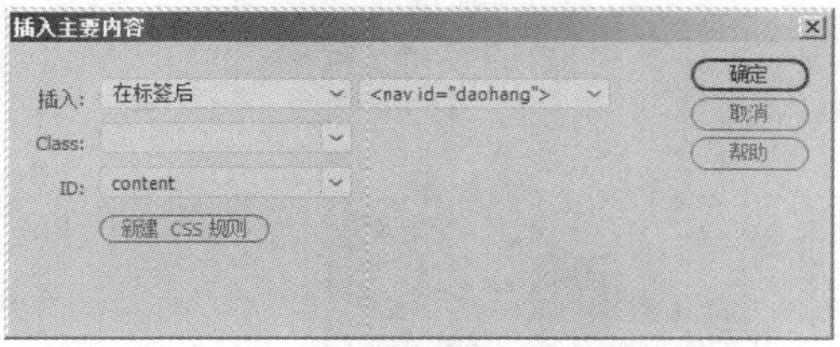

图7-67 【插入主要内容】对话框

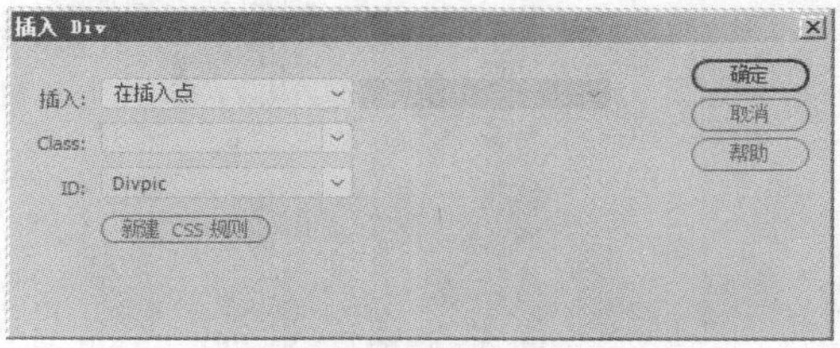

图7-68 【插入 Div】对话框

14. 单击 新建 CSS 规则 按钮创建 ID 名称 CSS 样式“#divpic”，在【类型】分类中设置文本字体为“宋体”、文本大小为“14px”，在【区块】分类中设置文本对齐方式为【center】，在【方框】分类中设置方框宽度为“260px”、上边界和左边界均为“0”、方框对齐方式为【左对齐】，如图 7-69 所示，依次单击 确定 按钮关闭对话框并插入一个名称为“divpic”的 Div 标签。

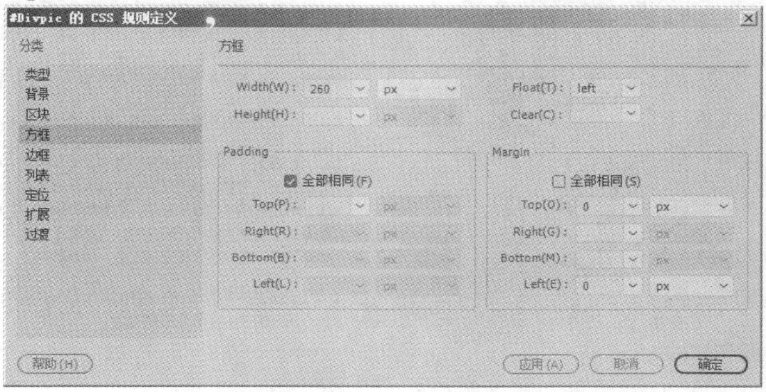

图7-69 设置属性参数

15. 将 Div 标签中的文本删除，然后选择菜单命令【插入】/【Figure】，插入 Figure，如图 7-70 所示，将文本“这是布局标签的内容”删除，然后插入图像“images/tuzi.jpg”，接着将文本“这是布局图标签的题注”删除，输入文本“兔子的故事”。

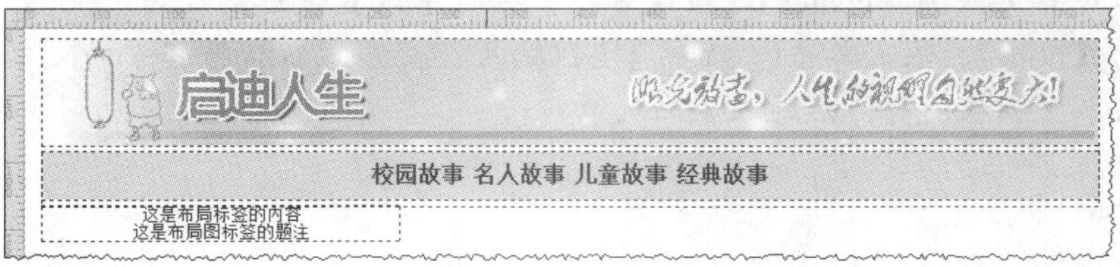

图7-70 插入 Figure

16. 选中标签 Figure，然后选择菜单命令【插入】/【Figure】，插入 Figure，将文本“这是布局标签的内容”删除，然后插入图像“images/niao.jpg”，接着将文本“这是布局图标签的题注”删除，输入文本“小鸟的故事”。

17. 选择菜单命令【插入】/【Article】，在 Div 标签“divpic”后插入 Article，其 ID 名称为“wenzhang”，同时创建 ID 名称 CSS 样式“#wenzhang”，设置方框宽度为“495px”、方框对齐方式为【左对齐】、填充均为“5px”、上边界为“0”、左边界为“5”，如图 7-71 所示。

18. 依次单击 确定 按钮插入 Article，将其中的文本删除并在 Article 标签中输入相应的文本，然后在【CSS 设计器】面板中创建复合内容样式“#content #wenzhang p”，设置文本字体为【宋体】、文本大小为“16px”、行高为“25px”，如图 7-72 所示。

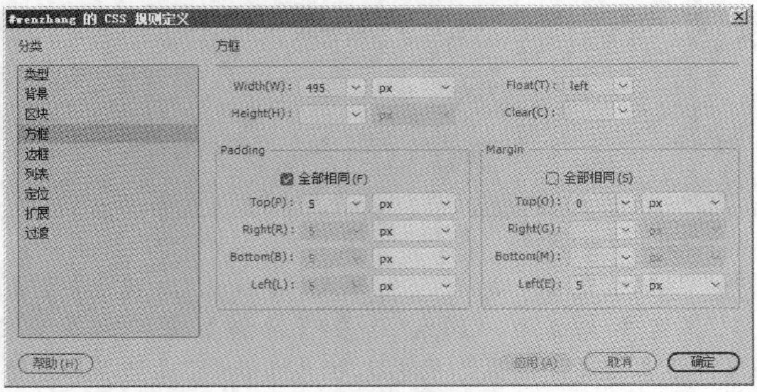

图7-71　设置属性参数

图7-72　设置文本

19. 选择菜单命令【插入】/【Footer】，在 Main 标签后插入 Footer，同时单击 新建 CSS 规则 按钮创建 ID 名称 CSS 样式“#footdiv”，在【类型】分类中设置文本大小为“14px”、行高为“60px”，在【背景】分类中设置背景图像为“footbg.jpg”，在【区块】分类中设置文本对齐方式为【center】，在【方框】分类中设置方框高度为“60px”、清除浮动的方式为【both】，依次单击 确定 按钮插入 Footer，然后将其中的文本删除并输入相应的文本“版权所有：启迪人生网”。
20. 保存文档。

7.5　习题

1. 思考题。
   (1) 盒子模型有哪两种类型？
   (2) 如何使 Div 居中显示？
   (3) 常用的语意结构元素有哪些？
   (4) jQuery UI 布局部件有哪两个？
2. 操作题。

根据自己的喜好自行搜集素材，并运用本章所学知识制作一个网页，要求在页面中使用 Div+CSS 进行页面布局，包括 HTML5 结构语意元素等。

第8章 使用库和模板

【学习目标】

- 了解库和模板的概念。
- 掌握创建和应用库的方法。
- 掌握创建和应用模板的方法。

在 Dreamweaver 中还可以访问两种特殊类型的资源，即库和模板。使用库可以制作不同网页内容相同的部分，使用模板可以批量制作具有相同结构的网页。在编辑库项目或模板时，Dreamweaver 会更新所有使用这些资源的网页文档。本章将介绍库和模板的基本知识，以及使用库和模板制作网页的基本方法。

8.1 使用库

在网页制作中，经常遇到要将一些网页元素在多个页面内应用的情形。当修改这些重复使用的页面元素时如果逐页修改会相当费时，这时便可以使用库来解决这个问题。下面介绍库的基本知识。

8.1.1 认识库

首先认识一下资源这个概念。在 Dreamweaver 中，站点中存储的诸如图像、影片、颜色、脚本、链接及库和模板，均称为资源。可以使用 Dreamweaver 跟踪和预览站点中存储的资源，【资源】面板是管理资源的重要工具。

在 Dreamweaver 中，库是一种特殊类型的文档。在 Dreamweaver【资源】面板的【库】分类中存放的文件习惯称为库项目。所谓创建库项目就是创建一个个库项目文件并在文件中添加文本、图像等内容。凡是在整个网站范围内要反复使用或经常更新的个别设计元素，如站点的版权信息、徽标或广告等，均可创建成库项目。文本、图像、表格、声音和 Flash 文件等均可存储到库项目中。在库项目中不适宜包含样式表，因为样式表代码通常存储在网页文档的 head 部分，而库项目源代码是没有 head 部分的。

使用库项目时，Dreamweaver 将向文档中插入该项目的 HTML 源代码副本，并添加一个包含对原始外部项目引用的 HTML 注释。在 Dreamweaver 中每当编辑某个库项目时，均可以自动更新所有使用该项目的页面。自动更新过程就是通过这个外部引用来实现的。例如，假设你正在为某公司创建一个站点，公司希望在站点的每个页面上显示一个广告。你可以创建一个包含该广告的库项目，然后在每个页面上使用这个库项目。如果需要更改广告，则可以更改该库项目，这样可以自动更新所有使用这个库项目的页面。

在 Dreamweaver 中，创建的库项目保存在站点的“Library”文件夹内，“Library”文件夹是自动生成的，不能对其名称进行修改。

8.1.2 创建库项目

在 Dreamweaver CC 2017 中，创建库项目的方式有两种：一种是通过【资源】面板直接创建库项目文件，另一种是从现有网页文档创建库项目。

一、 直接创建库项目

选择菜单命令【窗口】/【资源】，打开【资源】面板，单击（库）按钮切换至【库】分类。单击面板右下角的（新建库项目）按钮，即可新建一个默认名为“Untitled”的库项目文件，将默认名称修改为新名称并按 Enter 键确认即可，如图 8-1 所示。

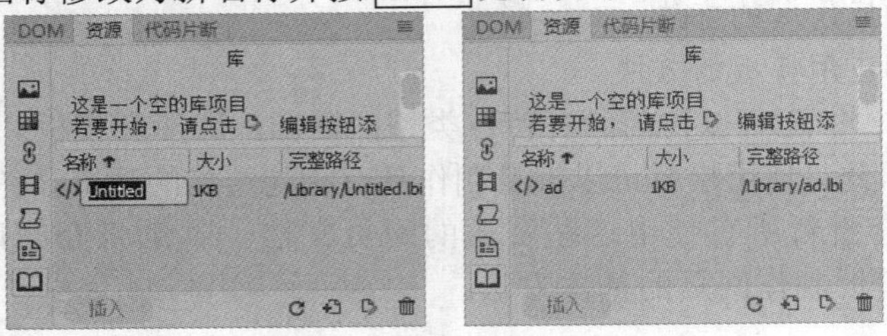

图8-1　新建库项目

这时仅仅创建了一个空白的库项目，还需要对其添加内容才有意义。在保证选中库项目的前提下，单击面板底部的（编辑）按钮打开库项目，在文档窗口中输入文本或插入图像等内容并保存文档即可，如图 8-2 所示。

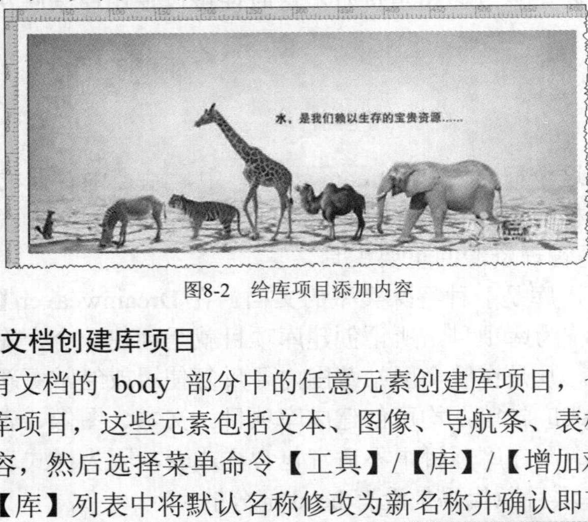

图8-2　给库项目添加内容

二、 从现有网页文档创建库项目

用户也可以从现有文档的 body 部分中的任意元素创建库项目，也就是将网页文档中现有的对象元素转换为库项目，这些元素包括文本、图像、导航条、表格及表单等。具体方法是：选中要转换的内容，然后选择菜单命令【工具】/【库】/【增加对象到库】将选中的内容转换为库项目，在【库】列表中将默认名称修改为新名称并确认即可，如图 8-3 所示。

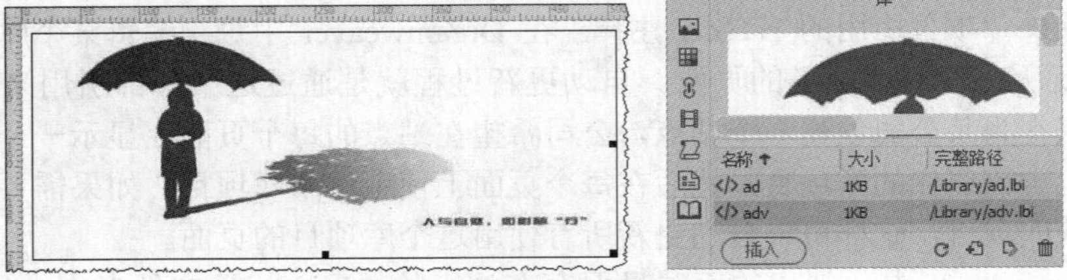

图8-3　从现有网页文档创建库项目

要点提示 在【库】列表中修改默认名称后，将弹出是否要更新链接信息提示框，直接确认即可。从现有网页文档创建库项目后，原文档中选中的内容变成了库项目，要注意保存一次原文档。

对于在库项目中使用的链接项，如插入的图像，库只保存对该项的引用。原始文件必须保留在指定的位置，这样才能使库项目正常工作。如果把一个库项目文件复制到一个新站点中，库项目中包含的超级链接可能无法在新站点中工作。而且库项目中的图像也不会被复制到新站点中，除非人为把库项目引用的文件一同复制。

8.1.3 应用库项目

库项目就是可以在多个页面中重复使用的页面元素。在 Dreamweaver CC 2017 中，应用库项目的方法是：打开网页文档，将鼠标光标置于要使用库项目的位置，然后在【资源】面板中选中库项目并单击底部的 插入 按钮或在鼠标右键快捷菜单中选择【插入】命令，将库项目插入到网页文档中，最后保存文档即可，如图 8-4 所示。

图8-4　插入库项目

应用库项目时，Dreamweaver 将在网页中插入该项目的链接而不是项目本身。也就是说，Dreamweaver 向文档中插入该项目的 HTML 源代码副本，并添加一个包含对原始外部项目的引用的 HTML 注释。自动更新过程就是通过这个外部引用来实现的。库项目【属性】面板中的“Src”可以清楚地说明这一点，如图 8-5 所示。

图8-5　库项目【属性】面板

8.1.4 维护库项目

创建库项目后，根据需要还经常要进行编辑、重命名、更新、分离和删除等维护操作，下面介绍具体的操作方法。

一、 编辑库项目

在当前网页文档中选择库项目后，在【属性】面板中单击 打开 按钮即可打开库项目，这等同于在【资源】面板的【库】类别中选择库项目后，单击面板底部的（编辑）按钮或在鼠标右键快捷菜单中选择【编辑】命令打开库项目，也可以双击库项目名称前的 </> 图标打开，在窗口中打开库项目后就可以对内容进行编辑了。

二、　重命名库项目

在【资源】面板的【库】类别中，库项目数量多于一个时，需要先选中库项目，然后再单击库项目的名称或在鼠标右键快捷菜单中选择【重命名】命令，使库项目名称处于可编辑状态，接着输入一个新名称并按 Enter 键确认即可。此时，需要在弹出的【更新文件】对话框中选择是否更新使用该项目的文档。

三、　更新库项目

在库项目被修改保存后，引用该库项目的网页文档会进行自动更新。如果没有进行自动更新，可以选择菜单命令【工具】/【库】/【更新当前页】对网页文档进行更新。也可选择菜单命令【工具】/【库】/【更新页面】，利用打开的【更新页面】对话框更新相关页面。在【查看】下拉列表中根据需要执行下列操作之一：如果要按相应库项目更新所选站点中的所有文件，请选择【整个站点】，然后从后面的下拉列表中选择站点名称，如图 8-6 所示；如果要针对特定库项目更新文件，请选择【文件使用…】，然后从后面的下拉列表中选择库项目名称，如图 8-7 所示。要确保在【更新】选项中选中了【库项目】。

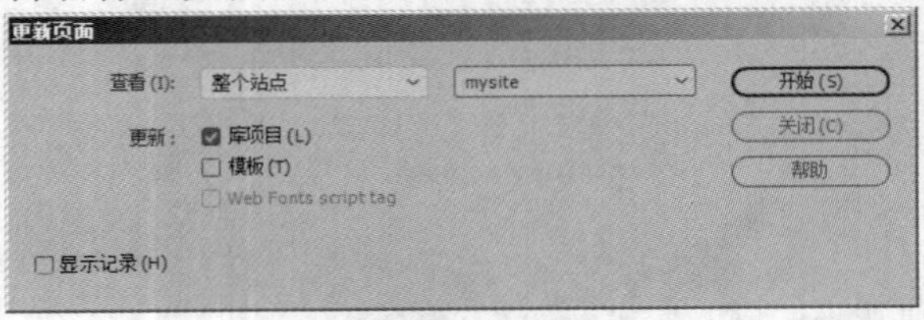

图8-6　更新站点

图8-7　更新页面

四、　分离库项目

应用了库项目的网页文档，如果希望库项目成为网页文档的一部分，不再受库项目的约束，可以将库项目从源文件中分离。方法是：在当前网页中选中库项目，然后在【属性】面板中单击 从源文件中分离 按钮，在弹出的信息提示框中单击 确定 按钮，将库项目的内容与库文件分离，如图 8-8 所示。将库项目从源文件分离后，就可以在网页文档中对这部分内容直接进行编辑了，因为它已经是网页文档的一部分，与库项目不再有任何关联。

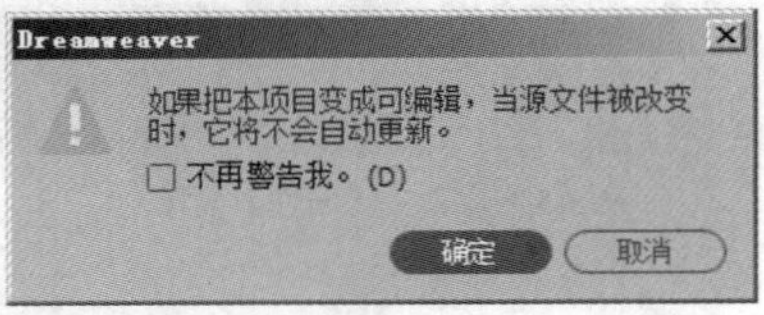

图8-8　分离库项目信息提示框

五、　删除库项目

在【资源】面板的【库】分类中选中要删除的库项目，然后单击【资源】面板右下角的 🗑 按钮或在鼠标右键快捷菜单中选择【删除】命令即可，也可直接按 Delete 键。库项目删除后无法恢复，因此要特别谨慎。

8.1.5　课堂案例——罗布泊

本小节将通过案例“罗布泊”来练习创建和应用库项目的基本方法，希望读者通过对案例的学习，能够熟练掌握使用库项目的基本方法。在进行本实例操作前，请将素材文档复制到 Dreamweaver 站点下。实例效果如图 8-9 所示。

图8-9　罗布泊

本例视频

【操作步骤】

1. 选择菜单命令【窗口】/【资源】，打开【资源】面板，然后单击（库）按钮切换至【库】分类。
2. 单击【资源】面板右下角的（新建库项目）按钮，创建一个库项目，并将默认名称修改为新名称，然后按Enter键确认，如图 8-10 所示。

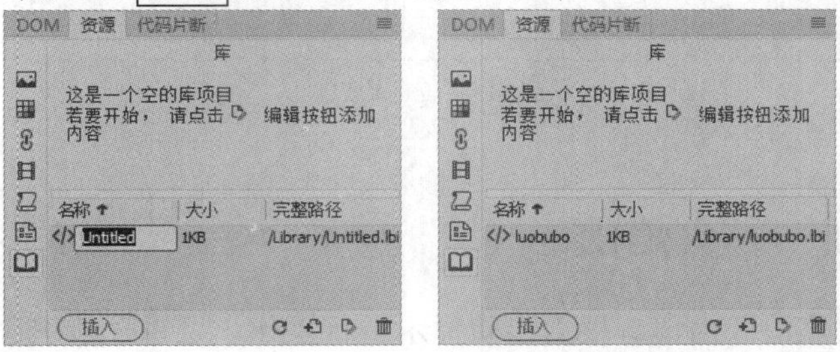

图8-10　创建库项目

3. 选中库项目，然后单击【资源】面板底部的（编辑）按钮打开库项目。
4. 选择菜单命令【插入】/【Image】，在文档窗口中插入图像，如图 8-11 所示。

图8-11　在库项目中插入图像

5. 选择菜单命令【文件】/【保存】，保存库项目，然后关闭库项目文档。
6. 在【文件】面板中双击打开网页文档“815.htm”，如图 8-12 所示。

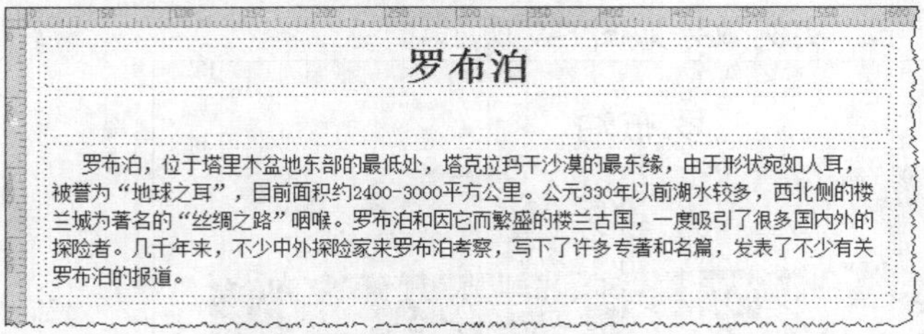

图8-12　打开网页文档

7. 将鼠标光标置于标题“罗布泊”下面的单元格中，然后在【资源】面板中选中库项目，并单击底部的 插入 按钮将库项目插入到网页文档中，如图 8-13 所示。

图8-13　插入库项目

8. 保存文档。

8.1.6 课堂实训——火焰山

本小节实例“火焰山”由读者根据步骤提示自行操作，以进一步巩固使用库项目的基本方法。在进行本实例操作前，请将素材文档复制到 Dreamweaver 站点下。实例效果如图 8-14 所示。

图8-14　火焰山

本例视频

【步骤提示】

1. 在【资源】面板的【库】分类中创建库项目“huoyanshan.lbi”。
2. 打开库项目，插入名称为“huoyanshan.jpg”的图像并保存文档。
3. 打开网页文档“816.htm”，将创建的库项目插入到中间单元格内。
4. 保存文档。

8.2 使用模板

在批量制作具有相同版式和风格的网页时，使用模板是一个不错的选择，它可以提高网页制作和站点维护的效率。下面介绍模板的基本知识。

8.2.1 认识模板

库项目通常代表诸如站点徽标或版权信息这类小型的设计资源，如果要控制较大的设计区域，就要使用模板了。

在 Dreamweaver 中，模板是一种特殊类型的文档，主要用于设计固定的并可重复使用的页面布局。基于模板创建的网页文档会继承模板的页面布局结构，而且与该模板保持连接状态（除非以后分离该文档），当模板修改时可以一次更新所有基于该模板创建的网页文档中的设计。在设计模板时，设计者可在模板中插入可编辑区域或可编辑参数，从而指定在基于模板创建的网页文档中哪些区域是可以编辑的。创建模板时，可编辑区域和锁定区域都可以更改。而在基于模板的文档中，模板用户只能在可编辑区域中进行更改，不能修改锁定区域。在 Dreamweaver 中，共有以下几种类型的模板区域。

- 可编辑区域：是基于模板的文档中未锁定的区域，也就是模板用户可以进行添加、修改和删除网页元素等编辑操作的部分。模板设计者可以将模板中的任何区域指定为可编辑区域。要使模板生效，模板中至少应该包含一个可编辑区域，否则基于该模板创建的页面是不可编辑的。
- 重复区域：是文档布局的一部分，是指可以复制任意次数的指定区域，设置该部分可以使模板用户必要时在基于模板的文档中添加或删除重复区域的副本。例如，可以设置重复一个表格行。但是重复区域不是可编辑区域，如果要使重复区域中的内容可编辑，必须在重复区域内插入可编辑区域。
- 重复表格：是指包含重复行的表格格式的可编辑区域，设计者可以定义表格的属性并设置哪些单元格可编辑。重复表格可以被包含在重复区域内，但不能被包含在可编辑区域内。
- 可选区域：模板中放置内容（如文本或图像）的部分，该部分在文档中可以出现也可以不出现。在基于模板的页面上，模板用户通常控制是否显示内容。
- 可编辑标签属性：用于对模板中的标签属性解除锁定，这样便可以在基于模板的页面中编辑相应的属性。例如，可以“锁定”出现在文档中的图像，而允许模板用户重新设置图像的对齐方式：左对齐、右对齐或居中对齐。

Dreamweaver 中的模板区域，又可以称为模板对象。在制作网页模板时，最常用的模板对象主要是可编辑区域、重复区域和重复表格。

模板操作必须在 Dreamweaver 站点中进行，如果没有站点，在保存模板时系统会提示创建 Dreamweaver 站点。在 Dreamweaver 中，创建的模板文件保存在站点的“Templates”文件夹内，“Templates”文件夹是自动生成的，不能对其名称进行修改。

8.2.2　创建模板

在 Dreamweaver CC 2017 中，创建模板的方式有两种：一种是通过【资源】面板或【新建文档】对话框直接创建；另一种是将现有网页另存为模板。不管哪种方式，最后都要在模板中设置模板区域，即添加模板对象，如可编辑区域、重复区域和重复表格等。

一、　直接创建模板

选择菜单命令【窗口】/【资源】，打开【资源】面板，单击（模板）按钮切换至【模板】分类。单击【资源】面板右下角的（新建模板）按钮，即可新建一个默认名为“Untitled”的模板文件，将默认名称修改为新名称并按 Enter 键确认即可，如图 8-15 所示。此时的模板还是一个空文件，需要通过单击面板底部的（编辑）按钮打开模板文档，然后根据实际需要设计页面并添加模板对象才有实际意义。

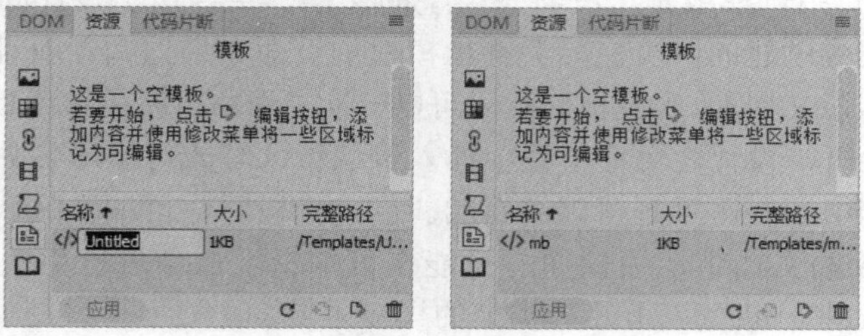

图8-15　通过【资源】面板创建模板

除了通过【资源】面板来创建模板文件，也可以选择菜单命令【文件】/【新建】，打开【新建文档】对话框，在【新建文档】类别中选择【HTML 模板】，如图 8-16 所示，单击 创建(R) 按钮创建一个模板文档，然后根据实际需要设计页面并添加模板对象。

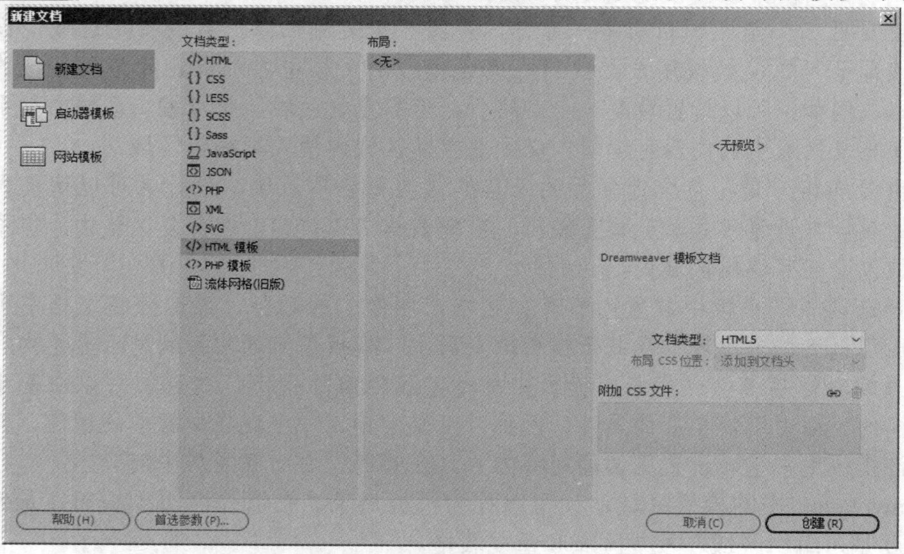

图8-16　【新建文档】对话框

二、 将现有网页另存为模板

打开一个网页文档，选择菜单命令【文件】/【另存为模板】，打开【另存模板】对话框，设置好模板要保存的位置和名称，然后保存即可，如图 8-17 所示。此时，需要删除模板中不需要的内容，保留页面布局结构，并根据需要添加模板对象。

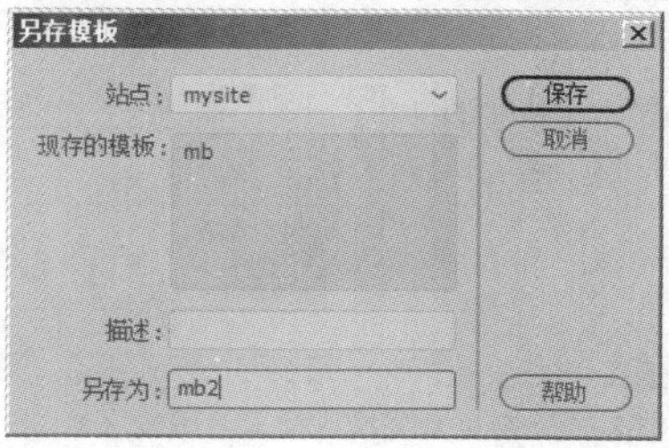

图8-17 【另存模板】对话框

三、 添加模板对象

比较常用的模板对象有可编辑区域、重复区域和重复表格。

(1) 可编辑区域。

将鼠标光标定位于合适的位置，然后选择菜单命令【插入】/【模板】/【可编辑区域】，打开【新建可编辑区域】对话框，在【名称】文本框中输入可编辑区域名称，最后单击 确定 按钮插入可编辑区域，如图 8-18 所示。

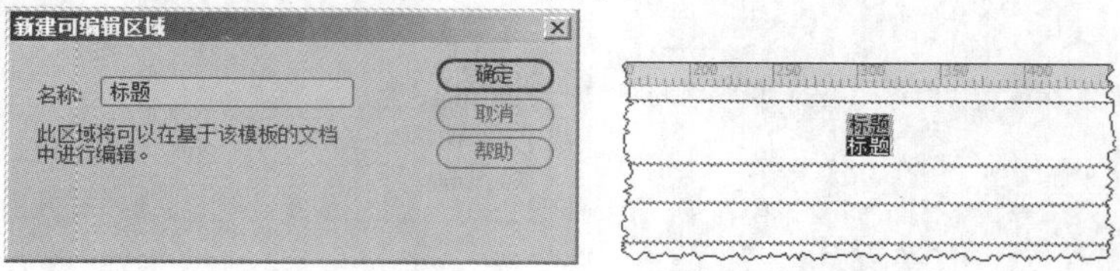

图8-18 插入可编辑区域

在网页文档中，可编辑区域左上角显示可编辑区域的名称，单击可编辑区域的名称将其选中，在【属性】面板的【名称】文本框中可以修改其名称，如图 8-19 所示。

图8-19 可编辑区域【属性】面板

(2) 重复区域。

将鼠标光标定位于合适的位置，然后选择菜单命令【插入】/【模板】/【重复区域】，打开【新建重复区域】对话框，在【名称】文本框中输入重复区域名称并单击 确定 按钮插入重复区域，如图 8-20 所示。

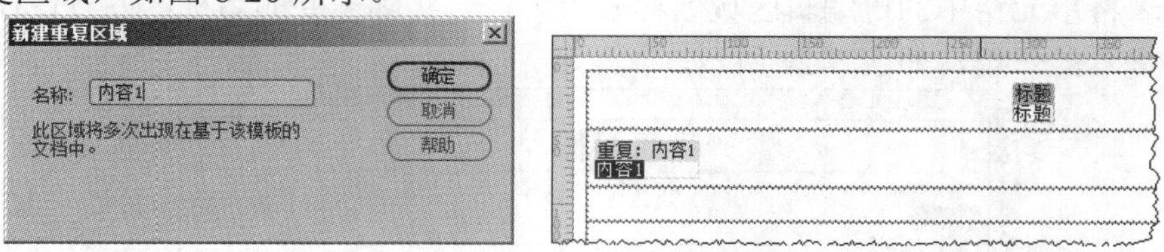

图8-20 插入重复区域

在网页文档中，重复区域左上角显示重复区域的名称，单击重复区域的名称将其选中，在【属性】面板的【名称】文本框中可以修改其名称，如图 8-21 所示。

图8-21　重复区域【属性】面板

重复区域不是可编辑区域，若要使重复区域中的内容可编辑，必须在重复区域内插入可编辑区域或重复表格，如图 8-22 所示。

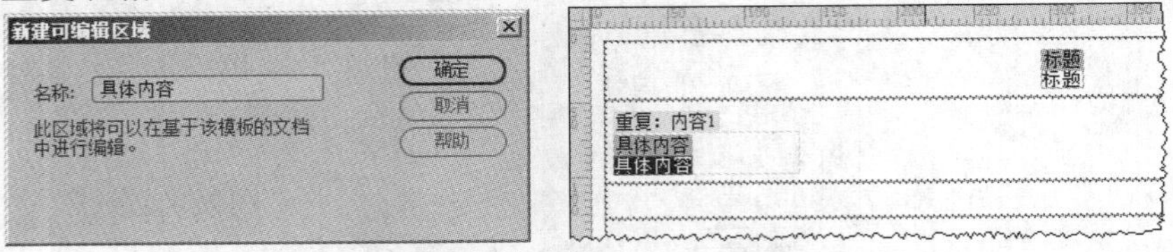

图8-22　在重复区域内插入可编辑区域

(3)　重复表格。

将鼠标光标定位于合适的位置，然后选择菜单命令【插入】/【模板】/【重复表格】，打开【插入重复表格】对话框并进行参数设置，最后单击 确定 按钮插入重复表格，如图 8-23 所示。重复表格实际上是重复区域、可编辑区域和表格的综合应用，是一种特殊的重复区域类型，重复表格中已经包含了可编辑区域，这与单纯的重复区域是不同的。

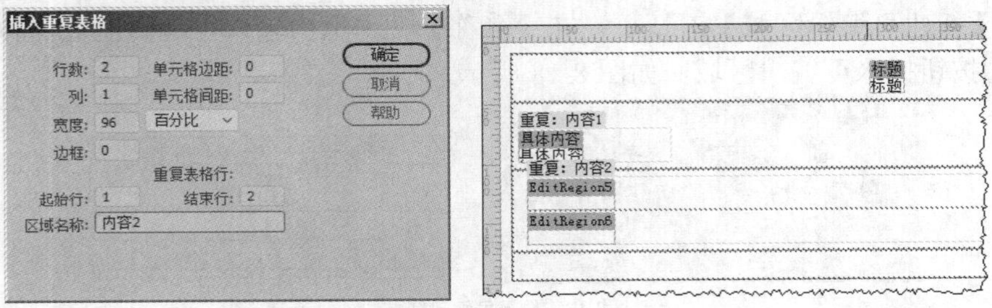

图8-23　插入重复表格

如果在【插入重复表格】对话框中不设置【单元格边距】【单元格间距】【边框】的值，则大多数浏览器按【单元格边距】为“1”、【单元格间距】为“2”和【边框】为“1”显示表格。【插入重复表格】对话框的上半部分与普通的表格参数没有什么不同，不同的是下半部分的参数，其作用简要说明如下。

- 【重复表格行】：用于指定表格中的哪些行包括在重复区域中。
- 【起始行】：用于设置重复区域的第 1 行。
- 【结束行】：用于设置重复区域的最后 1 行。
- 【区域名称】：用于设置重复表格的名称。

将重复表格单元格中的可编辑区域名称修改为符合实际需要的名称，以方便在使用模板时起到信息提示的作用，如图 8-24 所示。

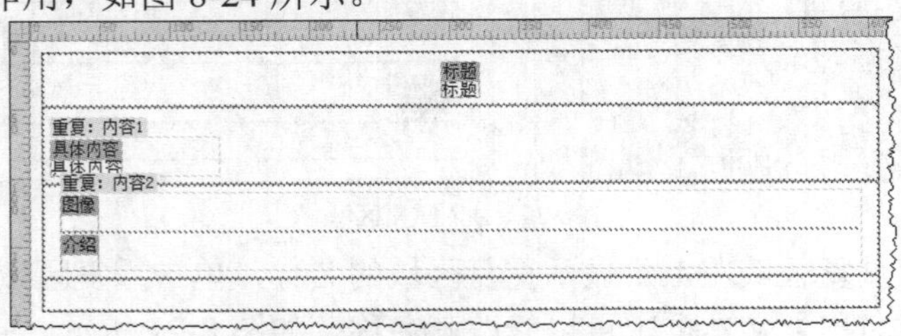

图8-24　修改重复表格中可编辑区域的名称

8.2.3 应用模板

创建模板的目的在于通过模板批量生成网页，通过模板生成网页的方式有以下两种。

一、 从模板新建网页

选择菜单命令【文件】/【新建】，打开【新建文档】对话框，选择【网站模板】选项，在【站点】列表框中选择相应的站点，在模板列表框中选择需要的模板，在模板预览区下面选择【当模板改变时更新页面】复选框，如图 8-25 所示。

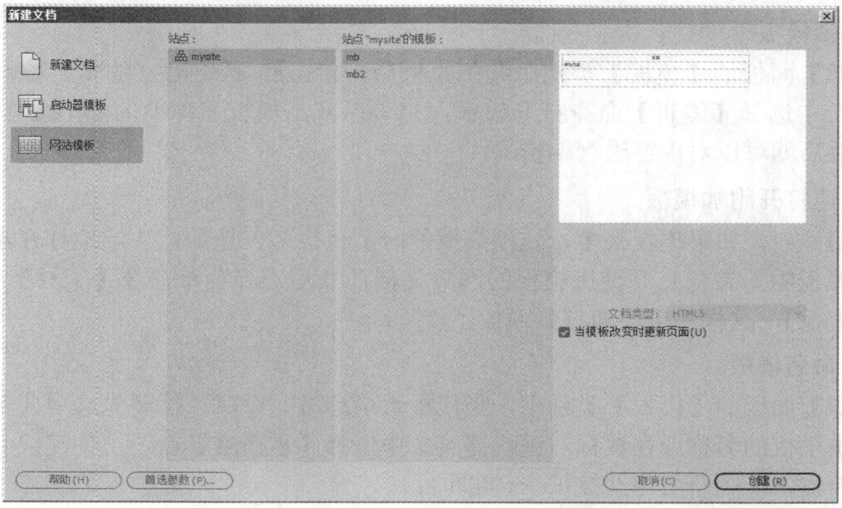

图8-25 从模板创建网页

单击创建(R)按钮，创建基于模板的网页文档，如图 8-26 所示。

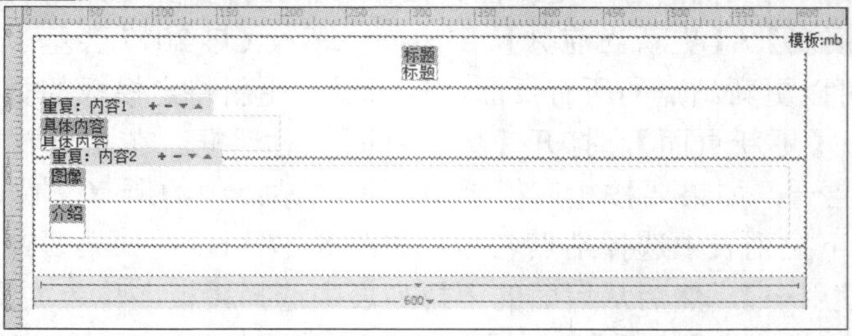

图8-26 创建基于模板的网页

“标题”处是在模板中直接插入的可编辑区域，用户可以根据需要直接添加内容。“重复：内容 1”是重复区域，在模板中又插入了可编辑区域“具体内容”，可单击按钮添加重复区域，并在可编辑区域“具体内容”中添加需要的内容，包括文本、图像甚至表格等。“重复：内容 2”是重复表格，单击按钮添加重复行，重复的部分包括“图像”和“标题”两个可编辑区域，可在其中添加相应的内容。单击按钮可删除选中的重复部分，单击按钮可下移选中的重复部分，单击按钮可上移选中的重复部分。内容添加完毕后，要注意保存网页文档。

二、 将现有页面应用模板

首先打开要应用模板的网页文档，然后选择菜单命令【工具】/【模板】/【应用模板到页】，或在【资源】面板的模板列表框中选中要应用的模板，再单击面板底部的应用按钮即可应用模板。如果已打开的文档是一个空白文档，文档将直接应用模板；如果打开的文档是一个有内容的文档，这时通常会打开一个【不一致的区域名称】对话框，该对话框会提示用户将文档中的已有内容移到模板的相应区域。

8.2.4 维护模板

创建模板后，根据需要还经常要进行编辑、重命名、更新、分离和删除等维护操作，下面介绍具体的操作方法。

一、 编辑模板

在【资源】面板的【模板】类别中选中模板后，单击底部的（编辑）按钮或在鼠标右键快捷菜单中选择【编辑】命令打开模板，也可以双击模板名称前的图标打开，在窗口中打开模板后就可以对内容进行编辑了。

二、 快速打开附加模板

在一个网站中，如果模板很多，使用模板的网页也很多，该如何快速地打开当前网页文档所使用的模板呢？首先打开使用模板的网页文档，然后选择菜单命令【工具】/【模板】/【打开附加模板】，这样就可快速打开模板了。

三、 重命名模板

在【资源】面板的【模板】类别中，当模板数量超过一个时，需要先选中要重命名的模板，然后单击模板的名称或在鼠标右键快捷菜单中选择【重命名】命令，使模板名称处于编辑状态，接着输入一个新名称并按 Enter 键即可。

四、 更新应用了模板的文档

手动更新基于模板的文档的方法是：在文档窗口中打开要更新的网页文档，然后选择菜单命令【工具】/【模板】/【更新当前页】，Dreamweaver CC 2017 会基于模板的变化来更新该网页文档。用户可以更新站点的所有页面，也可以只更新特定模板的页面。选择菜单命令【工具】/【模板】/【更新页面】，打开【更新页面】对话框。在【查看】下拉列表中根据需要执行下列操作之一：如果要按相应模板更新所选站点中的所有文件，请选择【整个站点】，然后从后面的下拉列表中选择站点名称，如图 8-27 所示；如果要针对特定模板更新文件，请选择【文件使用…】，然后从后面的下拉列表中选择模板名称，如图 8-28 所示。要确保在【更新】选项中选中了【模板】。如果不想查看更新文件的记录，可取消选择【显示记录】复选框。单击 开始(S) 按钮更新文件，如果选择了【显示记录】复选框，将提供关于它试图更新的文件的信息，包括它们是否成功更新的信息。

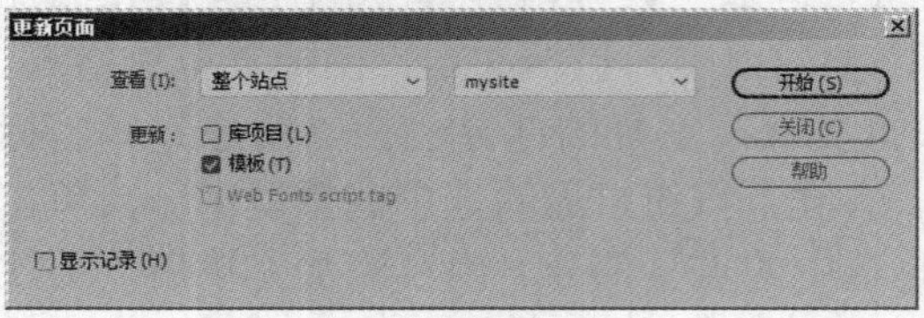

图8-27　更新站点

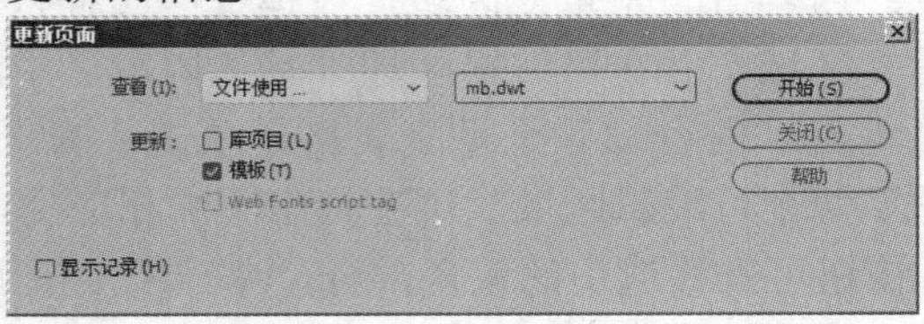

图8-28　更新页面

五、 将网页从模板中分离

打开想要分离的基于模板的文档，然后选择菜单命令【工具】/【模板】/【从模板中分离】。网页文档脱离模板后，模板中的内容将自动变成网页中的内容，网页与模板不再有关联，用户可以在文档中的任意区域进行编辑。

六、 删除模板

在【资源】面板的【模板】类别中选择要删除的模板，单击面板底部的按钮或按Delete键，然后确认要删除该模板。删除模板后，该模板文件将被从站点中删除。基于已删除模板的文档不会与此模板分离，它们仍保留该模板文件在被删除前所具有的结构和可编辑区域。可以将这样的文档转换为没有可编辑区域或锁定区域的网页文档。

8.2.5 课堂案例——百慕大

本小节将通过案例“百慕大”来练习创建和应用模板的基本方法，希望读者通过对案例的学习，能够熟练掌握模板在网页制作中的应用技能和方法。在进行本实例操作前，请将素材文档复制到Dreamweaver站点下。实例效果如图8-29所示。

图8-29 百慕大

本例视频

【操作步骤】

1. 选择菜单命令【窗口】/【资源】，打开【资源】面板，单击（模板）按钮切换至【模板】分类，单击面板右下角的（新建模板）按钮新建一个模板文件，如图8-30所示。

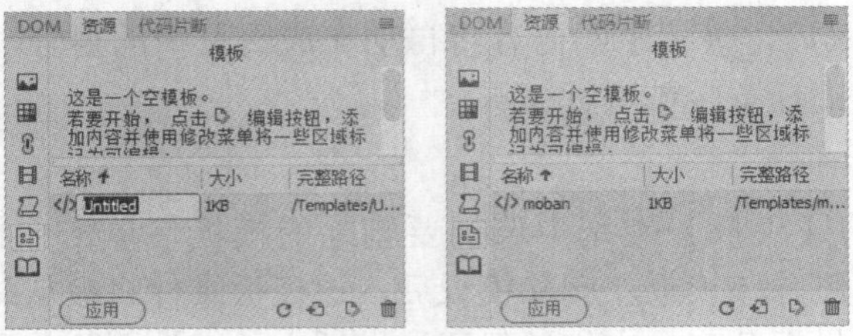

图8-30　新建模板文件

2. 单击面板右下角的（编辑）按钮，打开模板，然后选择菜单命令【插入】/【Table】，插入一个 4 行 1 列、宽度为“780 像素”的表格，填充、间距和边框均为“0”，表格对齐方式为“居中对齐”，如图 8-31 所示。

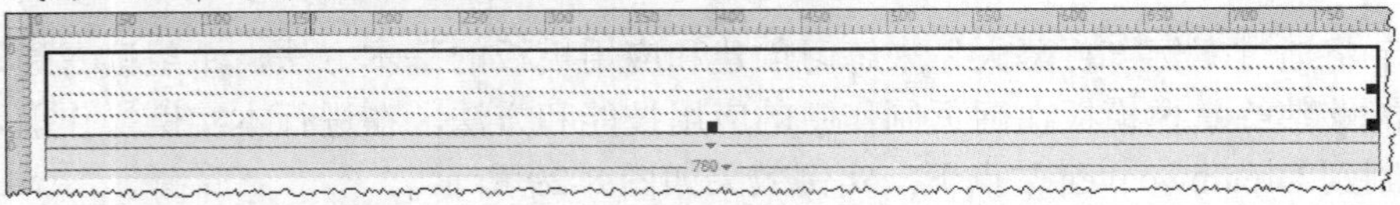
图8-31　插入表格

3. 设置第 1 行和第 4 行单元格的水平对齐方式为“居中对齐”，高度为“50”，单元格背景颜色为“#ADD9EF”。
4. 设置第 2 行和第 3 行单元格的水平对齐方式均为“居中对齐”。
5. 在第 1 行单元格中输入文本“百慕大”并设置其为“标题 1”格式，在第 4 行单元格中输入相应文本，如图 8-32 所示。

图8-32　输入文本

6. 将鼠标光标置于第 2 行单元格内，然后选择菜单命令【插入】/【模板】/【重复区域】，打开【新建重复区域】对话框，在【名称】文本框中输入“内容 1”并单击确定按钮插入重复区域，如图 8-33 所示。

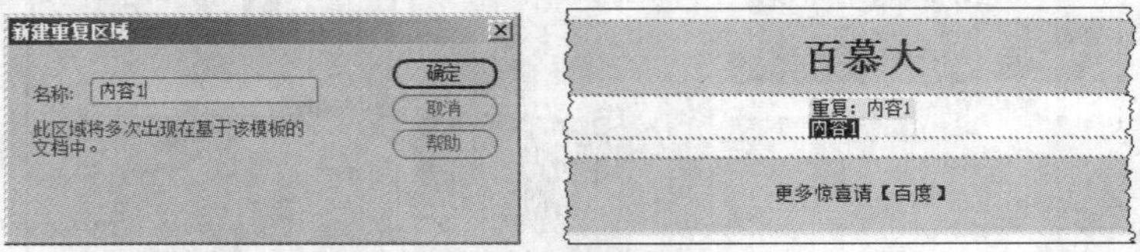

图8-33　插入重复区域

7. 将重复区域内的文本删除，然后选择菜单命令【插入】/【模板】/【可编辑区域】，打开【新建可编辑区域】对话框，在【名称】文本框中输入“具体内容”，最后单击确定按钮插入可编辑区域，如图 8-34 所示。

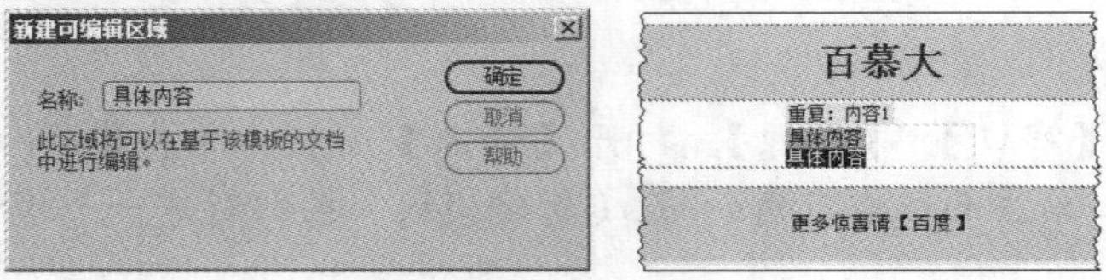

图8-34　插入可编辑区域

8. 将鼠标光标置于第 3 行单元格内，然后选择菜单命令【插入】/【模板】/【重复表格】，打开【插入重复表格】对话框并进行参数设置，最后单击 确定 按钮插入重复表格，如图 8-35 所示。

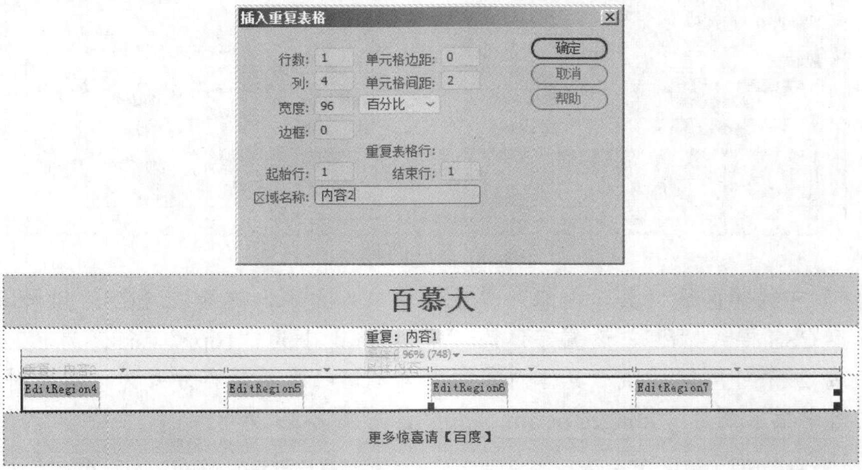

图8-35　插入重复表格

9. 将重复表格中 4 个单元格的水平对齐方式均设置为“居中对齐”，然后选择菜单命令【文件】/【保存】，再次保存模板文档。

10. 选择菜单命令【文件】/【新建】，打开【新建文档】对话框，选择【网站模板】选项，在【站点】列表框中选择相应的站点，在模板列表框中选择需要的模板，在模板预览区下面选择【当模板改变时更新页面】复选框，如图 8-36 所示。

图8-36　从模板创建网页

11. 单击 创建(R) 按钮，创建基于模板的网页文档并保存为“825.htm”，如图 8-37 所示。

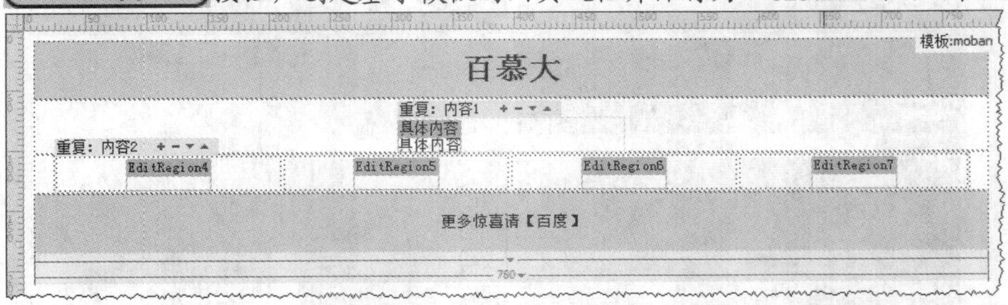

图8-37　创建基于模板的网页

12. 单击重复区域“重复：内容 1”后面的 + 按钮添加一个重复区域，并将两个可编辑区域中的文本删除，然后分别添加一个表格，表格宽度为“100%”、填充和边框均为“0”、间距为“5”。

13. 单击重复区域“重复：内容 2”后面的 + 按钮添加一个重复行，如图 8-38 所示。

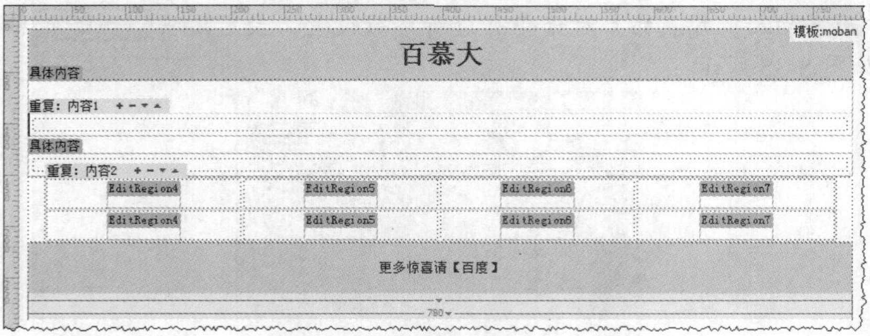

图8-38　添加重复区域

14. 在第 1 个可编辑区域“具体内容”单元格中输入文本，然后在【CSS 设计器】面板中创建标签 CSS 样式“td”，设置字体为“宋体”、大小为“16px”、行高为“25 px”。

15. 设置在第 2 个可编辑区域“具体内容”中单元格的水平对齐方式为“居中对齐”，然后在单元格中插入图像“images/bermuda.jpg”，如图 8-39 所示。

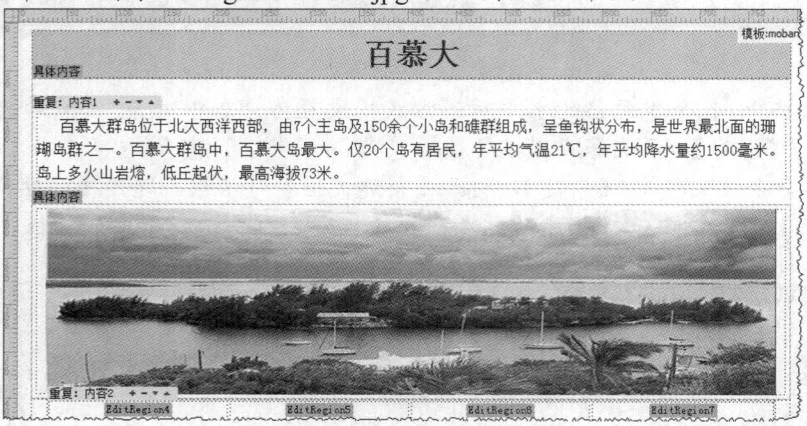

图8-39　插入图像

16. 在重复区域“重复：内容 2”的 8 个可编辑区域中依次插入图像“images/01.jpeg”～“images/08.jpeg”，如图 8-40 所示。

图8-40　插入图像

17. 保存文档。

8.2.6 课堂实训——海洋生物

本小节实例“海洋生物”由读者根据步骤提示自行操作，以进一步巩固使用模板的基本方法。在进行本实例操作前，请将素材文档复制到 Dreamweaver 站点下。实例效果如图 8-41 所示。

本例视频

图8-41 海洋生物

【步骤提示】

1. 创建模板文件“826.dwt”，打开【页面属性】对话框，设置页面字体为“宋体”、文本大小为“14px”，然后在【CSS 设计器】面板的文本属性中将行高设置为“20px”。
2. 插入一个 2 行 1 列、宽为“780 像素”的表格，填充、间距和边框均为“0”，表格对齐方式为“居中对齐”，然后在第 1 个单元格中插入图像“../images/logo.jpg”，设置第 2 个单元格的高度为“10”，并在其中插入一条水平线。
3. 在上一个表格的后面继续插入一个 1 行 2 列、宽为“780 像素”的表格，填充、间距和边框均为“0”，表格对齐方式为“居中对齐”。
4. 设置左侧单元格的水平对齐方式为“居中对齐”，垂直对齐方式为“顶端”，宽度为“160 像素”，然后在左侧单元格中插入名称为“左侧内容”的重复区域。将重复区域中的文本删除，然后插入一个 1 行 1 列、宽度为“90%”的表格，填充、边框均为“0”，间距为“5”，设置单元格的水平对齐方式为“居中对齐”，高度为“30”，背景颜色为“#E0E0E0”，在单元格中再插入一个名称为“内容”的可编辑区域。

5. 设置右侧单元格的水平对齐方式为“居中对齐”，垂直对齐方式为“顶端”，然后在其中插入重复表格：行数为“2”、列数为“1”、边距为“0”、间距为“5”、宽度为“90%”、边框为“0”、起始行为“1”、结束行为“2”、区域名称为“右侧内容”。最后把重复表格两个单元格中的可编辑区域的名称分别修改为“图像”和“文本”，把“图像”可编辑区域所在单元格的水平对齐方式设为“居中对齐”。
6. 在上一个表格的后面继续插入一个 1 行 1 列、宽为“780 像素”的表格，填充、间距和边框均为“0”，表格对齐方式为“居中对齐”，然后设置单元格的水平对齐方式为“居中对齐”、单元格高度为“50”、背景颜色为“#E0E0E0”，并输入相应文本。
7. 保存模板，然后根据模板“826.dwt”创建一个网页文档“826.htm”。
8. 连续单击重复区域“重复：左侧内容”后面的 + 按钮 3 次，依次添加 3 个重复区域，然后在单元格中输入相应的文本。
9. 单击重复区域“重复：右侧内容”后面的 + 按钮添加一个重复行，然后在单元格中插入相应的图像并输入相应的文本。
10. 保存文档。

8.3 综合案例——南极洲

本节将通过综合案例“南极洲”来进一步巩固使用库和模板制作网页的基本方法。在进行本实例操作前，请将素材文档复制到 Dreamweaver 站点下。实例效果如图 8-42 所示。

本例视频

图8-42　南极洲

【操作步骤】

1. 在【资源】面板的【库】分类中，单击 （新建库项目）按钮新建一个库项目

“header”，然后单击（编辑）按钮打开库项目，并选择菜单命令【插入】/【Image】插入图像“logo.jpg”，如图 8-43 所示，最后保存并关闭库项目。

图8-43 创建库项目“header”

2. 运用同样的方法新建一个库项目“footer”，并输入相应的文本，如图 8-44 所示。

图8-44 创建库项目“footer”

3. 在【资源】面板的【模板】分类中，单击（新建模板）按钮新建一个模板文件“nj”，并双击模板名称前的图标将其打开。
4. 打开【页面属性】对话框，设置文本字体为“宋体”、文本大小为“14px”，然后在【CSS 设计器】面板的文本属性中将行高设置为“20px”。
5. 选择菜单命令【插入】/【Table】，插入一个 1 行 1 列、宽度为“780 像素”的表格，边距、间距和边框均为“0”，表格的对齐方式设置为“居中对齐”。
6. 将单元格水平对齐方式设置为“居中对齐”，然后选择菜单命令【插入】/【模板】/【可编辑区域】，在单元格中插入一个可编辑区域，如图 8-45 所示。

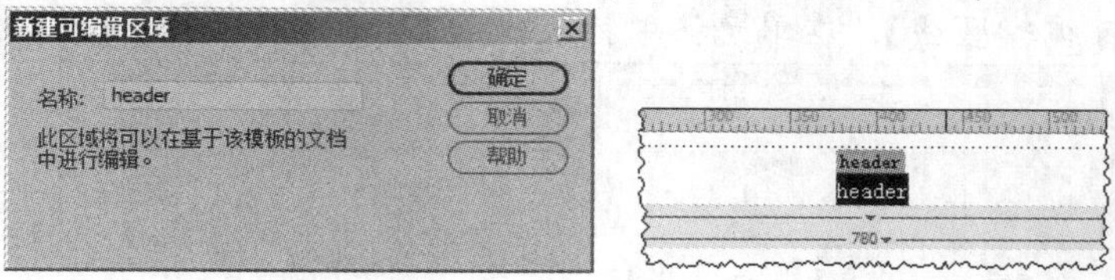

图8-45 插入可编辑区域

7. 在表格的后面继续插入一个 1 行 2 列的表格，表格宽度为“780 像素”，填充、间距和边框均为“0”，表格的对齐方式为“居中对齐”。
8. 在【属性】面板中设置左侧单元格的垂直对齐方式为“顶端”、宽度为“180”、单元格背景颜色为“#72EDF5”，右侧单元格的水平对齐方式为“居中对齐”、垂直对齐方式为“顶端”、宽度为“600”。
9. 将鼠标光标置于左侧单元格中，然后选择菜单命令【插入】/【模板】/【可编辑区域】，在单元格中插入一个可编辑区域，如图 8-46 所示。

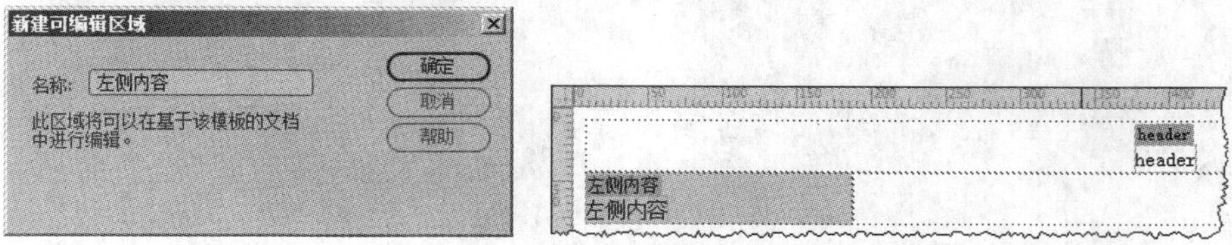

图8-46 插入可编辑区域

10. 将鼠标光标置于右侧单元格中，然后选择菜单命令【插入】/【模板】/【重复区域】，插入一个重复区域，如图 8-47 所示。

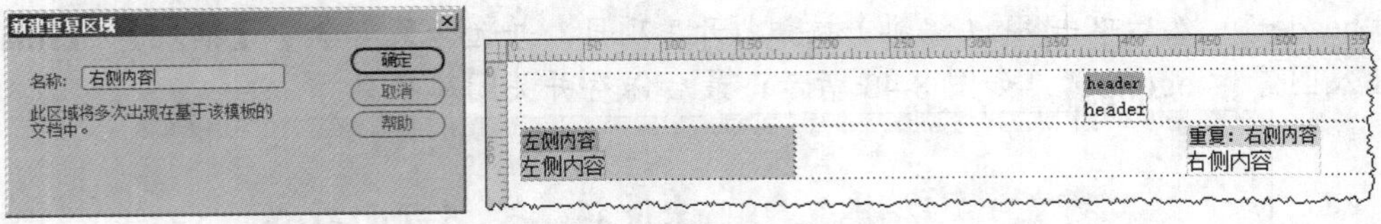

图8-47 插入重复区域

11. 将重复区域中的文本删除，接着插入一个 2 行 1 列的表格，表格宽度为“570 像素”、填充和边框均为“0”、间距为“2”，然后在【属性】面板中设置第 1 行单元格的水平对齐方式均为“居中对齐”。
12. 选择菜单命令【插入】/【模板】/【可编辑区域】，依次在两个单元格中插入可编辑区域，名称分别为“图像”和“介绍”，如图 8-48 所示。

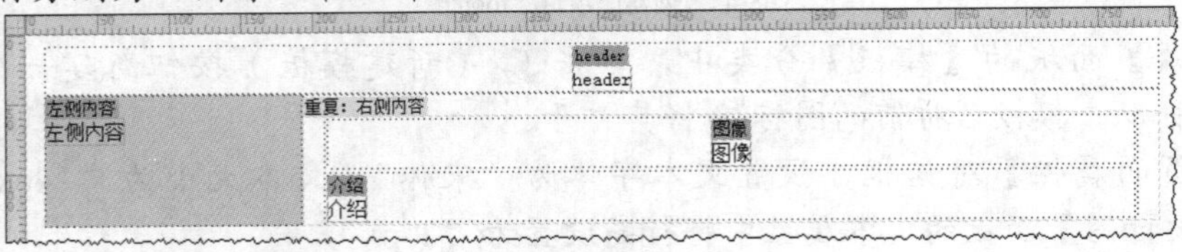

图8-48 插入可编辑区域

13. 在最外层表格的后面再插入一个 1 行 1 列的表格，表格宽度为“780 像素”，填充、间距和边框均为“0”，表格的对齐方式为“居中对齐”，同时设置单元格的水平对齐方式为“居中对齐”、高度为“50”、背景颜色为“#5ECAF1”，最后选择菜单命令【插入】/【模板】/【可编辑区域】，在单元格中插入一个可编辑区域，如图 8-49 所示。

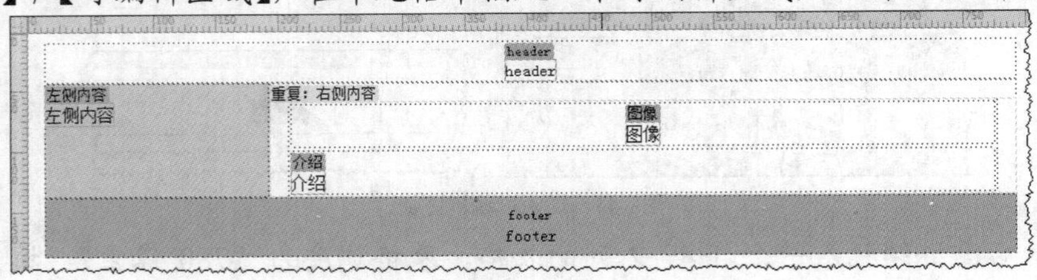

图8-49 插入可编辑区域“footer”

14. 保存并关闭模板文档。
15. 选择菜单命令【文件】/【新建】，打开【新建文档】对话框，选择【网站模板】选项，然后在【站点】列表框中选择站点，在模板列表框中选择模板，并选择【当模板改变时更新页面】复选框，如图 8-50 所示。

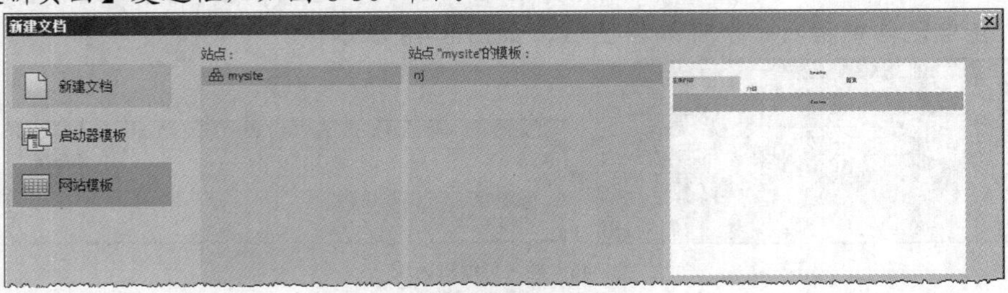

图8-50 【新建文档】对话框

16. 单击 创建(R) 按钮创建基于模板的网页文档，并将其保存为“83.htm”，如图 8-51 所示。

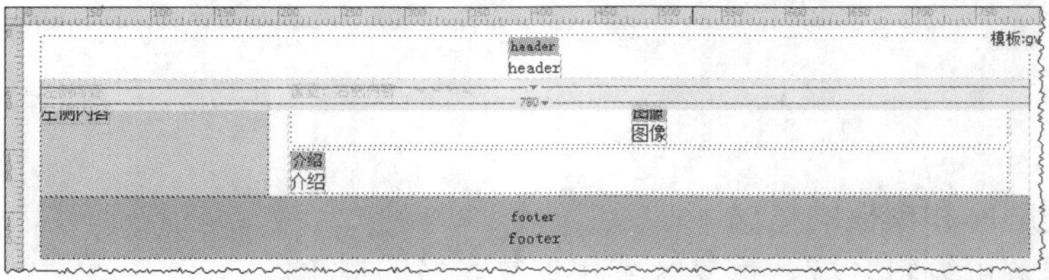

图8-51　创建基于模板的文档

17. 将顶部表格单元格中的文本“header”删除，然后在【资源】面板的【库】分类中选中库项目“header”，并单击插入按钮将其插入单元格中。
18. 将最底部表格单元格中的文本“footer”删除，然后在【资源】面板的【库】分类中选中库项目“footer”，并单击插入按钮将其插入单元格中，如图 8-52 所示。

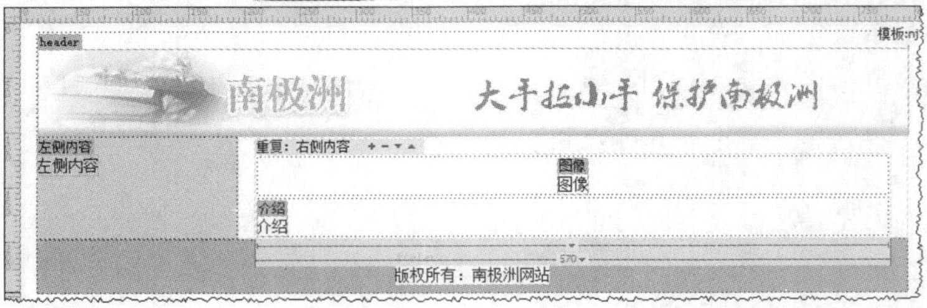

图8-52　插入库项目

19. 将中间表格左侧单元格可编辑区域中的文本“左侧内容”删除，然后插入一个 1 行 1 列的表格，表格宽度为“100%”、填充和边框均为“0”、间距为“5”，输入文本。
20. 将右侧重复区域中可编辑区域内的文本“图像”和“介绍”删除，然后插入图像“images/nanjizhou-1.jpg”并输入文本。
21. 单击“重复：右侧内容”后面的 + 按钮添加一个重复区域，依次将两个单元格中可编辑区域内的文本删除，然后插入图像“images/nanjizhou-2.jpg”并输入文本，如图 8-53 所示。

图8-53　使用库和模板制作网页

22. 保存文档。

8.4 习题

1. 思考题。
   (1) 如何理解库和模板的概念。
   (2) 如何理解可编辑区域、重复区域和重复表格的概念。
   (3) 如何分离模板和库项目。
2. 操作题。

根据自己的喜好自行搜集素材，并运用本章所学知识，创建库项目和模板，然后根据库项目和模板创建一个网页。

第9章 使用行为

【学习目标】

- 了解行为的基本概念。
- 了解事件和动作的关系及常用行为。
- 掌握在网页中添加和设置常用行为的基本方法。

Dreamweaver 附带的 JavaScript 行为，适用于新型浏览器。适当使用行为能够为网页增添许多动态效果，提高网站的可交互性。本章将介绍行为的基本知识，以及在网页中使用行为的基本方法。

9.1 关于行为

下面介绍行为的基本知识及添加行为的基本过程。

9.1.1 认识行为

行为是事件和事件触发的动作的组合，是用来动态响应用户操作、改变当前页面效果或执行特定任务的一种方法。行为的基本元素有两个：事件和动作，事件是触发动作的原因，动作是事件触发后要实现的效果。

事件是由浏览器生成的消息，它提示浏览者已经执行了某种操作。例如，当浏览者将鼠标指针移到某个链接上时，浏览器将为该链接产生一个“onMouseOver”事件，然后浏览器将会检查在当前页面中是否需要执行某段 JavaScript 代码。不同的页面元素定义不同的事件。例如，在大多数浏览器中，“onMouseOver”和“onClick”是与超级链接相关联的事件，而“onLoad”是与图像和文档的 body 部分相关联的事件。

动作是一段预先编写的 JavaScript 代码，可用于执行以下任务：打开浏览器窗口、弹出信息、改变属性及转到 URL 等。在将行为附加到某个页面元素后，当该元素的某个事件触发时，行为即会调用与这一事件相关联的动作。例如，如果将“弹出信息”这一行为动作附加到一个超级链接上，并指定它将由“onMouseOver”事件触发，则只要浏览者将鼠标指针放到该超级链接上，就会弹出相应的提示信息。一个事件可以触发一个行为动作，也可以同时触发多个行为动作，用户可以定义行为动作执行的顺序。

Dreamweaver 中的行为动作是经过精心编写的，以便适用于尽可能多的浏览器。即使如此，也不是所有的浏览器都能很好地兼容。这主要是因为行为是使用 JavaScript 编写的，而一些浏览器根本就不支持 JavaScript，更何况许多浏览者会在他们的浏览器中禁用 JavaScript 功能。因此，为了获得最佳的跨平台效果，可提供包括在<noscript>标签中的替换界面，以便没有使用 JavaScript 功能的浏览者也能够正常浏览站点。

9.1.2　添加行为

下面简要介绍在页面中添加行为的方法。

首先在页面上选择一个对象，如一个图像或一个链接，如果要将行为附加到整个文档，可在文档窗口左下角的标签选择器中单击选中<body>标签，然后选择菜单命令【窗口】/【行为】，打开【行为】面板，如图 9-1 所示。

图9-1　【行为】面板

在【行为】面板中单击 + （添加行为）按钮，在弹出的下拉菜单中选择一个要添加的行为。下拉菜单中灰色显示的行为处于禁用状态，表明当前文档中缺少其运用所需要依托的对象。当选择某个行为时，如【效果】/【Blind】（百叶窗），将打开【Blind】对话框，根据要求进行参数设置即可，如图 9-2 所示，设置完毕后单击 确定 按钮关闭对话框。

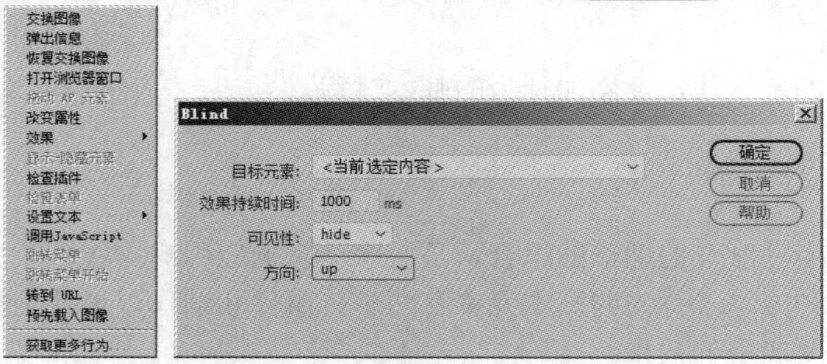

图9-2　添加行为

行为动作添加完了，触发动作的默认事件会显示在【行为】面板的【事件】列表中，通常不需要修改这些默认的触发事件，如果默认显示的触发事件不是所预想的事件，可从【事件】下拉列表中选择适合的事件，如图 9-3 所示，最后保存文件。如果使用的是【效果】，还将弹出【复制相关文件】对话框，单击 确定 按钮即可，如图 9-4 所示。

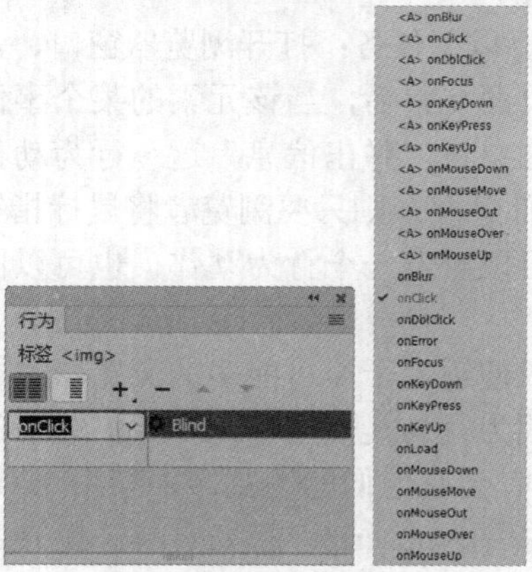

图9-3　【事件】下拉列表

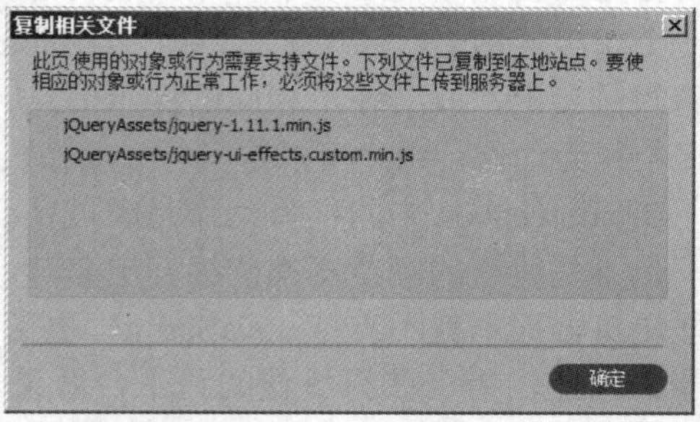

图9-4　【复制相关文件】对话框

Dreamweaver CC 2017 提供的行为都适用于新型浏览器。一些行为不适用于较旧的浏览器，但它们不会产生错误。添加行为的对象通常需要一个唯一的 ID。例如，如果要对图像应用“交换图像”行为，则此图像需要一个 ID。如果没有为元素指定一个 ID，Dreamweaver CC 2017 将自动为其指定一个 ID。用户既可以将行为附加到整个文档（即附加到<body>标签），也可以附加到超级链接、图像、表单元素和其他多种 HTML 页面元素上。

9.1.3 【行为】面板

【行为】面板是一个专门管理和编辑行为的工具，通过【行为】面板可以方便地为对象添加或编辑行为。已附加到当前对象的行为显示在行为列表中，并按事件以字母顺序列出。如果同一事件引发了多个行为，这些行为将按执行顺序在【行为】面板中显示。如果行为列表中没有显示任何行为，则表示没有行为附加到当前所选择的对象上。下面对【行为】面板中的选项进行简要说明。

- （显示设置事件）按钮：列表中只显示附加到当前对象的那些事件，没有使用的事件不直接显示，要查看事件需要打开【事件】下拉菜单，【行为】面板默认显示的视图就是【显示设置事件】视图，如图 9-5 所示。
- （显示所有事件）按钮：列表中按字母顺序显示适合当前对象的所有事件，已经使用的事件将在其名称后面显示行为名称，如图 9-6 所示。

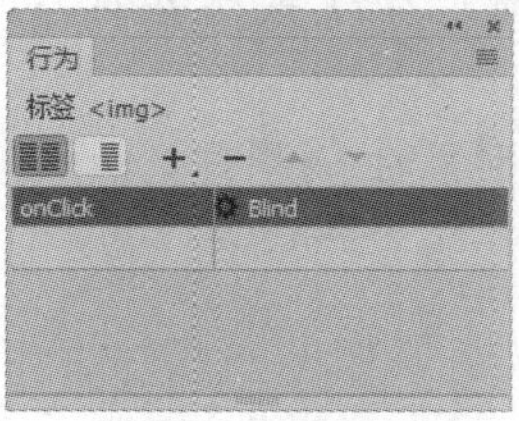

图9-5　【显示设置事件】视图

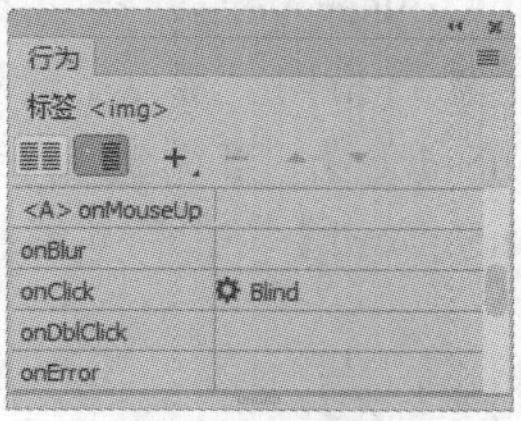

图9-6　【显示设置所有事件】视图

- （添加行为）按钮：单击该按钮将会弹出一个下拉菜单，其中包含可以附加到当前选定元素的行为。当从该列表中选择一个行为时，将出现一个对话框，用户可以在此对话框中设置该行为的参数。如果菜单上的所有行为都处于灰色显示状态，则表示选定的元素无法生成任何行为。
- （删除事件）按钮：单击该按钮可在行为列表中删除所选中的行为。
- 或按钮：可在行为列表中上下移动同一事件的不同行为顺序，如可以更改“onLoad”事件中发生的几个行为的顺序，但是所有“onLoad”行为在行为列表中都会放置在一起。对于不能在列表中上下移动的行为，箭头按钮将处于禁用状态。
- 【事件】下拉列表：其中包含可以触发该行为的所有事件，此下拉列表仅在选中某个事件时可见，当单击所选事件名称旁边的箭头时显示此下拉列表。根据所选对象的不同，显示的事件也有所不同。如果未显示预期的事件，需要确认是否选择了正确的页面元素或标签。如果要选择特定的标签，可使用文档窗口左下角的标签选择器。

在制作网页过程中，比较常用的行为事件主要有以下几个。

- 【onFocus】：当指定的元素成为交互的中心时产生该事件。例如，在一个文本区域中单击将产生一个 onFocus 事件。

- 【onBlur】：当指定的元素不再是交互的中心时产生该事件。例如，当在文本区域内单击后再在文本区域外单击，浏览器将为这个文本区域产生一个 onBlur 事件。
- 【onChange】：当浏览者改变页面的参数时产生该事件。例如，当浏览者从菜单中选择一个命令或改变一个文本区域的参数值，然后在页面的其他地方单击时，会产生一个 OnChange 事件。
- 【onClick】：当浏览者单击指定的元素时产生该事件。单击直到浏览者释放鼠标按键时才完成，只要按下鼠标按键便会令某些现象发生。
- 【onLoad】：当图像或页面载入完成时产生该事件。
- 【onUnload】：当浏览者离开页面时产生该事件。
- 【onMouseMove】：当浏览者指向一个特定元素并移动鼠标指针时产生（鼠标指针停留在元素的边界以内）该事件。
- 【onMouseDown】：当在特定元素上按下鼠标按键时产生该事件。
- 【onMouseOut】：当鼠标指针从特定的元素移走时产生（鼠标指针移至元素的边界以外）该事件。这个事件经常被用来与【恢复交换图像】动作关联，当浏览者不再指向一个图像时，即鼠标指针离开时，它将返回到初始状态。
- 【onMouseOver】：当鼠标指针首次指向特定元素时产生（鼠标指针从没有指向元素到指向元素），该特定元素通常是一个链接。
- 【onSelect】：当浏览者在一个文本区域内选择文本时产生该事件。
- 【onSubmit】：当浏览者提交表单时产生该事件。

9.2 常用行为

Dreamweaver CC 2017 提供了 30 个行为，下面对比较常用的行为进行简要介绍。

9.2.1 弹出信息

【弹出信息】行为将显示一个包含指定消息的提示框。当从一个文档切换到另一个文档或单击特定链接或图像时，想给用户传达特定信息，可以使用【弹出信息】行为。当给图像设置类似“禁止图像下载”的提示信息时，也可以使用此行为。

设置【弹出信息】行为的方法是：首先在页面中选中对象，然后在【行为】面板中单击 + （添加行为）按钮，在弹出的下拉菜单中选择【弹出信息】命令，打开【弹出信息】对话框，在【消息】文本框中输入提示文本，最后单击 确定 按钮关闭对话框。在【行为】面板中将触发事件修改为“onMouseDown”，即按下鼠标按键时触发该事件，如图 9-7 所示。

保存文档并在浏览器中打开网页，当在图像上单击鼠标右键时，将显示“禁止下载图像！”的提示框，如图 9-8 所示。这样就达到了限制用户使用鼠标右键来下载图像的目的，并在用户试图下载时进行了提示。

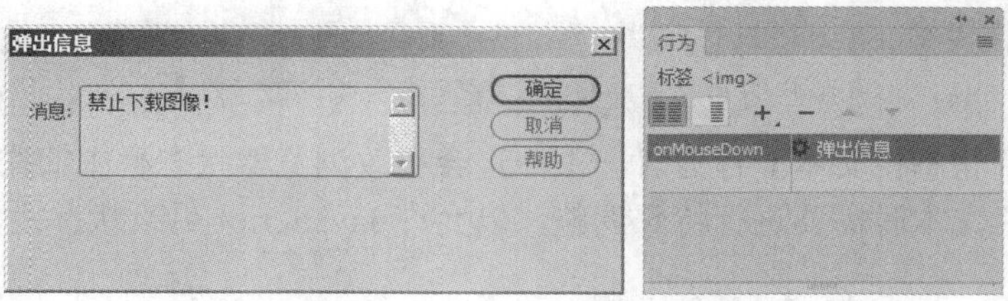

图9-7　设置【弹出信息】行为

图9-8　浏览效果

在【消息】文本框中还可以嵌入任何有效的 JavaScript 函数调用、属性、全局变量或其他表达式。如果要嵌入一个 JavaScript 表达式，需要将其放置在大括号“{}”中，如图 9-9 所示。如果要在浏览器中显示大括号，需要在它前面加一个反斜杠“\{}”。

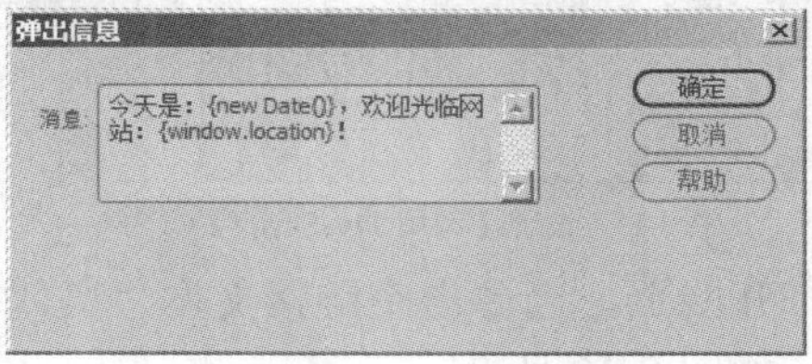

图9-9　嵌入 JavaScript 代码

9.2.2　设置状态栏文本

【设置状态栏文本】行为可在浏览器窗口左下角处的状态栏中显示消息。例如，可以使用此行为在状态栏中说明链接的目标，而不是显示与之关联的 URL。

添加【设置状态栏文本】行为的方法是：选择一个对象，如电子邮件超级链接，然后在【行为】面板中单击 + （添加行为）按钮，从弹出的下拉菜单中选择【设置文本】/【设置状态栏文本】，打开【设置状态栏文本】对话框进行设置即可，如图 9-10 所示。输入的消息要简明扼要，如果消息不能完全显示在状态栏中，浏览器将截断消息。最后在【行为】面板中确认触发事件是否合适，默认为“onMouseOver”。

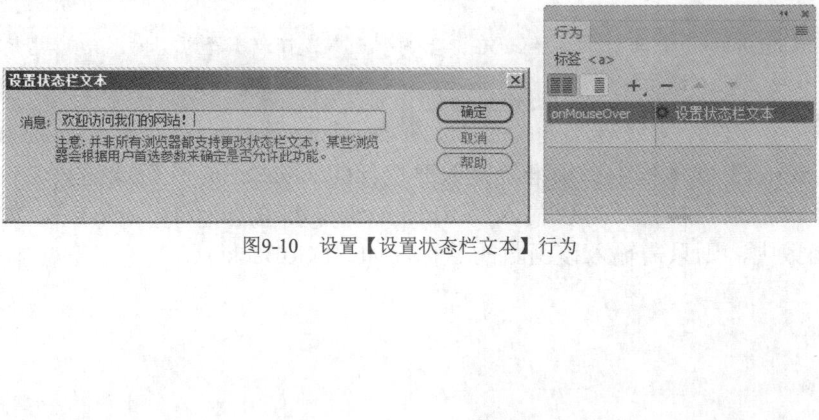

图9-10　设置【设置状态栏文本】行为

要点提示　由于访问者常常会注意不到状态栏中的消息，而且也不是所有的浏览器都提供设置状态栏文本的完全支持，如果用户的消息非常重要，建议使用【弹出信息】行为等方式。

在使用【设置状态栏文本】行为时，不一定会更改浏览器状态栏中的文本，因为一些浏览器在更改状态栏文本时需要进行特殊调整，以允许 JavaScript 更改状态栏文本。

9.2.3 调用 JavaScript

【调用 JavaScript】行为能够在事件发生时执行自定义的函数或 JavaScript 代码。用户可以自己编写 JavaScript，也可以使用 Web 上各种免费的 JavaScript 库中提供的代码。

设置【调用 JavaScript】行为的方法是：在文档中选中对象并添加空链接“#”，在【行为】面板中单击 + （添加行为）按钮，在弹出的下拉菜单中选择【调用 JavaScript】命令，打开【调用 JavaScript】对话框，在【JavaScript】文本框中输入代码，单击 确定 按钮关闭对话框。在【行为】面板中确认触发事件是否合适，默认为“onClick”，即按下鼠标按键时触发该事件，如图 9-11 所示。

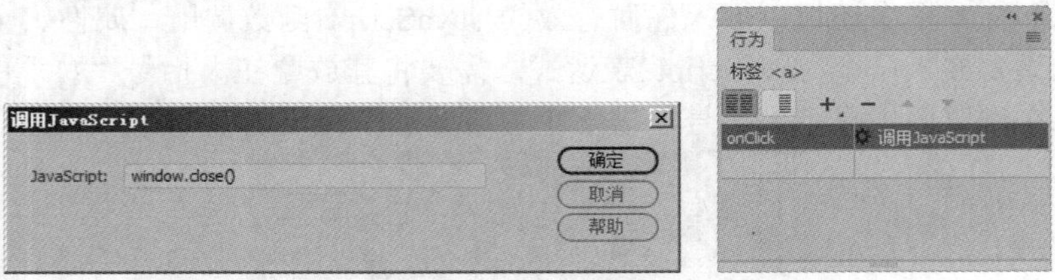

图9-11　设置【调用 JavaScript】行为

保存文档并在浏览器中打开网页，当单击空链接文本“关闭网页”时，将弹出提示对话框，询问用户是否关闭窗口，如图 9-12 所示。

图9-12　浏览效果

要点提示　在 Dreamweaver 中单击 按钮，在弹出的列表中选择浏览器预览时，如果没有出现行为效果，请在鼠标右键快捷菜单的【打开方式】中选择浏览器浏览网页效果，这样行为有可能起作用。

在【JavaScript】文本框中必须准确输入要执行的 JavaScript 代码或函数名称。例如，如果要创建一个“后退”按钮，可以输入“if(history.length>0){history.back()}”。如果已将代码封装在一个函数中，则只需输入该函数的名称，如“hGoBack()”。

9.2.4 改变属性

【改变属性】行为用来改变网页元素的属性值，如文本大小和字体、背景颜色、图像的来源及表单的执行等。

当鼠标指针经过含有图像的 Div 标签时，其边框颜色由蓝色变成红色，当鼠标指针离开时其边框颜色恢复为原来的蓝色，使用【改变属性】行为来实现的方法是：选择菜单命令【插入】/【Div】，插入一个 ID 名称为“Div_1”的 Div 标签，同时创建 ID 名称 CSS 样式“#Div_1”，设置其宽度为“200px”、边框样式为实线“solid”、粗细为“5px”、颜色为蓝色“#0000FF”。接着选择菜单命令【插入】/【image】，在 Div 标签中插入图像“images/hua.jpg”，图像宽度设置为“200px”。选中 Div 标签，在【行为】面板中单击 +（添加行为）按钮，在弹出的下拉菜单中选择【改变属性】命令，打开【改变属性】对话框并设置相关参数，然后单击 确定 按钮关闭对话框，最后在【行为】面板中将触发事件设置为“onMouseOver”，如图 9-13 所示。

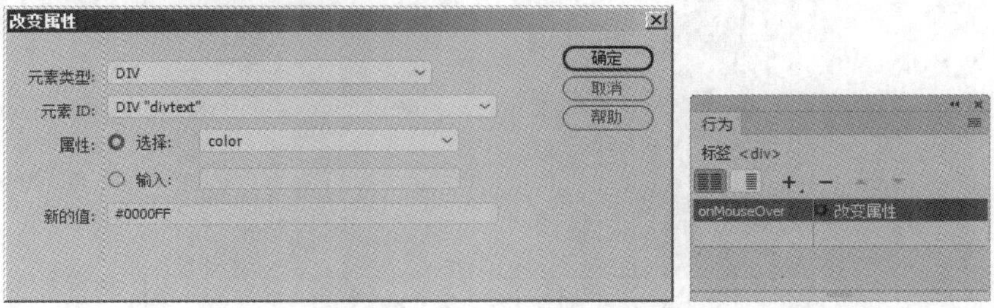

图9-13 设置【改变属性】行为（1）

运用相同的方法给 Div 标签再添加一个【改变属性】行为，边框颜色设置为蓝色“#0000FF”，触发事件设置为“onMouseOut”，如图 9-14 所示。

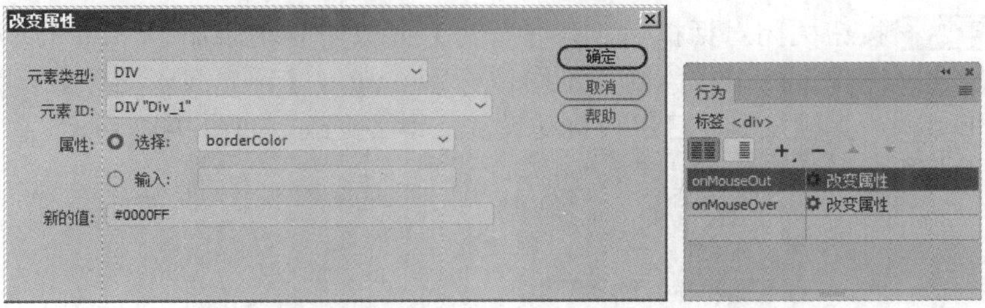

图9-14 设置【改变属性】行为（2）

保存文档并在浏览器中打开网页，当鼠标指针经过含有图像的 Div 标签时，其边框颜色会由蓝色变成红色，当鼠标指针离开时其边框颜色便恢复为原来的蓝色，如图 9-15 所示。

图9-15 浏览效果

9.2.5 交换图像

【交换图像】行为可以将一个图像替换为另一个图像，这是通过改变图像的“src”属性来实现的。虽然也可以通过为图像添加【改变属性】行为来改变图像的“src”属性，但是【交换图像】行为更加复杂一些，可以使用这个行为来创建翻转按钮及其他图像效果（包括同时替换多个图像）。

当鼠标指针经过时图像变换为另一幅图像，当鼠标指针离开时恢复为原来的图像，使用【交换图像】行为来实现的方法是：在页面中插入一幅图像，并在【属性】面板中命名其 ID 名称，然后选中图像并在【行为】面板中单击 +.（添加行为）按钮，在弹出的下拉菜单中选择【交换图像】命令，打开【交换图像】对话框，在【图像】列表框中选择要改变的图像，在【设定原始档为】选项中设置交换后要显示的图像，并选择【预先载入图像】和【鼠标滑开时恢复图像】复选框，如图 9-16 所示。

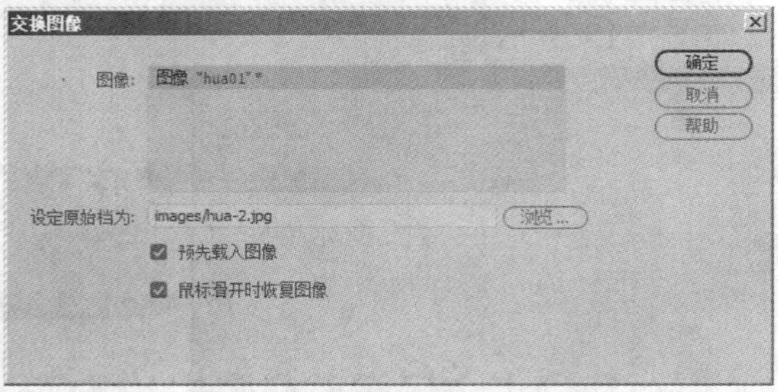

图9-16 设置【交换图像】行为

要点提示 如果希望鼠标指针在经过同一个图像时，文档中其他图像也产生【交换图像】行为，可在该对话框的【图像】列表框中继续选择其他的图像并设置【设定原始档为】选项。

单击 确定 按钮关闭对话框后，在【行为】面板中自动添加了 3 个行为，【交换图像】和【恢复交换图像】两个行为附加于图像标签<img>，【预先载入图像】行为附加于文档主体标签<body>，其触发事件已进行自动设置，不必更改，如图 9-17 所示。

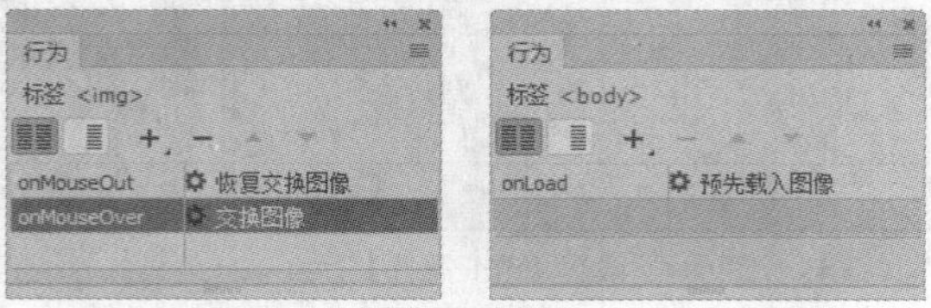

图9-17 在【行为】面板中自动添加了 3 个行为

保存文档并在浏览器中打开网页，当鼠标指针滑到图像上时会显示另一幅图像，离开时恢复为原来的图像，如图 9-18 所示。

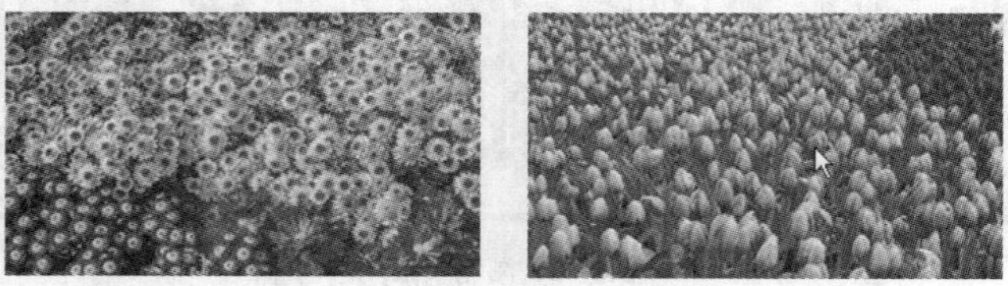

图9-18 浏览效果

将【交换图像】行为附加到某个对象时，如果选择了【鼠标滑开时恢复图像】和【预先载入图像】选项，都会自动添加【恢复交换图像】和【预先载入图像】两个行为。【恢复交换图像】行为可以将最后一组交换的图像恢复为它们以前的源文件。【预先载入图像】行为可在加载页面时对新图像进行缓存，这样可防止当图像应该出现时由于下载而导致延迟。

9.2.6 恢复交换图像

【恢复交换图像】行为就是将交换后的图像恢复为它们以前的源文件。在添加【交换图像】行为时，如果没有选择【鼠标滑开时恢复图像】选项，以后可以通过添加【恢复交换图像】行为达到这一目的。设置方法：选中已添加【交换图像】行为的对象，然后在【行为】面板中单击 + （添加行为）按钮，在弹出的下拉菜单中选择【恢复交换图像】命令，打开【恢复交换图像】对话框，直接单击 确定 按钮即可，如图 9-19 所示。

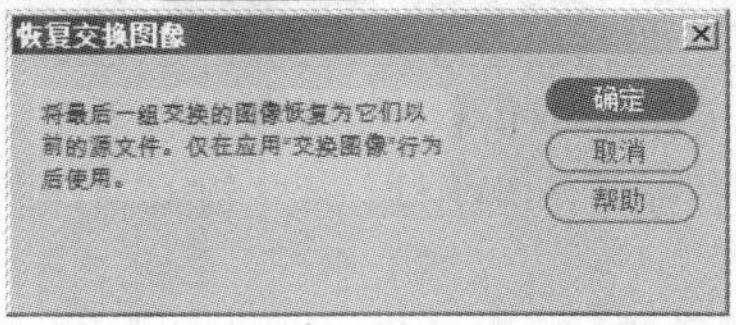

图9-19 设置【恢复交换图像】行为

9.2.7 预先载入图像

使用【预先载入图像】行为可以对在页面打开之初不会立即显示的图像进行缓存。

设置【预先载入图像】行为的方法是：在文档中选择一个对象，如在标签选择器中选择<body>标签，然后在【行为】面板中单击 + （添加行为）按钮，在弹出的下拉菜单中选择【预先载入图像】命令，打开【预先载入图像】对话框，单击【图像源文件】文本框后面的 浏览... 按钮，在【预先载入图像】列表框中添加要预先载入的图像。如果要继续添加其他图像文件，可单击 + 按钮，在【预先载入图像】列表框中添加一条空记录，然后再单击 浏览... 按钮，选择要添加的图像文件即可。如果要从【预先载入图像】列表框中删除某个图像，可在列表框中先选择该图像，然后单击 − 按钮。添加完毕后单击 确定 按钮关闭对话框，然后在【行为】面板中确认触发事件已设置为“onLoad”，如图 9-20 所示。

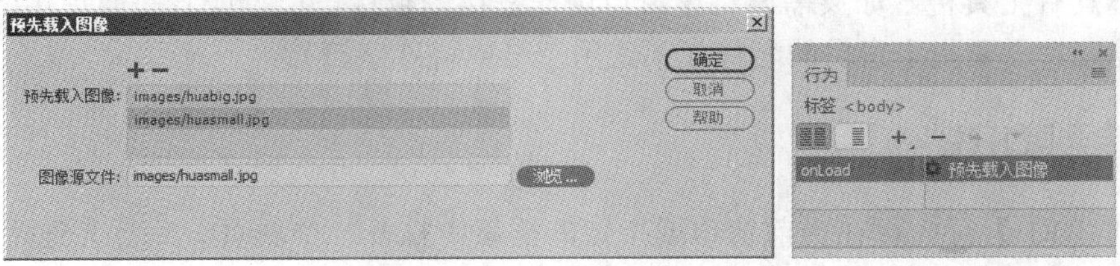

图9-20 设置【预先载入图像】行为

9.2.8 打开浏览器窗口

使用【打开浏览器窗口】行为可在一个新的窗口中打开页面。设计者可以指定这个新窗口的属性，包括窗口尺寸、是否可以调节大小、是否有菜单栏等。

当在页面中单击图像时打开一个单独的窗口显示相关内容，使用【打开浏览器窗口】行为的设置方法是：在页面中插入一幅图像并给其添加空链接“#”，然后在【行为】面板中单击+（添加行为）按钮，在弹出的下拉菜单中选择【打开浏览器窗口】命令，打开【打开浏览器窗口】对话框，在【要显示的 URL】文本框中设置目标对象地址，在【窗口宽度】和【窗口高度】文本框中设置好相应的数值，在【属性】选项组根据需要选择相应的选项，设置完毕后单击 确定 按钮关闭对话框。在【行为】面板中确认触发事件是否合适，默认为“onClick”，如图 9-21 所示。

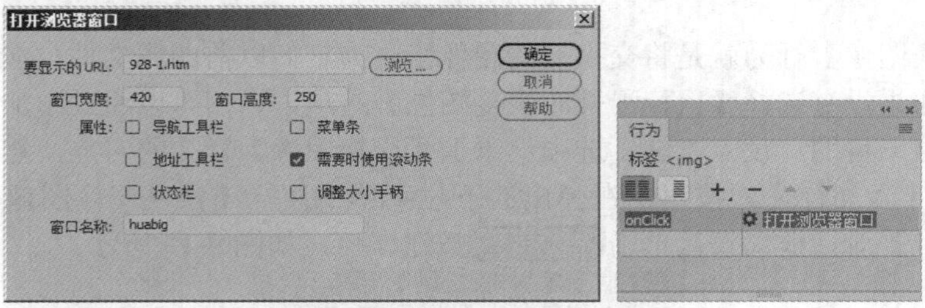

图9-21　设置【打开浏览器窗口】行为

保存文档并在浏览器中打开网页，当用鼠标左键单击图像时会打开一个新窗口，如图 9-22 所示。

图9-22　预览网页

如果不指定该窗口的任何属性，在打开时它的大小和属性与打开它的源窗口相同。指定窗口的任何属性都将自动关闭所有其他未明确设置的属性。例如，如果将宽度设置为“640”、高度设置为“480”，但不设置其他属性，则该窗口将以“640×480”像素的大小打开，并且不具有工具栏。如果需要将该窗口用作链接的目标窗口，或者需要使用 JavaScript 对其进行控制，需要指定窗口的名称（不使用空格或特殊字符）。

9.2.9　转到 URL

【转到 URL】行为可在当前窗口或指定的框架中打开一个新页。此行为适用于通过一次单击更改两个或多个框架的内容。

设置【转到 URL】行为的方法是：选中对象，并在【属性（HTML）】面板中为其添加空链接“#”，然后在【行为】面板中单击+（添加行为）按钮，从弹出的下拉菜单中选择【转到 URL】命令，打开【转到 URL】对话框，在【打开在】列表框中选择 URL 的目标窗口，在【URL】文本框中设置要打开文档的 URL。【打开在】列表框自动列出当前所有框架的名称及主窗口，如果没有任何框架，则“主窗口”是唯一的选项。如果需要一次单击更改多个框架的内容，在【打开在】列表框中继续选择其他的目标窗口，并在【URL】文本框中设置要打开文档的 URL 即可。最后在【行为】面板中确认触发事件是否合适，默认为

“onClick”，如图 9-23 所示。

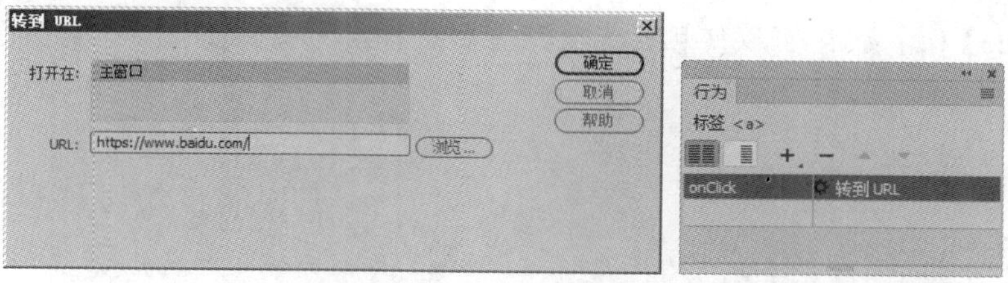

图9-23　设置【转到 URL】行为

9.2.10　效果

效果几乎可以应用于 HTML 页面上的任何元素，使用该功能可以实现网页元素的发光、缩小、淡化及高光等效果。要使某个元素应用效果，该元素必须处于当前选定状态，或者必须具有一个 ID 名称。利用效果可以修改元素的不透明度、缩放比例、位置和样式属性（如背景颜色），也可以组合两个或多个属性来创建有趣的视觉效果。

例如，当在页面中单击图像时图像渐渐隐去，使用【效果】行为的设置方法是：在页面中选中图像，然后在【行为】面板中单击 + （添加行为）按钮，在弹出的下拉菜单中选择【效果】/【Fade】，打开【Fade】对话框，在【效果持续时间】文本框中设置持续时间，在【可见性】下拉列表中选择需要的选项，设置完毕后单击 确定 按钮关闭对话框。最后在【行为】面板中确认触发事件是否合适，默认为“onClick”，如图 9-24 所示。

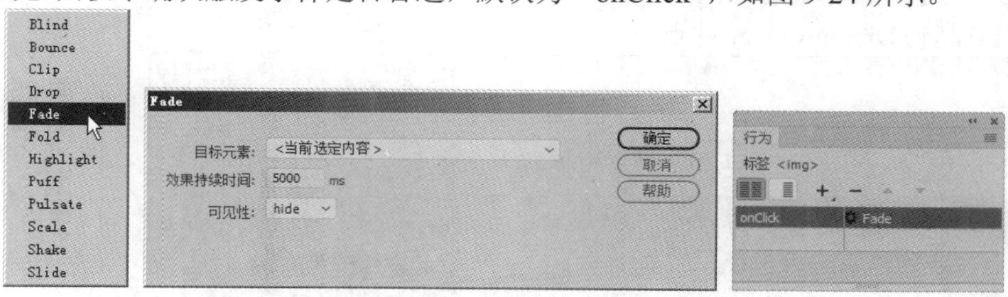

图9-24　设置【Fade】效果

保存文档时将弹出【复制相关文件】对话框，单击 确定 按钮即可，然后在浏览器中打开网页，当用鼠标左键单击图像时，图像会渐渐隐去，如图 9-25 所示。

【效果】共包含 12 个子命令，常用子命令介绍如下。

- 【Blind】（百叶窗）：可以使某个元素沿某个方向收起来直至隐藏。
- 【Bounce】（晃动）：可以使目标元素上下晃动。
- 【Clip】（剪裁）：可以使目标元素上下同时收起来直至隐藏。
- 【Drop】（下落）：可以使目标元素向左边移动并升高透明度直至隐藏。
- 【Fade】（渐显/渐隐）：可以使目标元素实现渐渐显示或隐藏的效果。
- 【Fold】（折叠）：可以使目标元素向上收起再向左收起直至隐藏。
- 【Highlight】（高亮颜色）：可以使目标元素呈高亮度显示。
- 【Puff】（膨胀）：可以扩大目标元素高度并升高透明度直至隐藏。
- 【Pulsate】（闪烁）：可以使目标元素闪烁。
- 【Scale】（缩放）：可以使目标元素从右下向左上收起直至隐藏。

- 【Shake】（振动）：可以使目标元素左右振动。
- 【Slide】（滑动）：可以使目标元素从左向右移动元素。

图9-25　预览网页

9.3　课堂案例——海上名山

本小节将通过案例“海上名山”来练习添加和设置行为的基本方法，希望读者通过对案例的学习，能够熟练掌握行为的基本知识及其在网页中的应用。在进行本实例操作前，请将素材文档复制到 Dreamweaver 站点下。实例效果如图 9-26 所示。

图9-26　海上名山

本例视频

【操作步骤】

1. 在站点内打开网页文档“93.htm”，如图 9-27 所示。

图9-27 打开文档

2. 给文本"关闭本页"应用【调用 JavaScript】行为。

(1) 选中文本"关闭本页"，然后在【属性（HTML）】面板中为其添加空链接"#"。

(2) 在【行为】面板中单击 + （添加行为）按钮，在弹出的行为下拉菜单中选择【调用JavaScript】命令，在打开对话框的【JavaScript】文本框中输入代码"window.close()"，然后单击 确定 按钮关闭对话框，并在【行为】面板中确认触发事件为"onClick"，如图 9-28 所示。

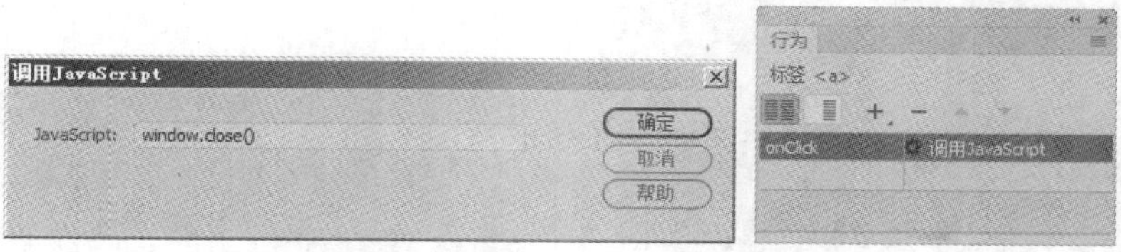

图9-28 设置【调用 JavaScript】行为

3. 给文本"百度查询"应用【转到 URL】行为。

(1) 选中文本"百度查询"，并在【属性（HTML）】面板中为其添加空链接"#"。

(2) 在【行为】面板中单击 + （添加行为）按钮，从弹出的行为下拉菜单中选择【转到URL】命令，在打开对话框的【URL】文本框中输入链接目标地址，然后单击 确定 按钮关闭对话框，并在【行为】面板中确认触发事件为"onClick"，如图 9-29 所示。

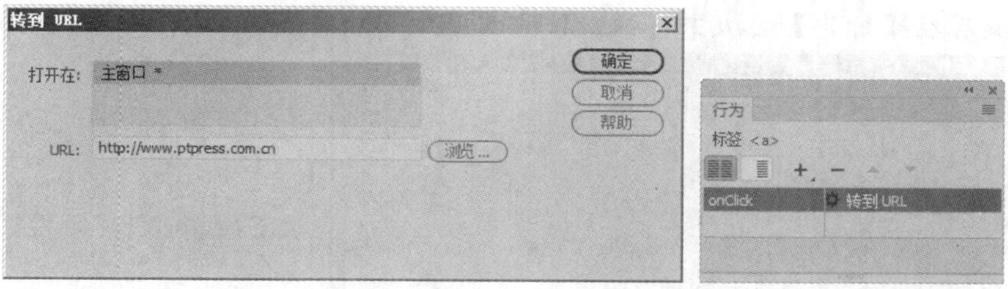

图9-29 设置【转到 URL】行为

4. 给图像应用【弹出信息】和【交换图像】行为。

(1) 选中图像，然后在【行为】面板中单击 + （添加行为）按钮，在弹出的行为下拉菜单中选择【弹出信息】命令，打开【弹出信息】对话框，在【消息】文本框中输入提示文本，接着单击 确定 按钮关闭对话框，最后在【行为】面板中将触发事件修改为

"onMouseDown"，如图 9-30 所示。

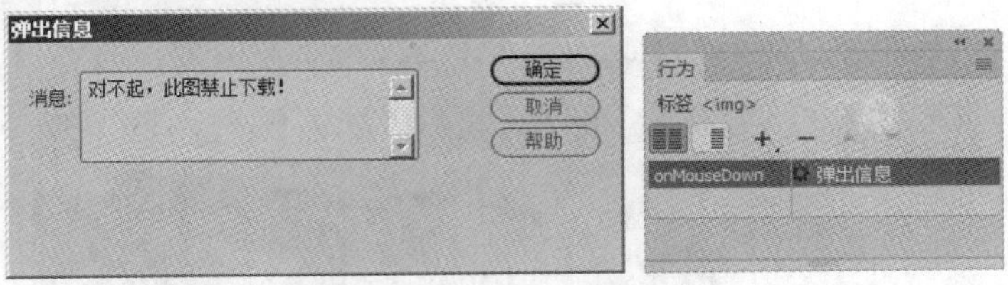

图9-30　设置【弹出信息】行为

(2) 仍然选中该图像，在【属性】面板中命名其 ID 名称，如图 9-31 所示。

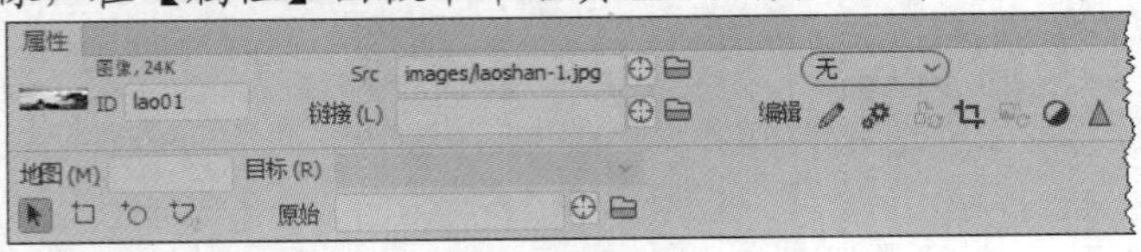

图9-31　命名 ID 名称

(3) 在【行为】面板中单击 + （添加行为）按钮，在弹出的行为下拉菜单中选择【交换图像】命令，打开【交换图像】对话框，在【设定原始档为】文本框中设置交换后要显示的图像，选择【预先载入图像】和【鼠标滑开时恢复图像】复选框，接着单击 确定 按钮关闭对话框，【行为】面板中的触发事件保持默认设置，如图 9-32 所示。

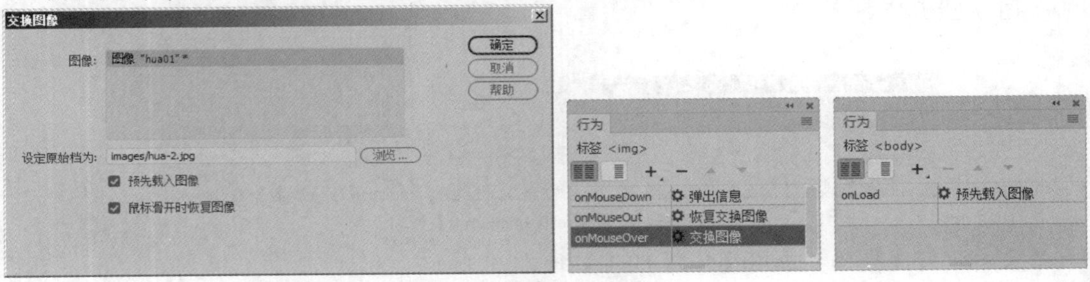

图9-32　设置【交换图像】行为

5. 给正文文本应用【改变属性】行为。

(1) 选中图像下面文本所在的 Div 标签，确保在【属性】面板中已设置了 ID 名称。

(2) 在【行为】面板中单击 + （添加行为）按钮，在弹出的行为下拉菜单中选择【改变属性】命令，打开【改变属性】对话框，设置相关参数，然后单击 确定 按钮关闭对话框，最后在【行为】面板中将触发事件设置为"onMouseOver"，如图 9-33 所示。

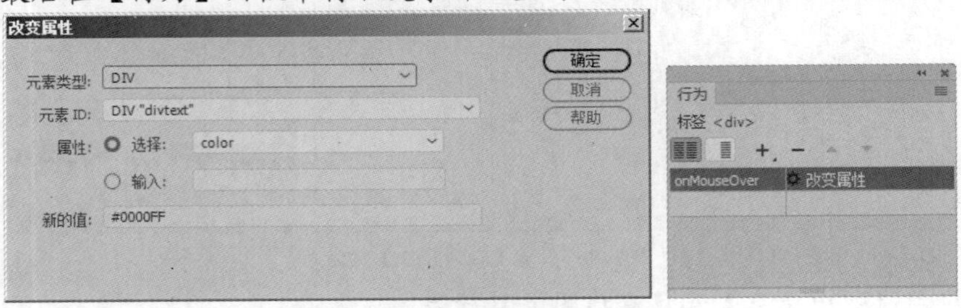

图9-33　设置【改变属性】行为（1）

(3) 运用相同的方法给 Div 标签"divtext"再添加一个【改变属性】行为，文本颜色设置为"#000000"，触发事件设置为"onMouseOut"，如图 9-34 所示。

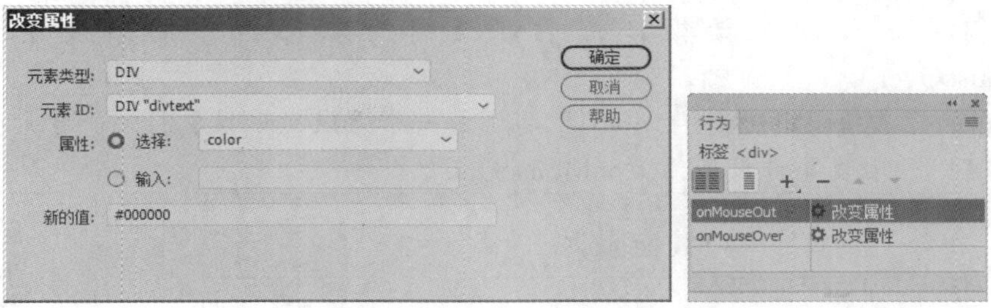

图9-34　设置【改变属性】行为（2）

6. 保存文档，在浏览器中打开网页，如图 9-35 所示，当单击“关闭本页”时将关闭网页，当单击“百度查询”时将跳转到指定网站，当在图像上按下鼠标左键时将提示“对不起，此图禁止下载！”，当鼠标指针移到图像上时将显示另一幅图像，当鼠标指针移到文本上时文本变成蓝色，当鼠标指针离开文本时文本又恢复为原来的颜色。

图9-35　浏览效果

9.4 课堂实训——江南园林

本小节实例“江南园林”由读者根据步骤提示自行操作，以进一步巩固使用行为的基本方法。在进行本实例操作前，请将素材文档复制到 Dreamweaver 站点下。实例效果如图 9-36 所示。

【步骤提示】

1. 在站点内打开网页文档“94.htm”。
2. 给第 1 段文本应用【改变属性】行为。

(1) 选中第 1 段文本，然后选择菜单命令【插入】/【Div】，插入 Div 标签将文本包含起来，并设置 ID 名称为“div01”。

(2) 选中 Div 标签“div01”，然后在【行为】面板中单击 + （添加行为）按钮，在弹出的行为下拉菜单中选择【改变属性】命令，打开【改变属性】对话框，在【属性】选项中选择【选择: backgroundcolor】，在【新的值】文本框中输入代码“#cccccc”，然后单击

确定 按钮关闭对话框，最后在【行为】面板中将触发事件设置为“onMouseOver”。

(3) 运用相同的方法给 Div 标签“div01”再添加一个【改变属性】行为，背景颜色设置为“#FFFFFF”，触发事件设置为“onMouseOut”。

本例视频

图9-36　江南园林

3. 给第 1 幅图像应用【打开浏览器窗口】行为。

(1) 选中第 1 幅图像，并在【属性】面板中给其添加空链接“#”。

(2) 在【行为】面板中单击 + （添加行为）按钮，在弹出的行为下拉菜单中选择【打开浏览器窗口】命令，打开【打开浏览器窗口】对话框，在【要显示的 URL】文本框中设置目标对象地址为“94-1.htm”，在【窗口宽度】和【窗口高度】文本框中分别输入“520”和“320”，在【属性】选项组中选择【需要时使用滚动条】复选框，设置完毕后单击 确定 按钮关闭对话框。

(3) 在【行为】面板中确认触发事件为“onClick”。

4. 给第 2 幅图像应用【弹出信息】行为。

(1) 选中第 2 幅图像，然后在【行为】面板中单击 + （添加行为）按钮，在弹出的行为下拉菜单中选择【弹出信息】命令，打开【弹出信息】对话框，在【消息】文本框中输入文本“苏州留园”，接着单击 确定 按钮关闭对话框。

(2) 在【行为】面板中确认触发事件为“onClick”。

5. 给第 3 幅图像应用【效果】/【Bounce】行为。

(1) 选中第 3 幅图像，然后在【行为】面板中单击 + （添加行为）按钮，在弹出的行为下拉菜单中选择【效果】/【Bounce】命令，打开【Bounce】对话框，选项保持默认设置，然后单击 确定 按钮关闭对话框。

(2) 在【行为】面板中确认触发事件为“onClick”。

6. 保存文档。

9.5 综合案例——沙漠之舟

本节将通过综合案例“沙漠之舟”来进一步巩固在网页中使用行为的基本方法。在进行本实例操作前，请将素材文档复制到 Dreamweaver 站点下。实例效果如图 9-37 所示。

本例视频

图9-37 沙漠之舟

【操作步骤】

1. 在站点内打开网页文档“95.htm”。
2. 给第 1 幅图像应用【弹出信息】行为。选中第 1 幅图像，然后在【行为】面板中单击 + （添加行为）按钮，在弹出的行为下拉菜单中选择【弹出信息】命令，打开【弹出信息】对话框，在【消息】文本框中输入提示文本，接着单击 确定 按钮关闭对话框，最后在【行为】面板中将触发事件修改为“onMouseDown”，如图 9-38 所示。

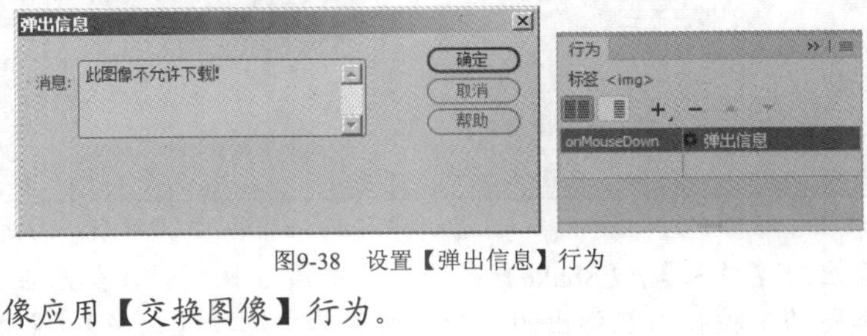

图9-38 设置【弹出信息】行为

3. 给第 2 幅图像应用【交换图像】行为。

(1) 选中第 2 幅图像，并在【属性】面板中命名其 ID 名称为“lt”。

(2) 在【行为】面板中单击 + (添加行为)按钮，在弹出的行为下拉菜单中选择【交换图像】命令，打开【交换图像】对话框，在【设定原始档为】选项中设置交换后要显示的图像，选择【预先载入图像】和【鼠标滑开时恢复图像】复选框，如图 9-39 所示，接着单击 确定 按钮关闭对话框，【行为】面板中的触发事件保持默认设置。

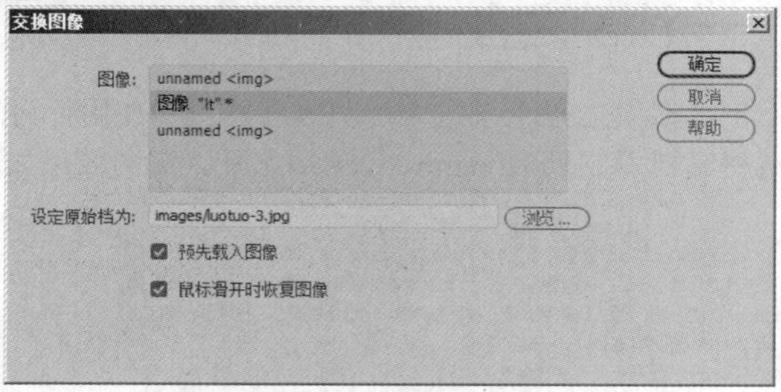

图9-39　设置【交换图像】行为

4. 给第 2 段文本应用【改变属性】行为。

(1) 选中第 2 段文本，然后选择菜单命令【插入】/【Div】，打开【插入 Div】对话框，设置 ID 名称为“div02”，然后单击 确定 按钮插入 Div，如图 9-40 所示。

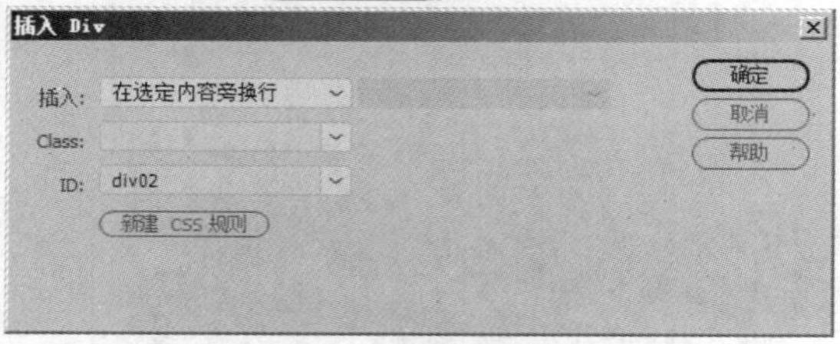

图9-40　插入 Div

(2) 在窗口左下角的标签选择器中选中 Div 标签“div02”，然后在【行为】面板中单击 + (添加行为)按钮，在弹出的行为下拉菜单中选择【改变属性】命令，打开【改变属性】对话框，在【属性】选项中选择【选择：color】，在【新的值】文本框中输入红色代码“#FF0000”，如图 9-41 所示，然后单击 确定 按钮关闭对话框，最后在【行为】面板中将触发事件设置为“onMouseOver”。

(3) 运用相同的方法给 Div 标签“div01”再添加一个【改变属性】行为，颜色设置为“#000000”，如图 9-42 所示，触发事件设置为“onMouseOut”。

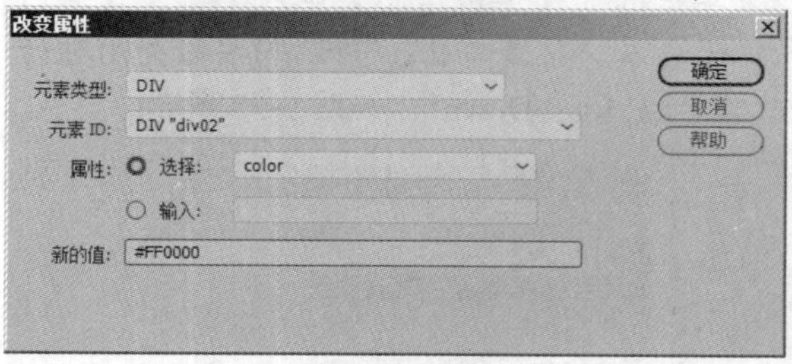

图9-41　设置【改变属性】行为（1）

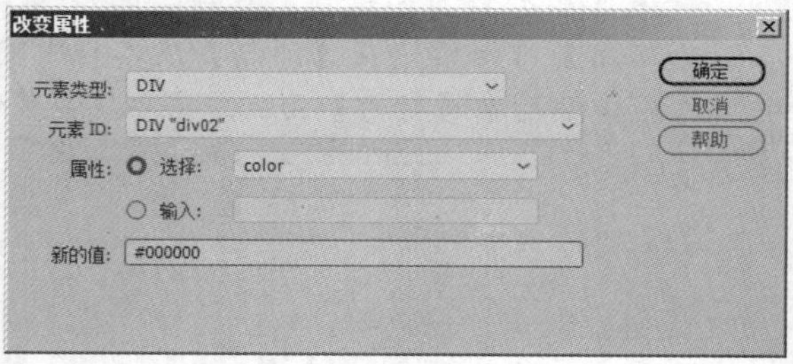

图9-42　设置【改变属性】行为（2）

5. 给第 3 幅图像应用【效果】/【Shake】行为。选中第 3 幅图像，然后在【行为】面板中单击 + (添加行为)按钮，在弹出的行为下拉菜单中选择【效果】/【Shake】命令，打开【Shake】对话框，选项保持默认设置，然后单击 确定 按钮关闭对话框，最后在【行为】面板中确认触发事件为“onClick”，如图 9-43 所示。

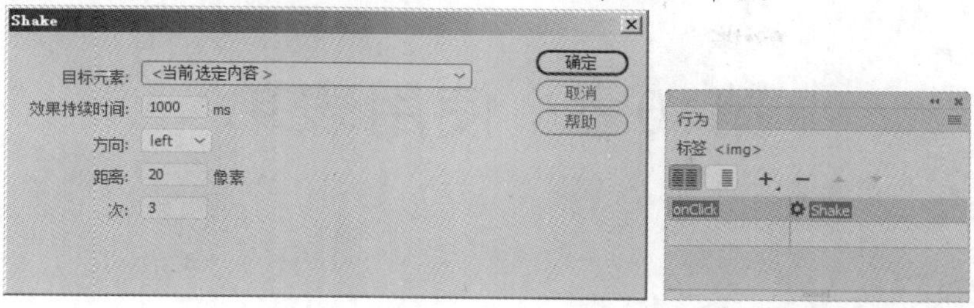

图9-43　设置【效果】/【Shake】行为

6.　给第 3 段文本中的“野骆驼”应用【打开浏览器窗口】行为。

(1)　选中文本“野骆驼”，并在【属性】面板中给其添加空链接“#”。

(2)　在【行为】面板中单击 + （添加行为）按钮，在弹出的行为下拉菜单中选择【打开浏览器窗口】命令，打开【打开浏览器窗口】对话框，在【要显示的 URL】文本框中设置目标对象地址，在【窗口宽度】和【窗口高度】文本框中分别输入“460”和“220”，在【属性】选项组中选择【需要时使用滚动条】复选框，设置完毕后单击 确定 按钮关闭对话框，最后在【行为】面板中确认触发事件为“onClick”，如图 9-44 所示。

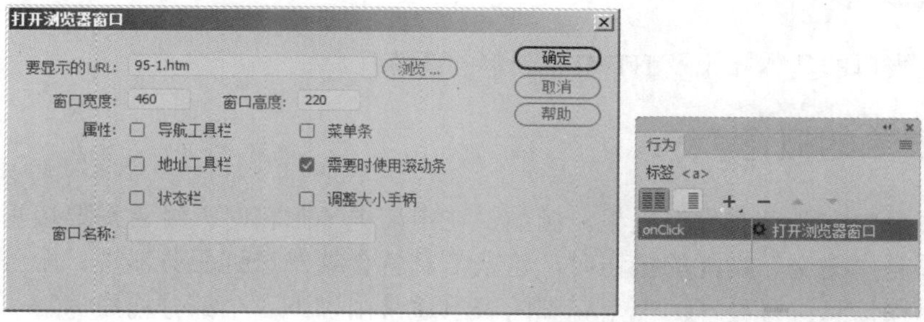

图9-44　设置【打开浏览器窗口】行为

7.　保存文档。

9.6　习题

1.　思考题。

　(1)　简述对行为概念的理解。

　(2)　简述对事件 onMouseDown、onMouseOut 和 onMouseOver 的理解。

2.　操作题。

根据自己的喜好自行搜集素材并创建一个网页，要求使用本章所学行为的相关知识。

第10章　使用表单

【学习目标】

- 了解表单的基本概念。
- 了解表单的基本类型及其属性特点。
- 掌握插入和设置表单对象的基本方法。
- 掌握使用【检查表单】行为验证表单的基本方法。

表单是制作交互式网页的基础，主要负责接受用户在浏览器端输入的数据。在互联网迅速发展特别是移动互联网触及每个人生活的今天，表单的作用日益凸显。本章将介绍表单的基本知识，以及在页面中插入和设置表单对象的基本方法。

10.1　认识表单

下面介绍表单的基本知识及 HTML5 表单的新特性。

10.1.1　表单的概念

表单在网页中主要负责数据采集。例如，在申请电子邮箱时，经常需要填写一些用户信息，当单击具有"提交"功能的按钮时，这些信息就会被发送到服务器端，服务器端脚本或应用程序对这些信息进行处理。一个完整的表单通常由以下 3 个部分构成。

- 表单标签：即<form>标签，包括处理表单数据所使用的应用程序的 URL 及数据提交到服务器的方法等。
- 表单域：即表单对象，或称表单元素，包括文本域、密码域、隐藏域、文本区域、复选框、单选按钮、选择域和文件域等。
- 表单按钮：包括提交按钮、复位按钮和一般按钮，主要用于将数据发送到服务器上的处理脚本或取消表单数据输入，还可以用表单按钮来控制其他定义了处理脚本的处理工作。

在表单页面中，使用到的每个表单对象都必须具有可在表单中标识其自身的唯一名称。表单对象名称可以使用字母、数字、字符和下划线的任意组合，但不能包含空格或特殊字符。在设计表单时，要使用描述性文本来标记表单域，以使用户知道他们要回答哪些内容。例如，"请输入您的用户名"表示请求输入用户名信息。

使用 Dreamweaver CC 2017 制作表单页面时，插入表单对象通常有两种方式：一种是选择菜单命令【插入】/【表单】中的相应子命令，另一种是在【插入】面板的【表单】类别中单击相应选项，如图 10-1 所示。插入表单对象后，其默认处于选中状态，用户可以直接在【属性】面板中设置其属性。如果要设置其他表单对象的属性，需要先选中该表单对象。

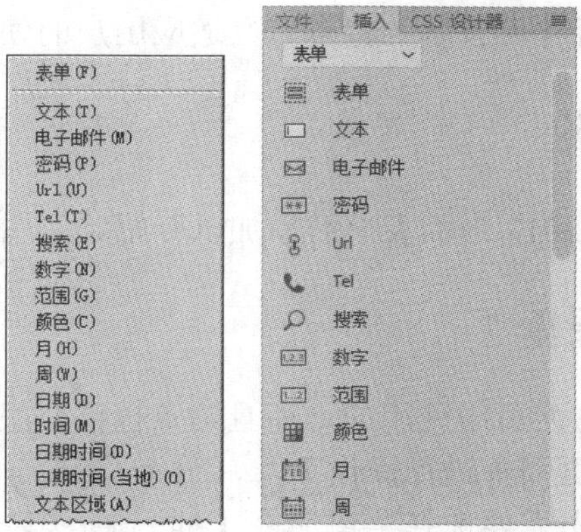

图10-1　表单菜单命令和【插入】面板的【表单】类别

10.1.2　HTML5 表单对象

在 HTML4.01 中已有的表单对象，如表单（form）、文本域、文本区域、密码域、单选按钮、复选框、选择域、文件域、隐藏域、提交按钮、重置按钮、按钮、图像按钮等，在 HTML5 中有许多已增加了一些新的属性。按照 Dreamweaver CC 2017 对 HTML5 的持续支持，在【属性】面板中为各表单对象添加了 HTML5 中的新属性。另外，HTML5 中还新增了一些表单对象，在 Dreamweaver CC 2017 中也得到了体现，如颜色、日期、日期时间、当地日期时间、月、数字、范围、时间、周、电子邮件、搜索、电话、URL 等。无论是原有的表单对象还是新增加的表单对象，在 HTML5 中有些属性是它们共有的，下面对其中一些属性作简要说明。

- 【Disabled】：选择此项将禁用该表单对象。
- 【Required】：选择此项表示该表单对象必须指定值。
- 【Auto complete】：选择此项表示用户在浏览器中输入信息时将自动填充值。
- 【Auto focus】：选择此项表示在浏览器加载页面时获得焦点。
- 【Read only】：选择此项表示将表单对象的值设置为只读。
- 【Form】：用于指定<input>元素所属的一个或多个表单。
- 【Name】：用来设置表单对象的唯一名称。
- 【Place holder】：用来设置显示在文本类表单域中的提示信息。
- 【Pattern】：用来设置与之比对以验证表单对象值的正则表达式。
- 【Title】：用来设置表单对象的额外提示信息。
- 【Tab Index】：用来设置当前表单对象在当前文档的 Tab 键顺序中的位置。

表单 Form【属性】面板中的选项介绍如下。

- 【No Validate】：选择此选项可禁用表单验证。
- 【EncType】：用来设置 MIME 类型，用户代理会将其与此表单关联提交。
- 【Target】：用来设置表单被处理后反馈页面打开目标窗口的方式。
- 【Accept charset】：用来设置用于表单提交的字符编码。

还有一些适用于 jQuery Mobile 的表单对象，包括传统的和新增加的，这些表单对象的功能类似于 HTML5 表单中相应表单对象的功能。只是 jQuery Mobile 自动为表单对象添加了便于触控的外观，这既符合移动设备的特点，又适应用户的使用习惯。

10.2　常用表单对象

下面对 Dreamweaver CC 2017 中的表单对象加以介绍。

10.2.1　插入和设置表单

表单更多的时候是在动态网页中使用的，而且站点也需要服务器环境支持。为了方便介绍，以下均是在静态 HTML 页面中进行操作。

在创建表单页面时，首先需要选择菜单命令【插入】/【表单】/【表单】，在页面中插入一个表单标签。在设计视图中，表单轮廓线以红色虚线表示。插入表单后，其默认处于选中状态，可在【属性】面板中设置属性，如图 10-2 所示。

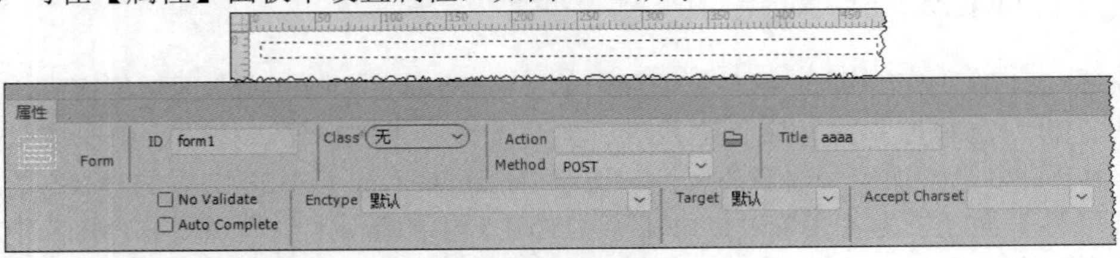

图10-2　插入表单

表单 Form【属性】面板中的各选项介绍如下。

- 【ID】文本框：用来设置表单的唯一 ID 名称。
- 【Class】(类)下拉列表：用来设置应用于表单的类样式。
- 【Action】(动作)文本框：主要用来设置处理表单数据的服务器端脚本路径，如果直接发送到邮箱，需要输入“mailto:”和邮箱地址。
- 【Method】(方法)下拉列表：用于设置将表单数据发送到服务器的方式，选择【默认】或【GET】选项，浏览器将以 GET 方式将表单内的数据附加到 URL 后面发送；选择【POST】选项将以 POST 方式将数据嵌入到 HTTP 请示中发送数据。
- 【Title】(标题)文本框：用于设置表单标签中的 title 名称，起到信息提示的作用。
- 【No Validate】(不验证)复选框：用于设置当提交表单时是否对其进行验证。
- 【Auto Complete】(自动完成)复选框：用于设置是否启用表单的自动完成功能。
- 【Enctype】(编码类型)下拉列表：用于设置对提交给服务器进行处理的数据使用的编码类型，默认设置为【application/x-www-form-urlencoded】，常与“POST”方法协同使用。
- 【Target】(目标)下拉列表：用于设置表单被处理后反馈页面打开目标窗口的方式。
- 【Accept Charset】(可接受的字符集)下拉列表：用于设置服务器处理表单数据所接受的字符集类型。

在插入表单标签后，可以使用表格、段落标记、换行符及预格式化的文本等手段来设置表单的布局格式，通常使用表格的情况更多一些。如果是两列的表格，通常在前一列单元格中输入表单对象的描述性文字以使用户知道他们要回答什么内容，在后一列单元格中插入表单对象供用户回答问题。为了美观，表格的单元格要根据需要设置适当的宽度和高度，也要设置好单元格的水平对齐，通常描述性文字所在单元格的水平对齐方式为“右对齐”，表单对象所在单元格的水平对齐方式为“左对齐”，如图 10-3 所示。

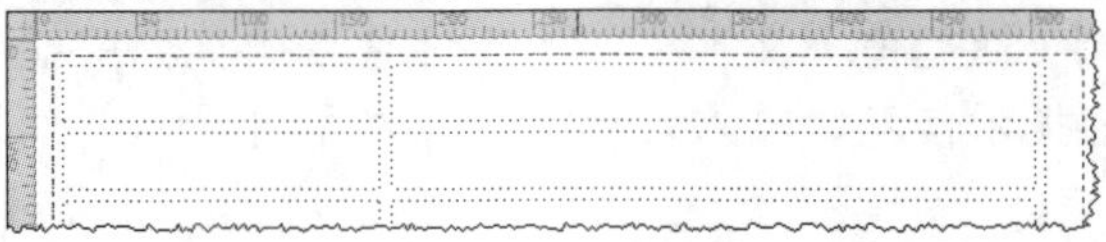

图10-3　表单中的表格

在使用表格时必须确保所有<table>标签都位于<form>和</form>标签内。另外，一个页面可以包含多个名称不同的表单标签<form>，但<form>标签不能嵌套，即不能将一个<form>表单插入到另一个<form>表单内。

10.2.2　文本类表单对象

这里所说的文本类表单对象主要包括文本、电子邮件、密码、Url、Tel、搜索、数字、范围、颜色、月、周、日期、时间、时期时间、时期时间（当地）及文本区域等。既有传统的表单对象，也有 HTML5 新增的表单对象。

一、　文本

文本（Text）是可以输入单行文本的表单对象，可通过选择菜单命令【插入】/【表单】/【文本】来插入。在使用表格布局时，在插入表单对象后，可将标签<label>及其内的描述性文本放在前面的单元格内，表单对象放在后面的单元格内，这样显得美观整齐，如图 10-4 所示。

图10-4　文本表单对象

查看源代码，可以发现插入的文本域由两行代码组成。

```
<label for="textfield">Text Field:</label>
<input type="text" name="textfield" id="textfield">
```

第 1 行代码为描述性文本标签代码，<label>标签的 for 属性必须与第 2 行表单对象代码中的 ID 名称相同（与 name 名称可不同），当在【属性】面板中修改表单对象的名称时，<label>标签的 for 属性也会自动与其保持一致。第 2 行代码是供用户输入内容的文本域代码，用于接受数据。文本域【属性】面板如图 10-5 所示，可根据实际需要进行设置。

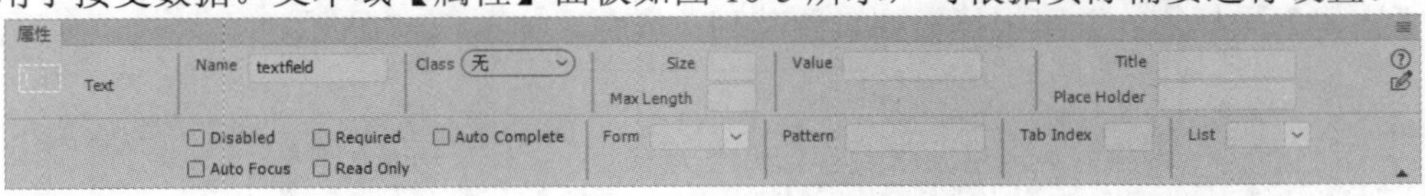

图10-5　文本域【属性】面板

文本 Text【属性】面板中的各选项介绍如下。

- 【Name】(名称）文本框：用于设置文本域的名称。
- 【Size】(字符宽度）文本框：用于设置文本域的宽度。
- 【Max length】(最大字符数）文本框：用于设置可向文本域中输入的最大字

符数。

- 【Value】（初始值）文本框：用于设置文本域在浏览器中显示时默认显示的内容。
- 【Title】（标题）文本框：用于设置在浏览器中鼠标指针停留在该文本域上时显示的提示文本。
- 【Place Holder】（期望值）文本框：用于设置在浏览器中显示时以浅灰色显示在该文本域中的提示信息，输入内容时该文本不再显示，如果删除输入的内容该文本又显示。
- 【Disabled】（禁用）复选框：用于设置该文本域是否被禁用。
- 【Required】（必填）复选框：用于设置该文本域是否为必填项。
- 【Auto Complete】（自动完成）复选框：用于设置是否让浏览器自动记忆用户输入的内容。
- 【Auto Focus】（自动获得焦点）复选框：用于设置在页面加载时该域是否自动获得焦点。
- 【Read Only】（只读）复选框：用于设置该域是否为只读不允许用户修改。
- 【Form】（关联表单）下拉列表：用于设置要与此域关联的表单 Form 的名称（多个表单之间要用空格分隔）。
- 【pattern】（格式）文本框：用于设置输入字段值的模式或格式。
- 【Tab Index】（Tab 键顺序）文本框：用于设置 Tab 键的移动顺序。
- 【List】（数据列表）下拉列表：用于设置要与该域关联的数据列表。

二、 电子邮件

电子邮件（Email）是用于输入电子邮件地址列表的表单对象，可通过选择菜单命令【插入】/【表单】/【电子邮件】来插入，并可根据需要设置其相关属性，如图 10-6 所示。在其【属性】面板中，【Multiple】选项用于设置该域是否允许多个值。

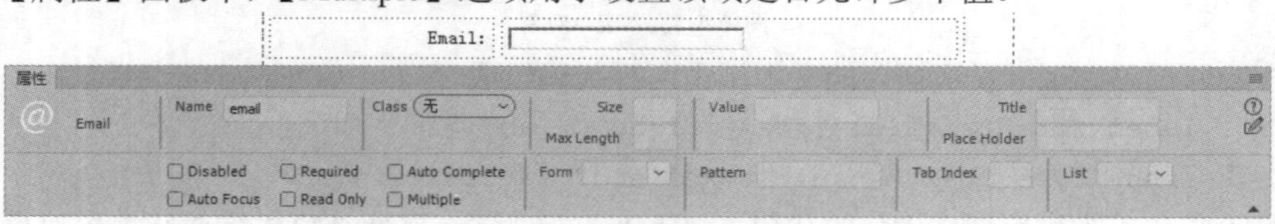

图10-6　电子邮件表单对象

三、 密码

密码（Password）是用于输入密码的表单对象，可通过选择菜单命令【插入】/【表单】/【密码】来插入，并可根据需要设置其相关属性，如图 10-7 所示。

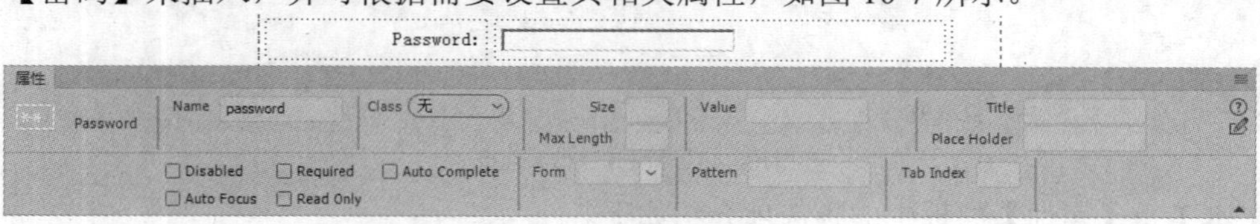

图10-7　密码表单对象

四、 Url

地址（Url）是用于输入绝对 Url 的表单对象，可通过选择菜单命令【插入】/【表单】/

【Url】来插入，并可根据需要设置其相关属性，如图 10-8 所示。

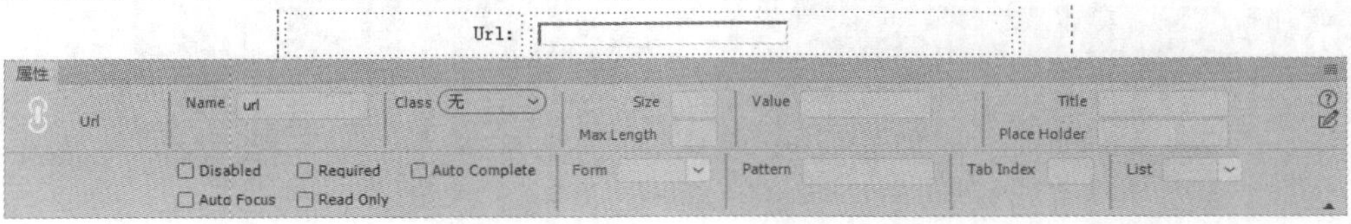

图10-8　Url 表单对象

五、 Tel

电话（Tel）是用于输入 Tel 的表单对象，可通过选择菜单命令【插入】/【表单】/【Tel】来插入，并可根据需要设置其相关属性，如图 10-9 所示。

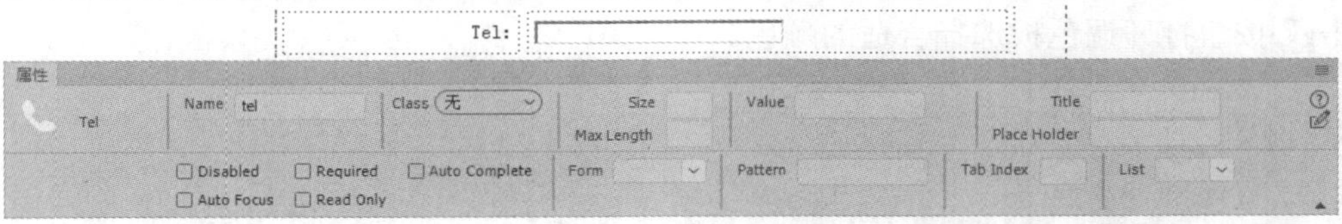

图10-9　Tel 表单对象

六、 搜索

搜索（Search）是用于输入一个或多个搜索词的表单对象，可通过选择菜单命令【插入】/【表单】/【搜索】来插入，并可根据需要设置其相关属性，如图 10-10 所示。

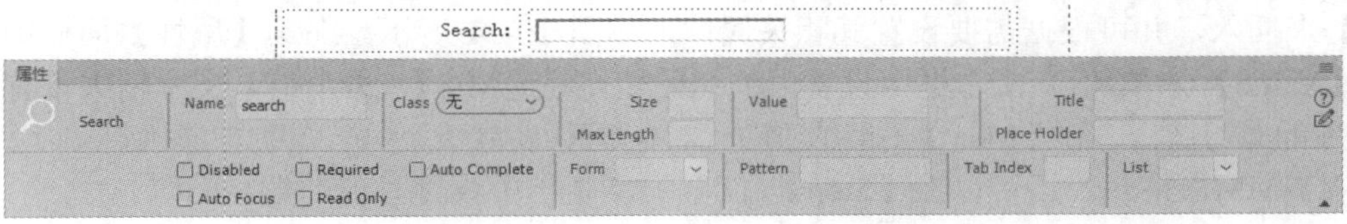

图10-10　搜索表单对象

七、 数字

数字（Number）是用于仅输入数字的表单对象，可通过选择菜单命令【插入】/【表单】/【数字】来插入，并可根据需要设置其相关属性，如图 10-11 所示。在其【属性】面板中，【Min】（最小值）文本框用于设置输入字段允许的最小值，【Max】（最大值）文本框用于设置输入字段允许的最大值，【Step】（间隔）文本框用于设置输入字段允许的数字间隔，如果 step="3"，则合法的数字是“-3,0,3,6”等。

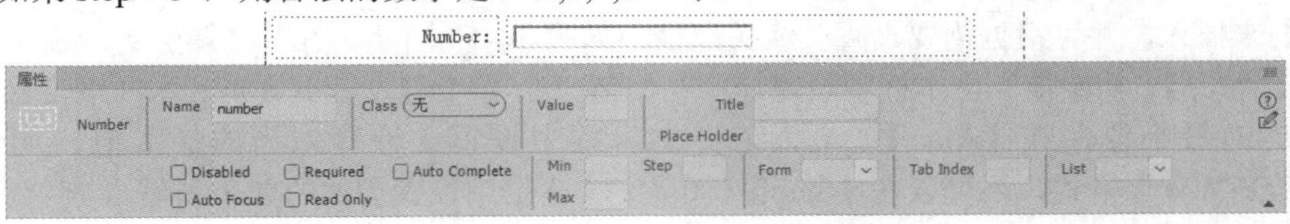

图10-11　数字表单对象

八、 范围

范围（Range）是用于输入仅包含某个数字范围内值的表单对象，可通过选择菜单命令【插入】/【表单】/【范围】来插入，并可根据需要设置其相关属性，如图 10-12 所示。

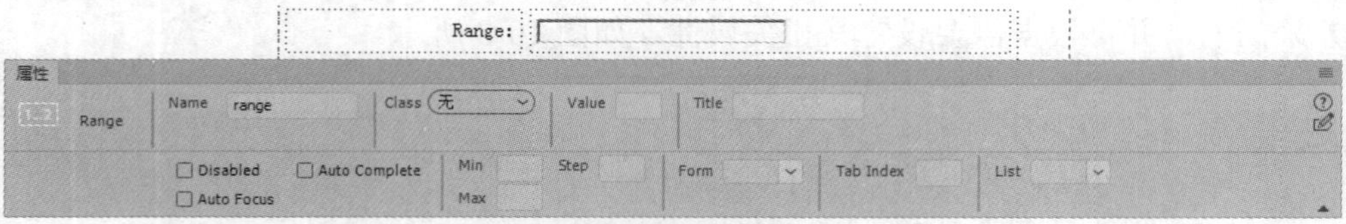

图10-12　范围表单对象

九、 颜色

颜色（Color）是用于输入仅包含颜色值的表单对象，可通过选择菜单命令【插入】/【表单】/【颜色】来插入，并可根据需要设置其相关属性，如图 10-13 所示。在颜色表单对象【属性】面板中，可以在【Value】（初始值）文本框中预先输入颜色初始值，也可以通过单击按钮打开调色板选择合适的颜色。

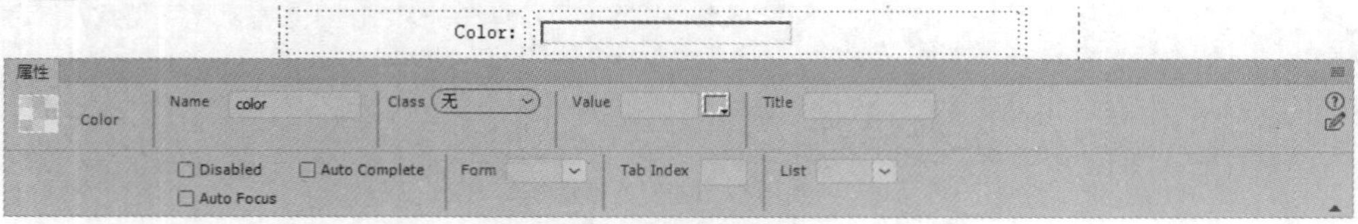

图10-13　颜色表单对象

十、 月

月（Month）是供用户输入年和月的表单对象，可通过选择菜单命令【插入】/【表单】/【月】来插入，并可根据需要设置其相关属性，如图 10-14 所示。在其【属性】面板中，可以在【Value】（初始值）文本框中设置月的初始值，在【Min】（最小值）文本框中设置允许输入月的最小值，在【Max】（最大值）文本框中设置允许输入月的最大值，均使用“YYYY-MM”格式，还可以在【Step】（间隔）文本框中设置月值的数字间隔。

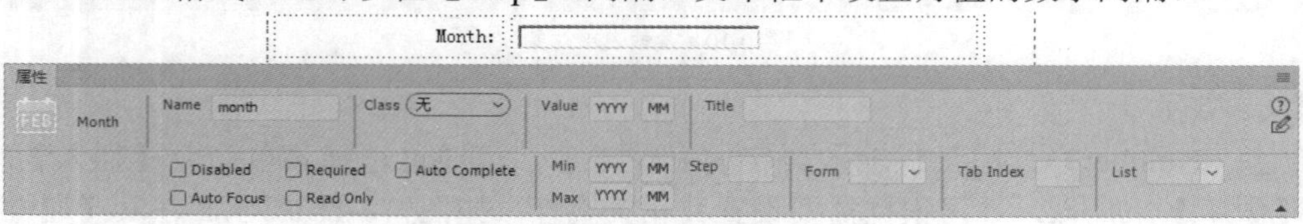

图10-14　月表单对象

十一、周

周（Week）是供用户输入周的表单对象，可通过选择菜单命令【插入】/【表单】/【周】来插入，并可根据需要设置其相关属性，如图 10-15 所示。在其【属性】面板中，可以在【Value】（初始值）文本框中设置周的初始值，在【Min】（最小值）文本框中设置允许输入周的最小值，在【Max】（最大值）文本框中设置允许输入周的最大值，均使用“YYYY-WW”格式，还可以在【Step】（间隔）文本框中设置周值的数字间隔。

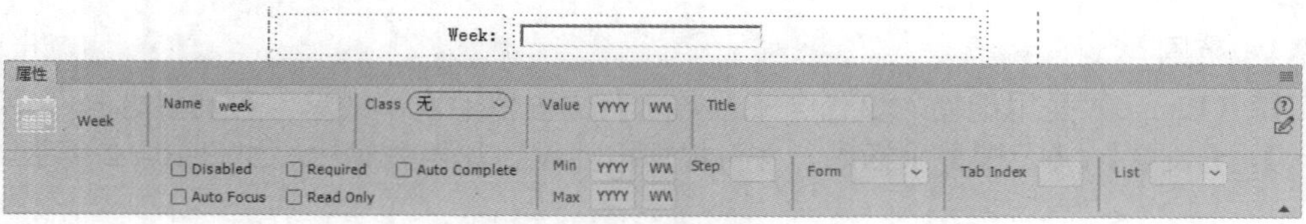

图10-15　周表单对象

十二、日期

日期（Date）是供用户输入日期（年月日）的表单对象，可通过选择菜单命令【插入】/【表单】/【日期】来插入，并可根据需要设置其相关属性，如图 10-16 所示。在其【属性】面板中，可以在【Value】（初始值）文本框中设置日期的初始值，在【Min】（最小值）文本框中设置允许输入日期的最小值，在【Max】（最大值）文本框中设置允许输入日期的最大值，均使用“YYYY-MM-DD”格式，还可以在【Step】（间隔）文本框中设置日期值的数字间隔。

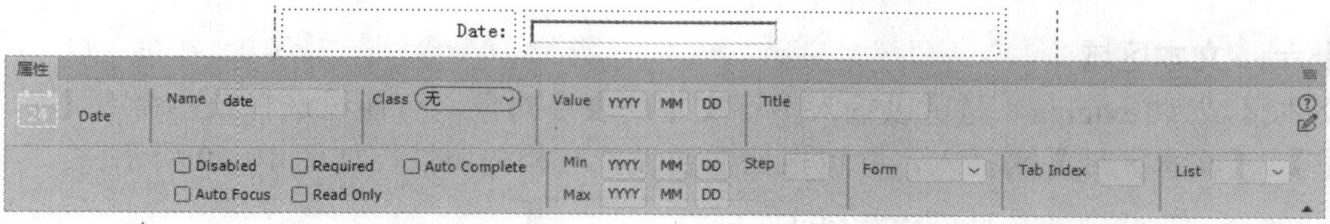

图10-16　日期表单对象

十三、时间

时间（Time）是供用户输入时间（时分秒）的表单对象，可通过选择菜单命令【插入】/【表单】/【时间】来插入，并可根据需要设置其相关属性，如图 10-17 所示。在其【属性】面板中，可以在【Value】（初始值）文本框中设置时间的初始值，在【Min】（最小值）文本框中设置允许输入时间的最小值，在【Max】（最大值）文本框中设置允许输入时间的最大值，均使用“hh-mm-ss”格式，还可以在【Step】（间隔）文本框中设置时间值的数字间隔。

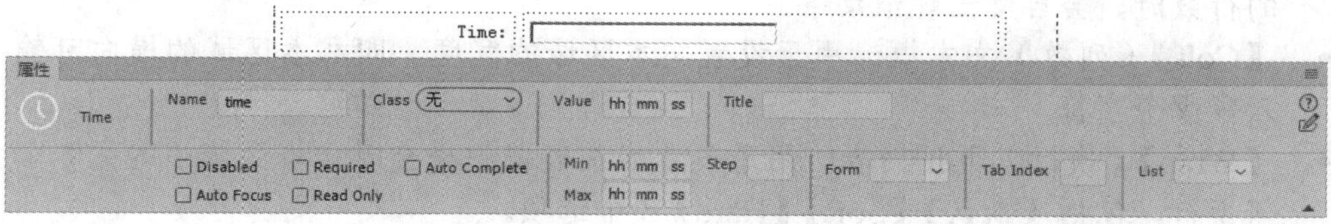

图10-17　时间表单对象

十四、日期时间

日期时间（Datetime）是供用户输入日期和时间（年月日时分秒，带时区）的表单对象，可通过选择菜单命令【插入】/【表单】/【日期时间】来插入，并可根据需要设置其相关属性，如图 10-18 所示。在其【属性】面板中，可以在【Value】（初始值）文本框中设置日期时间的初始值，在【Min】（最小值）文本框中设置允许输入日期时间的最小值，在【Max】（最大值）文本框中设置允许输入日期时间的最大值，均使用“YYYY-MM-DD hh:mm:ss”格式，在每个选项的后面还可以设置时区，在【Step】（间隔）文本框中可以设置日期时间值的数字间隔。

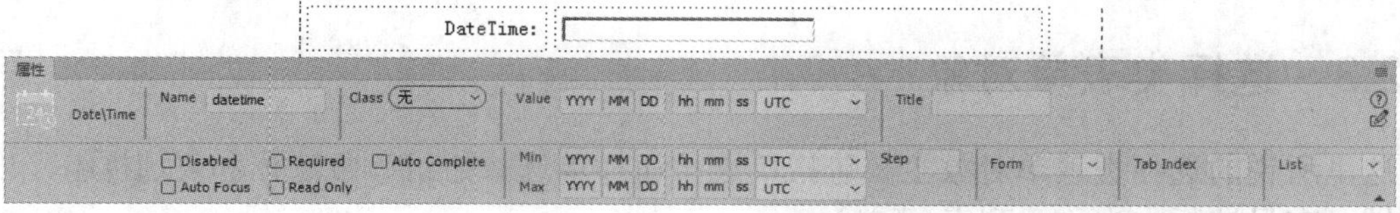

图10-18　日期时间表单对象

十五、日期时间（当地）

日期时间（当地）（Datetime-local）是供用户输入当地日期和时间（年月日时分秒，无时区）的表单对象，可通过选择菜单命令【插入】/【表单】/【日期时间（当地）】来插入，并可根据需要设置其相关属性，如图 10-19 所示。

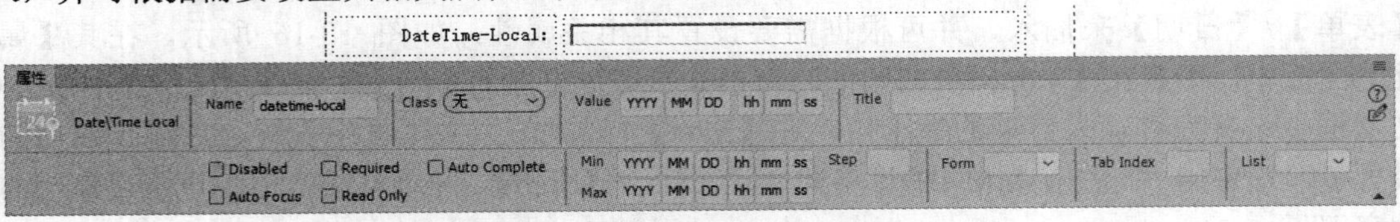

图10-19　日期时间（当地）表单对象

十六、文本区域

文本区域（Textarea）是可以输入多行文本的表单对象，可通过选择菜单命令【插入】/【表单】/【文本区域】来插入，并可根据需要设置其相关属性，如图 10-20 所示。

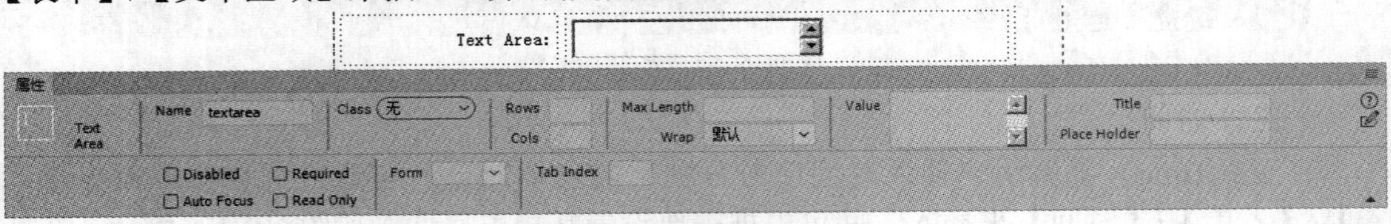

图10-20　文本区域表单对象

文本区域（Textarea）【属性】面板与文本（Text）【属性】面板相比，既有相同的选项，也有不同的选项，介绍如下。

- 【Rows】（行数）文本框：用于设置文本区域的行数，当文本的行数大于指定的行数时，会自动出现滚动条。
- 【Cols】（列数）文本框：用于设置文本区域的宽度，即文本区域的横向可输入多少个字符。
- 【Wrap】（换行）下拉列表：用于设置当在表单中提交时文本区域中的文本如何换行，包括【默认】【Soft】【Hard】3 个选项。

  【Soft】：表示当在表单中提交时文本区域中的文本不换行，这也是默认值。

  【Hard】：表示当在表单中提交时文本区域中的文本换行（包含换行符），当选择【Hard】时，必须设置 Cols（列数）属性。

上面介绍了文本、文本区域两个传统的表单对象，以及电子邮件、密码、Url、Tel、搜索、数字、范围、颜色、月、周、日期、时间、时期时间及时期时间（当地）等 HTML5 新增加的表单对象，在文本、文本区域这两个传统的表单对象中也增加了 HTML5 的新属性，这些新属性提供了更好的输入控制和验证。在众多浏览器中，Opera 浏览器对 HTML5 表单对象支持最好，不过仍然可以在所有主流的浏览器中使用它们，因为即使不被支持，也可以显示为常规的表单对象。

10.2.3　选择类表单对象

这里所说的选择类表单对象主要包括单选按钮和单选按钮组、复选框和复选框组，以及选择域（在早期版本中称为列表/菜单）。

一、单选按钮

单选按钮（Radio）主要用于标记一个选项是否被选中，它只允许用户从所提供的选项中选择唯一答案。选择菜单命令【插入】/【表单】/【单选按钮】，将在文档中插入一个单选按钮，反复执行该操作可插入多个单选按钮，如图 10-21 所示。

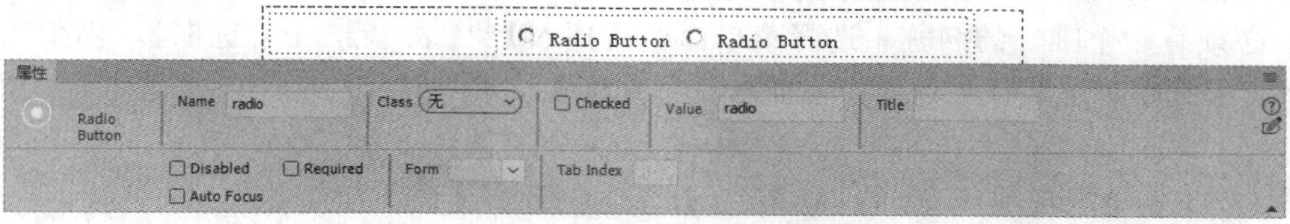

图10-21　单选按钮表单对象

在单选按钮【属性】面板中，【Checked】选项用于设置该单选按钮是否默认处于选中状态。在设置单选按钮属性时，需要依次选中各个单选按钮分别进行设置。单选按钮一般以两个以上的形式出现，让用户在两个以上的选项中选择一项。同一组单选按钮的 name 名称都是一样的，那么依靠什么来判断哪个按钮被选中呢？由于单选按钮具有唯一性，即多个单选按钮只能有一个被选中，【Value】（选定值）选项就成为判断的唯一依据，因为每个单选按钮的【Value】选项会被设置为不同的数值。如性别“男”的单选按钮的【Value】可被设为“1”，性别“女”的单选按钮的【Value】可被设为“0”，这样就可区分了。

二、单选按钮组

在实际应用中，单选按钮至少要有两个或更多，因此可以选择菜单命令【插入】/【表单】/【单选按钮组】，打开【单选按钮组】对话框，经过设置一次插入多个单选按钮。【单选按钮组】对话框中的各选项介绍如下。

- 【名称】文本框：用于设置单选按钮组的名称。
- 【单选按钮】选项：用于设置单选按钮的标签及其值。

  +按钮：单击此按钮，可添加单选按钮选项。

  −按钮：单击此按钮，可删除选中的单选按钮选项。

  ▲按钮：单击此按钮，可上移选中的单选按钮选项。

  ▼按钮：单击此按钮，可下移选中的单选按钮选项。

  【标签】：指的是单选按钮对应的标签名称。

  【值】：指的是标签名称对应的值。
- 【布局，使用】选项：用于设置单选按钮的布局手段。

  【换行符（
标签）】：表示使用换行符对每个单选按钮进行换行。

  【表格】：表示使用表格对单选按钮进行布局。由于其布局使用换行符或表格，这就使每个单选按钮都是单独一行，可以根据实际需要进行调整。例如，如果一行显示两个单选按钮，就可以将换行符删除使它们在一行显示，如图 10-22 所示。

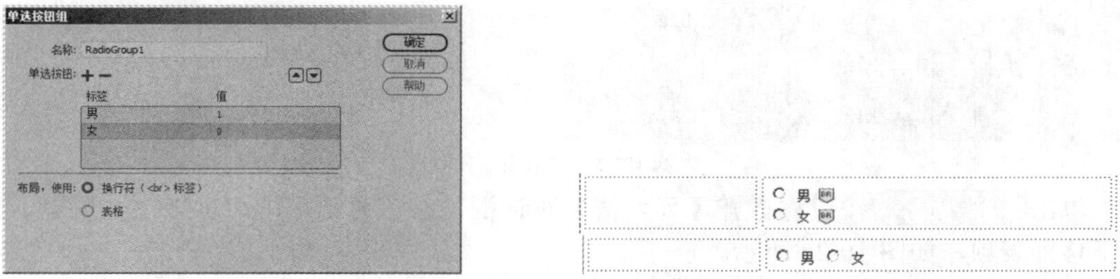

图10-22　单选按钮组

三、 复选框

复选框（Checkbox）常被用于有多个选项可以同时被选中的情况。每个复选框都是独立的，必须有一个唯一的名称。选择菜单命令【插入】/【表单】/【复选框】，将在文档中插入一个复选框，反复执行该操作将插入多个复选框，如图 10-23 所示。

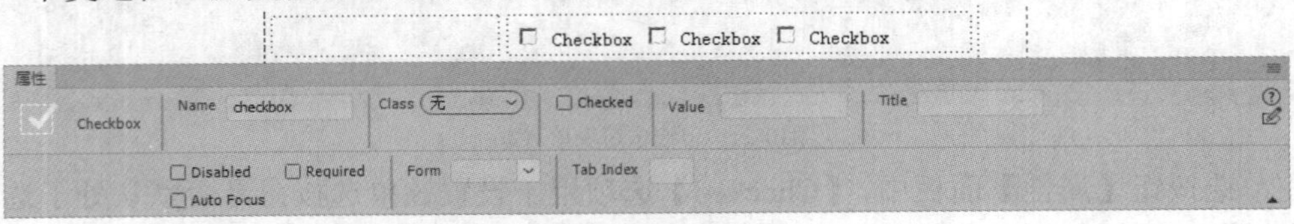

图10-23 复选框表单对象

在设置复选框属性时，需要依次选中各个复选框分别进行设置。复选框在表单中单独出现的情况比较少，通常是多个复选框同时出现供用户选择。复选框的名称最好与其描述性文字有一定联系，这样在表单脚本程序的编制中将会节省许多时间和精力。

四、 复选框组

在实际应用中，复选框通常是多个同时使用，因此可以选择菜单命令【插入】/【表单】/【复选框组】一次插入多个复选框。由于其布局使用换行符或表格，每个复选框都是单独一行，可以根据实际需要进行调整。例如，如果一行显示 3 个复选框，就可以将它们之间的换行符删除，让它们在一行中显示，如图 10-24 所示。

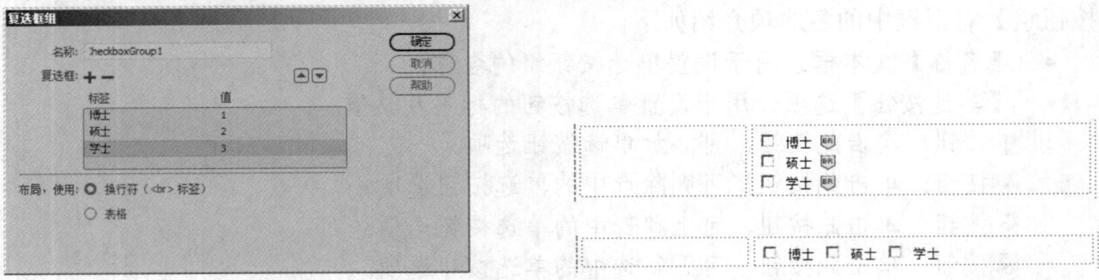

图10-24 复选框组

五、 选择

选择（Select）可以显示一个包含有多个选项的可滚动列表，在列表中可以选择需要的项目。选择菜单命令【插入】/【表单】/【选择】，将在文档中插入一个选择域，如图 10-25 所示。在其【属性】面板中，【Size】选项用于设置选择域的高度，以行数计算，【Multiple】选项用于设置是否允许多选，【Selected】选项用于设置将选择的项目作为选择域的初始选项。

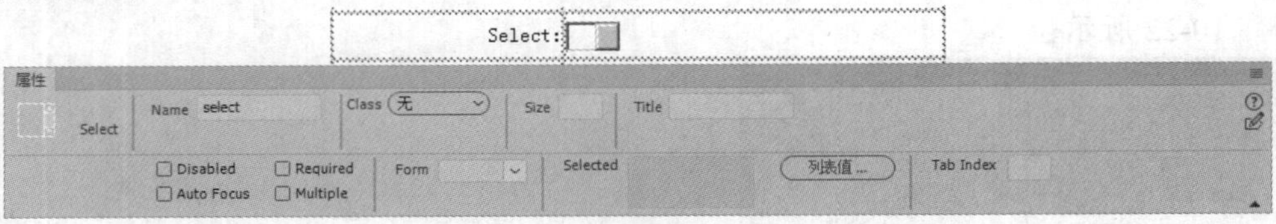

图10-25 选择表单对象

单击 列表值... 按钮将打开【列表值】对话框，在该对话框中可以增加、删除、上移和下移列表项，如图 10-26 所示。

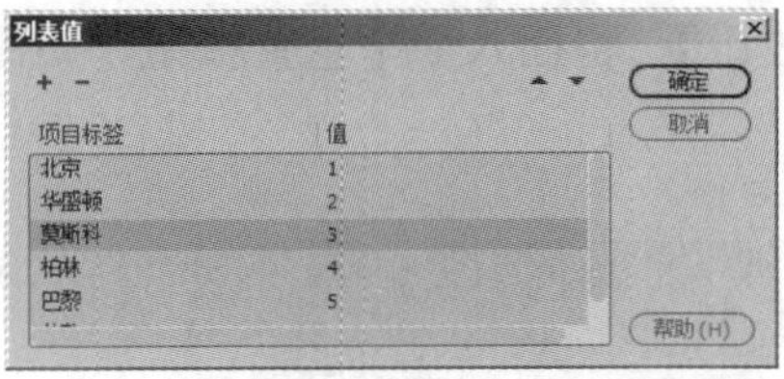

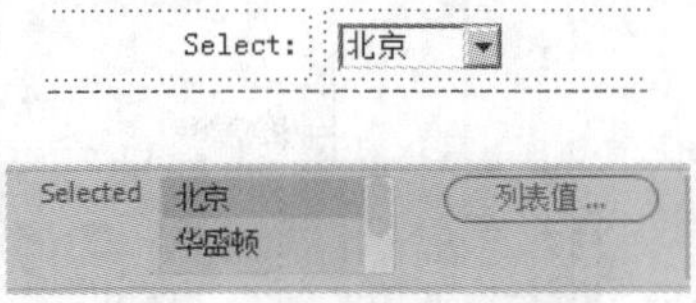

图10-26 【列表值】对话框

10.2.4 按钮类表单对象

这里所说的按钮类表单对象主要包括按钮、提交按钮、重置按钮及图像按钮。另外，隐藏域和文件域两个表单对象也在这里一并介绍。

一、按钮

按钮（Button）是指网页文档中表示普通按钮时用到的表单对象。选择菜单命令【插入】/【表单】/【按钮】，可插入一个普通按钮，如图 10-27 所示。在按钮【属性】面板中，【Value】选项用于设置按钮上的文字，默认为【提交】，一般可根据实际需要进行修改，如“浏览”“查看”等。

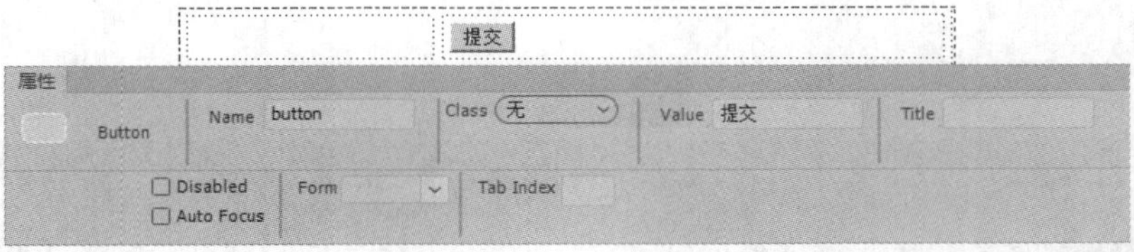

图10-27 按钮

要点提示 普通按钮在网页中比较普遍，它与表单中的“提交”按钮（Submit Button）是不同的，两者外观上虽然相似但区别就在功能上，从两者【属性】面板的差异就可看出。

二、提交按钮

使用提交按钮（Submit Button）可以将表单数据提交到服务器。选择菜单命令【插入】/【表单】/【提交按钮】，将插入一个提交按钮，如图 10-28 所示。提交按钮与按钮在页面中虽然显示形式一样，但其【属性】面板是有很大差别的。其中，【Form Action】选项用来设置单击该按钮后表单的提交动作，【Form Method】选项用来设置将表单数据发送到服务器的方法，【Form EncType】选项用来设置发送表单数据的编码类型，【Form No Validate】选项用来设置在提交表单时是否进行验证。这些是普通按钮【属性】面板中所没有的，这也表明了它们在功能上的差别。

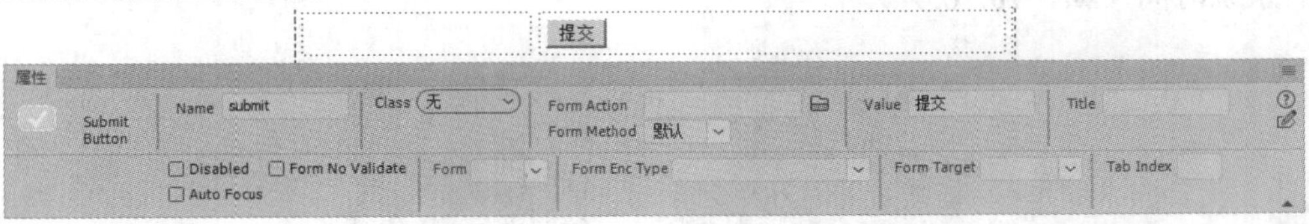

图10-28 提交按钮

三、重置按钮

使用重置按钮（Reset Button）可以删除表单中输入或设置的所有内容，使表单恢复到初始状态。选择菜单命令【插入】/【表单】/【重置按钮】，将插入一个重置按钮，如图 10-29 所示。

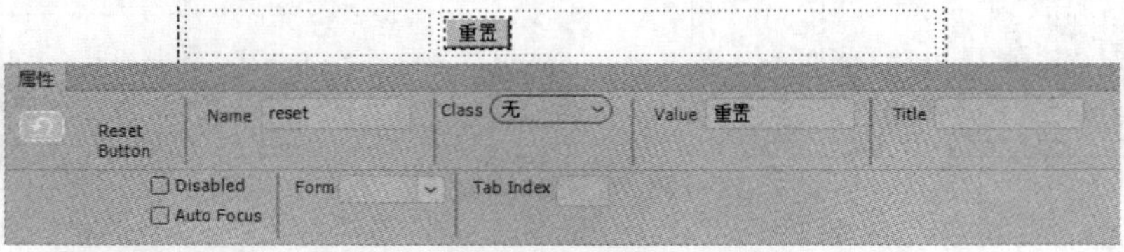

图10-29 重置按钮

四、 图像按钮

图像按钮（Image Button）用于在表单中插入一幅图像从而生成图形化按钮，在网页中使用图形化按钮要比单纯使用按钮美观得多。选择菜单命令【插入】/【表单】/【图像按钮】，打开【选择图像源文件】对话框，选择图像并单击 确定 按钮，一个图像按钮随即出现在表单中，如图 10-30 所示。图像按钮（Image Button）【属性】面板与提交按钮【属性】面板相比，有相似的部分，也有不同的部分。在图像按钮【属性】面板中，【Src】选项用来设置按钮图像的源文件，【Alt】选项用来为图像设置替代文本，【宽】和【高】两个选项用于设置图像的宽度和高度，单击 编辑图像 按钮可打开默认的图像编辑软件对该按钮图像进行编辑。

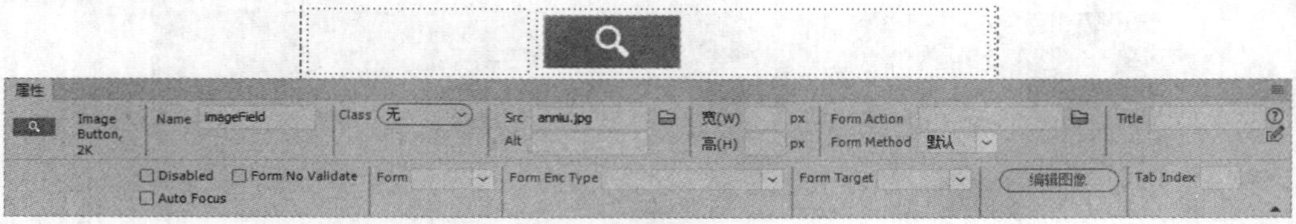

图10-30 图像按钮

五、 隐藏

隐藏（Hidden）表单对象的作用主要是用来存储并提交非用户输入信息，隐藏域在网页中一般不显现。选择菜单命令【插入】/【表单】/【隐藏】，将插入一个隐藏域，如图 10-31 所示。在上网实践中，经常遇到用户注册的表单页，其中注册时间即可由隐藏域自动收集，在用户提交表单时一并提交服务端。隐藏域自身不具有自动收集功能，其功能需要由 JavaScript、ASP 等源代码来实现，源代码可输入到隐藏域【属性】面板的【Value】文本框中。如 ASP 代码“<% =Date() %>”表示收集当前日期，其中“<%...%>”是 ASP 代码的开始和结束标志，而“Date()”表示当前的系统日期（如，2018-10-20），如果换成“Now()”则表示当前的系统日期和时间（如，2018-10-20 10:16:44），而“Time()”则表示当前的系统时间（如，10:16:44）。

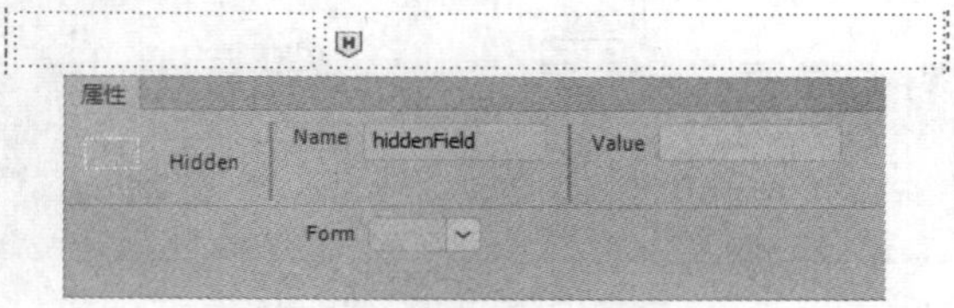

图10-31 隐藏域

六、 文件

文件（File）表单对象的作用是允许用户浏览并选择本地计算机上的文件，以便将该文件作为表单数据进行上传。但真正上传文件还需要相应的上传组件作支持，文件域仅仅是供用户浏览并选择本地文件使用，并不具有上传功能。从外观上看，文件域只是比文本域多了一个 浏览... 按钮。选择菜单命令【插入】/【表单】/【文件】，将插入一个文件域，如图10-32 所示。

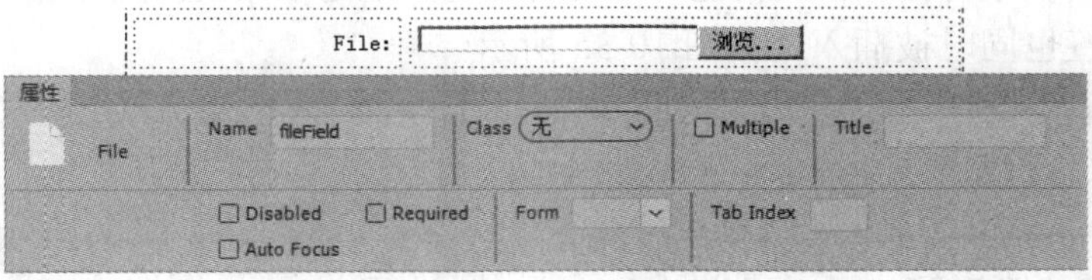

图10-32　文件域

10.2.5　域集和标签

下面对域集和标签作简要介绍。

一、　域集

使用域集可将表单内的相关元素进行分组，浏览器会以特殊方式来显示它们，它们可能有特殊的边界、3D 效果等。首先选中要分组的表单对象，然后选择菜单命令【插入】/【表单】/【域集】，打开【域集】对话框，输入域集名称，然后单击 确定 按钮，把选中的多个表单对象集中到一个域集中，如图 10-33 所示。

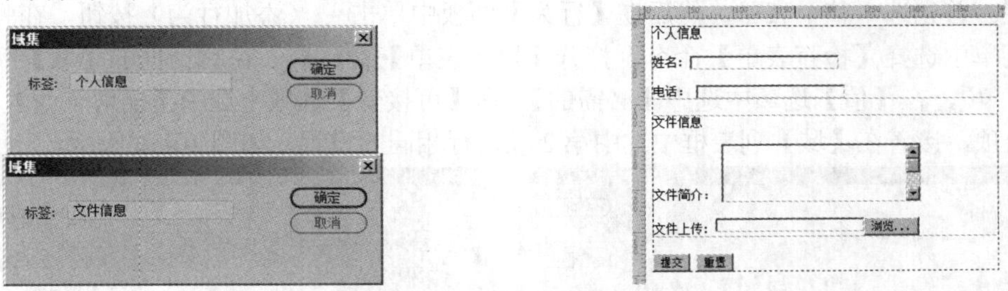

图10-33　【域集】对话框

在浏览器中的预览效果如图 10-34 所示。

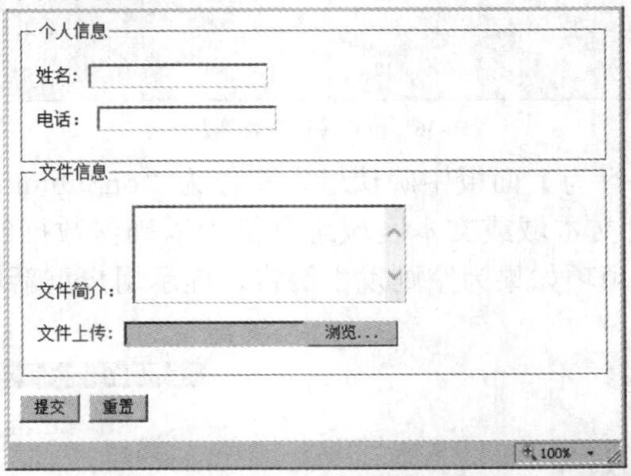

图10-34　在浏览器中的显示效果

二、　标签

标签（Label）为 input 等表单对象定义标注。标签元素不会向用户呈现任何特殊效果。

但它为鼠标用户改进了可用性。在浏览器中如果在标签元素内单击文本，就会触发此控件。也就是说，当用户单击表单对象前面的标签文本时，浏览器就会自动将焦点转到和标签文本对应的表单对象上。选择菜单命令【插入】/【表单】/【标签】可以插入标签，然后直接输入表单对象的说明文字即可，for 属性可通过标签【属性】面板进行修改。实际上，在插入表单对象时，标签也同时被插入，如图 10-35 所示。

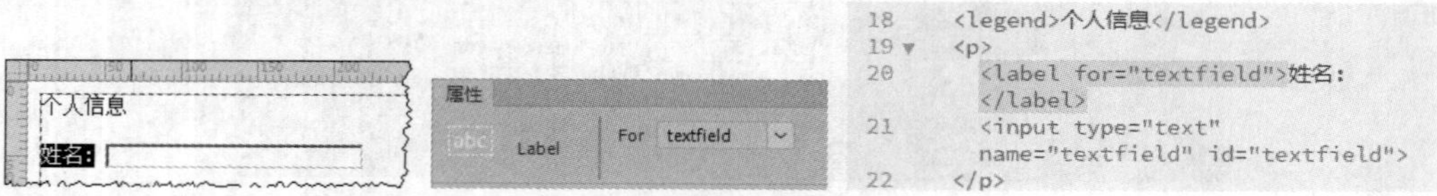

图10-35　标签

要点提示　标签<label>的 for 属性要与标签所对应的表单对象的 id 属性相同，但可以与 name 属性不同。

10.3　使用行为验证表单

对于传统的文本域（Text）和文本区域（Textarea），还可以通过使用【检查表单】行为来验证访问者所输入的信息是否符合要求。

如果用户希望在填写完表单中所有项目进行提交表单时检查各个域，可以按照下面的方法进行设置。首先选中整个表单，然后在【行为】面板中单击 + （添加行为）按钮，在弹出的行为下拉菜单中选择【检查表单】命令，打开【检查表单】对话框。在对话框的【域】列表框中选中第 1 项，在【值】选项中选中【必需的】，在【可接受】选项中选中【任何东西】，此项通常为默认项，接着在【域】列表框中选中第 2 项进行相同的设置，如图 10-36 所示。

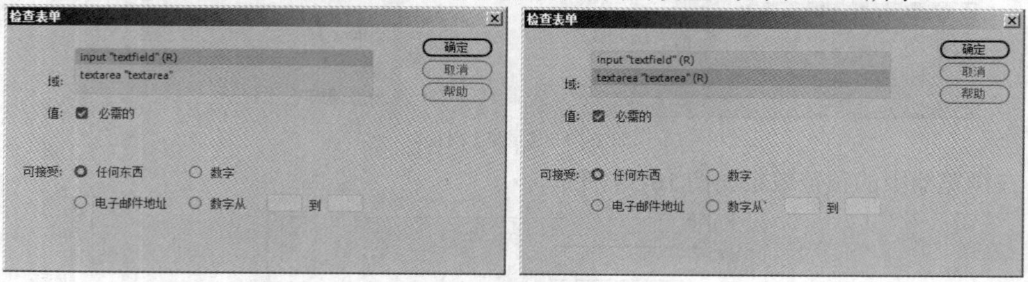

图10-36　设置【检查表单】行为

关闭对话框后，在【行为】面板中确认触发事件为“onSubmit”，如图 10-37 所示。其表示在用户提交表单时对文本域或文本区域进行检查以确保数据的合法性。保存网页并预览，当表单被提交时，必填项如果为空则发生警告，提示用户重新填写，如果不为空则提交表单，如图 10-38 所示。

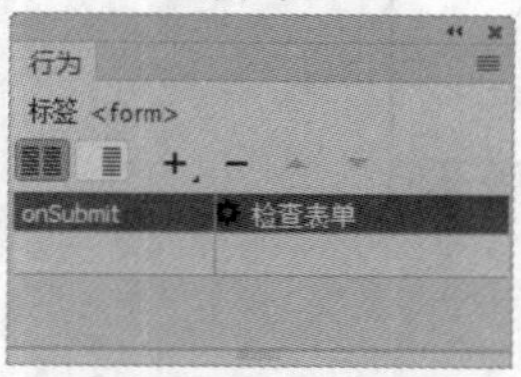

图10-37　【行为】面板

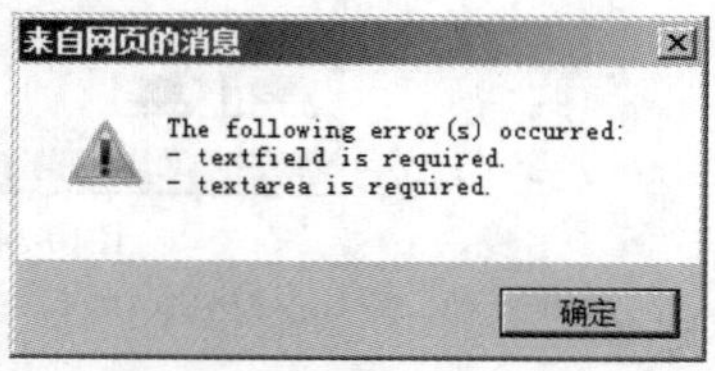

图10-38　预览网页

在【检查表单】对话框中，【域】列表框列出表单中所有的文本域和文本区域供选择，【值】选项如果选择【必需的】表示必须输入内容，【可接受】选项组包括 4 个选项，其中【任何东西】表示输入的内容不受限制，【电子邮件地址】表示仅接受电子邮件地址格式的内容，【数字】表示仅接受数字，【数字从…到…】表示仅接受指定范围内的数字。

如果用户希望在填写表单中的文本域或文本区域时，每填写完一项就检查一项，应该分别选择各个域，然后在【行为】面板中单击 + （添加行为）按钮，在弹出的行为下拉菜单中选择【检查表单】命令，在打开的【检查表单】对话框中进行参数设置，并将【检查表单】行为的触发事件设置为“onBlur”，表示在用户填写表单项时就对该项进行检查。

10.4　课堂案例——用户登记表

本节将通过案例“用户登记表”来练习添加和设置表单的基本方法，希望读者通过对案例的学习，能够熟练掌握创建表单网页的基本方法。实例效果如图 10-39 所示。

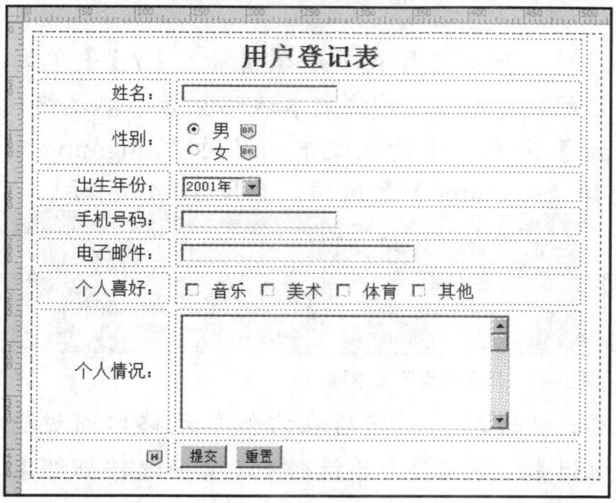

本例视频

图10-39　用户登记表

【操作步骤】

1. 在站点内创建一个网页文档并保存为“104.htm”。
2. 在【属性】面板中单击 页面属性... 按钮，打开【页面属性】对话框，设置页面字体为【宋体】、大小为“16px”。
3. 选择菜单命令【插入】/【表单】/【表单】，插入一个表单域，如图 10-40 所示。

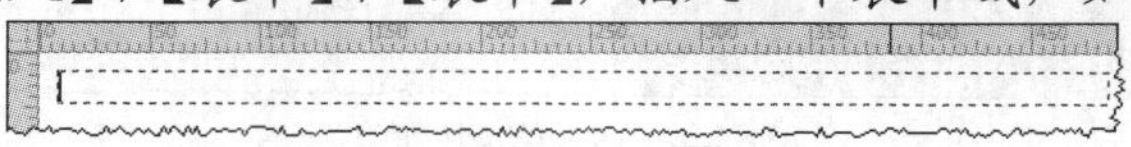

图10-40　插入表单

4. 选择菜单命令【插入】/【Table】，在表单中插入一个 9 行 2 列的表格，表格宽度为“500 像素”，填充和间距均为“5”，边框为“0”，如图 10-41 所示。
5. 将表格第 1 列单元格的宽度设置为“100”，单元格对齐方式设置为“右对齐”，将第 2 列单元格对齐方式设置为“左对齐”。
6. 将表格第 1 行单元格进行合并，设置单元格对齐方式为“居中对齐”，然后输入文本“用户登记表”，并将其设置为“标题 2”格式，如图 10-42 所示。

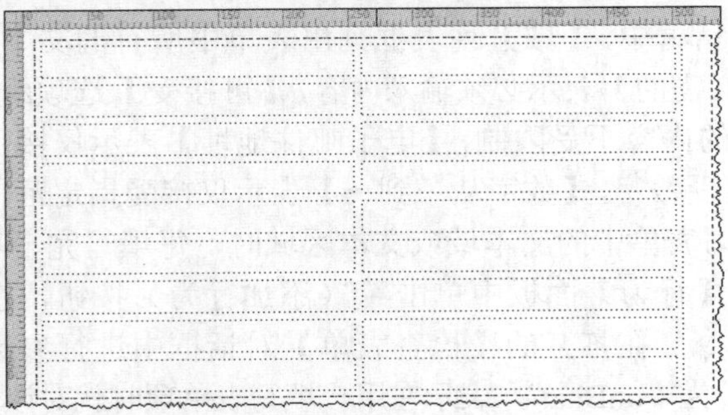

图10-41　插入表格

图10-42　编辑表格

7. 将鼠标光标置于第 2 行左侧单元格，然后选择菜单命令【插入】/【表单】/【文本】插入一个文本域，将描述文本修改为“姓名:”，并将文本域移至后面单元格内。
8. 在文本域【属性】面板的【name】文本框中输入文本域名称“xingming”，在【Size】文本框中输入宽度值“20”，选择【Required】复选框，如图 10-43 所示。

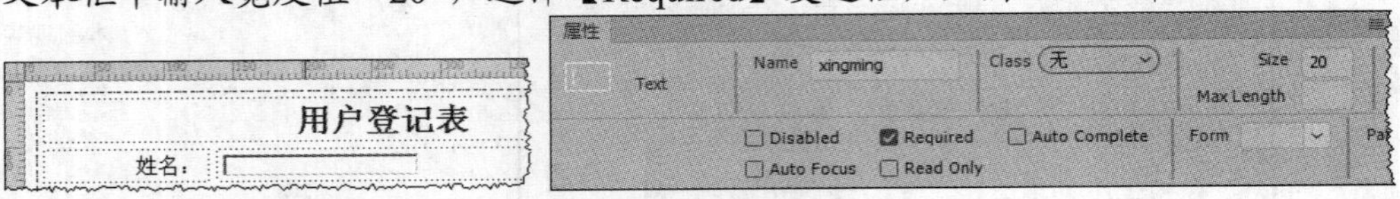

图10-43　插入和设置文本域

9. 在第 3 行左侧单元格内输入文本“性别:”，然后在右侧单元格内通过选择菜单命令【插入】/【表单】/【单选按钮组】，插入两个单选按钮，【单选按钮组】对话框中的参数设置如图 10-44 所示。

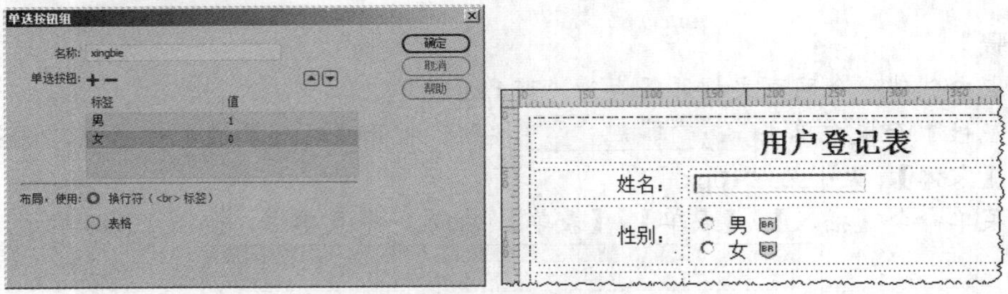

图10-44　插入单选按钮组

10. 选择第 1 个单选按钮，在【属性】面板中选择【Checked】复选框，如图 10-45 所示。

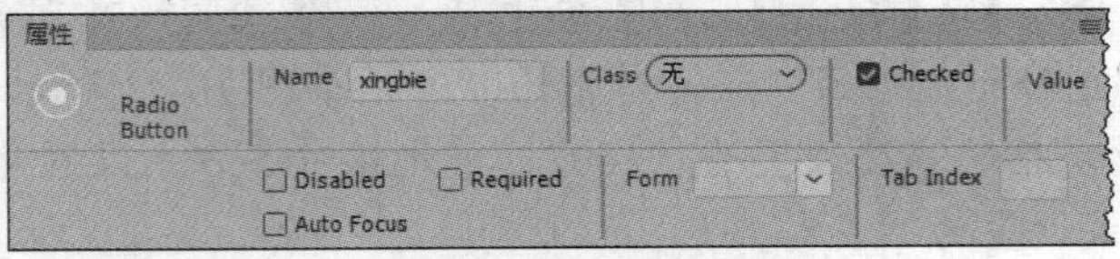

图10-45　设置单选按钮属性

11. 将鼠标光标置于第 4 行左侧单元格，然后选择菜单命令【插入】/【表单】/【选择】，插入一个选择域，将描述性文本修改为“出生年份:”，并将供用户使用的选择域移至后面单元格内，如图 10-46 所示。

12. 在【属性】面板中单击 列表值... 按钮，打开【列表值】对话框，添加【项目标签】和【值】，如图 10-47 所示。

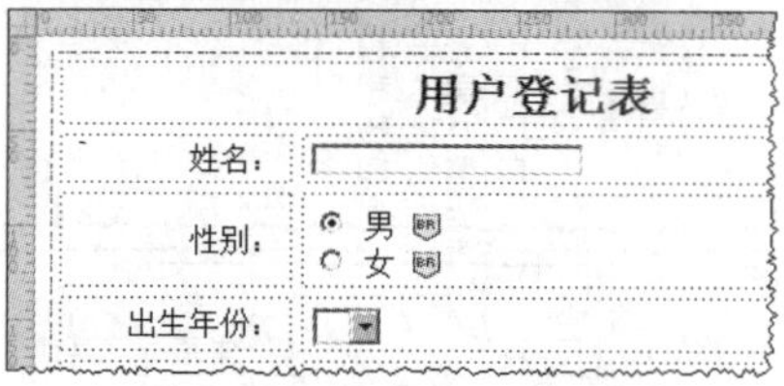

图10-46　插入选择域

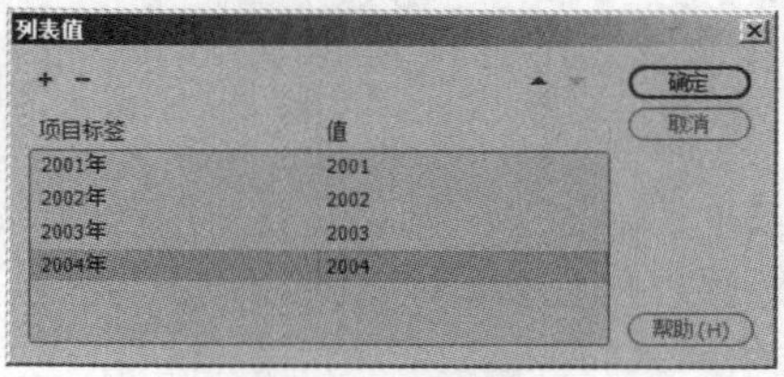

图10-47　添加列表值

13. 添加完毕后单击 确定 按钮关闭对话框，接着在【属性】面板的【Name】文本框中输入选择域名称“chushengnian”，如图 10-48 所示。

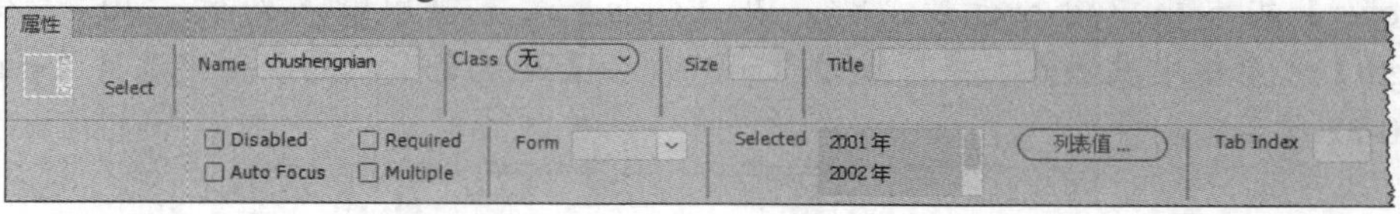

图10-48　选择域【属性】面板

14. 将鼠标光标置于第 5 行左侧单元格，然后选择菜单命令【插入】/【表单】/【Tel】，插入一个 Tel 域，将描述性文本修改为“手机号码:”，并将 Tel 域移至后面单元格内。

15. 在 Tel 域【属性】面板的【Name】文本框中输入 Tel 域名称“shouji”，在【Size】文本框中输入宽度值“20”，在【Max Length】文本框中输入最大字符数“11”，如图 10-49 所示。

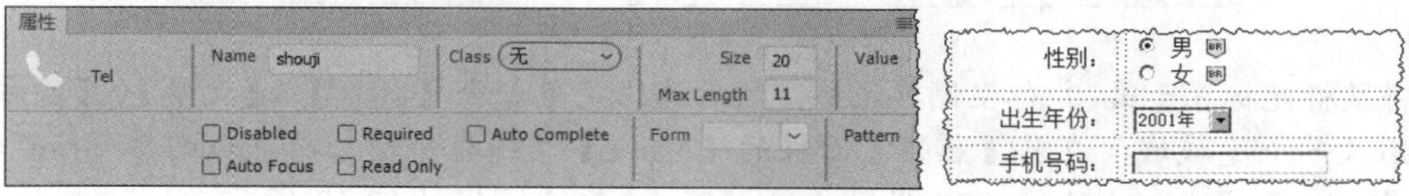

图10-49　插入和设置 Tel 域

16. 将鼠标光标置于第 6 行左侧单元格，然后选择菜单命令【插入】/【表单】/【电子邮件】，插入一个电子邮件域，将描述性文本修改为“电子邮件:”，并将电子邮件域移至后面单元格内。

17. 在电子邮件域【属性】面板的【Name】文本框中输入电子邮件域名称“email”，在【Size】文本框中输入宽度值“30”，如图 10-50 所示。

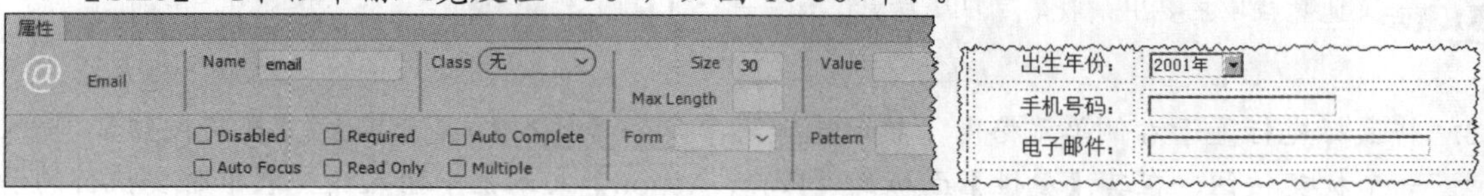

图10-50　插入和设置电子邮件域

18. 在第 7 行左侧单元格内输入文本“个人喜好:”，然后在右侧单元格内通过选择菜单命令【插入】/【表单】/【复选框组】，插入 4 个复选框，【复选框组】对话框参数设置如图 10-51 所示，将 4 个复选框后面的换行符删除，使复选框在一行显示。

19. 将鼠标光标置于第 8 行左侧单元格，然后选择菜单命令【插入】/【表单】/【文本区域】，插入一个文本区域，将描述文本修改为“个人情况:”，并将文本区域移至后面单元格内。

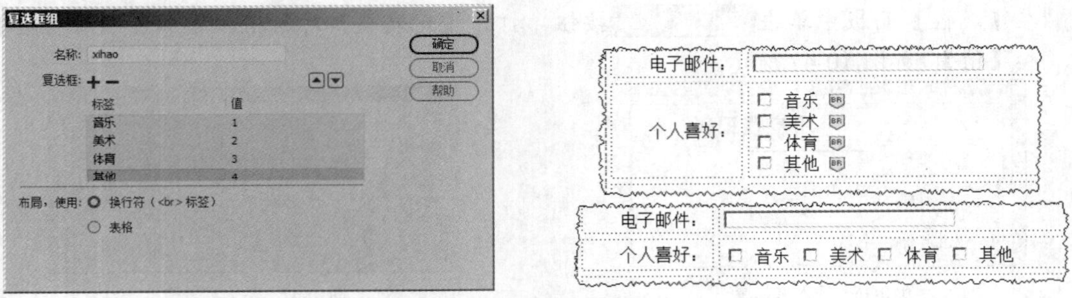

图10-51　插入复选框组

20. 在文本区域【属性】面板的【Name】文本框中输入文本区域名称“qingkuang”，在【Rows】文本框中输入行数“8”，在【Cols】文本框中输入列数“40”，在【Max Length】文本框中设置最大字符数为“500”，在【Wrap】下拉列表框中选择【Hard】，如图 10-52 所示。

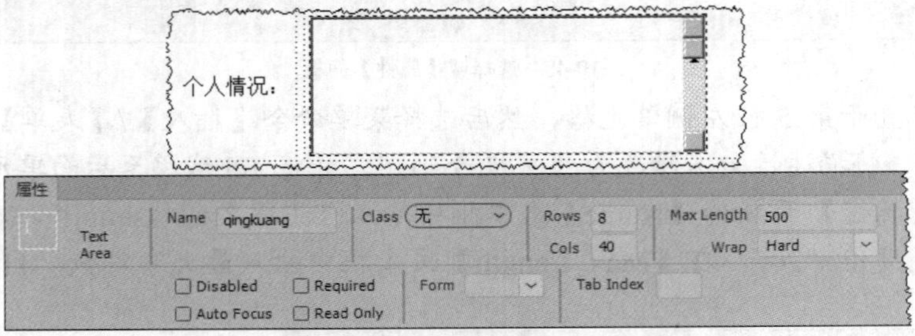

图10-52　文本区域属性设置

21. 将鼠标光标置于第 9 行左侧单元格，然后选择菜单命令【插入】/【表单】/【隐藏】，插入一个隐藏域，在其【属性】面板的【Name】文本框中输入隐藏域名称“riqi”，在【Value】文本框中输入 ASP 代码“<% =Date() %>”，如图 10-53 所示。

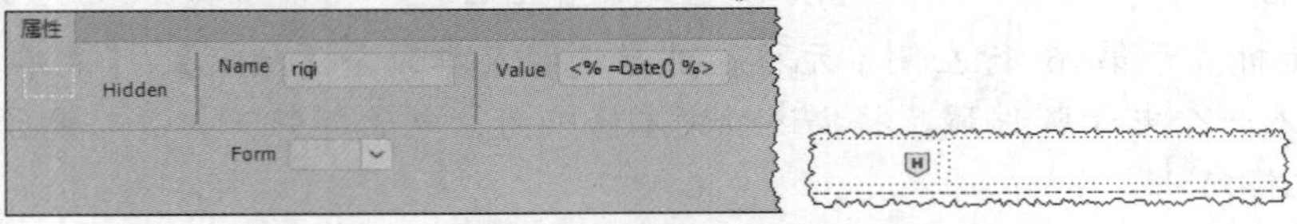

图10-53　插入和设置隐藏域

要点提示　此隐藏域主要用来收集用户填写登记表并进行提交的当前日期。

22. 将鼠标光标置于右侧单元格内，然后选择菜单命令【插入】/【表单】/【提交按钮】，插入一个提交按钮，在其【属性】面板的【Form Action】文本框中输入提交表单时要执行的动作代码“mailto:mychina@163.com”，如图 10-54 所示。

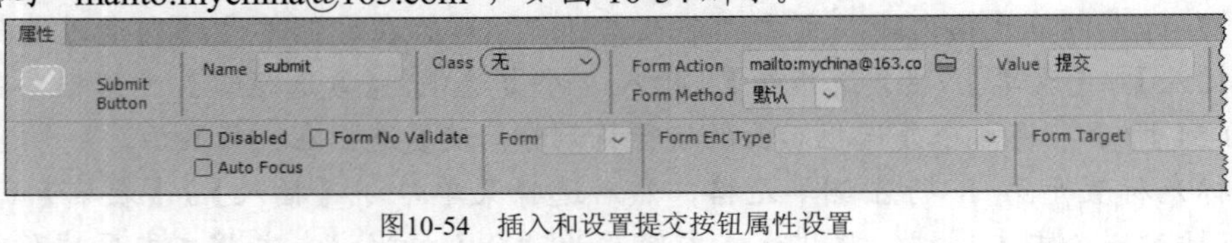

图10-54　插入和设置提交按钮属性设置

23. 选择菜单命令【插入】/【表单】/【重置按钮】，插入一个重置按钮，属性参数保持默认设置，如图 10-55 所示。

图10-55　插入和设置重置按钮

24. 保存文档。

10.5　课堂实训——邮箱登录

本节实例“邮箱登录”由读者根据步骤提示自行操作，以进一步巩固使用表单的基本方法。实例效果如图 10-56 所示。

图10-56　邮箱登录

本例视频

【步骤提示】

1. 在站点内创建一个网页文档并保存为“105.htm”。
2. 在【页面属性】对话框中设置页面字体为“宋体”、大小为“16px”。
3. 选择菜单命令【插入】/【表单】/【表单】，插入一个表单域。
4. 在表单中插入一个 6 行 1 列的表格，表格宽度为“300 像素”，填充和间距均为“5”，边框为“0”，然后设置第 1 行单元格的水平对齐方式为“居中对齐”，在其中输入文本“邮箱登录”，设置其为“标题 2”格式。
5. 在第 2 行单元格中插入一个文本域，描述性文本为“用户名:”，文本域名称为“username”，宽度为“20”，选择【Required】复选框。
6. 在第 3 行单元格中插入一个密码域，描述性文本为“密码:”，密码域名称为“passw”，宽度为“20”，选择【Required】复选框。
7. 在第 4 行单元格中插入一个选择域，描述性文本为“版本:”，选择域名称为“version”，列表值中的项目标签依次为“免费版”“VIP 版”，对应的值依次为“1”“2”。
8. 在第 5 行单元格中插入一个复选框，描述性文本为“SSL 安全登录”，复选框名称为“ssl”，选定值为“1”。
9. 设置第 6 行单元格的水平对齐方式为“居中对齐”，然后插入一个提交按钮，按钮标签文字为“登录邮箱”。
10. 保存文档。

10.6　综合案例——期刊投稿

本节将通过综合案例“期刊投稿”来进一步巩固创建表单网页的基本方法。实例效果如图 10-57 所示。

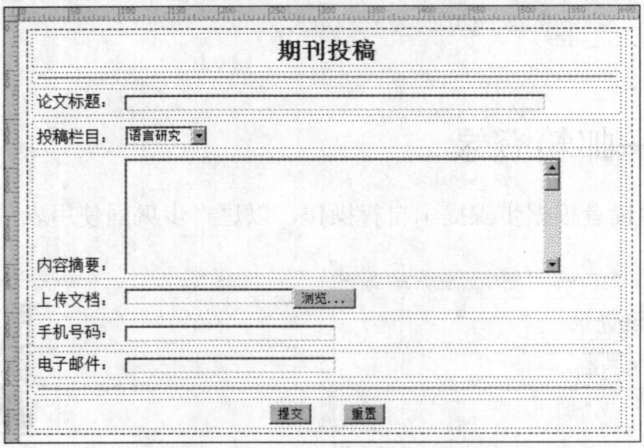

图10-57　期刊投稿

本例视频

【操作步骤】

1. 在站点内创建一个网页文档并保存为“106.htm”。
2. 在【页面属性】对话框中设置页面字体为【宋体】、大小为“16px”。
3. 选择菜单命令【插入】/【表单】/【表单】，插入一个表单域。
4. 在表单中插入一个 10 行 1 列的表格，表格宽度为“600 像素”，填充和间距均为“5”，边框为“0”，然后设置第 1 行和第 10 行单元格的水平对齐方式均为“居中对齐”。
5. 在第 1 行单元格中输入文本“期刊投稿”，并设置其文本格式为“标题 2”，然后在第 2 行和第 9 行单元格中分别插入一条水平线，如图 10-58 所示。

图10-58　插入和设置表格

6. 将鼠标光标置于第一条水平线下面单元格内，然后选择菜单命令【插入】/【表单】/【文本】，插入一个文本域，描述性文本修改为“论文标题:”，在【属性】面板的【Name】文本框中输入文本域名称“biaoti”，在【Size】文本框中输入宽度值“60”，选择【Required】复选框，如图 10-59 所示。

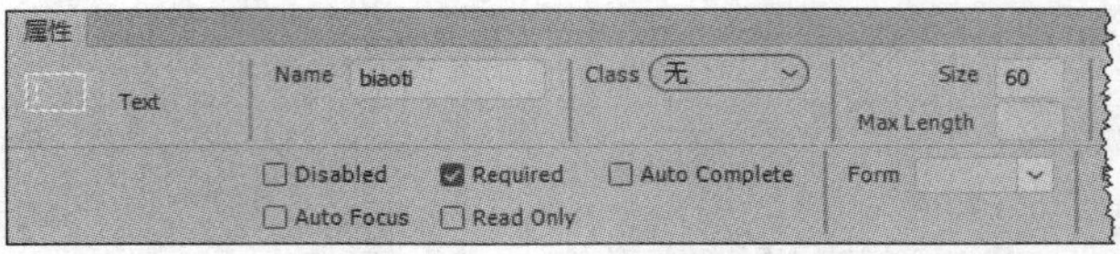

图10-59　文本域【属性】面板

7. 将鼠标光标置于下一行单元格内，然后选择菜单命令【插入】/【表单】/【选择】，插入一个选择域，将描述性文本修改为“投稿栏目:”，在【属性】面板中单击 列表值... 按钮，打开【列表值】对话框，添加【项目标签】和【值】，如图 10-60 所示。

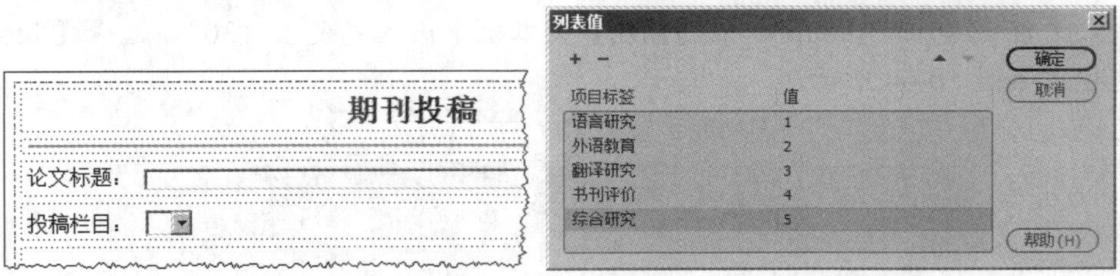

图10-60　插入选择域

8. 添加完毕后单击 确定 按钮关闭对话框，接着在【属性】面板的【Name】文本框中输入选择域名称“lanmu”，如图 10-61 所示。

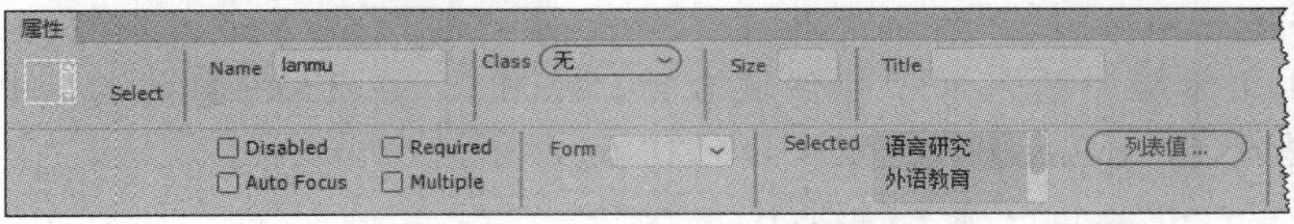

图10-61　选择域【属性】面板

9. 将鼠标光标置于下一行单元格内，然后选择菜单命令【插入】/【表单】/【文本区域】，插入一个文本区域，将描述性文本修改为“内容摘要:”，在【属性】面板的【Name】文本框中输入文本区域名称“zhaiyao”，在【Rows】文本框中输入行数“9”，在【Cols】文本框中输入列数“60”，在【Wrap】下拉列表框中选择“Hard”，如图 10-62 所示。

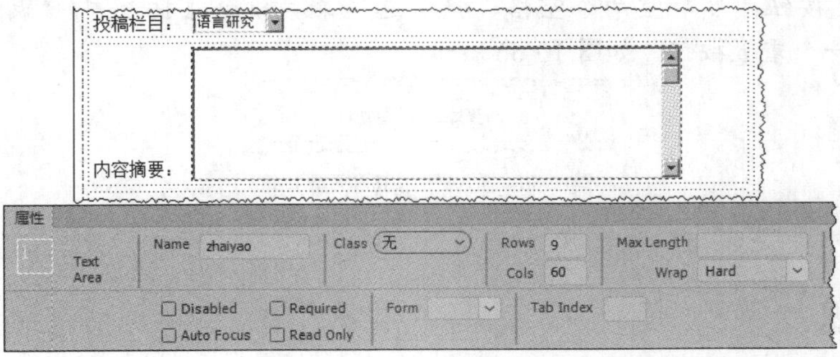

图10-62　插入和设置文本区域

10. 将鼠标光标置于下一行单元格内，然后选择菜单命令【插入】/【表单】/【文件】，插入一个文件域，将描述性文本修改为“上传文档:”，在【属性】面板的【Name】文本框中输入文件域名称“wenjian”，选择【Required】复选框，如图 10-63 所示。

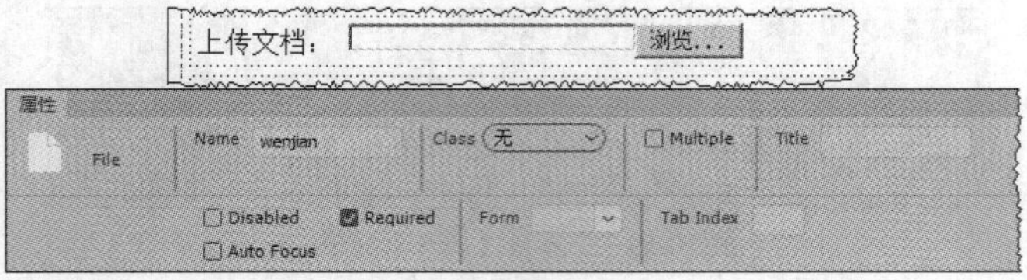

图10-63　插入和设置文件域

11. 将鼠标光标置于下一行单元格内，然后选择菜单命令【插入】/【表单】/【Tel】，插入一个 Tel 域，将描述性文本修改为“手机号码:”，在【属性】面板的【Name】文本框中输入文件域名称“shouji”，在【Size】文本框中输入宽度值“30”，选择【Required】复选框，如图 10-64 所示。

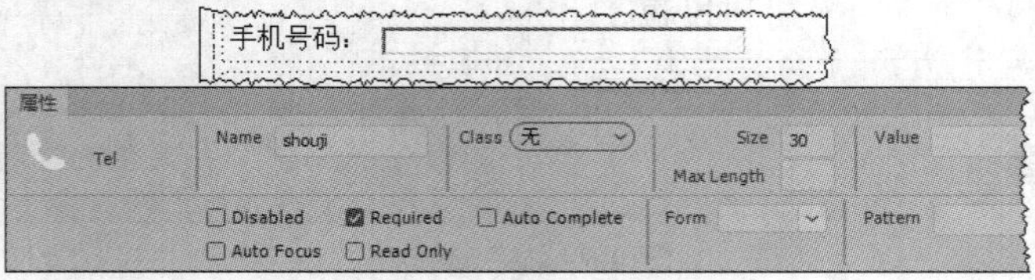

图10-64　插入和设置 Tel 域

12. 将鼠标光标置于下一行单元格内，然后选择菜单命令【插入】/【表单】/【电子邮件】，插入一个电子邮件域，将描述性文本修改为“电子邮件:”，在【属性】面板的【Name】文本框中输入电子邮件域名称“email”，在【Size】文本框中输入宽度值“30”，选择【Required】复选框，如图 10-65 所示。

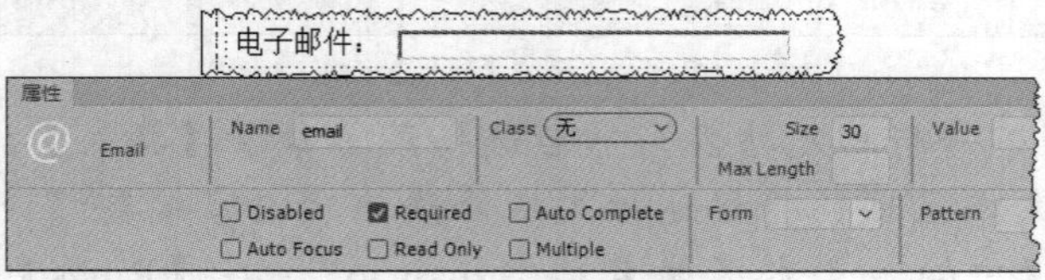

图10-65　插入和设置电子邮件域

13. 将鼠标光标置于最后一行单元格内，选择菜单命令【插入】/【表单】/【提交按钮】，插入一个提交按钮，然后空两个空格，接着选择菜单命令【插入】/【表单】/【重置按钮】，插入一个重置按钮，如图 10-66 所示。

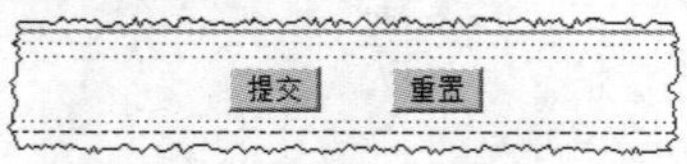

图10-66　插入提交按钮和重置按钮

14. 保存文档。

10.7　习题

1. 思考题。

    (1)　简述对表单的理解。

    (2)　简述表单对象属性 Disabled、Auto complete、Required、Read only、Place holder 及 No Validate 的作用。

2. 操作题。

    根据自己的喜好并使用本章所学的表单知识，制作一个表单网页。

第11章　制作移动设备网页

【学习目标】

- 掌握创建 jQuery Mobile 页面的方法。
- 掌握使用 jQuery Mobile 组件的方法。
- 掌握创建 Bootstrap 文件的基本方法。
- 掌握使用 Bootstrap 组件的基本方法。
- 掌握使用 jQuery UI 移动部件的方法。

现在通过智能手机等移动设备浏览网页已是非常普遍的事情，针对移动设备开发能够让用户触手可及的网页已是大势所趋。对此，Dreamweaver CC 2017 置入了创建和编辑移动设备网页的一些基本功能。本章将介绍使用 jQuery Mobile、Bootstrap 和 jQuery UI 构建移动设备网页的基本知识和基本方法。

11.1　使用 jQuery Mobile

下面介绍 jQuery Mobile 的基本知识，以及在 Dreamweaver CC 2017 中创建 jQuery Mobile 页面、使用 jQuery Mobile 组件和设置 jQuery Mobile 主题的基本方法。

11.1.1　认识 jQuery Mobile

在 Dreamweaver CC 2017 中使用 jQuery Mobile 之前，有必要清楚 jQuery Mobile 的基本知识，以及 jQuery Mobile 与 jQuery 之间的关系。

一、 什么是 jQuery Mobile

jQuery Mobile 是一种为触控优化的 Web 框架，用于创建移动 Web 应用程序。jQuery Mobile 使用 HTML5、CSS3、JavaScript 和 Ajax 通过尽可能少的代码来完成对页面的布局。jQuery 适用于所有流行的智能手机和平板电脑，jQuery Mobile 构建于 jQuery 库之上，jQuery Mobile 自然也具有这一特性，它本身就是为移动设备而生的。

那么，为什么 jQuery Mobile 会应运而生呢？现在，jQuery 驱动着因特网上的大量网站，在浏览器中提供动态用户体验，促使传统桌面应用程序越来越少。目前，主流移动平台上的浏览器功能都赶上了桌面浏览器，因此 jQuery 团队引入了 jQuery Mobile（简称 JQM）。JQM 的使命就是向所有主流移动浏览器提供一种统一体验，不管使用哪种设备查看，整个因特网上的内容都一样丰富。jQuery Mobile 将“写得更少、做得更多”这一理念提升到了新的层次，它会自动为网页设计交互的易用外观，并在所有移动设备上保持一致。用户不需要为每种移动设备或操作系统编写一个应用程序，因为 jQuery Mobile 使用 HTML、CSS 和 JavaScript，这些技术是所有移动 Web 浏览器的标准。

与 jQuery 核心库一样，用户的开发计算机上不需要安装任何东西，只需将各种“*.js”和“*.css”文件直接包含到自己的页面中即可。当然，要学好 jQuery Mobile，还必须了解 HTML、CSS 和 jQuery 的基本知识，这是学习 jQuery Mobile 的基础。

二、 什么是 jQuery

简单地说，jQuery 是一个 JavaScript 函数库，它极大地简化了 JavaScript 编程。jQuery 设计的理念是“写得更少、做得更多”。jQuery 封装 JavaScript 常用的功能代码，提供一种简便的 JavaScript 设计模式，优化 HTML 文档操作、事件处理、动画设计和 Ajax 交互。jQuery 的核心特性可以总结为：具有独特的链式语法和短小清晰的多功能接口，具有高效灵活的 CSS 选择器并且可对 CSS 选择器进行扩展，拥有便捷的插件扩展机制和丰富的插件。jQuery 库位于一个 JavaScript 文件中，其中包含了所有的 jQuery 函数。jQuery 兼容各种主流浏览器。如果使用 jQuery 需要下载 jQuery 库，然后通过下面的标记把其包含在希望使用的网页中：

```
<head>
<script type="text/javascript" src="jquery.js"></script>
</head>
```

要点提示 如果是 HTML5 网页，在<script>标签中不需要使用 type="text/javascript"。因为 JavaScript 是 HTML5 及所有现代浏览器的默认脚本语言。

如果不希望下载并存放 jQuery，也可以通过 CDN（内容分发网络）引用 jQuery。谷歌和微软的服务器都存有 jQuery。如果在访问其他站点时，已从谷歌或微软加载过 jQuery，这时会从缓存中加载 jQuery，这样可以减少加载时间。同时，大多数 CDN 都可以确保当用户向其请求文件时，会从离用户最近的服务器上返回响应，这也可以提高加载速度。

11.1.2 创建 jQuery Mobile 页面

那么，在 Dreamweaver CC 2017 中，如何使用 jQuery Mobile 呢？首先需要创建一个 HTML5 文件，然后创建 jQuery Mobile 页面并添加相应组件即可。具体说明如下。

首先创建一个 HTML5 文件。选择菜单命令【文件】/【新建】，打开【新建文档】对话框。在最左侧一栏中选择【新建文档】，在中间的【文档类型】一栏中选择【HTML】，在右侧【框架】一栏中选择【无】，在该栏的【文档类型】下拉列表中选择【HTML5】，如图 11-1 所示。单击 创建(R) 按钮创建一个 HTML5 页面，然后选择菜单命令【文件】/【保存】将文档保存。这与平时创建 HTML5 文件是一样的，没什么差别，差别在后续操作中。

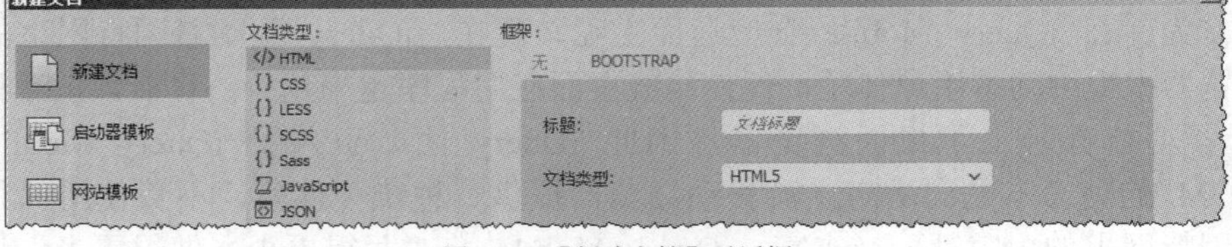

图11-1　【新建文档】对话框

接下来，需要创建 jQuery Mobile 页面并添加相应组件。添加 jQuery Mobile 组件的方式通常有两种：一种是选择菜单命令【插入】/【jQuery Mobile】中相应的元素，另一种是在【插入】面板的【jQuery Mobile】类别中选择相应的元素，如图 11-2 所示。

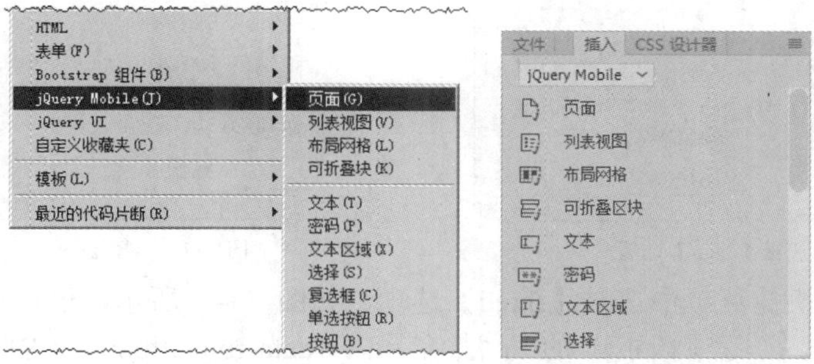

图11-2　添加 jQuery Mobile 组件的方式

这时首先需要插入一个【页面】组件。选择菜单命令【插入】/【jQuery Mobile】/【页面】，或在【插入】面板的【jQuery Mobile】类别中单击 页面 按钮，打开【jQuery Mobile 文件】对话框，根据实际需要设置【链接类型】和【CSS 类型】两个选项即可，如图 11-3 所示。在【CSS 类型】选项中，【拆分】表示使用被拆分成结构和主题组件的 CSS 文件，【组合】表示全部使用 CSS 文件。

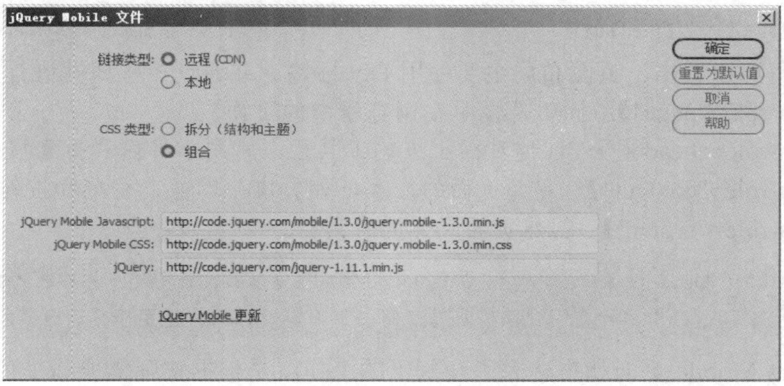

图11-3　【jQuery Mobile 文件】对话框

设置完毕后单击 确定 按钮，将打开【页面】对话框，设置【ID】名称并根据需要决定是否全部选择【标题】和【脚注】两个复选框，如图 11-4 所示。单击 确定 按钮创建 jQuery Mobile 页面结构，如图 11-5 所示。

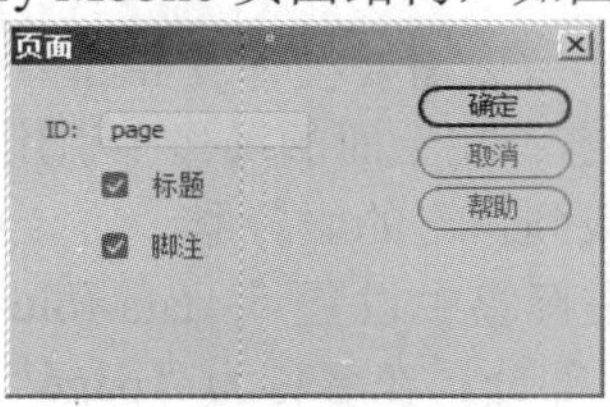

图11-4　【页面】对话框

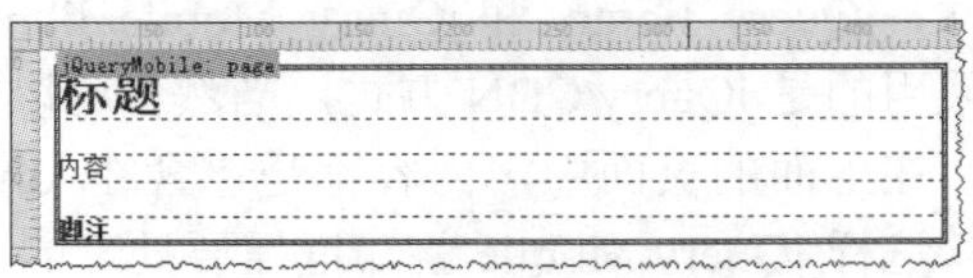

图11-5　jQuery Mobile 页面

如果想使页眉和页脚两部分在移动设备中浏览时始终处于固定状态，只有中间内容部分可上下滑动浏览，那么可以继续下面的操作。

将文档窗口切换到【拆分】视图，将鼠标光标置于代码<div data-role="header">中 data-role="header"的后面，然后按空格键，在弹出的快捷菜单中选择【data-】选项，如图 11-6 所示。在接着弹出的快捷菜单中选择【data-position】选项，如图 11-7 所示。

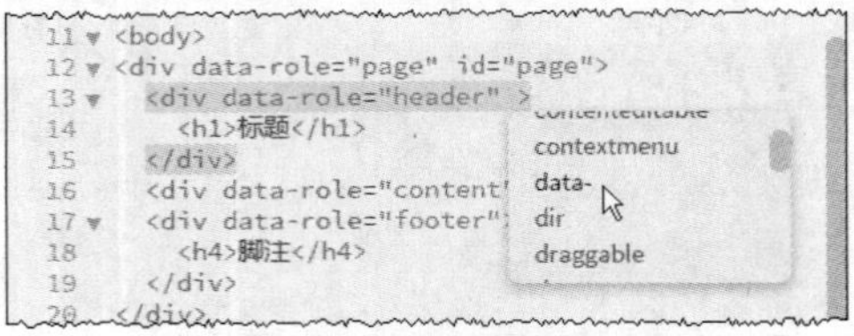

图11-6　选择【data-】选项

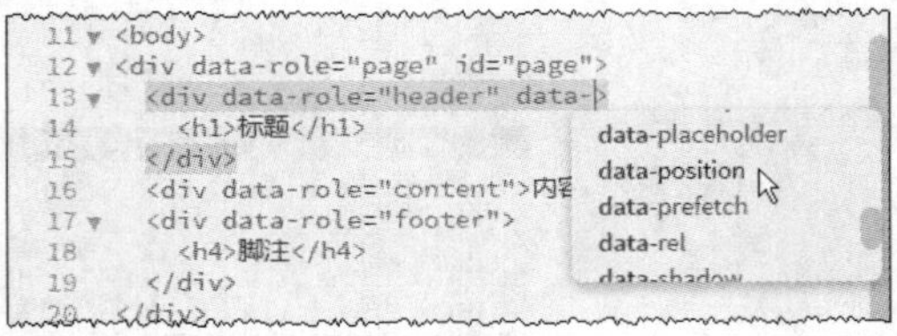

图11-7　选择【data-position】选项

在接着弹出的快捷菜单中选择【fixed】选项，如图 11-8 所示，这样页眉部分会始终保持在屏幕的顶部。运用同样的方法在<div data-role="footer">中添加属性 data-position="fixed"，如图 11-9 所示，这样页脚部分会始终保持在屏幕的底部。

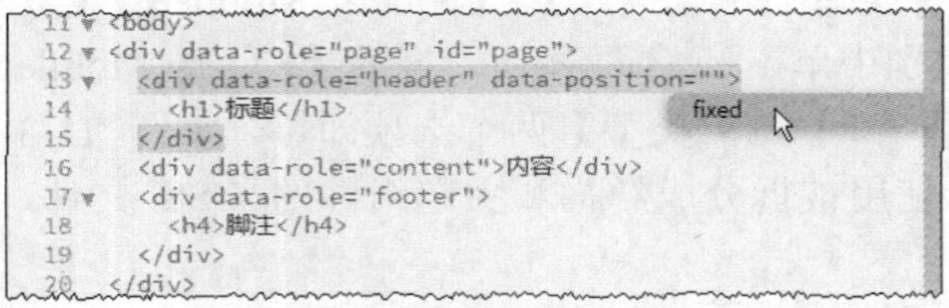

图11-8　选择【fixed】选项

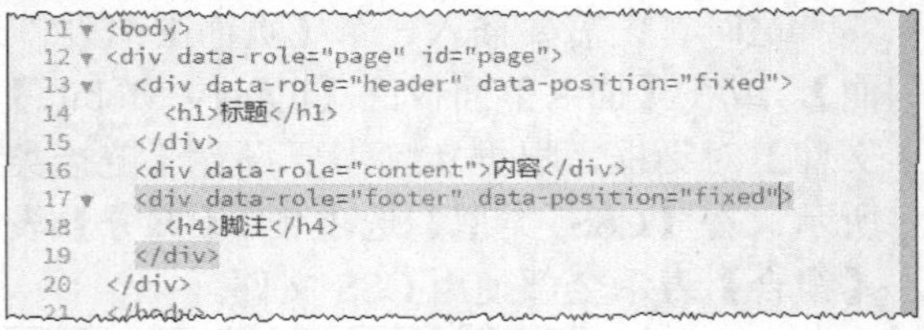

图11-9　添加属性 data-position="fixed"

通过源代码可以看出，页面布局主要使用 Div 标签，并通过相应属性进行控制。其中：

- 【data-role="page"】：标明是显示在浏览器中的页面；
- 【data-role="header"】：创建页面上方的工具栏，常用于标题和搜索按钮；
- 【data-role="content"】：定义页面的内容，如文本、图像、表单和按钮等；
- 【data-role="footer"】：创建页面底部的工具栏。

要点提示　【HTML5 data-*】属性主要用于通过 jQuery Mobile 为移动设备创建“对触控友好的”交互外观。触控（Touch）事件在用户触摸屏幕（页面）时触发，同样适用于桌面计算机。

这样 jQuery Mobile 页面就搭建完了，剩下的工作就是根据实际需要添加内容了。

在“标题”处通常会建立导航工具栏，用于放置标题和按钮等，至少要有一个具有“返回”功能的按钮，用于返回前一页。在“内容”处添加相应的内容，包括文本、图像及适合移动设备的按钮、列表、表单等，包括 jQuery Mobile 其他组件。在“页脚”处可以放置一些功能性按钮的工具栏或其他一些适合的内容。

在制作移动设备网页时，如果要使用 jQuery Mobile，首先需要在开发界面中包含 CSS 文件、jQuery library 和 jQuery Mobile library 等 3 部分内容。在上面的操作中引用这 3 个元素采用的是 jQuery CDN 方式，当然也可以将相关文件下载到自己的服务器。

在上面的页面中，内容都是包含在 div 标签中，并在标签中设置了 data-role="page"属性，这样 jQuery Mobile 就知道需要处理的内容是“page”部分。在名称为“page”的 div 标签中，可以包含 header、content 和 footer 的 div 元素，其中包含 header 和 footer 的 div 元素是可选的，包含 content 的 div 元素是必须的，至少要有一个。

11.1.3　使用 jQuery Mobile 组件

jQuery Mobile 提供了很多组件，通过 Dreamweaver CC 2017 可以可视化地向页面中插入这些组件，这些组件包括页面组件、列表视图组件、布局网格组件、可折叠块组件及表单组件等。页面组件在前面已经介绍过了，下面对其他 jQuery Mobile 组件作简要说明。

一、 列表视图

jQuery Mobile 中的列表视图是标准的 HTML 列表，实际上就是在 HTML 元素<ol>或<ul>中添加了 data-role="listview"属性。如果希望列表视图有圆角和外边距，可在<ol>或<ul>中添加 data-inset="true"属性。如果要使这些列表项可单击，在每个列表项<li>中设置超级链接即可。那么在 Dreamweaver CC 2017 中，如何可视化地插入和设置列表视图呢？

首先需要创建一个 jQuery Mobile 页面，然后将鼠标光标置于页面中要插入列表视图的位置，如图 11-10 所示。接着选择菜单命令【插入】/【jQuery Mobile】/【列表视图】，打开【列表视图】对话框，根据实际需要设置即可，如图 11-11 所示。在【列表视图】对话框中，【列表类型】下拉列表用于设置列表的类型，包括【无序】和【有序】两种。【项目】下拉列表用于设置列表的项目个数，包括“1”～“10”。复选项组包括【凹入】【文本说明】【文本气泡】【侧边】【拆分按钮】5 个选项，用户可根据实际需要选择。【拆分按钮图标】下拉列表只有在选择【拆分按钮】复选框时才起作用，可从下拉列表中选择拆分按钮图标的样式，共有 20 个选项，如图 11-12 所示。

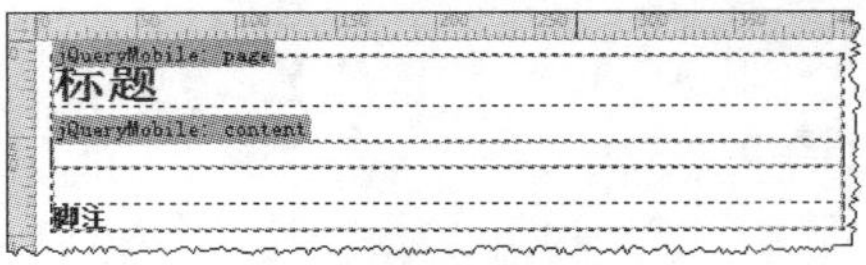

图11-10 定位插入位置

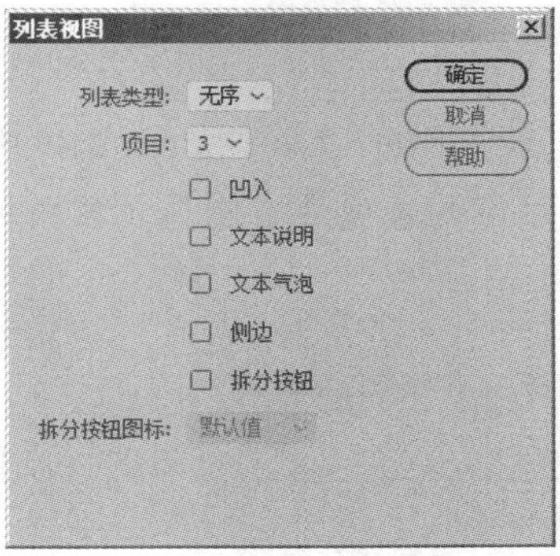

图11-11 【列表视图】对话框

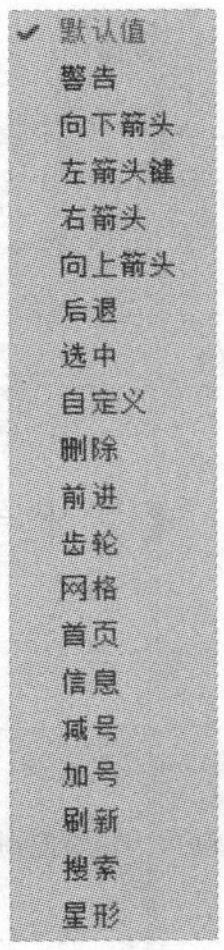

图11-12 拆分按钮图标

最后单击 确定 按钮，在页面中插入列表视图，如图 11-13 所示。根据需要将列表选项的文字修改成实际需要的文本，同时在【属性（HTML）】面板中修改超级链接目标地址，最后保存文档即可。在浏览器中打开页面，效果如图 11-14 所示。列表中的列表项自动转换为按钮显示，这是符合移动设备特点和用户使用需求的。

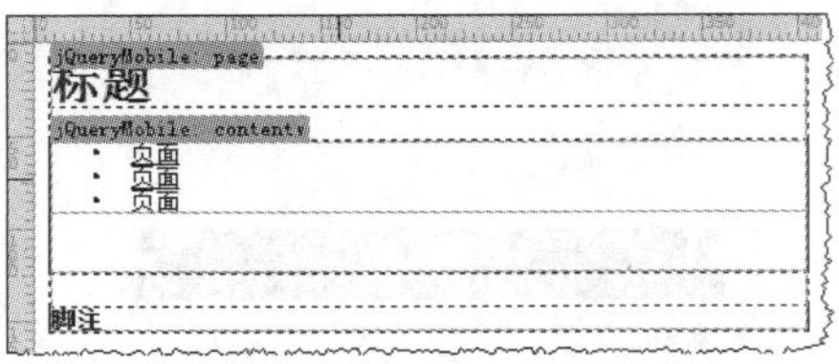

图11-13 插入列表视图

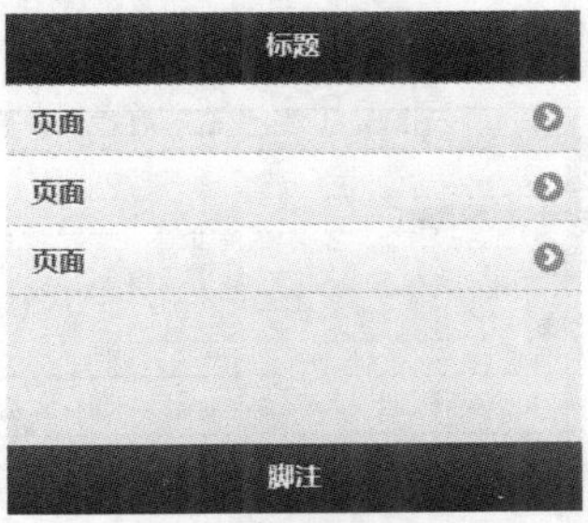

图11-14 浏览器显示效果

在复选项组中，如果选择【凹入】【文本说明】【文本气泡】【侧边】【拆分按钮】等选项，会是什么效果呢？下面分别作简要说明。

- 【凹入】：表示列表具有圆角和外边距，效果如图 11-15 所示。

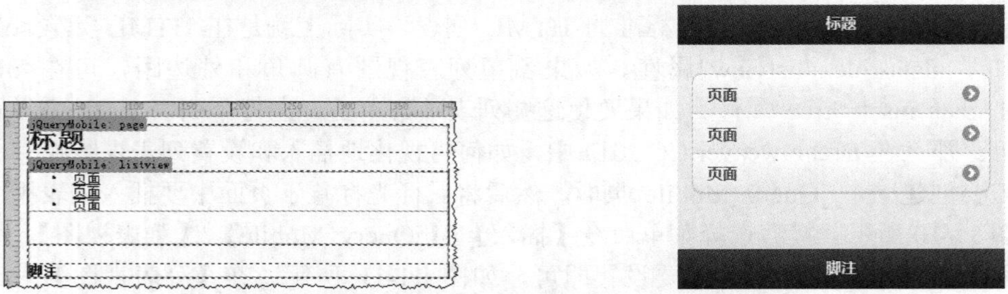

图11-15 凹入及在浏览器中的显示效果

- 【文本说明】：表示列表项有标题和说明文本，效果如图 11-16 所示。

图11-16 文本说明及在浏览器中的显示效果

- 【文本气泡】：表示在列表项最右侧显示相关数目，效果如图 11-17 所示。

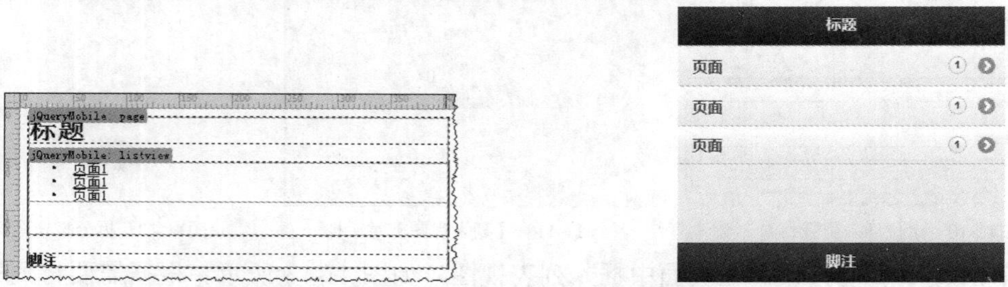

图11-17 文本气泡及在浏览器中的显示效果

- 【侧边】：表示在列表项最右侧显示补充内容，如图 11-18 所示。

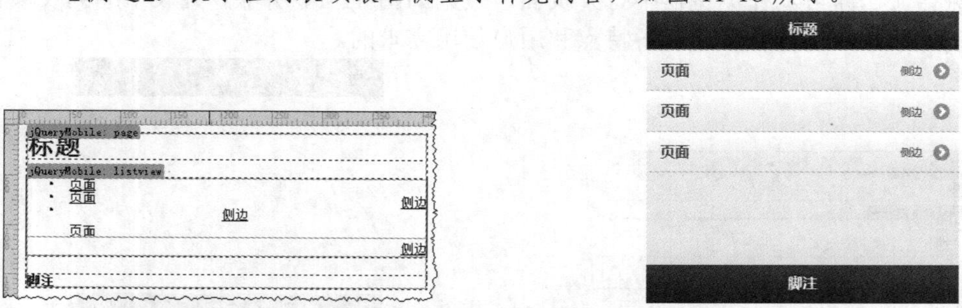

图11-18 侧边及在浏览器中的显示效果

- 【拆分按钮】：表示当每个列表项有多个操作时，拆分按钮可以用于提供两个可独立单击的部分，即列表项本身和列表项右侧的图标，如图 11-19 所示。

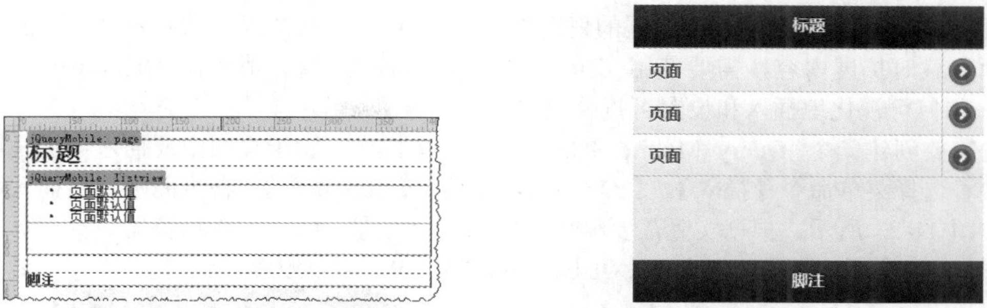

图11-19　拆分按钮及在浏览器中的显示效果

读者在熟悉代码的情况下，可以根据需要修改相应的代码，达到理想的效果。

二、 布局网格

jQuery Mobile 提供了一套基于 CSS 的列布局方案。不过，一般不推荐在移动设备上使用列布局，这是由于移动设备的屏幕宽度所限。但是有时需要定位更小的元素，比如按钮或导航栏，就像在表格中那样并排。这时，列布局就恰如其分。网格中的列是等宽的（总宽是100%），无边框、背景、外边距或内边距。当然，有时在列中包含多个行也是可能的。那么在 Dreamweaver CC 2017 中，如何可视化地插入和设置布局网格呢？

首先需要创建一个 jQuery Mobile 页面，然后将鼠标光标置于页面中要插入布局网格的位置。接着选择菜单命令【插入】/【jQuery Mobile】/【布局网格】，打开【布局网格】对话框，根据实际需要设置即可，如图 11-20 所示。在【布局网格】对话框中，【行】选项用于设置要创建的行数，【列】选项用于设置要创建的列数，当需要创建多列多行的布局时，设置为多行多列即可。

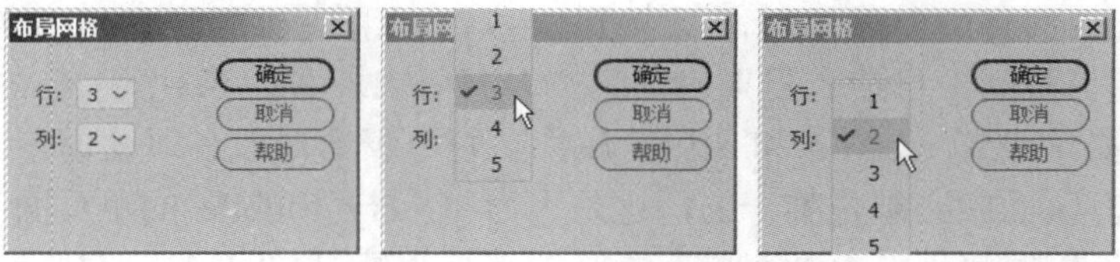

图11-20　【布局网格】对话框

设置完毕后，单击 确定 按钮在页面中插入布局网格，如图 11-21 所示，可以根据实际需要输入相应的内容，最后保存文档即可。在浏览器中打开页面，效果如图 11-22 所示。

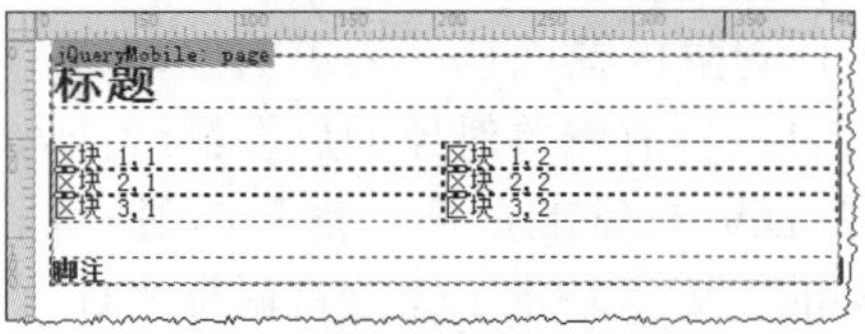

图11-21　插入布局网格

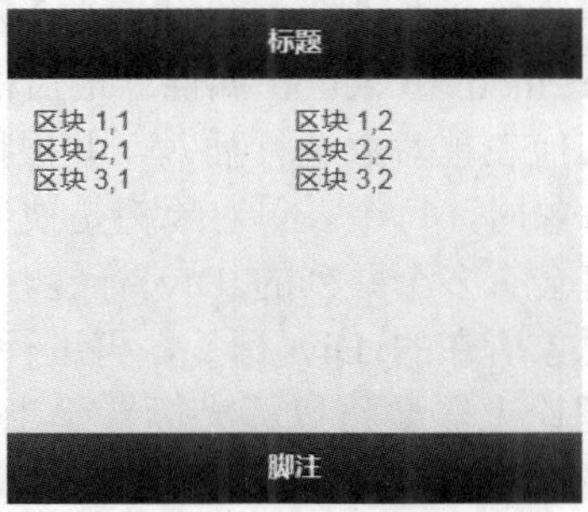

图11-22　浏览器显示效果

三、 可折叠块

可折叠块（Collapsibles）允许隐藏或显示内容，这对于存储部分信息很有用。创建可折叠的内容块，需要向某个容器分配 data-role="collapsible"属性。在容器（div）中，添加一个标题元素（h1～h6），其后是需要扩展的任意 HTML 标记。默认情况下其内容是关闭的，如需在页面加载时扩展内容，需要使用 data-collapsed="false"属性。那么在 Dreamweaver CC 2017 中，如何可视化地插入和设置可折叠块呢？

首先需要创建一个 jQuery Mobile 页面，然后将鼠标光标置于页面中要插入可折叠块的位置。接着选择菜单命令【插入】/【jQuery Mobile】/【可折叠块】，在页面中直接插入可折叠块，如图 11-23 所示，根据实际需要输入相应的内容并保存即可。在浏览器中打开页面，效果如图 11-24 所示。其中，“+”表示可以展开，“-”表示可以收缩。

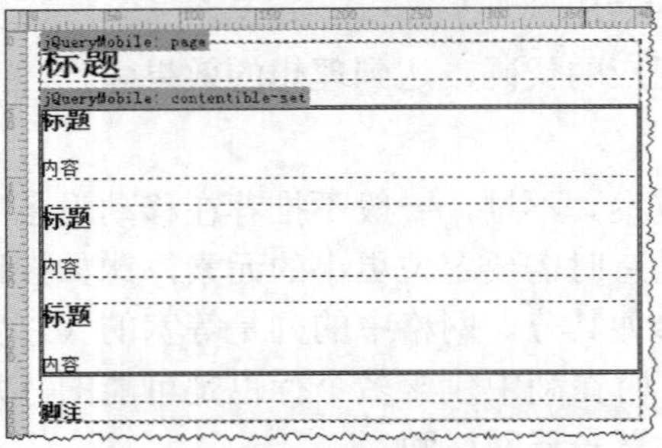

图11-23　插入可折叠块

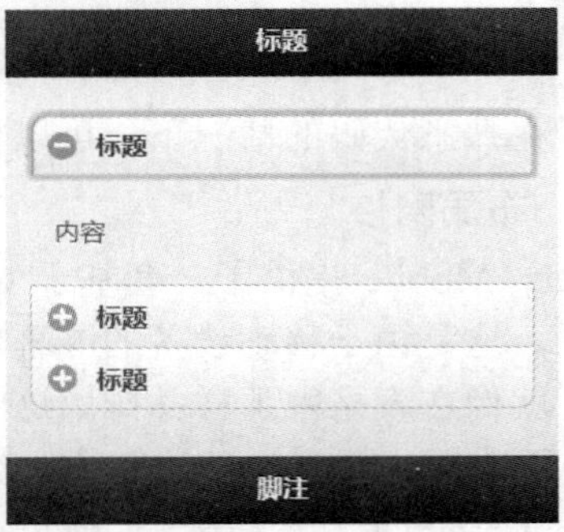

图11-24　浏览器显示效果

四、表单

jQuery Mobile 会自动为 HTML 表单添加便于触控的外观，这既适合移动设备的特点，又符合用户的使用习惯。实际上，jQuery Mobile 是使用 CSS 来设置 HTML 表单对象的样式，以达到更有吸引力更易用的目的。在 jQuery Mobile 中，可以使用的表单控件有文本、密码、文本区域、选择、复选框、单选按钮、按钮、滑块、翻转切换开关、电子邮件、Url、搜索、数字、时间、日期、日期时间、周及月等 18 种。当使用 jQuery Mobile 表单时，标签<form>必须设置 method 和 action 属性，每个表单对象必须设置有 ID 属性，该 ID 在整个站点的所有页面中必须是唯一的，这是因为 jQuery Mobile 的单页面导航模型允许许多不同的“页面”同时呈现。每个表单元素必须有一个标记（label），需要设置 label 的 for 属性来匹配元素的 id。那么在 Dreamweaver CC 2017 中，如何可视化地插入和设置表单呢？

首先需要创建一个 jQuery Mobile 页面，然后将鼠标光标置于页面中要插入表单的位置。接着选择菜单命令【插入】/【表单】/【表单】，插入表单标签，根据实际需要设置表单的 ID 名称及 method 和 action 属性。最后根据需要选择菜单命令【插入】/【jQuery Mobile】/【文本】或其他表单对象进行插入，并根据实际需要修改提示文本即可，如图 11-25 所示。在插入表单对象时，每个表单对象都是被属于自己的 Div 标签包含的。如果插入多个表单对象，就意味着会有多个并列的 Div 标签。如果要在当前表单对象的前面插入表单对象，可先选中该表单对象所在的 Div 标签，再进行插入操作。如果要在当前表单对象的后面继续插入表单对象，理论上需要将鼠标光标置于当前表单对象所在 Div 标签的后面，然后再进行插入操作。但在插入表单对象时其所在的 Div 标签都是 100%的宽度，基本上无法将鼠标光标置于其后面，在这种情况下可直接切换到【代码】视图状态，将鼠标光标置于表单对象所在的 Div 标签的后面再进行插入操作即可，这样不会出现将一个表单对象及其 Div 标签插入到另一个表单对象的 Div 标签内，保证了表单对象位置的准确性。插入完毕后保存文档，并在浏览器中打开页面，效果如图 11-26 所示。

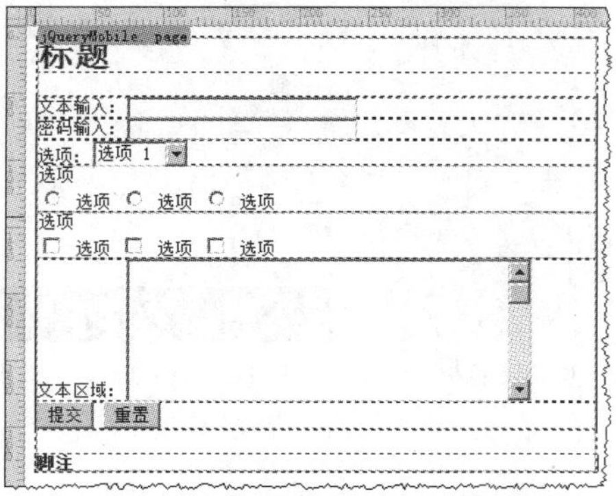

图11-25　插入 jQuery Mobile 表单对象

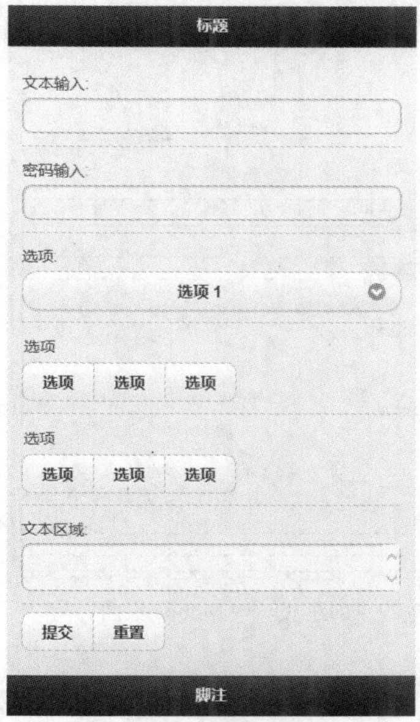

图11-26　浏览器显示效果

在【插入】/【jQuery Mobile】菜单的 18 个表单对象中，当选择文本、密码、文本区域、选择、滑块、翻转切换开关、电子邮件、Url、搜索、数字、时间、日期、日期时间、周及月等表单对象时，会直接在页面中插入相应的表单对象；当选择复选框、单选按钮、按钮表单对象时，会打开相应的对话框，要求用户进行参数设置，然后再插入相应的表单对象。如果要设置具体的某个表单对象的属性，其方法与普通表单对象是一样的，需要先选中表单对象，然后在【属性】面板中进行设置。由于这些表单对象是在移动设备中使用的，表单对象是通过标准的 HTML 元素编写的，jQuery Mobile 为它们设置了专门针对移动设备的美观易用的 CSS 样式，当然也可以使用新的 HTML5<input>类型，因此 jQuery Mobile 表单对象的显示形式与普通网页中的表单对象是不一样的。

11.1.4　设置 jQuery Mobile 主题

jQuery Mobile 提供了从“a”到“e”5 种不同的样式主题，每种主题带有不同颜色的按钮、栏、内容块等，由多种可见的效果和颜色构成。在 Dreamweaver CC 2017 中，使用【jQuery Mobile 色板】面板可以在 jQuery Mobile CSS 文件中预览所有主题，也可以使用该面板来应用主题，或从 jQuery Mobile Web 页的各种元素中删除它们，使用该功能可将主题逐个应用于标题、列表、按钮和其他元素中。下面简要说明【jQuery Mobile 色板】面板的使用方法。

首先创建一个 jQuery Mobile 页面，添加组件后加以保存，如图 11-27 所示。将鼠标光标置于需要设置页面主题的位置，然后选择菜单命令【窗口】/【jQuery Mobile 色板】，打开【jQuery Mobile 色板】面板。面板中从左至右 6 个颜色块依次表示“未应用任何主题”“Theme: a”“Theme: b”“Theme: c”“Theme: d”“Theme: e”，用户可根据需要从中选择一项加以应用，而且可以通过滚动条向下移动，针对不同情况选择不同主题，如图 11-28 所示。设置完毕后保存文档，并在浏览器中打开页面，效果如图 11-29 所示。

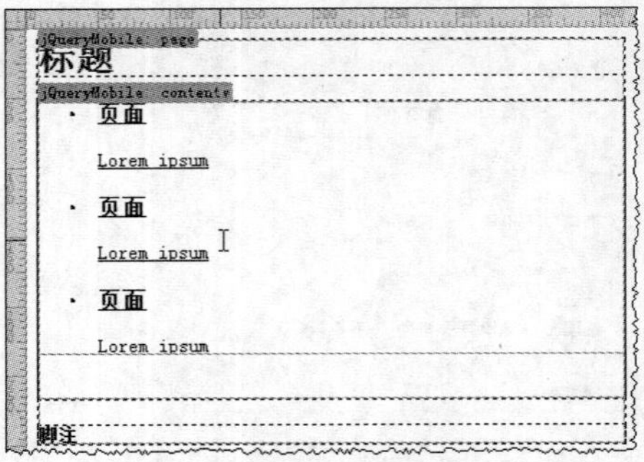

图11-27　创建 jQuery Mobile 页面

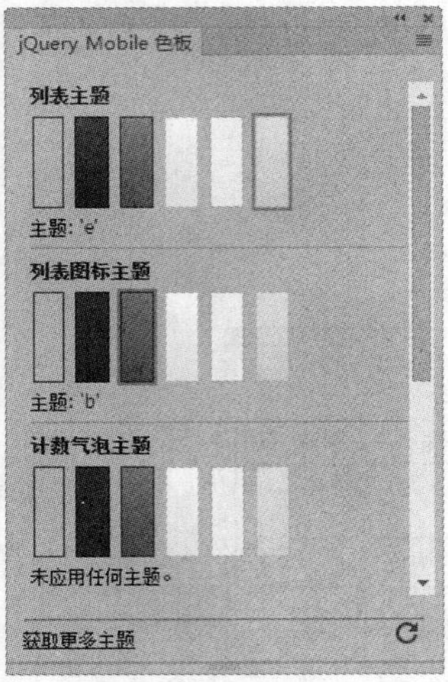

图11-28　jQuery Mobile 色板

图11-29　浏览器显示效果

11.1.5　课堂案例——账号注册

本小节将通过案例“账号注册”来练习使用 jQuery Mobile 组件的基本方法，希望读者通过对案例的学习，能够熟练掌握在页面中使用 jQuery Mobile 的基本技能。实例效果如图 11-30 所示。

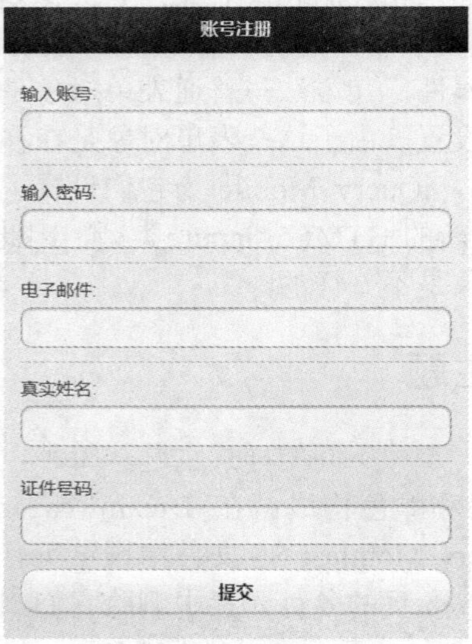

图11-30　账号注册

本例视频

【操作步骤】

1. 在站点内创建一个 HTML5 网页文档并保存为“1115.htm”。
2. 选择菜单命令【插入】/【jQuery Mobile】/【页面】，打开【jQuery Mobile 文件】对话框，在【链接类型】选项中选择【远程(CDN)】，在【CSS 类型】选项中选择【组合】，如图 11-31 所示。

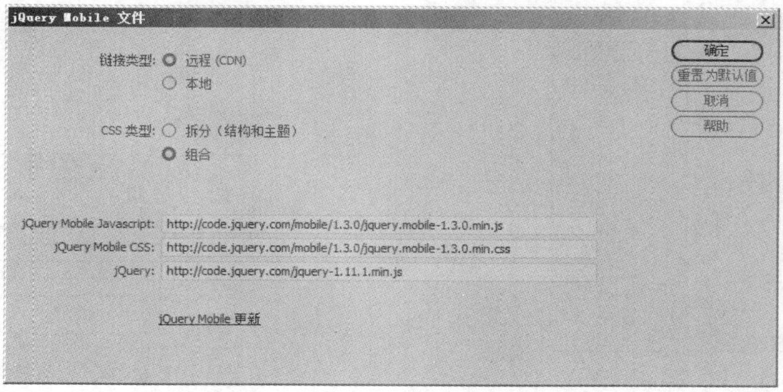

图11-31 【jQuery Mobile 文件】对话框

3. 设置完毕后单击 确定 按钮，打开【页面】对话框，选择【标题】复选框，然后单击 确定 按钮插入页面组件，如图 11-32 所示。

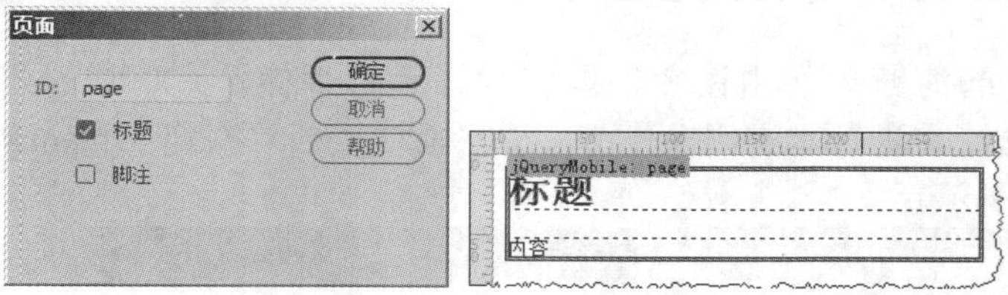

图11-32 插入页面组件

4. 将文本“标题”修改为“账号注册”，将文本“内容”删除，然后选择菜单命令【插入】/【表单】/【表单】，插入表单标签，并将表单的 ID 名称修改为“formzhuce”。
5. 选择菜单命令【插入】/【jQuery Mobile】/【文本】，插入一个文本表单对象，将描述性文本修改为“输入账号:”，选中表单对象并在【属性】面板中将 ID 名称修改为“myaccount”。
6. 切换到【代码】视图，将鼠标光标置于文本表单对象所在 Div 标签的后面，然后选择菜单命令【插入】/【jQuery Mobile】/【密码】，插入一个密码表单对象，将描述性文本修改为“输入密码:”，选中表单对象并在【属性】面板中将 ID 名称修改为“mypassw”。
7. 将鼠标光标置于密码表单对象所在 Div 标签的后面，然后选择菜单命令【插入】/【jQuery Mobile】/【电子邮件】，插入一个电子邮件表单对象，选中表单对象并在【属性】面板中将 ID 名称修改为“myemail”。
8. 将鼠标光标置于电子邮件表单对象所在 Div 标签的后面，然后选择菜单命令【插入】/【jQuery Mobile】/【文本】，插入一个文本表单对象，将描述性文本修改为“真实姓名:”，选中表单对象并在【属性】面板中将 ID 名称修改为“myname”。
9. 将鼠标光标置于上面文本表单对象所在 Div 标签的后面，然后选择菜单命令【插入】/【jQuery Mobile】/【文本】，再插入一个文本表单对象，将描述性文本修改为“证件号码:”，选中表单对象并在【属性】面板中将 ID 名称修改为“myidnumber”。
10. 将鼠标光标置于上面文本表单对象所在 Div 标签的后面，然后选择菜单命令【插入】/【jQuery Mobile】/【按钮】，打开【按钮】对话框，在【按钮类型】下拉列表中选择【输入】，在【输入类型】下拉列表中选择【提交】，如图 11-33 所示。
11. 单击 确定 按钮关闭对话框，切换到【设计】视图，效果如图 11-34 所示。

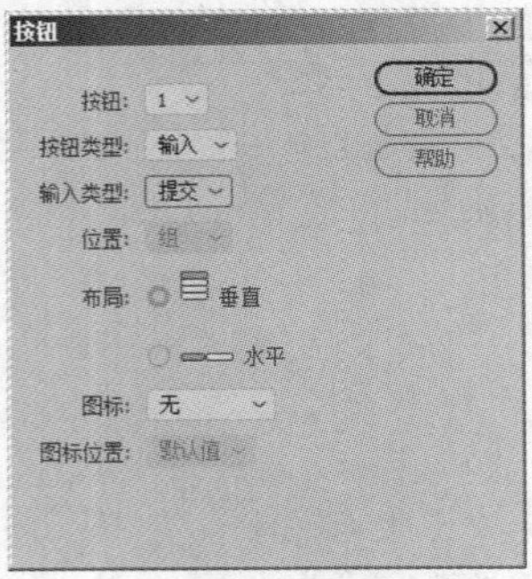

图11-33　【按钮】对话框

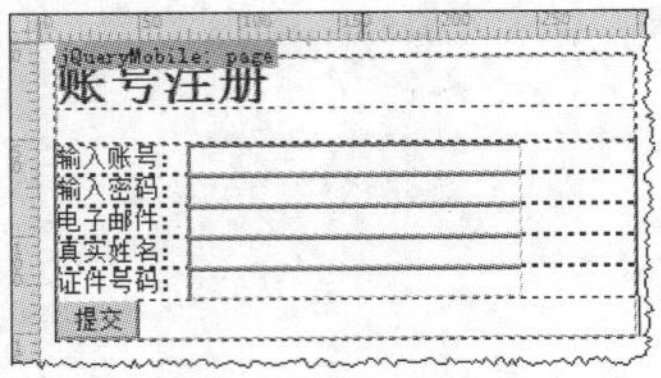

图11-34　页面效果

12.　保存文档。

11.1.6　课堂实训——碧海蓝天

本小节实例“碧海蓝天”由读者根据步骤提示自行操作，以进一步巩固使用 jQuery Mobile 的基本方法。在进行本实例操作前，请将素材文档复制到 Dreamweaver 站点下。实例效果如图 11-35 所示。

图11-35　碧海蓝天

本例视频

【步骤提示】

1.　在站点内创建一个 HTML5 网页文档并保存为“1116.htm”。
2.　选择菜单命令【插入】/【jQuery Mobile】/【页面】，打开【jQuery Mobile 文件】对话框，在【链接类型】选项中选择【远程(CDN)】，在【CSS 类型】选项中选择【组合】，设置完毕后单击 确定 按钮，在打开的【页面】对话框中选择【标题】复选框，然后单击 确定 按钮插入页面组件。
3.　将页面中的文本“标题”修改为“碧海蓝天”，将文本“内容”删除，然后选择菜单命令【插入】/【jQuery Mobile】/【布局网格】，在打开的【布局网格】对话框中设置【行】为“4”、【列】为“1”，单击 确定 按钮插入布局网格，如图 11-36 所示。

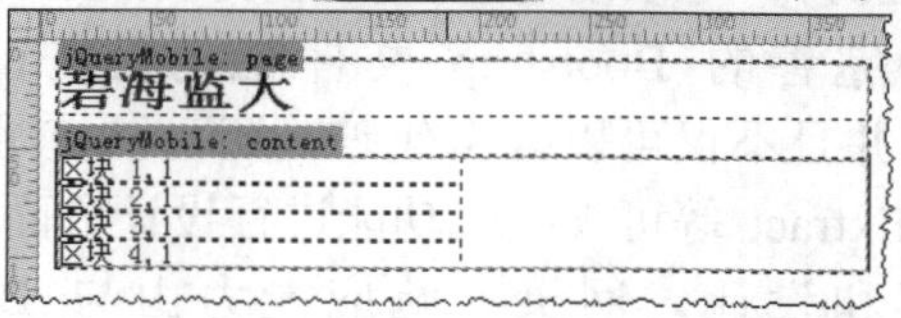

图11-36 插入布局网格

4. 在“区块 1,1”中插入图像“images/nanhai01.jpeg”，在“区块 2,1”中输入文本“碧海蓝天鸥鸟飞”，在“区块 3,1”中插入图像“images/nanhai02.jpeg”，在“区块 4,1”中输入文本“绿岛银滩珊瑚荟”。
5. 切换到【代码】视图，将鼠标光标置于布局网格组件所在 Div 标签的后面，然后选择菜单命令【插入】/【表单】/【表单】，插入表单标签，并将表单的 ID 名称修改为“formlantian”。
6. 选择菜单命令【插入】/【jQuery Mobile】/【文本区域】，插入一个文本区域表单对象，将描述性文本修改为“您的留言:”，选中表单对象并在【属性】面板中将 ID 名称修改为“liuyan”。
7. 将鼠标光标置于上面文本区域表单对象所在 Div 标签的后面，然后选择菜单命令【插入】/【jQuery Mobile】/【按钮】，打开【按钮】对话框，在【按钮】下拉列表中选择“1”，在【按钮类型】下拉列表中选择【输入】，在【输入类型】下拉列表中选择【提交】，在【图标】下拉列表中选择【无】，单击 确定 按钮插入按钮。
8. 保存文档。

11.2 使用 Bootstrap

下面介绍 Bootstrap 的基本知识，以及在 Dreamweaver CC 2017 中创建 Bootstrap 文件、使用 Bootstrap 组件的基本方法。

11.2.1 认识 Bootstrap

Bootstrap 来自 Twitter，是目前深受欢迎的快速开发 Web 应用程序和网站的前端框架，是一个快速开发 Web App 和站点的工具包。Bootstrap 基于 HTML、CSS 和 JavaScript，使得 Web 开发更快速简单。Bootstrap 框架包含了贯穿于整个库的移动设备优先的样式。Bootstrap 响应式 CSS 能够自适应于台式机、平板电脑和手机。Bootstrap 为开发人员创建接口提供了一个简洁统一的解决方案，它包含了功能强大的内置组件，提供了基于 Web 的定制，而且 Bootstrap 是完全开源的，它的代码托管、开发、维护都依赖 GitHub 平台。因此，可以说 Bootstrap 让所有开发者都能快速上手、所有设备都能适配、所有项目都能适用。

Bootstrap 在 jQuery 的基础上进行了更为个性化的完善，形成了一套自己独有的网站风格，并兼容大部分 jQuery 插件。Bootstrap 自带了 13 个 jQuery 插件，这些插件为 Bootstrap 中的组件赋予了“生命”，其中包括模式对话框、标签页、滚动条及弹出框等。

Bootstrap 中包含丰富的 Web 组件，使用这些组件可以快速搭建一个美观且功能齐全的网站。这些组件包括下拉菜单、按钮组、按钮下拉菜单、导航、导航条、路径导航、分页、排版、缩略图、警告对话框、进度条及媒体对象等。

利用 Dreamweaver CC 2017，可以创建 Bootstrap 文档，还可以编辑使用 Bootstrap 创建的现有网页。无论是设计完善的 Bootstrap 文件还是仍在设计中的文件，都可以在 Dreamweaver 中编辑它们，并且不仅可以编辑代码，还可以使用实时视图编辑、可视 CSS Designer、可视媒体查询和 Extract 等可视编辑功能进行设计方面的更改。在 Bootstrap 文档中，用户仅需专注于内容和设计，网页的响应能力由与 Bootstrap 框架紧密集成的 Dreamweaver 来负责。在 Dreamweaver CC 2017 中，可以基于 Bootstrap 模板创建文档，也可直接创建基于 Bootstrap 框架的文档，根据需要在页面中使用 Bootstrap 内置组件即可。

11.2.2　创建基于 Bootstrap 模板的文档

如果想要避免从头开始布置页面的麻烦并快速开始创建 Bootstrap 文档，则可使用 Bootstrap 模板。只需简单地编辑文本并在必要时替换资源，就能打造一个响应式网站。在 Dreamweaver CC 2017 中内置了 6 种常用的 Bootstrap 模板，包括产品、作品集、房地产、机构、电子商务和简历等。

基于这些模板创建 Bootstrap 文档的方法是：选择菜单命令【文件】/【新建】，打开【新建文档】对话框，在最左侧一栏中选择【启动器模板】，在【示例文件夹】列表框中选择【Bootstrap 模板】，在【示例页】列表框中选择需要的选项，如图 11-37 所示。

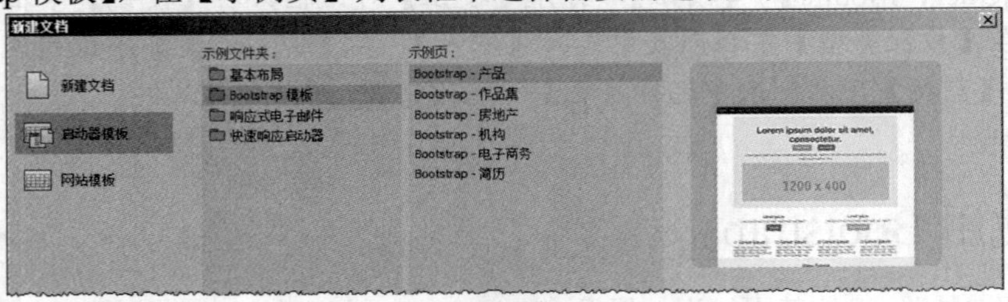

图11-37　Bootstrap 模板

单击

按钮创建一个基于“Bootstrap-产品”模板的网页文档，如图 11-38 所示，最后保存文档，在浏览器中的效果如图 11-39 所示。这样就创建了一个基于所选模板的 HTML 页面，可根据实际需要通过添加或删除组件、编辑文本或资源来修改页面，这要比直接创建 Bootstrap 文档容易一些。

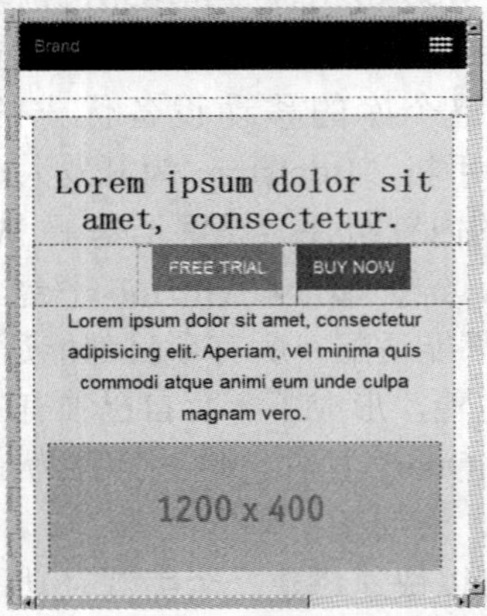

图11-38　基于模板创建 Bootstrap 文档

图11-39　在浏览器中的效果

11.2.3 创建基于 Bootstrap 框架的文档

可通过创建基于 Bootstrap 框架的 HTML 文档，来开始打造快速响应网站。一旦文档创建完成，就可添加 Bootstrap 组件，如折叠式元素和旋转视图等。

在 Dreamweaver CC 2017 中，直接创建 Bootstrap 文档的方法是：选择菜单命令【文件】/【新建】，打开【新建文档】对话框，在【文档类型】列表框中选择【HTML】，在【框架】列表框中选择【BOOTSTRAP】，如图 11-40 所示。

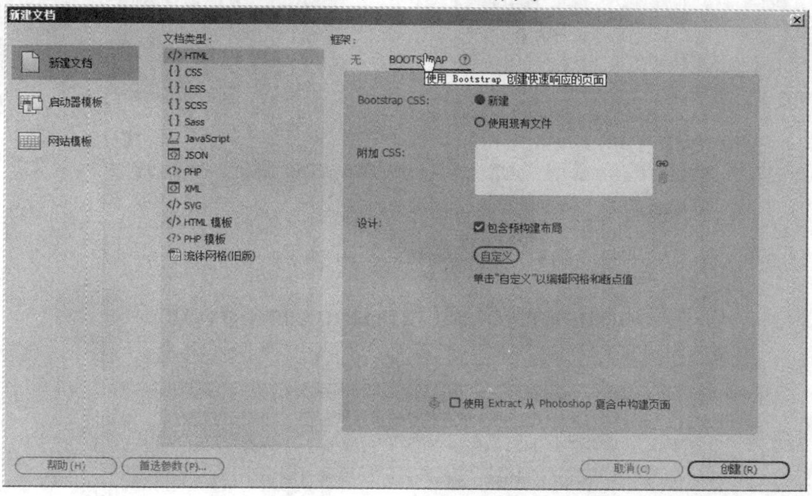

图11-40 【新建文档】对话框

在【Bootstrap CSS】中有两个选项：【新建】和【使用现有文件】。若选择【新建】选项，则本地站点根文件夹中将创建 3 个文件夹："css""fonts""js"，并将"bootstrap.css"文件复制到"css"文件夹，将"bootstrap.js""jquery-1.11.3.min.js"文件复制到"js"文件夹，将一些字体文件复制到"fonts"文件夹。如果要使用现有的 Bootstrap 框架文件，可选择【使用现有文件】选项，此时会显示一个文件文本框，用于指定 bootstrap.css 文件的路径。而且【设计】选项中不会出现 自定义 按钮，如图 11-41 所示。如果想要附加任何其他 CSS 样式表到文档中，可在【附加 CSS】选项中进行设置。在【设计】选项中，选择【包含预构建布局】复选框，表示创建的文档提供基本 Bootstrap 文档结构，如果取消选择【包含预构建布局】复选框则表示创建的文档是空白文档，没有基本结构。单击 自定义 按钮，将会在其下面显示【屏幕】选项，如图 11-42 所示，用户可以根据需要进行设置。默认布局包含 12 列，其中列间距为 30px。默认的屏幕大小分小、中、大 3 种情况，宽度分别是 768px、992px 和 1200px。

> **要点提示** 对于 Bootstrap 3.3.7 版，默认的屏幕大小是 768 像素、992 像素和 1200 像素。2018 年 3 月版的 Dreamweaver 开始支持 Bootstrap 4.0.0 版。

在【新建文档】对话框的【Bootstrap CSS】选项中选择【新建】选项，在【设计】选项中选中【包含预构建布局】复选框，然后单击 创建(R) 按钮将创建一个 Bootstrap 文档，如图 11-43 所示。如果不需要添加相关 Bootstrap 组件的话，可将相关文本修改成适合自己需要的内容，最后注意保存文档。

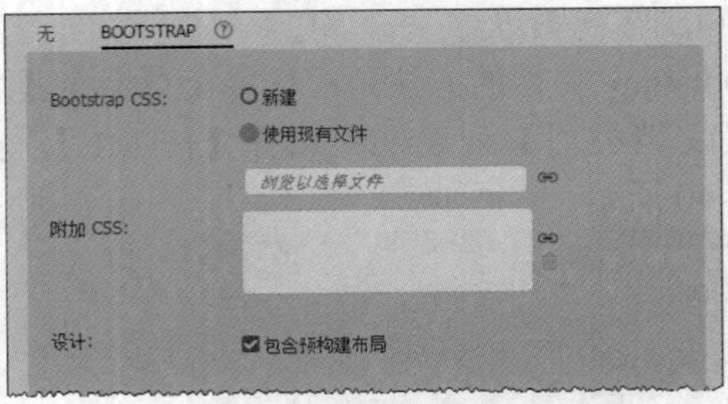

图11-41　选择【使用现有文件】选项

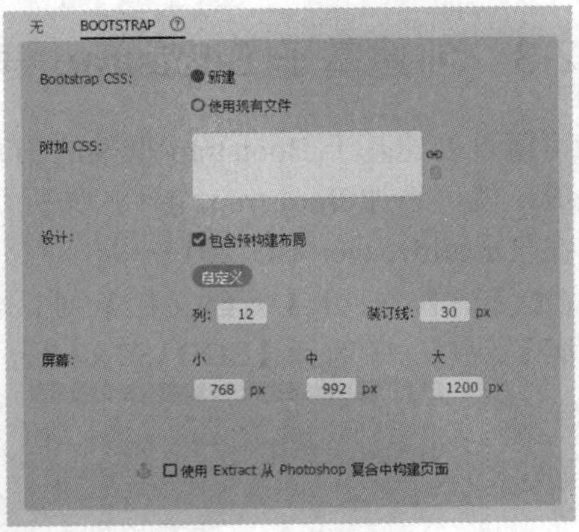

图11-42　【屏幕】选项

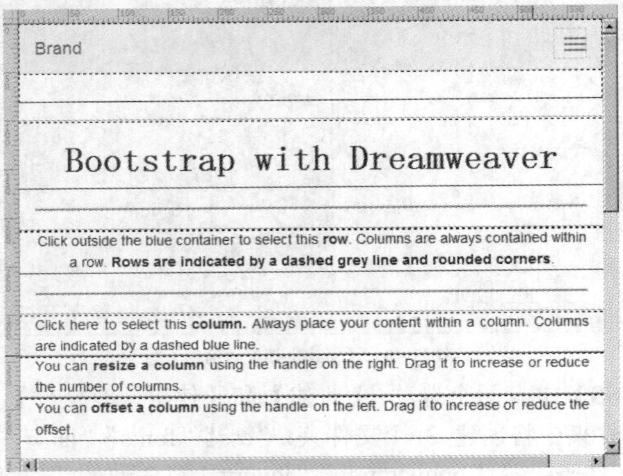

图11-43　创建 Bootstrap 文档

要点提示　在站点文件夹“css”下的文件“bootstrap.css”是只读的，无法在【CSS 设计器】面板中编辑其中的样式。如果想要修改“bootstrap.css”中的样式，应创建另一个 CSS 文件来覆盖现有的样式，然后将其附加到该网页文档。

如果在【设计】选项中没有选中【包含预构建布局】复选框，即创建的是没有包含预构建布局的空白网页文档，这时就需要自行添加 Bootstrap 组件。在 Dreamweaver CC 2017 中，可以可视化地向页面插入这些组件，方式通常有两种：一种是选择菜单命令【插入】/【Bootstrap 组件】中相应的元素，另一种是在【插入】面板的【Bootstrap 组件】类别中选择相应的元素，也可直接拖入，如图 11-44 所示。在创建的空白网页文档中，根据需要插入相应的组件即可，如【Container】【Container-fluid】【Grid Row with column】等，这些组件相当于容器，可在这些容器中继续插入其他 Bootstrap 组件，如【Navbar】【Responsive Image】【Jumbotron】等，也可添加文本、图像等内容。Bootstrap 内置了几十种可用的组件，以实现布局、导航栏、通知及弹出框等功能，读者可查阅相关资料详细了解其功能。也可在页面中试着插入这些组件，通过了解其外观来理解其作用。

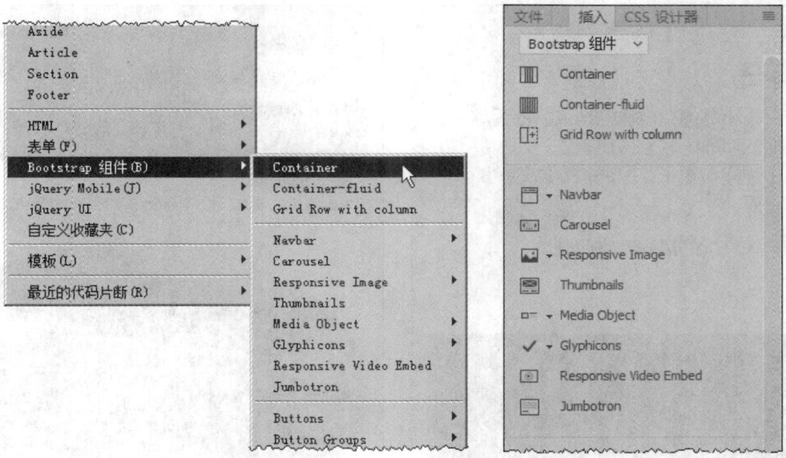

图11-44　添加 Bootstrap 组件的方式

通常不能在【设计】视图和【代码】视图下插入 Bootstrap 组件，必须切换到【实时视图】状态下才能进行插入操作。在【实时视图】状态下，通过窗口左下方的标签选择器选定要插入 Bootstrap 组件位置处的布局控件，然后选择相应的插入命令进行操作，如选择菜单命令【插入】/【Bootstrap 组件】/【Tab】，此时会显示一个插入位置提示框，这个提示框包括【之前】【之后】【换行】【嵌套】4 个选项，用户可以根据需要进行选择，系统会将组件自动插入相应位置。如选择【之后】选项，则组件将会插入当前控件的后面，如图 11-45 所示。在【实时视图】中，单击组件右下方的图标可复制列，即将选中的内容复制并粘贴一次，单击图标将添加新列。Bootstrap 组件插入完毕后，如果要在文档中输入文本、插入图像等内容，必须切换到【设计】视图下进行操作。

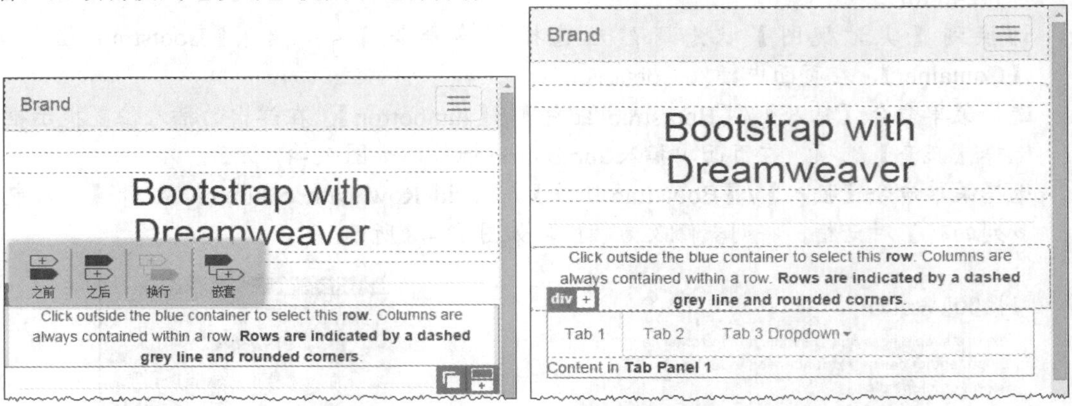

图11-45　根据插入位置提示框插入组件

11.2.4　课堂案例——塞舌尔群岛

本小节将通过案例“塞舌尔群岛”来练习使用 Bootstrap 组件的基本方法，希望读者通过对案例的学习，能够熟练掌握在页面中使用 Bootstrap 的基本技能。实例效果如图 11-46 所示。

本例视频

图11-46　塞舌尔群岛

【操作步骤】

1. 选择菜单命令【文件】/【新建】，打开【新建文档】对话框，在【文档类型】中选择【HTML】，在【框架】中选择【BOOTSTRAP】。
2. 在【Bootstrap CSS】选项中选择【新建】，在【设计】选项中取消选择【包含预构建布局】，然后单击 创建(R) 按钮创建一个空白的 Bootstrap 文档并保存为“1124.htm”。
3. 切换到【实时视图】状态，然后选择菜单命令【插入】/【Bootstrap 组件】/【Container】，在页面中插入 Container 组件。
4. 选择菜单命令【插入】/【Bootstrap 组件】/【Jumbotron】，在弹出的插入位置提示框中选择【嵌套】选项，在页面中插入 Jumbotron 组件，如图 11-47 所示。
5. 选择菜单命令【插入】/【Bootstrap 组件】/【Grid Row with column】，打开【插入包含多列的行】对话框，将列数修改为“1”，如图 11-48 所示。

图11-47　插入 Jumbotron

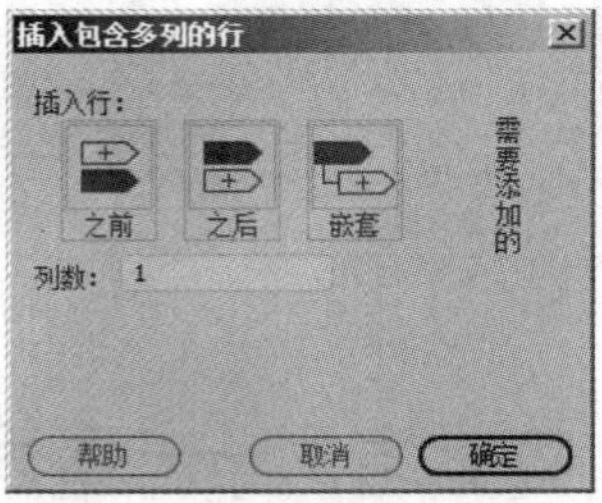

图11-48　【插入包含多列的行】对话框

6. 选择【之后】选项，然后单击 确定 按钮，插入只有 1 列的行，如图 11-49 所示。
7. 选择菜单命令【插入】/【Bootstrap 组件】/【List Group】/【Basic List Group】，在弹出的插入位置提示框中选择【之后】选项，在页面中插入 Basic List Group 组件，如图 11-50 所示。

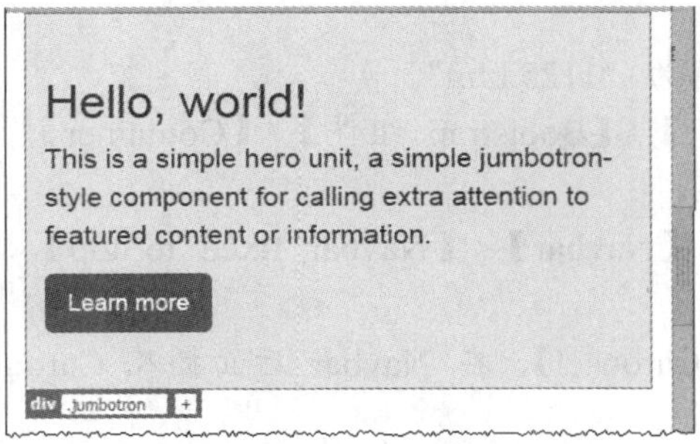

图11-49　插入 Grid Row with column

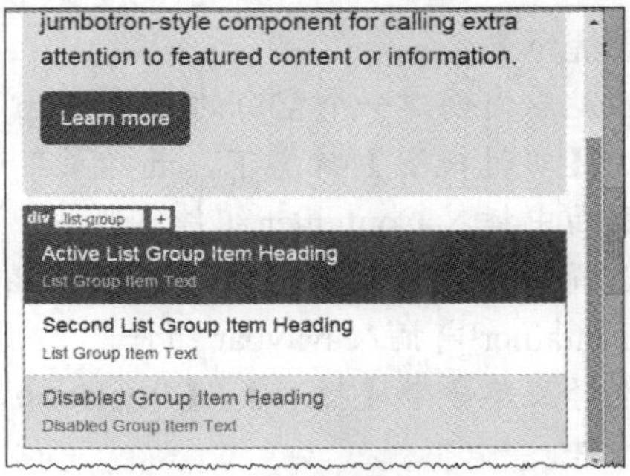

图11-50　插入 Basic List Group

8. 选择菜单命令【插入】/【Bootstrap 组件】/【Responsive Image】/【Circular】，在弹出的插入位置提示框中选择【之后】选项，在页面中插入 Responsive Image 组件，如图 11-51 所示，然后单击组件左上方的图标，打开【HTML】面板，设置好【src】和【link】两个选项，如图 11-52 所示。

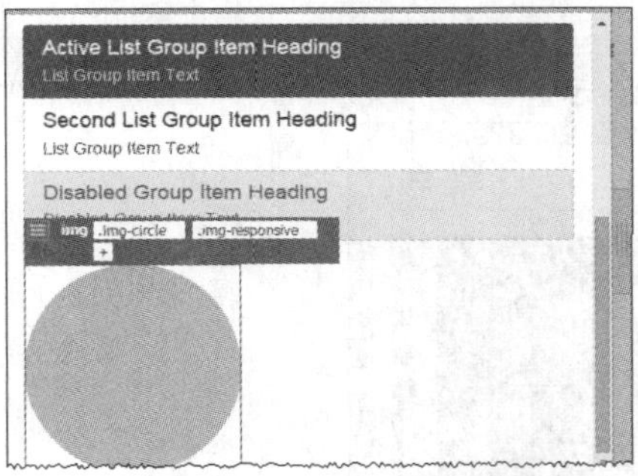

图11-51　插入 Responsive Image

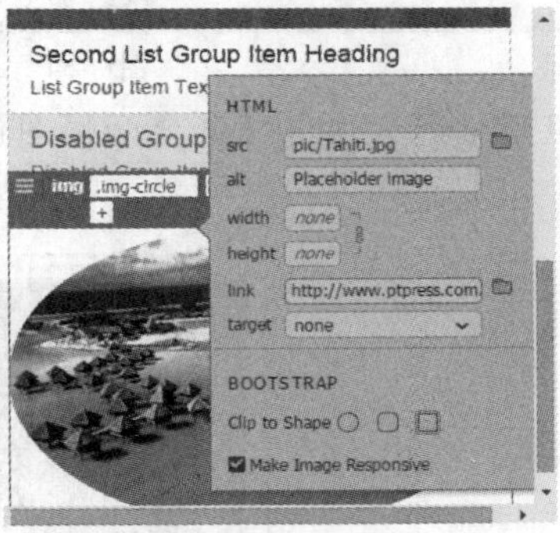

图11-52　编辑 HTML 属性

9. 切换到【设计】视图，将文本修改成符合要求的内容，涉及的超级链接通过【属性】面板进行设置，需要插入图像的位置直接插入图像并可根据需要设置图像大小，多余的内容也可删除。
10. 保存文档。

11.2.5　课堂实训——世界旅游

本小节实例“世界旅游”由读者根据步骤提示自行操作，以进一步巩固使用 Bootstrap 的基本方法。实例效果如图 11-53 所示。

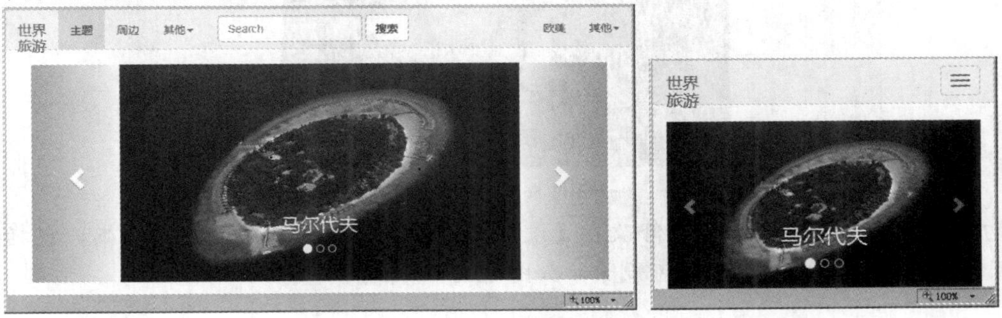

图11-53　世界旅游

【步骤提示】

1. 在站点内创建一个空白的 Bootstrap 文档并保存为 “1125.htm”。
2. 在【实时视图】状态下，选择菜单命令【插入】/【Bootstrap 组件】/【Container】，在页面中插入 Container 组件。
3. 选择菜单命令【插入】/【Bootstrap 组件】/【Navbar】/【Navbar fixed to top】，在 Container 内插入 Navbar 组件。
4. 选择菜单命令【插入】/【Bootstrap 组件】/【Carousel】，在 Navbar 后面插入 Carousel 组件。
5. 用鼠标单击 Carousel 组件中的图像，然后在【属性】面板的【Src】文本框中重新定义图像，如图 11-54 所示。

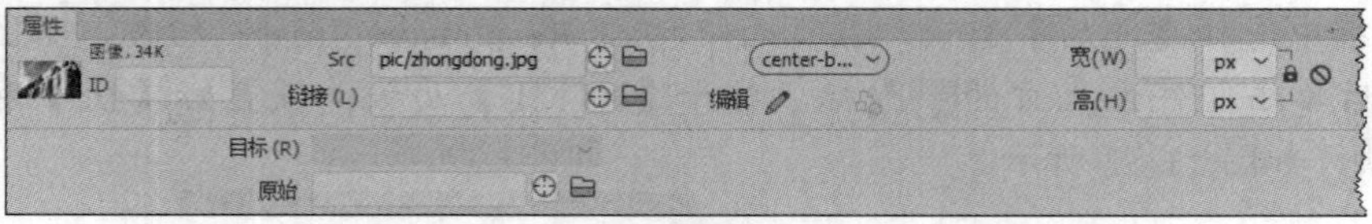

图11-54　定义图像

本例视频

6. 按照同样的方法定义其他两幅图像，如图 11-55 所示。

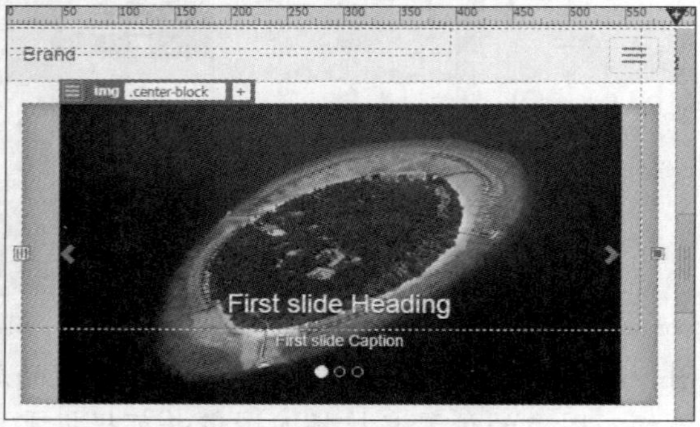

图11-55　定义图像

7. 切换到【设计】视图，修改相应的文本，根据需要可在【属性】面板中修改对应的链接目标地址，如图 11-56 所示。

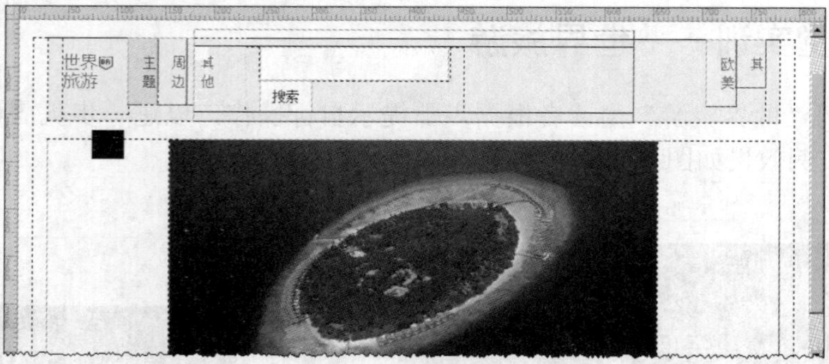

图11-56　修改内容

8. 切换到【代码】视图，继续修改在【设计】视图下不方便修改的相关文本，包括链接目标地址等，不需要的部分可删除，如图 11-57 所示。

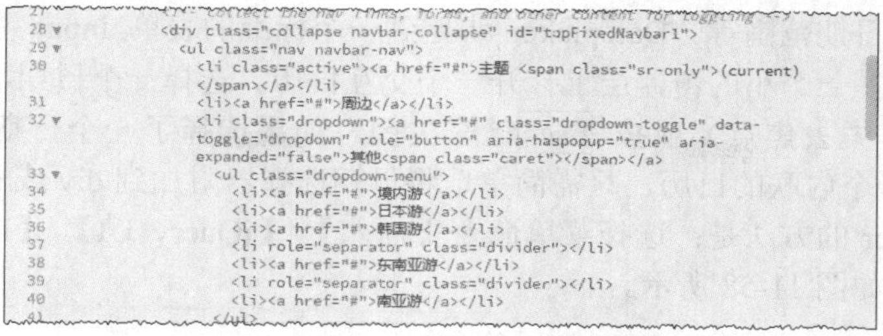

图11-57 在【代码】视图下修改相关文本

9. 保存文档。

11.3 使用 jQuery UI

与 jQuery Mobile 和 Bootstrap 不同，jQuery UI 不是专门针对移动设备设计的，不过，有些部件也可以在移动设备中使用。下面介绍 jQuery UI 的基本知识，以及在 Dreamweaver CC 2017 中使用 jQuery UI 部件的基本方法。

11.3.1 认识 jQuery UI

jQuery UI 是以 jQuery 为基础的开源 JavaScript 网页用户界面代码库，包含底层用户交互、动画、特效和可更换主题的可视控件。用户可以直接用它来构建具有交互性的 Web 应用程序。jQuery UI 实际上是由 jQuery 官方维护的 UI 方向的 jQuery 插件，jQuery UI 与 Jquery 的主要区别是：jQuery 是一个 js 库，主要提供的功能是选择器、属性修改和事件绑定等；jQuery UI 则是在 jQuery 的基础上，利用 jQuery 的扩展性设计的插件，提供诸如对话框、拖动行为、改变大小行为等常用的界面元素。

jQuery UI 主要分为 3 个部分：交互、微件和效果库。交互部件是一些与鼠标交互相关的内容，如 Draggable、Droppable、Resizable、Selectable 和 Sortable 等。微件主要是一些界面的扩展，如 Accordion、AutoComplete、ColorPicker、Dialog、Slider、Tabs、DatePicker、Magnifier、ProgressBar 及 Spinner 等，新版本的 UI 包含更多的微件。效果库用于提供丰富的动画效果，让动画不再局限于 jQuery 的 animate()方法。

jQuery UI 包含了许多维持状态的小部件（Widget），因此，它与典型的 jQuery 插件使用模式稍有不同。所有的 jQuery UI 小部件使用相同的模式，只要会使用其中一个，就知道如何使用其他的小部件，这也是 jQuery UI 相对容易学习掌握的原因。

11.3.2 使用 jQuery UI 部件

jQuery UI 中的 Accordion（折叠面板）和 Tabs（选项卡面板）两个布局小部件（Widget），前面章节已作介绍，这里不再赘述。下面对 Datepicker（日期选择器）、Progressbar（进度条）、Dialog（对话框）、Autocomplete（自动完成）及 Slider（滑块）等作简要介绍。

一、 Datepicker（日期选择器）

Datepicker 是向页面添加日期选择功能的高度可配置插件，可以自定义日期格式和语言，限制可选择的日期范围等。Datepicker 绑定到一个标准的表单 input 字段上，把焦点移到 input 上时，将在一个小的覆盖层上打开一个交互日历。选择一个日期，单击页面上的任意地方（输入框即失去焦点）或按 Esc 键来关闭。如果选择了一个日期，则反馈显示为 input 的值。对于一个内联的日历，只需简单地将日期选择器附加到 div 或 span 上。

插入 Datepicker 的方法是：选择菜单命令【插入】/【jQuery UI】/【Datepicker】，插入一个日期选择器，如图 11-58 所示。

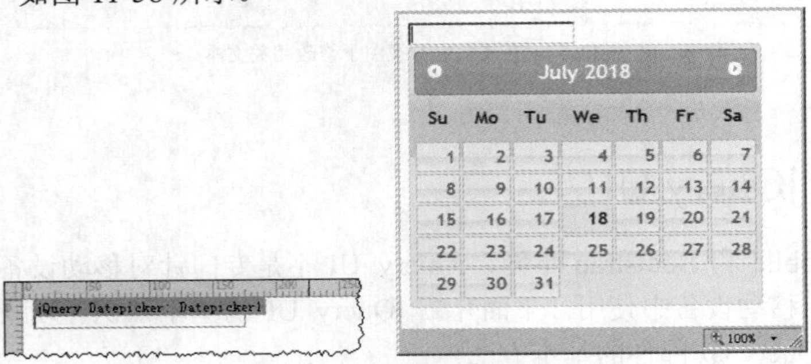

图11-58　日期选择器

单击顶部的【jQuery Datepicker：Datepicker 1】可选中日期选择器，其【属性】面板如图 11-59 所示，介绍如下。

图11-59　Datepicker【属性】面板

- 【ID】文本框：可以设置日期选择器的 ID 名称。
- 【Date Format】下拉列表：可以定义日期选择器的日期格式，如图 11-60 所示。
- 【区域设置】下拉列表：可以定义日期选择器的语言，如图 11-61 所示。

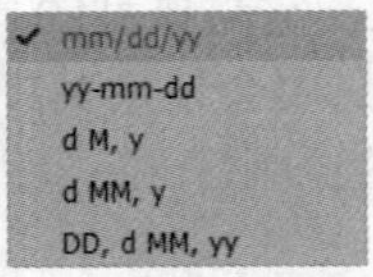

图11-60　日期格式

图11-61　区域设置

- 【按钮图像】复选框：用于定义是否显示日历的按钮，按钮图像可自定义，这样就可单击输入框旁边的按钮来显示日期选择器。
- 【Change Month】复选框：用于定义月份在日期选择器中是否可编辑。
- 【Change Year】复选框：用于定义年份在日期选择器中是否可编辑。
- 【内联】复选框：用于定义是否使用内联日期选择器代替弹出窗口。
- 【Show Button Panel】复选框：用于定义是否显示按钮面板。
- 【Min Date】和【Max Date】文本框：用于定义可选择的日期范围，设置的起止日期可为当前日期往前或往后相差的天数，往前相差的天数以负数的形式填写，往后相差的天数以正常数字的形式填写（最小日期为-20，表示当前日期往前 20 天；最大日期为 15，表示当前日期往后 15 天）。

- 【Number Of Months】文本框：用于定义在一个日期选择器中同时最多显示几个月份，设置选项为一个整数 2，或者大于 2 的整数。

二、 Progressbar（进度条）

通过 Progressbar 可以插入一个进度条，向用户显示一个确定的或不确定的进程状态。插入 Progressbar 的方法是：选择菜单命令【插入】/【jQuery UI】/【Progressbar】，插入一个进度条，如图 11-62 所示。

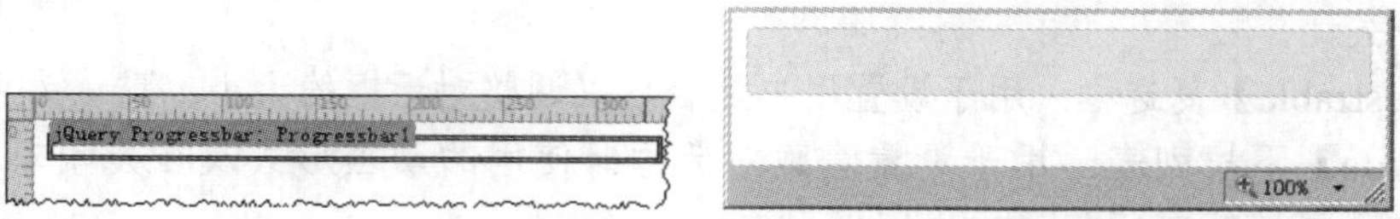

图11-62　插入进度条

单击顶部的【jQuery Progressbar：Progressbar1】可选中进度条，其【属性】面板如图 11-63 所示。在【ID】文本框中可设置 Progressbar 的 ID 名称。在【Value】文本框中可设置进度条显示的度数（0～100）。在【Max】文本框中可设置进度条的最大值。【Disabled】选项用于设置是否禁用进度条。【Animated】选项用于设置是否使用 Gif 动画来显示进度条。

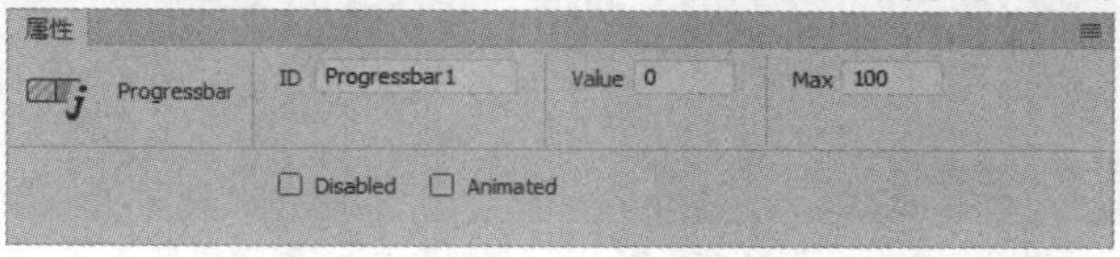

图11-63　Progressbar【属性】面板

三、 Dialog（对话框）

通过 Dialog 可在一个交互覆盖层中打开内容，实现客户端对话框效果。基本的对话框窗口是一个定位于视区中的覆盖层，同时通过一个 iframe 与页面内容分隔开。它由一个标题栏和一个内容区域组成，且可以移动、调整尺寸，默认可通过右上角的"×"图标关闭。插入 Dialog 的方法是：选择菜单命令【插入】/【jQuery UI】/【Dialog】，插入一个对话框，如图 11-64 所示。

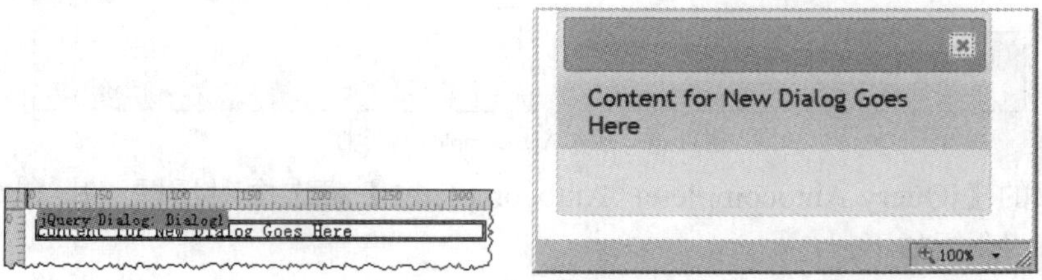

图11-64　插入对话框

单击顶部的【jQuery Dialog：Dialog1】可选中对话框，其【属性】面板如图 11-65 所示，介绍如下。

- 【ID】文本框：可设置 Dialog 的 ID 名称。
- 【Title】文本框：可设置对话框的标题。
- 【Position】下拉列表：可设置对话框在显示窗口中的位置，包括【center】

【left】【right】【top】【bottom】5 个选项。

- 【Width】【Height】文本框：可设置对话框的宽度和高度。
- 【Min Width】【Min Height】文本框：可设置对话框的最小宽度和最小高度。
- 【Max Width】【Max Height】文本框：可设置对话框的最大宽度和最大高度。
- 【Auto Open】复选框：用于设置在初始化时是否自动打开对话框，默认为打开。
- 【Draggable】复选框：用于设置是否可以使用标题栏拖动对话框，默认为可以拖动。
- 【Modal】复选框：用于设置在显示消息时，是否禁用页面上的其他元素。
- 【Close on Escape】复选框：用于设置在用户按 Esc 键时是否关闭对话框，默认为关闭。
- 【Resizable】复选框：用于设置用户是否可以调整对话框的大小，默认为可以。
- 【Hide】下拉列表：用于设置隐藏对话框时使用的动画形式及在关闭对话框之前的动画持续时间。
- 【Show】下拉列表：用于设置打开对话框时使用的动画形式及在打开对话框之前的动画持续时间。
- 【Trigger Button】下拉列表：用于设置触发对话框显示的按钮。
- 【Trigger Event】下拉列表：用于设置触发对话框显示的事件。

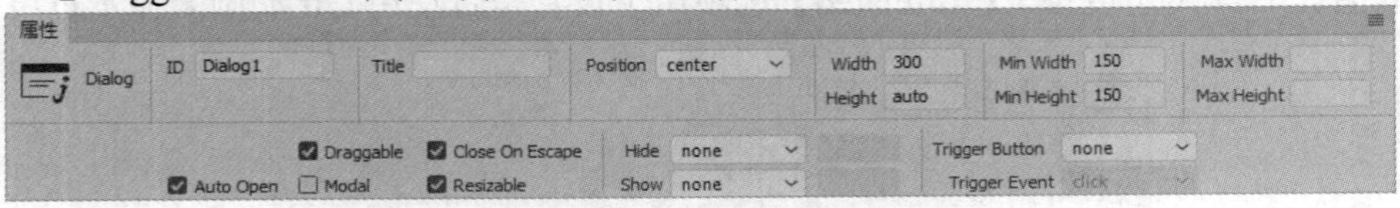

图11-65　Dialog【属性】面板

四、 Autocomplete（自动完成）

使用 Autocomplete 功能，用户可根据输入值进行搜索和过滤，快速找到并从预设值列表中选择。Autocomplete 可以从本地源或远程源获取数据，本地源适用于小数据集，如带有 50 个条目的地址簿；远程源适用于大数据集，如带有数百个或上万个条目的数据库。插入 Autocomplete 的方法是：选择菜单命令【插入】/【jQuery UI】/【Autocomplete】，插入一个 Autocomplete 文本框，如图 11-66 所示。

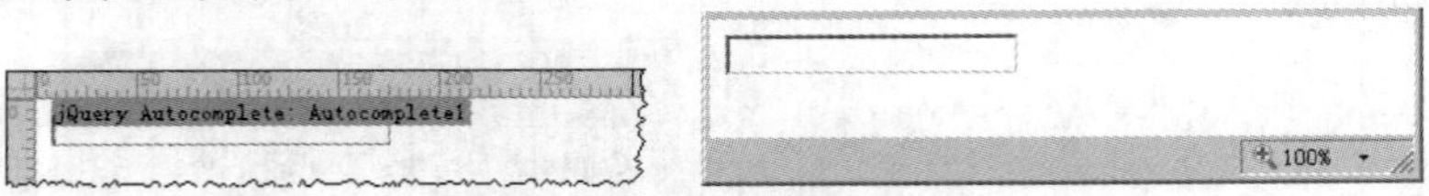

图11-66　插入 Autocomplete 文本框

单击顶部的【jQuery Autocomplete：Autocomplete1】可选中对话框，其【属性】面板如图 11-67 所示，介绍如下。

- 【ID】文本框：可设置 Autocomplete 的 ID 名称。
- 【Source】文本框：用于设置用引号引起来的 URL 或格式为["a""b""c""d"]的数组作为 Autocomplete 的数据源。
- 【Min Length】文本框：可设置在显示自动完成建议之前要输入的最小字符数。
- 【Delay】文本框：可设置在显示自动完成建议之前击键后的延迟时间（以毫秒为单位）。

- 【Append To】文本框：可设置菜单必须追加到的元素（选择器/标签名称）。
- 【Auto Focus】复选框：用于设置是否将焦点自动设置到第 1 个项目。

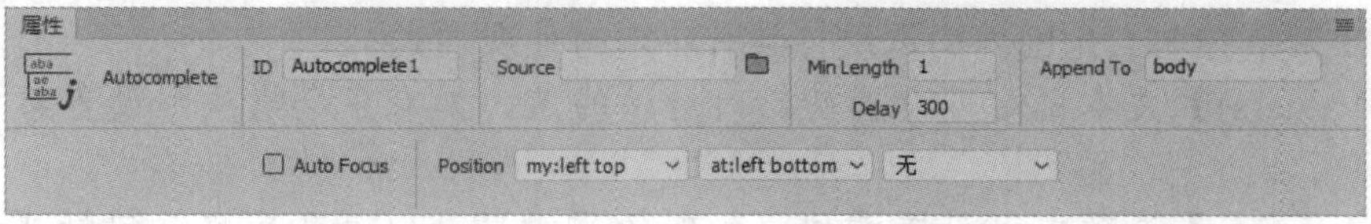

图11-67　Autocomplete【属性】面板

【Position】选项有 3 个下拉列表，第 1 个用于设置自动建议相对于自动建议菜单的对齐方式，共有【my:left top】【my:top】【my:center】【my:bottom】【my:left】【my:right】6 个选项；第 2 个用于设置自动建议菜单相对于文本字段的对齐方式，共有【at:left bottom】【at:top】【at:center】【at:bottom】【at:left】【at:right】6 个选项；第 3 个用于设置自动建议导致溢出时重新摆放元素，共有【无】【collision:flip】【collision:fit】【collision:fit flip】【collision:fit none】5 个选项

下面对 Position 中的 my、at 和 collision 的涵义和作用作简要说明。

选项 my 用于定义被定位元素上对准目标元素的位置，格式为：my:horizontal vertical，horizontal 表示水平方向的值（包括“left”“center”“right”），vertical 表示垂直方向的值（包括“top”“center”“bottom”），当省略时默认值为“center”。当出现一个单一的值时，如“my:right”即表示“my:right center”，“my:top”即表示“my:center top”。每个纬度也可以包含偏移，以像素计或以百分比计，百分比偏移是相对于被定位的元素，如“my:right+10 top-25%”。

选项 at 用于定义目标元素上对准被定位元素的位置，格式为：at: horizontal vertical。at 选项值可参考 my 的选项值，其中百分比偏移是相对于目标元素。

选项 collision 用于定义当被定位元素在某些方向上溢出窗口时则移动它到另一个位置，格式为：collision: horizontal/vertical。与 my 和 at 相似，该选项会接受一个单一的值或一对值，如“flip”“fit”“fit flip”“fit none”，默认值为“flip”。值“flip”表示翻转元素到目标的相对一边，再次运行 collision 检测一遍查看元素是否适合，最后将使用允许更多的元素可见的那一边。值“fit”表示把元素从窗口的边缘移开。值“flip fit”表示首先应用“flip”逻辑，把元素放置在允许更多元素可见的那一边，然后应用“fit”逻辑，确保尽可能多的元素可见。值“none”表示不应用任何 collision 检测。

五、Slider（滑块）

通过 Slider 可以创建一个滑块，拖动手柄可以来选择一个数值。基本的滑块是水平的，有一个单一的手柄，可以用鼠标或箭头键进行移动。插入 Slider 的方法是：选择菜单命令【插入】/【jQuery UI】/【Slider】，插入一个滑块，如图 11-68 所示。

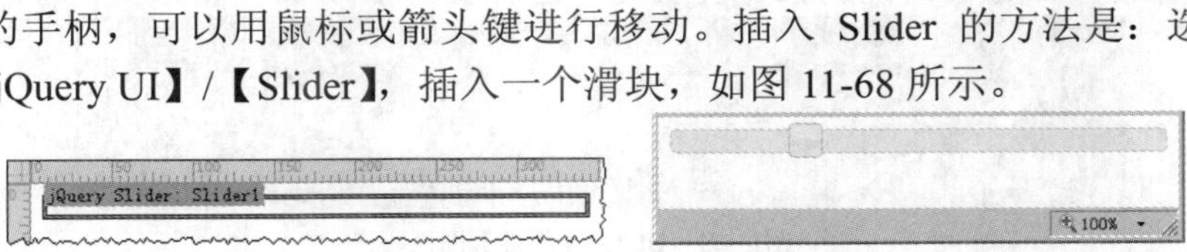

图11-68　插入 Slider

单击顶部的【jQuery Slider：Slider1】可选中滑块，其【属性】面板如图 11-69 所示，介绍如下。

- 【ID】文本框：可设置 Slider 的 ID 名称。
- 【Min】【Max】文本框：可设置滑块的最小值和最大值。

- 【Step】文本框：可设置滑块在最小值和最大值采用的每个间隔或步长的大小。
- 【Range】复选框：可设置具有特定滑块外观样式的范围，当指定两个控制点时，两个控制点范围内的滑块将具有特定的外观样式。
- 【Value(s)】文本框：可设置初始时滑块的值，如有多个滑块则设置第 1 个滑块。
- 【Animate】选项中可设置滑块移动时的平滑度，以毫秒定义，包括【slow】【normal】【fast】3 个选项。
- 【Orientation】下拉列表：可设置滑动条的方向，包括【horizontal】和【vertical】两个选项。

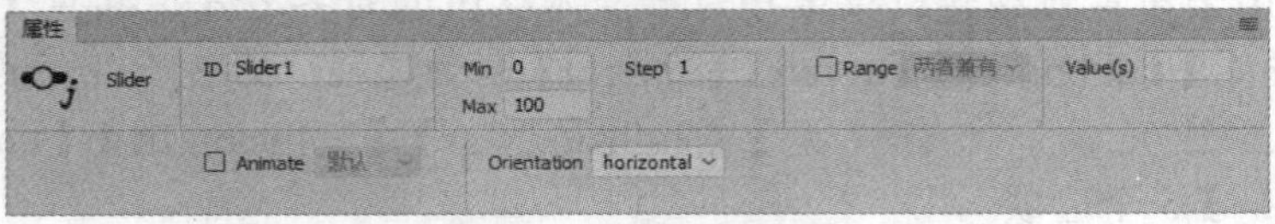

图11-69　Slider【属性】面板

六、 Button（按钮）

用带有适当的悬停（hover）和激活（active）样式的可主题化按钮来增强常规表单元素的功能。通过 Button 可以创建单个主题化的按钮，通过【属性】面板可设置按钮文本两侧的图标及按钮上的文字。插入 Button 的方法是：选择菜单命令【插入】/【jQuery UI】/【Button】，插入一个按钮，如图 11-70 所示。

图11-70　插入 Button

单击顶部的【jQuery Button：Button 1】可选中按钮，其【属性】面板如图 11-71 所示，介绍如下。

- 【ID】文本框：可设置 Button 的 ID 名称。
- 【Label】文本框：可设置在按钮上显示的文字，如“添加”“提交”等。
- 【Primary】下拉列表：可设置显示在标签文本左侧的图标。
- 【Secondary】下拉列表：可设置显示在标签文本右侧的图标。
- 【Disabled】复选框：用于设置是否禁用按钮。
- 【Text】复选框：用于设置显示或隐藏按钮上的文本，如果在【Icons】选项中未选择任何图标，则此属性即使被选中也将被忽略。

图11-71　Button【属性】面板

七、 Buttonset（按钮组）

通过 Buttonset 可以一次创建多个主题化的按钮，按钮的数量可通过【属性】面板来添加或减少，还可调整顺序。插入 Buttonset 的方法是：选择菜单命令【插入】/【jQuery UI】/【Buttonset】，插入一个按钮组，如图 11-72 所示。

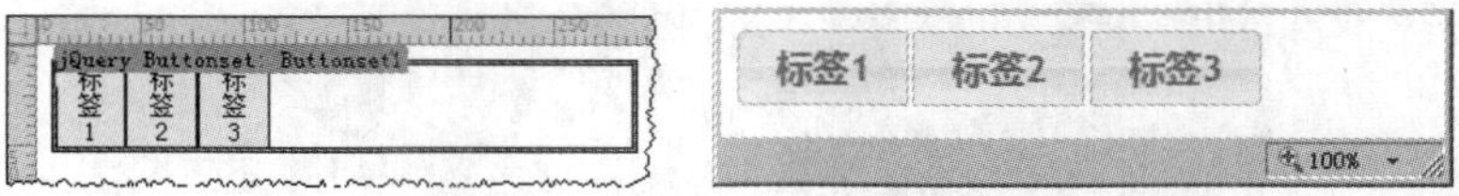

图11-72　插入 Buttonset

单击顶部的【jQuery Buttonset：Buttonset1】可选中按钮组，其【属性】面板如图 11-73 所示。在【ID】文本框中可设置 Buttonset 的 ID 名称。在【Buttons】选项中，单击+按钮可在列表框中添加按钮，单击–按钮可在列表框中删除按钮，单击▲按钮可在列表框中上移按钮，单击▼按钮可在列表框中下移按钮。

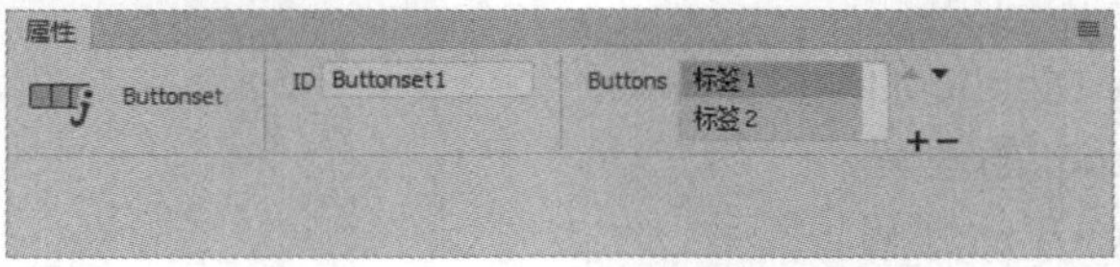

图11-73　Buttonset【属性】面板

八、 复选框按钮组（Checkbox Buttons）

Checkbox Buttons 通过 button 部件把复选框显示为切换按钮样式，与复选框相关的 label 元素作为按钮文本。插入 Checkbox Buttons 的方法是：选择菜单命令【插入】/【jQuery UI】/【Checkbox Buttons】，插入一个复选框按钮组，如图 11-74 所示。

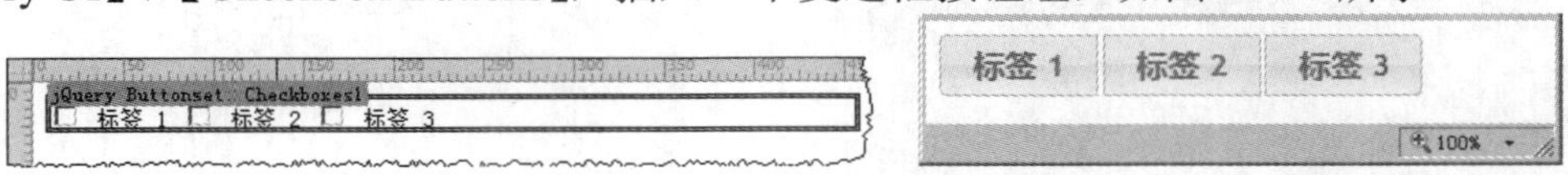

图11-74　插入 Checkbox Buttons

单击顶部的【jQuery Buttonset：Checkboxes1】可选中复选框按钮组，其【属性】面板如图 11-75 所示，用户可根据需要在复选框按钮组【属性】面板中添加或删除选项。在文档窗口中可根据实际需要修改复选框标签文本，如果要设置复选框按钮组中某个复选框表单对象的属性，可选中该复选框表单对象，并在复选框【属性】面板中进行设置。

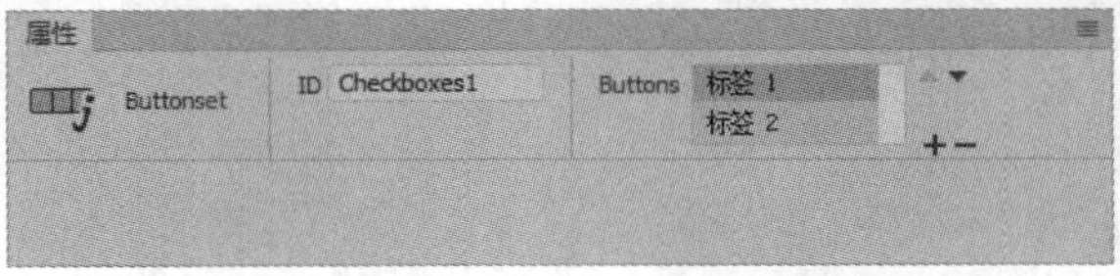

图11-75　Checkbox Buttons【属性】面板

九、 单选按钮组（Radio Buttons）

通过 Radio Buttons 可以一次插入 3 个单选按钮，使其成为一套按钮。插入 Radio Buttons 的方法是：选择菜单命令【插入】/【jQuery UI】/【Radio Buttons】，插入一个单选按钮组，如图 11-76 所示。

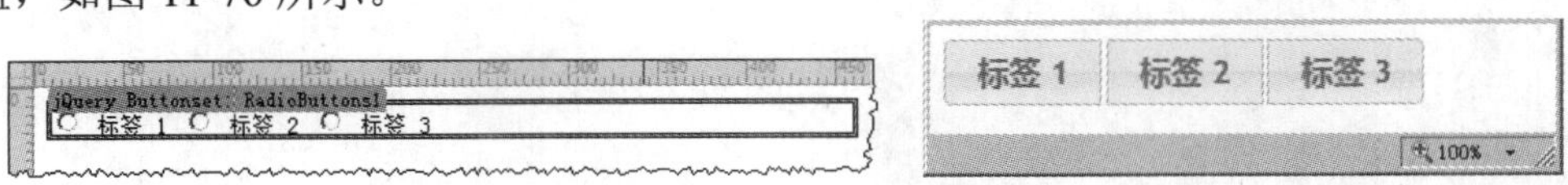

图11-76　插入 Radio Buttons

单击顶部的【jQuery Buttonset：Radio Buttons1】可选中单选按钮组，其【属性】面板如图 11-77 所示，用户可根据需要在【属性】面板中添加或删除选项。在文档窗口中根据实际需要修改单选按钮标签文本，如果要设置单选按钮组中某个单选按钮表单对象的属性，可选中该单选按钮表单对象，并在单选按钮【属性】面板中进行设置。

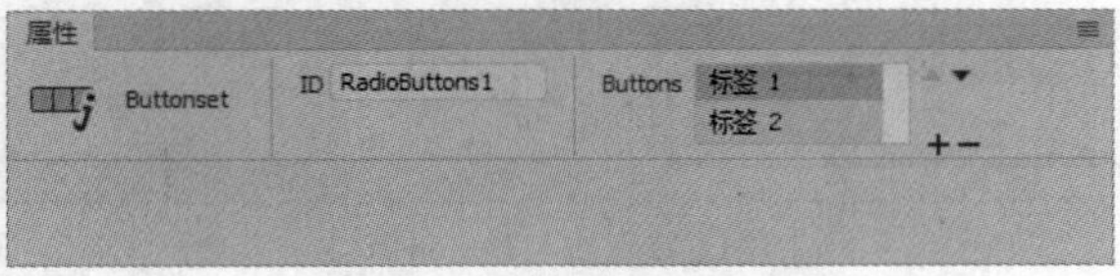

图11-77　Radio Buttons【属性】面板

11.4　习题

1. 思考题。
   (1) 简述对 jQuery Mobile 的理解。
   (2) 简述对 Bootstrap 的理解。
   (3) 简述对 jQuery UI 的理解。
2. 操作题。

根据自己的喜好并使用本章所学的表单知识，分别设计制作一个与 jQuery Mobile 和 Bootstrap 有关的页面。